中国国家标准汇编

2009年修订-24

中国标准出版社　编

中国标准出版社
北　京

图书在版编目（CIP）数据

中国国家标准汇编：2009 年修订. 24/中国标准出版社编. —北京：中国标准出版社，2010

ISBN 978-7-5066-6036-5

Ⅰ. ①中…　Ⅱ. ①中…　Ⅲ. ①国家标准-汇编-中国-2009　Ⅳ. ①T-652.1

中国版本图书馆 CIP 数据核字（2010）第 170078 号

中国标准出版社出版发行
北京复兴门外三里河北街 16 号
邮政编码：100045
网址 www.spc.net.cn
电话：68523946　68517548
中国标准出版社秦皇岛印刷厂印刷
各地新华书店经销

*

开本 880×1230　1/16　印张 38.5　字数 1 140 千字
2010 年 10 月第一版　2010 年 10 月第一次印刷

*

定价 220.00 元

ISBN 978-7-5066-6036-5

9 787506 660365 >

出 版 说 明

1.《中国国家标准汇编》是一部大型综合性国家标准全集。自1983年起，按国家标准顺序号以精装本、平装本两种装帧形式陆续分册汇编出版。它在一定程度上反映了我国建国以来标准化事业发展的基本情况和主要成就，是各级标准化管理机构，工矿企事业单位，农林牧副渔系统，科研、设计、教学等部门必不可少的工具书。

2.《中国国家标准汇编》收入我国每年正式发布的全部国家标准，分为"制定"卷和"修订"卷两种编辑版本。

"制定"卷收入上一年度我国发布的、新制定的国家标准，顺延前年度标准编号分成若干分册，封面和书脊上注明"20××年制定"字样及分册号，分册号一直连续。各分册中的标准是按照标准编号顺序连续排列的，如有标准顺序号缺号的，除特殊情况注明外，暂为空号。

"修订"卷收入上一年度我国发布的、修订的国家标准，视篇幅分设若干分册，但与"制定"卷分册号无关联，仅在封面和书脊上注明"20××年修订-1,-2,-3,……"字样。"修订"卷各分册中的标准，仍按标准编号顺序排列(但不连续)；如有遗漏的，均在当年最后一分册中补齐。需提请读者注意的是，个别非顺延前年度标准编号的新制定的国家标准没有收入在"制定"卷中，而是收入在"修订"卷中。

读者配套购买《中国国家标准汇编》"制定"卷和"修订"卷则可收齐上一年度我国制定和修订的全部国家标准。

3.由于读者需求的变化，自1996年起，《中国国家标准汇编》仅出版精装本。

4.2009年我国制修订国家标准共3 158项。本分册为"2009年修订-24"，收入新制修订的国家标准38项。

中国标准出版社
2010年8月

目　　录

GB/T 15664—2009　水果、蔬菜及其制品　甲酸含量的测定　重量法……………………………………………… 1
GB/T 15671—2009　农作物薄膜包衣种子技术条件 …………………………………………………………… 7
GB/T 15672—2009　食用菌中总糖含量的测定……………………………………………………………… 13
GB/T 15673—2009　食用菌中粗蛋白含量的测定…………………………………………………………… 17
GB/T 15674—2009　食用菌中粗脂肪含量的测定…………………………………………………………… 23
GB 15680—2009　棕榈油 ………………………………………………………………………………………… 27
GB/T 15696.1—2009　信息技术　开放系统互连　面向连接的表示协议　第1部分:协议规范 … 37
GB/T 15721.1—2009　假肢与矫形器　肢体缺失　第1部分:先天性肢体缺失状况的描述方法 …… 107
GB/T 15721.2—2009　假肢与矫形器　肢体缺失　第2部分:下肢截肢残肢的描述方法………… 116
GB/T 15721.3—2009　假肢与矫形器　肢体缺失　第3部分:上肢截肢残肢的描述方法………… 134
GB/T 15722—2009　残疾人坐地排球运动员参赛资格的医学标准 ………………………………………… 149
GB 15763.1—2009　建筑用安全玻璃　第1部分:防火玻璃 ……………………………………………… 157
GB 15763.3—2009　建筑用安全玻璃　第3部分:夹层玻璃 ……………………………………………… 167
GB 15763.4—2009　建筑用安全玻璃　第4部分:均质钢化玻璃 ………………………………………… 189
GB/T 15781—2009　森林抚育规程 ……………………………………………………………………………… 211
GB/T 15782—2009　营造林总体设计规程 …………………………………………………………………… 229
GB/T 15784—2009　制材机械型号编制方法 ………………………………………………………………… 259
GB/T 15790—2009　稻瘟病测报调查规范 …………………………………………………………………… 273
GB/T 15792—2009　水稻二化螟测报调查规范 ……………………………………………………………… 291
GB/T 15794—2009　稻飞虱测报调查规范 …………………………………………………………………… 313
GB/T 15798—2009　粘虫测报调查规范 ……………………………………………………………………… 335
GB/T 15800—2009　棉铃虫测报调查规范 …………………………………………………………………… 359
GB/T 15823—2009　无损检测　氦泄漏检测方法 …………………………………………………………… 407
GB 15848—2009　铀矿地质勘查辐射防护和环境保护规定 ………………………………………………… 421
GB 15892—2009　生活饮用水用聚氯化铝 …………………………………………………………………… 437
GB/T 15902—2009　输送带　弹性伸长率和永久伸长率的测定及弹性模量的计算 ……………………… 455
GB/T 15908—2009　塑料软管及软管组合件　液压用织物增强型　规范 ………………………………… 463
GB/T 15909—2009　电子工业用气体　硅烷(SiH_4) …………………………………………………… 475
GB/T 15910—2009　热力输送系统节能监测 ………………………………………………………………… 483
GB/T 15912.1—2009　制冷机组及供制冷系统节能测试　第1部分:冷库……………………………… 491
GB/T 15913—2009　风机机组与管网系统节能监测 ………………………………………………………… 499
GB/T 15972.55—2009　光纤试验方法规范　第55部分:环境性能的测量方法和试验程序　氢老化 … 507
GB 16005—2009　碘缺乏病病区划分 …………………………………………………………………………… 515
GB/T 16148—2009　放射性核素摄入量及内照射剂量估算规范 …………………………………………… 519
GB/T 16162—2009　全球海上遇险和安全系统(GMDSS)术语………………………………………………… 535
GB/T 16167—2009　救生艇壳体玻璃纤维增强塑料层合板技术条件 ……………………………………… 581
GB/T 16270—2009　高强度结构用调质钢板 ………………………………………………………………… 587
GB/T 16271—2009　钢丝绳吊索　插编索扣 ………………………………………………………………… 597

ICS 67.080.01
X 04

中华人民共和国国家标准

GB/T 15664—2009/ISO 6638-1:1985
代替 GB/T 15664—1995

水果、蔬菜及其制品 甲酸含量的测定 重量法

Fruit and vegetable products—Determination of formic acid content—Gravimetric method

(ISO 6638-1:1985,Fruit and vegetable products—Determination of formic acid content—Part 1:Gravimetric method, IDT)

2009-05-19 发布 2009-10-01 实施

中华人民共和国国家质量监督检验检疫总局
中国国家标准化管理委员会 发布

前 言

本标准等同采用国际标准 ISO 6638-1:1985《水果和蔬菜制品　甲酸含量的测定　第1部分:重量法》(英文版)。

为便于使用,本标准作了下列编辑性修改:

——用小数点符号"."代替小数点符号",";

——用"本标准"代替"本国际标准";

——删除国际标准的前言;

——第3章试剂的顺序按标准编写规范编写;

——第4章中蒸馏装置中各部件标示于蒸馏装置图之下。

本标准代替 GB/T 15664—1995《水果、蔬菜及其制品　甲酸含量的测定　重量法》。

本标准与 GB/T 15664—1995 相比无技术内容修改,仅按照 GB/T 20001.4—2001《标准编写规则　第4部分:化学分析方法》对原标准进行了编辑性修改。

本标准由全国食品工业标准化技术委员会提出并归口。

本标准由农业部食品质量监督检验测试中心(武汉)负责起草。

本标准主要起草人:夏虹、杨洁、胡定金、李书谦、彭茂民、周有祥。

本标准所代替标准的历次版本发布情况为:

——GB/T 15664—1995。

水果、蔬菜及其制品 甲酸含量的测定 重量法

1 范围

本标准规定了重量法测定水果、蔬菜及其制品中甲酸含量的方法。

本标准适用于水果、蔬菜及其制品中甲酸含量的测定。

2 原理

试样中的甲酸被蒸馏出来用碳酸钡(或碳酸钙)吸收,生成甲酸钡(或甲酸钙)。甲酸钡(或甲酸钙)定量地将氯化汞还原为氯化亚汞,然后根据氯化亚汞的质量计算出甲酸含量。

3 试剂

除非另有说明,在分析中仅使用分析纯试剂,所用水为蒸馏水或相当纯度的水。

3.1 碳酸钡($BaCO_3$)或碳酸钙($CaCO_3$)。

3.2 酒石酸($C_4H_6O_6$)。

3.3 乙醇(CH_3CH_2OH)。

3.4 乙醚(CH_3OCH_3)。

3.5 氯化汞-氯化钠混合液:称取 100 g 氯化汞和 30 g 氯化钠,溶解于水后稀释至 1 L。

3.6 500 g/L 乙酸钠溶液。

3.7 10% 盐酸溶液。

4 仪器

4.1 分析天平,感量 0.000 2 g。

4.2 蒸馏装置(见图 1)。

4.3 坩埚式过滤器,G4。

4.4 干燥器。

4.5 烘箱,100 ℃±2 ℃。

4.6 搅拌器。

4.7 锥形瓶,容积 500 mL。

4.8 快速定量滤纸,ϕ15 cm。

4.9 电炉。

4.10 蒸发皿,容积至少 300 mL。

4.11 回流冷凝管。

4.12 水浴锅。

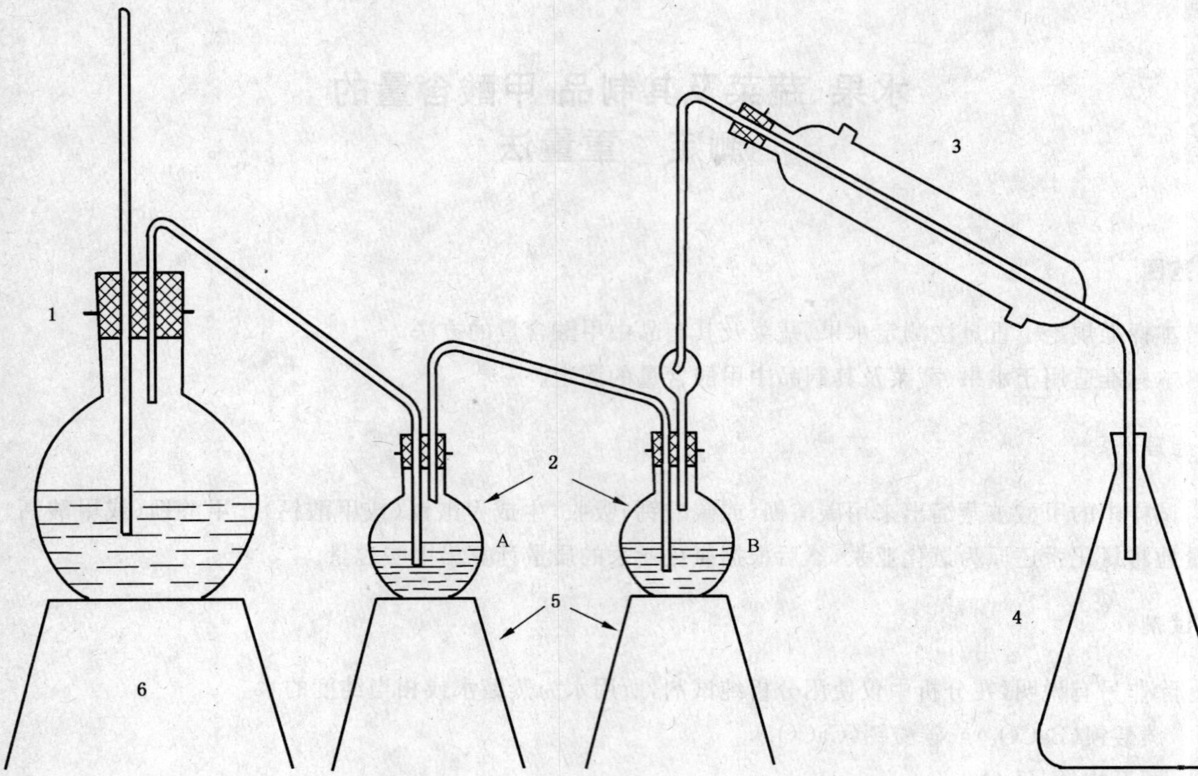

1——蒸汽发生器,容积 5 L;
2——长颈烧瓶 A、B,容积 500 mL;
3——冷凝管,长 50 cm;
4——锥形瓶,容积 2 000 mL;
5——可调电炉,500 W～1 000 W;
6——电炉,2 000 W。

图 1 蒸馏装置图

5 分析步骤

5.1 试样制备

试样取可食部分后用搅拌器(4.6)捣碎混匀。

冰冻样品应先在密闭容器中融化后,再将样品和液体一同捣碎混匀。

5.2 取样

5.2.1 液体试样

用移液管吸取液体试样 25.00 mL～50.00 mL(甲酸含量小于 0.15 g)加入烧瓶 A 中加水至总体积为 100 mL(此步骤也可采取称量的方法,精确至 0.01 g)。

5.2.2 粘稠及固体试样

称取 25.00 g～50.00 g 试样(精确至 0.01 g),移入烧瓶 A 中(甲酸含量小于 0.15 g)并加水至总体积 100 mL。必要时试样在水中浸泡 1 h～2 h。

5.3 蒸馏

5.3.1 加 0.5 g～1.0 g 酒石酸(3.2)到烧瓶 A 中,称 2 g 碳酸钡(或碳酸钙)(3.1)到烧瓶 B 中并加水至 100 mL。

5.3.2 如图 1 所示,将烧瓶 A、B 连接于蒸汽发生器和冷凝器之间,同时加热蒸汽发生器和烧瓶 A、B。

控制蒸馏装置中的电炉温度和蒸汽量，使烧瓶 A、B 中溶液体积变化不超过 5 mL。收集蒸馏液 1 000 mL～1 500 mL 于锥形瓶弃去。

5.3.3 用快速定量滤纸(4.8)将烧瓶 B 中的热溶液过滤于 500 mL 锥形瓶(4.7)中，并用热水洗涤烧瓶 B 3 次～4 次，每次洗涤液均经滤纸过滤收集，最终锥形瓶中溶液约 250 mL，将滤液转移至蒸发皿(4.10)并放于电炉上加热，蒸发至约 100 mL 后再转移于另一锥形瓶(4.7)中。

5.3.4 取 10 mL 乙酸钠溶液(3.6)、2 mL 盐酸溶液(3.7)及 25 mL 氯化汞、氯化钠混合液(3.5)于上述锥形瓶中，于水浴锅(4.12)中 100 ℃±2 ℃回流 2 h，取出冷却(甲酸钡定量地将氯化汞还原生成氯化亚汞沉淀)。

5.3.5 将坩埚式过滤器(4.3)洗干净，烘干，于干燥器中平衡 0.5 h 后，称重，精确至 0.000 2 g。将沉淀全部用冷水洗入该坩埚中，抽滤，并用乙醇(3.3)和乙醚(3.4)分别洗涤沉淀。

5.3.6 将上述装有氯化亚汞沉淀的坩埚式过滤器于 100 ℃±2 ℃ 烘箱内烘 1 h，取出放入干燥器中冷却后，称重，精确至 0.000 2 g。

5.4 平行实验

每份样品(5.1)重复两个平行。

6 结果计算

6.1 计算方法和公式

试料中甲酸含量以质量浓度或质量分数 X 表示，单位以克每百毫升(g/100 mL)或克每百克(g/100 g)表示，按式(1)计算：

$$X=\frac{(m_2-m_1)\times 0.0975}{A}\times 100 \quad \cdots\cdots(1)$$

式中：

m_1——坩埚式过滤器质量，单位为克(g)；

m_2——坩埚式过滤器加氯化亚汞沉淀质量，单位为克(g)；

0.097 5——氯化亚汞折算成甲酸的换算系数；

A——试料质量或体积，单位为克(g)或毫升(mL)。

计算结果表示到小数点后三位。

6.2 重复性

在重复性条件下获得的两次独立测定结果的绝对差值不得超过算术平均值的 2%。

7 实验报告

实验报告内容应包括检测方法、检测结果、样品性状细节以及影响实验现象的发生，或影响检测结果的各种因素。

ICS 65.020.20
B 08

中华人民共和国国家标准

GB/T 15671—2009
代替 GB 15671—1995

农作物薄膜包衣种子技术条件

Technique requirement of crops film coating seed

2009-03-27 发布　　2009-10-01 实施

中华人民共和国国家质量监督检验检疫总局
中国国家标准化管理委员会　发布

前　言

本标准代替 GB 15671—1995《农作物薄膜包衣种子技术条件》。

本标准与 GB 15671—1995 相比，主要变化如下：

——修订了术语和定义；

——取消了包衣种子质量分级；

——修订了包衣种子质量指标；

——修订了包衣种子包衣合格率检测方法；

——增加了有关种子标签的要求。

本标准的附录 A 为规范性附录。

本标准由中华人民共和国农业部提出。

本标准由全国农作物种子标准化技术委员会归口。

本标准负责起草单位：全国农业技术推广服务中心、中国农业大学种衣剂研究中心、河北省种子管理站、山东省种子管理站、河南省种子管理站、辽宁省种子管理局、浙江省种子公司、天津北方种衣剂厂。

本标准主要起草人：谷铁城、宁明宇、李健强、王荣芬、马淑慧、董小平、陈小央、张保友、李放、何艳琴、马继光。

本标准所代替标准的历次版本发布情况为：

——GB 15671—1995。

农作物薄膜包衣种子技术条件

1 范围

本标准规定了薄膜包衣种子技术要求、质量检验以及标志、包装、运输和贮存。

本标准适用于小麦、水稻、玉米、棉花、大豆、高粱、谷子等农作物的薄膜包衣种子，其他农作物薄膜包衣种子可参照执行。

2 规范性引用文件

下列文件中的条款通过本标准的引用而成为本标准的条款。凡是注日期的引用文件，其随后所有的修改单(不包括勘误的内容)或修订版均不适用于本标准，然而，鼓励根据本标准达成协议的各方研究是否可使用这些文件的最新版本。凡是不注日期的引用文件，其最新版本适用于本标准。

GB/T 3543.1 农作物种子检验规程 总则

GB/T 3543.2 农作物种子检验规程 扦样

GB/T 3543.3 农作物种子检验规程 净度分析

GB/T 3543.4 农作物种子检验规程 发芽试验

GB/T 3543.5 农作物种子检验规程 真实性和品种纯度鉴定

GB/T 3543.6 农作物种子检验规程 水分测定

GB 4404.1 粮食作物种子 第1部分:禾谷类

GB 4404.2 粮食作物种子 豆类

GB 4407.1 经济作物种子 第1部分:纤维类

GB/T 7414 主要农作物种子包装

GB/T 7415 农作物种子贮藏

GB 12475 农药贮运、销售和使用的防毒规程

3 术语和定义

下列术语和定义适用于本标准。

3.1

薄膜包衣种子 film coating seed

在包衣机械的作用下，将种衣剂均匀地包裹在种子表面并形成一层膜衣的种子。

4 薄膜包衣种子技术要求

薄膜包衣种子的纯度、净度、水分和发芽率质量指标执行 GB 4404.1，GB 4404.2，GB 4407.1 规定，薄膜包衣种子所使用的种衣剂产品应具有农药登记证号和生产批准证号，其农药有效成分含量和薄膜包衣种子药种比应符合种衣剂产品说明中的规定，包衣合格率质量指标见表1。

表1 薄膜包衣种子包衣合格率质量指标

项目	小麦	玉米 (杂交种)	高粱 (杂交种)	谷子	大豆	水稻 (杂交种)	棉花
包衣合格率/%	≥95	≥95	≥95	≥85	≥94	≥88	≥94

5 薄膜包衣种子质量检验

5.1 扦样

按 GB/T 3543.2 的规定执行。扦样时间应在包衣种子成膜后进行。

5.2 样品的混合

执行 GB/T 3543.2 的规定。采用四分法对送检样品进行混合。

5.3 扦样单

扦样单内容见附录 A 中的表 A.1。

5.4 检验方法

5.4.1 纯度检验

将薄膜包衣种子放入细孔筛后浸在水里,将种子表面膜衣洗净,放在吸水纸上,置入恒温箱内干燥(干燥温度 30 ℃)后按 GB/T 3543.5 规定进行品种纯度检验。

5.4.2 净度检验

按品种纯度检验中的方法,除去膜衣后,按 GB/T 3543.3 的规定进行净度检验。

5.4.3 水分检验

按 GB/T 3543.6 的规定进行水分检验。

5.4.4 发芽率检验

按 GB/T 3543.4 规定进行发芽率检验。发芽试验时,薄膜包衣种子粒和粒之间至少保持与薄膜包衣种子同样大小的两倍距离。检验时间延长 48 h。

5.4.5 包衣合格率检验

从混合样品中随机取试样 3 份,每份 200 粒,用放大镜目测观察每粒种子。凡表面膜衣覆盖面积不小于 80%者为合格薄膜包衣种子,数出合格薄膜包衣种子粒数,按式(1)计算,将结果记入表 2。

$$H = h/200 \times 100\% \quad \cdots\cdots\cdots(1)$$

式中:

H——薄膜包衣种子合格率,%;

h——样品中合格薄膜包衣种子粒数。

表 2 薄膜包衣种子包衣合格率测定结果

项 目	取样次数			
	1	2	3	平均
合格籽粒/粒				
合格率/%				

检测人__________ 检测日期__________

5.5 检验结果

检验程序结束后应整理数据,汇总并记入附录 A 中的表 A.2。

5.6 评定

检验结果中有一项不合格者,即判定为不合格薄膜包衣种子,并在检验结果报告单中注明处理意见。薄膜包衣种子的纯度、净度、发芽率的测定值与标准规定值进行比较判定时,执行 GB/T 3543.1、GB/T 3543.2、GB/T 3543.3、GB/T 3543.4、GB/T 3543.5、GB/T 3543.6 中与规定值比较所用的容许差距。

6 标志、包装、运输和贮存

6.1 标志

薄膜包衣种子包装物上标志应符合 GB/T 7414、GB/T 7415 和 GB 12475 的规定，注明药剂名称、有效成分及含量、注意事项；并根据药剂毒性附骷髅或十字骨的警示标志，标注红色“有毒”字样。

6.2 包装

薄膜包衣种子包装应防雨、防潮。包装材料采用塑料袋、塑料编织袋、复合袋等。包装规格执行 GB/T 7414、GB/T 7415 的规定。包装物不得重复使用，使用后焚烧、深埋或集中处理，并不能引起环境污染。

6.3 运输

薄膜包衣种子运输过程中的防毒事宜，执行 GB 12475 的规定。装卸包衣种子时，要轻拿轻放，减少膜衣脱落。

6.4 贮存

6.4.1 薄膜包衣后的种子不能立即搬运，需根据所使用种衣剂的要求，待种衣成膜后方可入库。

6.4.2 薄膜包衣种子要专库分批贮存，不得与粮食、饲料等食用产品和原料混放，仓库要求干燥，有通风设施。

6.4.3 进入包衣种子库的人员应有安全防护措施。

附 录 A
（规范性附录）
扦样单和薄膜包衣种子检验结果报告单

表 A.1 扦样单　　　　　　　　　　　　　字第　　号

受检单位名称			
种子存放地点		作物种类	
品种名称		批号	
批量		批件数	
扦样重量/g		样品编号	
种衣剂生产企业名称		药种比	
种衣剂剂型		包衣时间	
种衣剂有效成分含量/%		需检验项目	
备注或说明			

扦样员：　　　　　　　　　　　　　　　　负责人：
检验部门（盖章）：　　　　　　　　　　　受检单位（盖章）：
年　月　日

表 A.2 薄膜包衣种子检验结果报告单　　　　　字第　　号

<table>
<tr><td colspan="2">送检单位</td><td></td><td>样品编号</td><td></td></tr>
<tr><td colspan="2">作物及品种名称</td><td></td><td>送样日期</td><td></td></tr>
<tr><td colspan="2">种衣剂生产企业名称</td><td></td><td>种衣剂剂型</td><td></td></tr>
<tr><td colspan="2">剂型有效成分含量/%</td><td></td><td>药种比</td><td></td></tr>
<tr><td rowspan="3">检验结果</td><td>纯度/%</td><td></td><td rowspan="2">包衣合格率/%</td><td rowspan="2"></td></tr>
<tr><td>净度/%</td><td></td></tr>
<tr><td>水分/%</td><td></td><td>发芽率/%</td><td></td></tr>
<tr><td>备　注</td><td colspan="4"></td></tr>
</table>

检验部门（盖章）：　　　　　　　　　　　检验员（签字）：
检验日期：　　年　　月　　日

ICS 67.080.20
X 26

中华人民共和国国家标准

GB/T 15672—2009
代替 GB/T 15672—1995

食用菌中总糖含量的测定

Determination of total saccharide in edible mushroom

2009-10-30 发布　　　　2009-12-01 实施

中华人民共和国国家质量监督检验检疫总局
中国国家标准化管理委员会　发布

前　言

本标准代替 GB/T 15672—1995《食用菌总糖含量测定方法》。

本标准与 GB/T 15672—1995 相比主要变化如下：

——按照 GB/T 20001.4—2001《标准编写规则　第 4 部分：化学分析方法》对原标准的结构进行了修改；

——修改了标准的中英文名称；

——修改了标准的检测适用范围；

——增加了规范性引用文件一章；

——规范性引用文件中，增加了“GB/T 6682　分析实验室用水规格和试验方法”及“GB/T 5009.3　食品中水分的测定”，删除了“GB 12530　食用菌取样方法”及“GB 12531　食用菌水分测定”；

——试样制备中增加了干样的取样量，并明确了鲜样的取样个数；

——改变了样品水解的条件，增加了盐酸的用量，缩短了水解时间；

——原标准中的费林试剂滴法测定改为本标准中的苯酚-硫酸比色法测定，试剂、仪器以及计算公式也进行了修改；

——将原标准中的“允许差”改为“精密度”，并另起一章，修改了误差表示方式。

本标准由中华人民共和国农业部提出并归口。

本标准起草单位：农业部食用菌产品质量监督检验测试中心(上海)、上海市农业科学院食用菌所、上海市农业科学院农产品质量标准与检测技术研究所、昆明食用菌研究所、天津大学。

本标准主要起草人：邢增涛、杨海锋、韩烨、谭琦、桂明英、高官世、左琦、顾赛红、王红梅。

本标准于 1995 年首次发布，2009 年第一次修订。

食用菌中总糖含量的测定

1 范围

本标准规定了食用菌中总糖含量的测定方法。

本标准适用于食用菌中总糖含量的测定。

2 规范性引用文件

下列文件中的条款通过本标准的引用而成为本标准的条款。凡是注日期的引用文件，其随后所有的修改单(不包括勘误的内容)或修订版均不适用于本标准，然而，鼓励根据本标准达成协议的各方研究是否可使用这些文件的最新版本。凡是不注日期的引用文件，其最新版本适用于本标准。

GB/T 5009.3 食品中水分的测定

GB/T 6682 分析实验室用水规格和试验方法

3 原理

食用菌中水溶性糖和水不溶性多糖经盐酸溶液水解后转化成还原糖，水解物在硫酸的作用下，迅速脱水生成糖醛衍生物，并与苯酚反应生成橙黄色溶液，反应产物在490 nm处比色，采用外标法定量。

4 试剂

除非另有说明，在分析中仅使用确认为分析纯的试剂和符合GB/T 6682规定的三级水。

4.1 浓盐酸：ρ=1.18 g/mL。

4.2 浓硫酸：ρ=1.84 g/mL。

4.3 50 g/L苯酚溶液：称取5 g苯酚(C_6H_6O，重蒸)，用水溶解于100 mL容量瓶中，定容后摇匀。转至棕色瓶，置4 ℃冰箱中避光贮存。

4.4 100 mg/L葡萄糖标准溶液：将葡萄糖于105 ℃恒温烘干至恒重，称取葡萄糖约0.1 g(精确至0.000 1 g)，用水溶解于1 000 mL容量瓶中，定容至刻度后摇匀。置4 ℃冰箱中避光贮存，两周内有效。

5 仪器和设备

5.1 电热鼓风干燥箱：温度精度±2 ℃。

5.2 粉碎机：备有1 mm孔径的金属筛网。

5.3 可见分光光度计。

5.4 涡旋振荡器。

5.5 分析天平：感量0.000 1 g。

5.6 恒温水浴：温度精度±1 ℃。

5.7 实验室常用玻璃器具。

6 试样制备

6.1 取样方法和数量

将样品混匀后平铺成方形，用四分法取样，干样取样量不应少于200 g；鲜样取样量不应少于1 000 g；子实体单个质量大于200 g的样品，取样个数不应少于5个。

6.2 试样的制备

6.2.1 干样直接用剪刀剪成小块，在 80 ℃干燥箱中烘至发脆后置于干燥器内冷却，立即粉碎。粉碎样品过孔径为 0.9 mm 的筛。未能过筛部分再次粉碎或经钵内研磨后再次过筛，直至全部样品过筛为止。过筛后的样品装入清洁的广口瓶内密封保存，备用。

6.2.2 鲜样用手撕或刀切成小块，50 ℃鼓风干燥 6 h 以上，待样品半干后再逐步提高温度至 80 ℃，烘至发脆后在干燥器内冷却，立即粉碎。其他操作同 6.2.1。

7 分析步骤

7.1 称样

称取约 0.25 g 试样，准确到 0.001 g。同时按照 GB/T 5009.3 规定方法（第一法）测定试样含水率。

7.2 水解

将试样小心倒入 250 mL 锥形瓶中，加 50 mL 水和 15 mL 浓盐酸(4.1)。装上冷凝回流装置，置 100 ℃水浴中水解 3 h。冷却至室温后过滤，再用蒸馏水洗涤滤渣，合并滤液及洗液，用水定容至 250 mL。此溶液为试样测试液。

7.3 标准曲线的制定

分别吸取 0、0.2 mL、0.4 mL、0.6 mL、0.8 mL、1.0 mL 的葡萄糖标准溶液(4.4)至 10 mL 具塞试管，用蒸馏水补至 1.0 mL。向试液中加入 1.0 mL 5%苯酚溶液(4.3)，然后快速加入 5.0 mL 浓硫酸(4.2)（与液面垂直加入，勿接触试管壁，以便于反应液充分混合），反应液静止放置 10 min。使用涡旋振荡器使反应液混合，然后将试管放置于 30 ℃水浴锅中反应 20 min。取适量反应液在 490 nm 处测吸光度。以葡萄糖质量浓度为横坐标，吸光度值为纵坐标，制定标准曲线。

7.4 测定

准确吸取试样测试液(7.2)0.2 mL 于 10 mL 具塞试管，用蒸馏水补至 1.0 mL，按 7.3 步骤操作，以空白溶液调零，测得吸光度，以标准曲线计算总糖含量。

7.5 空白试验

空白试验需与测定平行进行，用同样的方法和试剂，但不加试料。

8 结果计算

试料中总糖含量以质量分数 w 计，数值以百分率(%)表示，按式(1)计算。

$$w = \frac{m_1 \times V_1 \times 10^{-6}}{m_2 \times V_2 \times (1 - \omega)} \times 100 \qquad \cdots\cdots(1)$$

式中：

V_1——样品定容体积，单位为毫升(mL)；

V_2——比色测定时所移取样品测定液的体积，单位为毫升(mL)；

m_1——从标准曲线上查得样品测定液中的含糖量，单位为微克(μg)；

m_2——样品质量，单位为克(g)；

ω——样品含水量，%。

计算结果以葡萄糖计，表示到小数点后一位。

9 精密度

在重复性条件下获得的两次独立测试结果的绝对差值不大于这两个测定值的算术平均值的 10%，以大于这两个测定值的算术平均值的 10%的情况不超过 5%为前提。

ICS 67.080.20
X 26

GB

中华人民共和国国家标准

GB/T 15673—2009
代替 GB/T 15673—1995

食用菌中粗蛋白含量的测定

Determination of crude protein in edible mushroom

2009-10-30 发布　　2009-12-01 实施

中华人民共和国国家质量监督检验检疫总局
中国国家标准化管理委员会　发布

前　言

本标准代替 GB/T 15673—1995《食用菌粗蛋白含量测定方法》。

本标准与 GB/T 15673—1995 相比主要变化如下：

——按照 GB/T 20001.4—2001《标准编写规则　第4部分：化学分析方法》对原标准的结构进行了修改；

——修改了标准的中英文名称；

——增加了规范性引用文件一章，删除了“GB 12530　食用菌取样方法”，将“GB 12531　食用菌水分的测定”改为“GB/T 5009.3　食品中水分的测定”，增加了“GB/T 6682　分析实验室用水规格和试验方法”；

——试样制备中增加了干样的取样量，并明确了鲜样的取样个数；

——7.1 中试样称取量由原来的 0.3 g～0.5 g 改为 0.5 g～1.0 g；

——7.2 中调整了加速剂、硫酸用量及消煮时间；

——7.3 中增加了常量蒸馏法和仪器蒸馏法；

——仪器设备中去掉了实验室常用器具，增加了自动定氮仪；

——修改了“结果计算”中的计算公式；

——将原标准中的“允许差”改为“精密度”，并另起一章，修改了误差表示方式。

本标准由中华人民共和国农业部提出并归口。

本标准起草单位：农业部食用菌产品质量监督检验测试中心（上海）、上海市农业科学院食用菌研究所、上海市农业科学院农产品质量标准与检测技术研究所、昆明食用菌研究所、天津大学。

本标准主要起草人：邢增涛、王红梅、韩烨、谭琦、桂明英、高官世、姜萍萍、顾赛红、杨海锋。

本标准于 1995 年首次发布，2009 年第一次修订。

食用菌中粗蛋白含量的测定

1 范围

本标准规定了食用菌中粗蛋白含量的测定方法。

本标准适用于食用菌中粗蛋白含量的测定。

2 规范性引用文件

下列文件中的条款通过本标准的引用而成为本标准的条款。凡是注日期的引用文件，其随后所有的修改单(不包括勘误的内容)或修订版均不适用于本标准，然而，鼓励根据本标准达成协议的各方研究是否可使用这些文件的最新版本。凡是不注日期的引用文件，其最新版本适用于本标准。

GB/T 601　化学试剂　标准滴定溶液的制备

GB/T 5009.3　食品中水分的测定

GB/T 6682　分析实验室用水规格和试验方法

3 原理

以硫酸破坏样品中的有机物，使含氮物转化成硫酸铵。加碱蒸馏，以硼酸吸收后，再用盐酸滴定所释放的氨，计算出其含氮量。含氮量乘以换算系数6.25即得试样中的粗蛋白含量。

4 试剂

除非另有说明，在分析中仅使用确认为分析纯的试剂和符合GB/T 6682规定的三级水。

4.1 硫酸：$\rho=1.84$ g/mL。

4.2 盐酸：$\rho=1.18$ g/mL。

4.3 400 g/L氢氧化钠溶液：称取400 g氢氧化钠(NaOH)溶于1 000 mL蒸馏水中。

4.4 20 g/L硼酸溶液：称取20 g硼酸(H_3BO_4)溶于1 000 mL蒸馏水中。

4.5 加速剂：600 g硫酸钾(K_2SO_4)与100 g硫酸铜($CuSO_4 \cdot 5H_2O$)混匀，充分研磨后过孔径为0.45 mm的筛，密封保存。

4.6 盐酸标准溶液Ⅰ：c(HCl)＝0.1 mol/L，按GB/T 601制备和标定。

4.7 盐酸标准溶液Ⅱ：c(HCl)＝0.02 mol/L，准确移取10 mL盐酸标准溶液Ⅰ(4.6)，用无二氧化碳蒸馏水定容至50 mL，现配现用。

4.8 甲基红-溴甲酚绿混合指示剂：50 mL的2 g/L溴甲酚绿乙醇溶液和10 mL的2 g/L甲基红乙醇溶液混合。

4.9 过氧化氢。

5 仪器设备

5.1 分析天平：感量0.001 g。

5.2 电热鼓风干燥箱：精度±2 ℃。

5.3 可调电炉或消煮炉：室温至600 ℃。

5.4 硬质凯氏瓶或消煮管。

5.5 常量直接蒸馏装置。

5.6 半微量水蒸气蒸馏装置。

5.7　定氮仪:以凯氏定氮原理的各种类型半自动或全自动氮含量测定的仪器。

6　试样制备

6.1　取样方法和数量

将样品混匀后平铺成方形,用四分法取样,干样取样量不应少于 200 g,鲜样取样量不应少于 1 000 g;子实体单个质量大于 200 g 的样品,取样个数不应少于 5 个。

6.2　试样的制备

6.2.1　干品直接用剪刀剪成小块,在 80 ℃～100 ℃干燥箱中烘至发脆后置于干燥器内冷却,立即粉碎。粉碎样品过孔径为 0.9 mm 的筛。未能过筛部分再次粉碎或经钵内研磨后再次过筛,直至全部过筛为止。过筛后的样品装入清洁的广口瓶内密封保存,备用。

6.2.2　鲜样用手撕或刀切成小块,50 ℃鼓风干燥 6 h 以上,待样品半干后再逐步提高温度至 80 ℃,烘至发脆后在干燥器内冷却,立即粉碎。其他操作同 6.2.1。

7　分析步骤

7.1　称样

称取试样 0.5 g～1.0 g(双孢蘑菇、香菇、草菇和平菇等高蛋白质的样品为 0.5 g 左右,木耳、银耳和茯苓等低蛋白质含量的样品为 1 g 左右),精确到 0.001 g。同时按 GB/T 5009.3 规定的方法(第一法)测定试样的含水量。

7.2　消煮

将试料放入凯氏瓶或消煮管中,加入 4.0 g 加速剂(4.5),混匀,加入 10 mL 硫酸(4.1),再加 1 mL 过氧化氢(4.9),轻轻摇动使试样完全湿润。缓慢加热至沸腾,调节电炉温度,防止泡沫冲到凯氏瓶颈上。待泡沫消失为止。继续加热,使溶液不断处于沸腾状态直至溶液变清呈绿色之后继续加热 2 h 后结束。

7.3　蒸馏

7.3.1　常量蒸馏法

待试料消煮液(7.2)冷却后,加入 40 mL 蒸馏水,摇匀,冷却。将蒸馏装置(5.5)的冷凝管末端浸入装有 25 mL 硼酸吸收液(4.4)和 2 滴混合指示剂(4.8)的 250 mL 锥形瓶内。然后小心地向凯氏瓶(5.4)中加入 40 mL 氢氧化钠溶液(4.3),轻轻摇动凯氏瓶,使溶液混匀后再加热蒸馏,使蒸馏液猛烈沸腾,释放出的氨被吸收液(4.4)吸收,待吸收液变绿色之后继续蒸馏 5 min,吸收液达 100 mL 左右时停止蒸馏。降下锥形瓶,使冷凝管末端离开液面,继续蒸馏 1 min～2 min,并用蒸馏水冲洗冷凝管末端,洗液均需流入锥形瓶内,然后停止蒸馏。

7.3.2　半微量蒸馏法

将试料消煮液(7.2)冷却,加入 20 mL 蒸馏水,转入 100 mL 容量瓶中,并用蒸馏水少量多次洗涤消煮管,洗液转入容量瓶,冷却后定容,摇匀,作为试料分解液。将半微量蒸馏装置(5.6)的冷凝管末端浸入装有 10 mL 硼酸吸收液(4.4)和 2 滴混合指示剂(4.8)的 100 mL 锥形瓶内。蒸汽发生器(5.6)的水中应加入甲基红指示剂数滴、硫酸数滴及数粒玻璃珠,在蒸馏过程中保持此液为微红色,否则需补加硫酸。准确移取试料分解液注入蒸馏装置(5.6)的反应室中,用少量蒸馏水冲洗进样口,再加 10 mL 氢氧化钠溶液(4.3),立即塞紧入口,且加水封口。通入蒸汽,使反应室内蒸馏液剧烈沸腾。吸收液变绿后继续蒸馏 5 min,吸收液达 75 mL 左右时停止蒸馏。使冷凝管末端离开吸收液面,再蒸馏 1 min ～2 min,用蒸馏水冲洗冷凝管末端,洗液均流入锥形瓶内,然后停止蒸馏。

7.3.3　半自动定氮仪

将带消化液的消煮管插在蒸馏装置上,以 25 mL 硼酸溶液(4.4)为吸收液,加入 2 滴混合指示剂(4.8),蒸馏装置的冷凝管末端要浸入装有吸收液的 250 mL 锥形瓶内,然后向消煮管中加入 40 mL 氢氧化钠溶液进行蒸馏。其余操作同 7.3.1。

7.3.4 全自动定氮仪

按仪器本身常量程序进行测定。

7.4 滴定

用 7.3.1 和 7.3.3 中规定的方法蒸馏后的吸收液，立即用 0.1 mol/L 盐酸标准溶液(4.6)滴定，吸收液由蓝绿色滴定至灰红色，30 s 保持不变为终点。

用 7.3.2 中规定的方法蒸馏后的吸收液，立即用 0.02 mol/L 盐酸标准溶液(4.7)滴定，吸收液由蓝绿色滴定至灰红色，30 s 保持不变为终点。

7.5 空白试验

空白试验需与测定平行进行，用同样的方法和试剂，但不加试料。空白试验所消耗的 0.02 mol/L 盐酸标准溶液体积应不大于 0.25 mL。

8 结果计算

试料中粗蛋白含量以质量分数 w 计，数值以克每百克(%)表示，按式(1)计算。

$$w=\frac{c\times(V_1-V_0)\times V}{m\times(1-\omega)\times V_i}\times 0.014\times 6.25\times 100 \qquad (1)$$

式中：

c——盐酸标准溶液的浓度，单位为摩尔每升(mol/L)；

V_0——空白试验滴定消耗的盐酸标准溶液体积，单位为毫升(mL)；

V_1——试料滴定消耗的盐酸标准溶液体积，单位为毫升(mL)；

m——试料的质量，单位为克(g)；

0.014——氮的摩尔质量，单位为克每毫摩尔(g/m mol)；

ω——试料含水率，%；

6.25——氮换算成粗蛋白质的系数；

V_i——试料分解液蒸馏用的体积，单位为毫升(mL)；

V——试料分解液的总体积，单位为毫升(mL)。

计算结果保留到小数点后一位。

9 精密度

在重复性测定条件下获得的两次平行测定结果的绝对差值不大于算术平均值的 10%，以大于这两个测定值的算术平均值的 10% 的情况不超过 5% 为前提。

ICS 67.080.20
X 26

中华人民共和国国家标准

GB/T 15674—2009
代替 GB/T 15674—1995

食用菌中粗脂肪含量的测定

Determination of crude fat in edible mushroom

2009-10-30 发布 2009-12-01 实施

中华人民共和国国家质量监督检验检疫总局
中国国家标准化管理委员会 发布

前言

本标准代替 GB/T 15674—1995《食用菌粗脂肪含量测定方法》。

本标准与 GB/T 15674—1995 相比主要变化如下：

——按照 GB/T 20001.4—2001《标准编写规则　第 4 部分：化学分析方法》对原标准的结构进行了修改；

——修改了标准中英文名称；

——原标准第 2 章的"引用标准"修改为"规范性引用文件"，去掉原标准中的"GB 12530　食用菌取样方法"，增加了 GB/T 6682 和 GB/T 5009.3 两个标准；

——修改了"原理"；

——试剂中去掉乙醚，改为石油醚，并增加了盐酸溶液和硅藻土；

——仪器设备中去掉实验室常用器具，增加了脂肪测定仪；

——试样制备中增加了干样的取样量，并明确了鲜样的取样个数；

——增加了水解步骤；

——修改了"结果计算"中的计算公式；

——将原标准中的"允许差"改为"精密度"，并另起一章，修改了误差表示方式。

本标准由中华人民共和国农业部提出并归口。

本标准起草单位：农业部食用菌产品质量监督检验测试中心（上海）、上海市农业科学院食用菌所、上海市农业科学院农产品质量标准与检测技术研究所、昆明食用菌研究所、天津大学。

本标准主要起草人：邢增涛、顾赛红、韩烨、谭琦、桂明英、高官世、姜萍萍、王红梅、杨海锋。

本标准于 1995 年首次发布，2009 年第一次修订。

食用菌中粗脂肪含量的测定

1 范围

本标准规定了食用菌中粗脂肪含量的测定方法。

本标准适用于食用菌中粗脂肪含量的测定。

2 规范性引用文件

下列文件中的条款通过本标准的引用而成为本标准的条款。凡是注日期的引用文件，其随后所有的修改单(不包括勘误的内容)或修订版均不适用于本标准，然而，鼓励根据本标准达成协议的各方研究是否可使用这些文件的最新版本。凡是不注日期的引用文件，其最新版本适用于本标准。

GB/T 5009.3 食品中水分的测定

GB/T 6682 分析实验室用水规格和试验方法

3 原理

试样加盐酸煮沸水解后，冷却、过滤、洗涤残渣至中性并干燥后用石油醚提取，提取物烘干至恒重后称量，计算样品中粗脂肪的含量。

4 试剂

除非另有说明，在分析中仅使用确认为分析纯的试剂和符合 GB/T 6682 规定的三级水。

4.1 盐酸溶液[c(HCl)=3 mol/L]：吸取 25 mL 盐酸(ρ=1.18 g/mL)于 75 mL 蒸馏水中。

4.2 石油醚：沸点范围为 30 ℃～60 ℃。

4.3 硅藻土：在 6 mol/L 盐酸溶液中煮沸 30 min，用水洗至中性，在 130 ℃中干燥。

5 仪器设备

5.1 电热鼓风干燥箱，温度精度±2 ℃。

5.2 分析天平，感量 0.001 g、0.000 1 g。

5.3 电热水浴锅。

5.4 索氏提取器。

5.5 提取套管。

5.6 脂肪测定仪，以索氏提取脂肪原理制造的各类脂肪测定仪。

5.7 滤纸，中速。

5.8 脱脂棉。

5.9 玻璃细珠。

5.10 实验室常用器具。

6 试样制备

6.1 取样方法和数量

将样品混匀后平铺成方形，用四分法取样，干样取样量不应少于 200 g；鲜样取样量不应少于 1 000 g；子实体单个质量大于 200 g 的样品，取样数不应少于 5 个。

6.2 试样的制备

6.2.1 干样直接用剪刀剪成小块，在 80 ℃干燥箱中烘至发脆后置于干燥器内冷却，立即粉碎。粉碎样品过孔径为 0.9 mm 的筛。未能过筛部分再次粉碎或经钵内研磨后再过筛，直至全部样品过筛为止。过筛后的样品装入清洁的广口瓶内密封保存，备用。

6.2.2 鲜样用手撕或刀切成小块，50 ℃鼓风干燥 6 h 以上，待样品半干后再逐步提高温度至 80 ℃，烘至发脆后在干燥器内冷却，立即粉碎。其他操作同 6.2.1。

7 分析步骤

7.1 称样和水解

称取 5 g 试料，精确至 0.001 g，同时按照 GB/T 5009.3 规定方法(第一法)测定试样含水率，转移到 250 mL 高脚烧杯中，加 100 mL 盐酸溶液(4.1)和数粒玻璃细珠，盖上表面皿，在电热板上加热至微沸，水解 1 h，每 10 min 摇动一次。水解液在室温下冷却，加 2 g 硅藻土。用湿润的无脂双层中速滤纸过滤水解液，残渣用冷水洗涤至中性。将残渣连同滤纸放入电热鼓风干燥箱中，在 80 ℃鼓风干燥。烘干后，小心将含有残渣的双层滤纸放入提取套管(5.5)中，在 100 ℃电热鼓风干燥箱中干燥 30 min，取出套管并用一小块脱脂棉覆盖。

7.2 提取

将提取套管置于索氏提取器(5.4)的抽提管内，在已恒重的烧瓶中注入 150 mL 石油醚，并立即与抽提管相连接，置于水浴上回流抽提 5 h～6 h，控制每 4 min～6 min 虹吸 1 次。抽提完后(用滴管将抽提管中的石油醚滴一滴在滤纸或毛玻璃上，石油醚挥发后无油迹即可)，取出滤纸包。待烧瓶中石油醚挥发尽后取下烧瓶擦干，在 100 ℃干燥箱中烘 1 h～2 h，再在干燥器中冷却，称量，精确至 0.000 1 g。重复上述操作直至前后两次质量差不超过 0.001 g。

采用脂肪测定仪时，按仪器程序进行提取。

8 结果计算

试料中粗脂肪含量以质量分数 w 计，数值以百分率(%)表示，按式(1)计算。

$$w = \frac{m_1 - m_0}{m \times (1-\omega)} \times 100 \qquad \cdots\cdots(1)$$

式中：

m_1——恒重后带有抽提物的烧瓶质量，单位为克(g)；

m_0——恒重后烧瓶的质量，单位为克(g)；

m——试料的质量，单位为克(g)；

ω——试料含水率，%。

计算结果表示到小数点后两位。

9 精密度

在重复性测定条件下获得的两次平行测试结果的绝对差值不大于算术平均值的 10%，以大于这两个测定值的算术平均值的 10%的情况不超过 5%为前提。

ICS 67.200.10
X 14

中华人民共和国国家标准

GB 15680—2009
代替 GB/T 15680—1995,GB/T 18008—1999

棕榈油

Palm oil

2009-03-28 发布 2009-10-01 实施

中华人民共和国国家质量监督检验检疫总局
中国国家标准化管理委员会 发布

前 言

本标准表3、表4、表5的黑体字部分指标、5.4、7.4和第8章为强制性的，其余为推荐性的。

本标准自实施之日起代替GB/T 15680—1995《食用棕榈油》和GB/T 18008—1999《棕榈油》。

本次修订参考了国际食品法典委员会的标准CODEX-STAN 210—2003《指定的植物油法典标准》。

本标准与GB/T 15680—1995和GB/T 18008—1999的主要技术差异如下：

——将两个标准的内容合而为一，根据棕榈油的原料及采用的加工方式，对其进行了分类；

——标准属性由推荐性改为强制性；

——对上述标准中特征指标和质量指标项目进行了调整；

——对部分质量指标值作了修改。

本标准由国家粮食局提出并归口。

本标准负责起草单位：国家粮食局标准质量中心、国家粮食局科学研究院。

本标准参与起草单位：国家粮食局西安油脂食品及饲料质量监督检验测试中心、南海油脂工业(赤湾)有限公司、北海粮油工业(天津)有限公司、北京市粮油食品检验所、天津市粮油质量检验所。

本标准主要起草人：龙伶俐、薛雅琳、夏天文、谢黔岭、郝克非、周光俊、赵淑媛。

本标准所代替标准的历次版本发布情况为：

——GB/T 15680—1995；

——GB/T 18008—1999。

棕　榈　油

1　范围

本标准规定了棕榈油的术语和定义、分类、质量要求、检验方法、检验规则、标签、包装、贮存和运输等要求。

本标准适用于棕榈油及其分提产品棕榈液油、棕榈超级液油、棕榈硬脂的原油和成品油。

2　规范性引用文件

下列文件中的条款通过本标准的引用而成为本标准的条款。凡是注日期的引用文件，其随后所有的修改单（不包括勘误的内容）或修订版均不适用于本标准，然而，鼓励根据本标准达成协议的各方研究是否可使用这些文件的最新版本。凡是不注日期的引用文件，其最新版本适用于本标准。

GB 2716　食用植物油卫生标准

GB 2760　食品添加剂使用卫生标准

GB/T 5009.37　食用植物油卫生标准的分析方法

GB/T 5524　动植物油脂　扦样(GB/T 5524—2008,ISO 5555:2001,IDT)

GB/T 5525　植物油脂　透明度、气味、滋味鉴定法

GB/T 5526　植物油脂检验　比重测定法

GB/T 5527　植物油脂检验　折光指数测定法

GB/T 5528　动植物油脂　水分及挥发物含量测定(GB/T 5528—2008,ISO 662:1998,IDT)

GB/T 5530　动植物油脂　酸值和酸度测定(GB/T 5530—2005,ISO 660:1996,IDT)

GB/T 5532　动植物油脂　碘值的测定(GB/T 5532—2008,ISO 3961:1996,MOD)

GB/T 5534　动植物油脂　皂化值的测定(GB/T 5534—2008,idt ISO 3657:2002,MOD)

GB/T 5535.1　动植物油脂　不皂化物测定　第1部分：乙醚提取法(GB/T 5535.1—2008,ISO 3596:2000,IDT)

GB/T 5535.2　动植物油脂　不皂化物测定　第2部分：己烷提取法(GB/T 5535.2—2008,ISO 18609:2000,IDT)

GB/T 5538　动植物油脂　过氧化值测定(GB/T 5538—2005,ISO 3960:2001,IDT)

GB 7718　预包装食品标签通则

GB/T 15687　动植物油脂　试样的制备(GB/T 15687—2008,ISO 661:2003,IDT)

GB/T 15688　动植物油脂　不溶性杂质含量的测定(GB/T 15688—2008,ISO 663:2007,MOD)

GB/T 17374　食用植物油销售包装

GB/T 17376　动植物油脂　脂肪酸甲酯制备(GB/T 17376—2008,ISO 5509:2000,IDT)

GB/T 17377　动植物油脂　脂肪酸甲酯的气相色谱分析(GB/T 17377—2008,ISO 5508:1990,IDT)

GB/T 22460　动植物油脂　罗维朋色泽的测定(GB/T 22460—2008,ISO 15305:1998,IDT)

ISO 6321:2002　动植物油脂　熔点（滑点）的测定　敞口毛细管法

3　术语和定义

下列术语和定义适用于本标准。

3.1

棕榈油　palm oil

由油棕榈的果肉制取的油。

3.2

棕榈液油　palm olein

棕榈油经分提工序精制而成的在常温下呈液态的棕榈油。

3.3

棕榈超级液油　palm superolein

棕榈油经分提工序精制及结晶化过程而成的碘值超过60的液态棕榈油。

3.4

棕榈硬脂　palm stearin

棕榈油经分提工序精制而成的高熔点的棕榈油。

3.5

棕榈原油　crude palm oil

只能作为原料的棕榈油，不能直接供人类食用的棕榈油。

3.6

成品棕榈油　finished product of palm oil

经处理符合本标准成品油质量指标和卫生要求的直接供人类食用的棕榈油。

3.7

相对密度　relative density

规定温度下的植物油的质量与同体积20 ℃蒸馏水的质量之比值。

3.8

折光指数　refractive index

光线从空气中射入油脂时，入射角与折射角的正弦之比值。

3.9

熔点　melting point

油脂由固态熔化成液态的温度，即固相和液相蒸气压相等时的温度。

3.10

碘值　iodine value

在规定条件下与100 g油脂发生加成反应所需碘的克数。

3.11

皂化值　saponification value

皂化1 g油脂所需的氢氧化钾毫克数。

3.12

不皂化物　unsaponifiable matter

油脂中不与碱起作用、溶于醚、不溶于水的物质，包括甾醇、脂溶性维生素和色素等。

3.13

脂肪酸　fatty acid

脂肪族一元羧酸的总称，通式为R-COOH。

3.14

色泽　colour

油脂本身带有的颜色。主要来自于油料中的油溶性色素。

3.15

透明度　transparency

油脂可透过光线的程度。

3.16

水分及挥发物　moisture and volatile matter

在一定温度条件下，油脂中所含的微量水分和挥发物。

3.17

不溶性杂质　insoluble impurity

油脂中不溶于石油醚等有机溶剂的物质。

3.18

酸值　acid value

中和1 g油脂中所含游离脂肪酸需要的氢氧化钾毫克数。

3.19

过氧化值　peroxide value

1 kg油脂中过氧化物的毫摩尔数。

4　分类

棕榈油分为棕榈原油和成品棕榈油两类。

棕榈原油的分提产品有棕榈液油、棕榈超级液油、棕榈硬脂三种。

成品棕榈油的分提产品有棕榈液油、棕榈超级液油、棕榈硬脂三种。

5　质量要求

5.1　特征指标

5.1.1　棕榈油特征指标见表1。

表1　棕榈油特征指标

项　　目	棕　榈　油
折光指数(50 ℃)	1.454～1.456
相对密度(50 ℃/20 ℃水)	0.891～0.899
碘值/(g/100 g)	50.0～55.0
皂化值(以氢氧化钾计)/(mg/g)	190～209
不皂化物/(g/kg)	≤12
脂肪酸组成/%	
癸酸　$C_{10:0}$	ND
月桂酸　$C_{12:0}$	ND～0.5
豆蔻酸　$C_{14:0}$	0.5～2.0
棕榈酸　$C_{16:0}$	39.3～47.5
棕榈一烯酸　$C_{16:1}$	ND～0.6
十七烷酸　$C_{17:0}$	ND～0.2
十七碳一烯酸　$C_{17:1}$	ND
硬脂酸　$C_{18:0}$	3.5～6.0

表 1（续）

项　　目	棕　榈　油
油酸　$C_{18:1}$	36.0～44.0
亚油酸　$C_{18:2}$	9.0～12.0
亚麻酸　$C_{18:3}$	ND～0.5
花生酸　$C_{20:0}$	ND～1.0
花生一烯酸　$C_{20:1}$	ND～0.4
山嵛酸　$C_{22:0}$	ND～0.2

5.1.2　分提棕榈油特征指标见表 2。

表 2　分提棕榈油特征指标

项　　目	棕榈液油	棕榈超级液油	棕榈硬脂
折光指数	1.458～1.460(40 ℃)	1.463～1.465(40 ℃)	1.447～1.452(60 ℃)
相对密度	0.899～0.920 (40 ℃/20 ℃水)	0.900～0.925 (40 ℃/20 ℃水)	0.881～0.891 (60 ℃/20 ℃水)
碘值/(g/100 g)	≥56	≥60	≤48
皂化值(以氢氧化钾计)/(mg/g)	194～202	180～205	193～205
不皂化物/(g/kg)	≤13	≤13	≤9
脂肪酸组成/%			
癸酸　$C_{10:0}$	ND	ND	ND
月桂酸　$C_{12:0}$	0.1～0.5	0.1～0.5	0.1～0.5
豆蔻酸　$C_{14:0}$	0.5～1.5	0.5～1.5	1.0～2.0
棕榈酸　$C_{16:0}$	38.0～43.5	30.0～39.0	48.0～74.0
棕榈一烯酸　$C_{16:1}$	ND～0.6	ND～0.5	ND～0.2
十七烷酸　$C_{17:0}$	ND～0.2	ND～0.1	ND～0.2
十七碳一烯酸　$C_{17:1}$	ND～0.1	ND	ND～0.1
硬脂酸　$C_{18:0}$	3.5～5.0	2.8～4.5	3.9～6.0
油酸　$C_{18:1}$	39.8～46.0	43.0～49.5	15.5～36.0
亚油酸　$C_{18:2}$	10.0～13.5	10.5～15.0	3.0～10.0
亚麻酸　$C_{18:3}$	ND～0.6	0.2～1.0	ND～0.5
花生酸　$C_{20:0}$	ND～0.6	ND～0.4	ND～1.0
花生一烯酸　$C_{20:1}$	ND～0.4	ND～0.2	ND～0.4
山嵛酸　$C_{22:0}$	ND～0.2	ND～0.2	ND～0.2
注 1：上列指标与国际食品法典委员会标准 CODEX-STAN 210—2003《指定的植物油法典标准》的指标一致。 注 2：ND 表示未检出，定义为≤0.05%。			

5.2　质量指标

5.2.1　棕榈油质量指标见表 3。

表 3　棕榈油质量指标

项　　目	质量指标	
	棕榈原油	成品棕榈油
熔点/℃	33～39	
色泽(罗维朋比色槽 133.4 mm)　　≤	—	黄 30　红 3.0
透明度	—	50 ℃澄清、透明
水分及挥发物/%　　≤	0.20	0.05
不溶性杂质/%　　≤	0.05	0.05
酸值(以氢氧化钾计)/(mg/g)　　≤	**10.0**	**0.20**
过氧化值/(mmol/kg)　　≤	**—**	**5.0**
铁/(mg/kg)　　≤	5.0	—
铜/(mg/kg)　　≤	0.4	—
注 1：划有"—"者不做检测。 注 2：黑体部分指标强制。		

5.2.2　分提棕榈油的原油和成品油质量指标见表 4 和表 5。

表 4　分提棕榈原油质量指标

项　　目	质量指标		
	棕榈液油	棕榈超级液油	棕榈硬脂
熔点/℃	≤24	≤19.5	≥44
水分及挥发物/%　　≤	0.20		
不溶性杂质/%　　≤	0.05		
酸值(以氢氧化钾计)/(mg/g)　　≤	**10.0**		
铁/(mg/kg)　　≤	5.0		
铜/(mg/kg)　　≤	0.4		
注：黑体部分指标强制。			

表 5　成品分提棕榈油质量指标

项　　目	质量指标		
	棕榈液油	棕榈超级液油	棕榈硬脂
熔点/℃	≤24	≤19.5	≥44
透明度	40 ℃澄清、透明	40 ℃澄清、透明	80 ℃澄清、透明
酸值(以氢氧化钾计)/(mg/g)　　≤	**0.20**		**0.40**
过氧化值/(mmol/kg)　　≤	**5.0**		
气味、滋味	具有棕榈油固有的气味、滋味，无异味		
色泽(罗维朋比色槽 133.4 mm)　　≤	黄 30　红 3.0		
水分及挥发物/%　　≤	0.05		
不溶性杂质/%　　≤	0.05		
注：黑体部分指标强制。			

5.3 卫生指标

按 GB 2716、GB 2760 和国家有关标准、规定执行。

5.4 真实性要求

棕榈油中不得掺有其他食用油和非食用油，不得添加任何香精和香料。

6 检验方法

6.1 透明度检验

将盛试样的比色管放入规定温度（棕榈油 50 ℃，棕榈液油 40 ℃，棕榈超级液油 40 ℃，棕榈硬脂 80 ℃）的水浴锅中，静置 24 h。按 GB/T 5525 执行。

6.2 气味、滋味检验

按 GB/T 5525 执行。

6.3 色泽检验

将试样置于适当的温度下使其完全成液态，按 GB/T 22460 执行。

6.4 相对密度检验

按 GB/T 5526 执行。

6.5 折光指数检验

按 GB/T 5527 执行。

6.6 水分及挥发物检验

按 GB/T 5528 执行。

6.7 不溶性杂质检验

按 GB/T 15688 执行。

6.8 酸值检验

按 GB/T 5530 执行。

6.9 碘值检验

按 GB/T 5532 执行。

6.10 皂化值检验

按 GB/T 5534 执行。

6.11 不皂化物检验

按 GB/T 5535.1～5535.2 执行。

6.12 过氧化值检验

按 GB/T 5538 执行。

6.13 熔点测定

按 ISO 6321 执行。

6.14 脂肪酸组成检验

按 GB/T 17376～17377 执行。

6.15 油脂试样制备

按 GB/T 15687 执行。

6.16 卫生指标检验

按 GB/T 5009.37 执行。

7 检验规则

7.1 扦样

棕榈油扦样方法按 GB/T 5524 执行。

7.2 出厂检验

按 5.2 的规定逐批检验，并出具检验报告。

7.3 型式检验

当原料、设备、工艺有较大变化时，应进行型式检验。型式检验按第 5 章的规定执行。

7.4 判定规则

各类产品的质量指标中有一项不合格时，即判定为不合格产品。

8 标签

8.1 产品名称

8.1.1 产品名称等标签信息应符合 GB 7718 的规定及要求，此外还应执行 8.1.2、8.1.3、8.1.4 的规定。

8.1.2 凡标识“棕榈油”名称的产品，应标注“棕榈原油”或“成品棕榈油”。

8.1.3 凡标识“分提棕榈油”名称的产品，应标注“原油”或“成品油”。分提棕榈油产品采用“棕榈油”名称时，还应标注分提棕榈油的名称、“原油”或“成品油”。

8.1.4 转基因油脂应按国家有关规定标识。

8.2 原产国

应注明产品原料的生产国名。

9 包装、贮存和运输

9.1 包装

包装容器应专用、清洁、干燥和密封，应符合 GB/T 17374 及国家的有关规定和要求。成品棕榈油包装应符合食品卫生和安全要求，容器内壁和阀不应使用铜质材料，铁质内壁应使用无害涂料涂层。

9.2 贮存

应贮存在低温、干燥、清洁及避光的地方。不应与有害、有毒物品一同存放。

9.3 运输

运输中应注意安全，防止日晒、雨淋、渗漏、污染和标签脱落。散装运输要有专车，保持车辆清洁、卫生。

参 考 文 献

［1］ CODEX-STAN 210—2003《指定的植物油法典标准》。

ICS 35.100.60
L 79

GB

中华人民共和国国家标准

GB/T 15696.1—2009/ISO/IEC 8823-1:1994
代替 GB/T 15696—1995

信息技术 开放系统互连
面向连接的表示协议
第1部分:协议规范

Information technology—Open Systems Interconnection—Connection-oriented presentation protocol—Part 1:Protocol specification

(ISO/IEC 8823-1:1994,IDT)

2009-09-30 发布　　　　2009-12-01 实施

中华人民共和国国家质量监督检验检疫总局
中国国家标准化管理委员会　发布

前 言

GB/T 15696《信息技术　开放系统互连　面向连接的表示协议》分为以下几个部分：

——第1部分：协议规范；

——第2部分：协议实现的一致性声明形式表。

本部分为GB/T 15696的第1部分。

本部分等同采用ISO/IEC 8823-1:1994《信息技术　开放系统互连　面向连接的表示协议：协议规范》，并根据ISO/IEC 8823-1:1994/Amd.1:1998修改单1、ISO/IEC 8823-1:1994/Amd.2:1998修改单2进行了相应修改，并用“‖”标示出来：

——根据修改要求，对4.2、4.3、5.4、6.2、7.1、8.1、8.2的内容进行了修改。

本部分代替GB/T 15696—1995《信息处理系统　开放系统互连　面向连接的表示协议规范》。

本部分与GB/T 15696—1995相比主要变化如下：

a) 更新了标准的引用文件；

b) 根据修改要求，对4.2、4.3、5.4、5.5、6.2、7.1、8.1、8.2、9.3的内容进行了修改；

c) 对附录A进行了更新；

d) 附录C主要说明了国际标准的修改和完善的过程情况，由于这些问题已在新的国家标准中进行了修订，所以删除了附录C。

本部分的附录A和附录B是规范性附录。

本部分由全国信息技术标准化技术委员会提出并归口。

本部分起草单位：山东省计算中心、中国电子技术标准化研究所、山东省计算机网络重点实验室。

本部分主要起草人：徐全平、董火民、刘勇、李刚、王英龙、李文华。

本部分于1995年首次发布，本次是第一次修订。

引　言

GB/T 15696 的本部分是为了便于信息系统互连而制定的一组标准中的一个。它与开放系统互连参考模型(GB/T 9387)定义的一组标准中的其他标准相关。参考模型将互连标准化的领域细分为一系列具有可管理规模的规范层。

本部分规定了公共编码和一些表示协议规程的功能单元,用以满足表示服务用户的要求,旨在使表示协议既简单又足够通用,以便既满足表示服务用户的全部要求又不限制以后的扩充。

本部分的主要目标是提供以规程形式表述的一组通信规则,这些规程在通信时由对等实体执行。这些通信规则旨在为开发提供坚实的基础,并可用于:

——作为实现者和设计者的指南;

——设备测试和选购;

——作为允许系统加入开放系统环境所需协定的一部分;

——深入理解 OSI。

由于希望本部分的初始用户是设备的设计者与实现者,因此标准以注释或附录的形式包含了对于规程实现方面的指南。

目前还不可能制定一个产品标准,使其中包含相对于本部分的一组一致性目标测试。但本部分专设一篇,论述声称实现标准所规定的规程的设备的一致性。注意力集中于下述事实,即本部分不包含任何表明一致性的测试,因而不能认为它是一个完整的产品标准。在本部分中可用的变量和选项是必要的,使得能为多种多样的应用提供表示服务。因而一个最小化的一致性实现不能适用于所有可能的环境,所以必须根据提供的或要求的选项声明或者根据提供的或使用的预期目的声明来审查是否符合对本部分的所有引用。

信息技术　开放系统互连
面向连接的表示协议
第1部分:协议规范

1　范围[1)]

1.1　GB/T 15696 的本部分规定:

a)　用于由一个表示实体到一个对等表示实体传送数据或控制信息的规程;

b)　借助功能单元选择表示实体要用的规程的手段;

c)　用于传送数据和控制信息的表示协议数据单元的结构与编码。

用下述三条定义规程:

d)　在对等表示实体之间通过交换表示协议数据单元所进行的交互;

e)　在同一系统中的表示实体和表示服务用户之间通过交换表示服务原语所进行的交互;

f)　在表示实体和会话服务提供者之间通过交换会话服务原语所进行的交互。

1.2　这些规程在本部分的正文主体中定义,并辅以附录A的状态表。

1.3　这些规程可应用于系统间的通信实例,这些系统支持OSI参考模型的表示层并且希望在OSI环境中互连。

1.4　本部分为实现这些规程的系统规定了一致性准则,但不包括可用于示范这种一致性的测试。

2　规范性引用文件

下列文件中的条款通过GB/T 15696的本部分的引用而成为本部分的条款。凡是注日期的引用文件,其随后所有的修改单(不包括勘误的内容)或修订版均不适用于本部分,然而,鼓励根据本部分达成协议的各方研究是否可使用这些文件的最新版本。凡是不注日期的引用文件,其最新版本适用于本部分。

GB/T 9387.1—1998　信息技术　开放系统互连　基本参考模型　第1部分:基本模型(idt ISO/IEC 7498-1:1994)

GB/T 9387.3—2008　信息技术　开放系统互连　基本参考模型　第3部分:命名与编址(ISO 7498-3:1997,IDT)

GB/T 15128—2008　信息技术　开放系统互连　会话服务定义(ISO/IEC 8326:1996,IDT)

GB/T 15695—2008　信息技术　开放系统互连　表示服务定义(ISO/IEC 8822:1994,IDT)

GB/T 16262.1—2006　信息技术　抽象语法记法一(ASN.1)　第1部分:基本记法规范(ISO/IEC 8824-1:2002,IDT)

GB/T 16263.1—2006　信息技术　ASN.1编码规则　第1部分:基本编码规则(BER)、正则编码规则(CER)和非典型编码规则(DER)规范(ISO/IEC 8825-1:2002,IDT)

GB/T 16263.2—2006　信息技术　ASN.1编码规则　第2部分:紧缩编码规则(PER)规范(ISO/IEC 8825-2:2002,IDT)

---

1)　本部分的使用和实现要求的ASN.1和OBJECT IDENTIFIER类型公开赋值为抽象语法和传送语法规范。抽象语法和传送语法的公开规范和命名可以出现在ISO标准或CCITT建议中,或者处于注册机构过程所标识的机构中,附录B给出了注册过程规范。

GB/T 16687.1—2008 信息技术 开放系统互连 面向连接的联系控制服务元素协议 第1部分:协议规范(ISO/IEC 8650-1:1996,IDT)

GB/T 16688—2008 信息技术 开放系统互连 联系控制服务元素服务定义(ISO/IEC 8649:1996,IDT)

GB/T 17967—2000 信息技术 开放系统互连 基本参考模型 OSI服务定义约定(idt ISO/IEC 10731:1994)

GB/T 17969.1—2000 信息技术 开放系统互连 OSI登记机构的操作规程 第1部分:一般规程(idt ISO/IEC 9834-1:1993)

ISO/IEC 8823-2:1994 信息技术 开放系统互连 面向连接的表示协议:协议实现的一致性声明形式表

ISO/IEC 8326:1996/Amd.2:1998 信息技术 开放系统互连 面向连接的基本会话服务定义 修改单2:嵌套连接功能单元

ISO/IEC 8822:1994/Amd.1:1998 信息技术 开放系统互连 面向连接的表示服务定义 修改单1:提高效率

ISO/IEC 8822:1994/Amd.2:1998 信息技术 开放系统互连 面向连接的表示服务定义 修改单2:嵌套连接功能单元

CCITT X.410:1984 文电处理系统 远程操作与可靠传送服务

3 术语和定义

3.1 参考模型术语

本部分以GB/T 9387.1中制定的概念为基础并使用从中导出的下列术语:

a) 表示连接 presentation-connection

b) 表示层 Presentation Layer

c) 表示协议数据单元 presentation-protocol-data-unit

d) 表示服务 presentation-service

e) 表示服务访问点 presentation-service-access-point

f) 表示服务数据单元 presentation-service-data-unit

g) 表示协议控制信息 presentation-protocol-control-information

h) 会话连接 session-connection

i) 会话层 Session Layer

j) 会话服务访问点 session-service-access-point

k) 会话服务数据单元 session-service-data-unit

l) 会话服务提供者 session-service-provider

m) 传送语法 transfer syntax

3.2 服务约定术语

本部分使用GB/T 17967中定义的适用于表示层的下列术语。

a) 服务用户 service-user

b) 服务提供者 service-provider

c) 服务原语 service primitive

d) 请求 request

e) 指示 indiction

f) 响应 response

g) 证实 confirm

h) 非证实型服务 non-confirmed-service

i) 证实型服务 confirmed-service

j) 提供者发起型服务 provider-initiated-service

3.3 命名和编址术语

本部分使用 GB/T 9387.3 中定义的下列术语：

a) 会话地址 session-address

b) 表示地址 presentation-address

c) 表示选择因子 presentation-selector

3.4 表示服务术语

本部分也以 GB/T 15695 中制定的概念为基础并使用其中定义的下列术语：

a) 抽象语法 abstract syntax

b) 抽象语法名 abstract syntax name

c) 传送语法名 transfer syntax name

d) 表示数据值 presentation data value

e) 表示上下文集合 presentation context

f) 已定义上下文集合 defined context set

g) 活动间已定义上下文集合 inter-activity defined context set

h) 缺省上下文 default context

i) 功能单元 functional unit

j) X.410-1984 方式 X.410-1984 mode

k) 常规方式 normal mode

l) 上层上下文规范 Upper-layer context specification

m) 嵌套表示连接 nested presentation connection

3.5 表示协议术语

下列术语和定义适用于本部分。

3.5.1

本地事情 local matter

系统所作的不受本部分制约的有关其在表示层中的行为的决定。

3.5.2

有效的表示协议数据单元 valid presentation-protocol-data-unit

其结构和编码符合本部分的表示协议数据单元。

3.5.3

无效的表示协议数据单元 invalid presentation-protocol-data-unit

其结构和编码不符合本部分的表示协议数据单元。

3.5.3bis

已提名的上下文 nominated context

已定义的上下文集合的成员可以被任一 PPM 提名作为它的已提名的上下文。每一个方向上的通信都有独立的已提名的上下文。如果在连接中不选择已提名的上下文协议选项，则没有已提名上下文。如果 PPDU 中的用户数据的所有的表示数据值都在发送者的已提名上下文中，替代的表示 PCI 可以会被用作运送用户数据。

3.5.4

协议差错 protocol error

表示协议数据单元的用法不符合本部分中定义的规程的情况。

3.5.5

原始活动标识符　original activity identifier

正在进行的活动的属性。如果用 P-ACTIVITY-STAR T 服务来发起活动，则其为 request 和 indication 原语的活动标识符参数值；如果用 P-ACTIVITY-RESUME 服务来恢复活动，则其为 request 和 indication 原语的旧活动标识符参数值。

3.5.6

自定界　self delimiting

传送语法的一个属性，它指出该语法中每个值的结尾都可以用该语法提供的方法来决定。

3.5.7

表示上下文标识符　presentation context identifier

用于特定的表示上下文的标识符，它在一个表示连接内是唯一的，并为两个表示协议机所知。缺省上下文没有相应的表示上下文标识符。

3.5.8

同步点标识符　syncpoint identifier

如果未选择会话活动管理功能单元，它为一个同步点序号，否则它为由同步点序号和正在进行的活动的原始活动标识符组成的序对。同步点标识符的次序定义为其中所含的同步点序号的次序。

3.5.9

发起者　initiator

发起表示连接建立的表示协议机。

3.5.10

响应者　responder

响应表示连接建立建议的表示协议机。

3.5.11

请求者　requestor

发起特定动作的表示协议机。

3.5.12

接受者　acceptor

接受特定动作的表示协议机。

3.5.13

八位位组传送语法　octet-aligned transfer syntax

在传送语法中，用八位来表示数据值的所有模式。

3.5.14

自定界传送语法　self-delimiting transfer syntax

在该运送语法中，用来组成表示数据值的位模式使用一种编码来确定位的终止，而且这与数据承载方法无关。

3.5.15

已提名上下文协议选项　nominated context protocol option

表示协议的一个选项，当原语的用户数据中有单个表示数据值时，使用用户数据表示上下文的一个有效标识。

3.5.16

短编码协议选项　short-encoding protocol option

表示协议的一个选项，表示使用包含单个表示数据值的 PPDU 有效编码。

3.5.17

打包编码协议选项 packed encoding protocol option

表示协议的一个选项,多个表示 PPDU 利用 ASN.1 打包编码规则来进行编码。

3.5.18

空编码协议选项 null-encoding protocol option

表示协议的一个选项,其在连接建立时协商,允许数据传送阶段使用零表示协议控制信息。

3.5.19

短连接协议选项 short-connect protocol option

表示协议的一个选项,在连接建立时允许空编码协议选项的有效协商。

4 缩略语

4.1 数据单元

PPDU	表示协议数据单元 (presentation-protocol-data-unit)
PSDU	表示服务数据单元 (presentation-service-data-unit)
SSDU	会话服务数据单元 (session-service-data-unit)

4.2 表示协议数据单元类型

AC PPDU	改变上下文 PPDU (Alter Context PPDU)
ACA PPDU	改变上下文证实 PPDU (Alter Context Acknowledge PPDU)
ARP PPDU	提供者异常释放 PPDU (Abnormal Release Provider PPDU)
ARU PPDU	用户异常释放 PPDU (Abnormal Release User PPDU)
CP PPDU	连接表示 PPDU (Connect Presentation PPDU)
CPA PPDU	连接表示接受 PPDU (Connect Presentation Accept PPDU)
CPR PPDU	连接表示拒绝 PPDU (Connect Presentation Reject PPDU)
RS PPDU	重新同步 PPDU (Resynchronize PPDU)
RSA PPDU	重新同步证实 PPDU (Resynchronize Acknowledge PPDU)
SHORT-CP PPDU	短连接 PPDU (Short Connect PPDU)
SHORT-CPA PPDU	短连接接受 PPDU (Short Connect Accept PPDU)
SHORT-CPR PPDU	短连接拒绝 PPDU (Short Connect Reject PPDU)
TC PPDU	能力数据 PPDU (Capability Data PPDU)
TCC PPDU	能力数据证实 PPDU (Capability Data Acknowledge PPDU)
TD PPDU	表示数据 PPDU (Presentation Data PPDU)
TE PPDU	加速数据 PPDU (Expedited Data PPDU)
TTD PPDU	表示特权数据 PPDU (Presentation Typed Data PPDU)

4.3 其他缩略语

ASN.1	抽象语法记法一(见 GB/T 16262.1)(Abstract Syntax Notation One)
BER	基本编码规则 (Basic Encoding Rules)
DCS	已定义上下文集合 (defined context set)
PER	打包编码规则 (Packed Encoding Rules)
PPCI	表示协议控制信息 (presentation-protocol-control-information)
PPM	表示协议机 (presentation protocol machine)
PS	表示服务 (presentation-service)
PSAP	表示服务访问点 (presentation-service-access-point)
PS 用户	表示服务用户 (presentation-service-user)

SS　　　会话服务（session-service）

SSAP　　会话服务访问点（session-service-access-point）

5　表示协议概述

5.1　表示层提供的服务

本部分规定的协议支持 GB/T 15695 和 ISO/IEC 8822:1994/Amd.2 定义的表示服务。

5.2　会话层提供的服务

本部分规定的协议使用由 GB/T 15128 和 ISO/IEC 8326:1996/Amd.2 定义的会话服务。

5.3　表示层功能

参考模型 GB/T 9387 描述了表示层功能，在表示服务定义 GB/T 15695 中又对其作了进一步的扩充。当选择了对话均衡同步功能单元时，它是不可用的。

5.4　表示功能单元

功能单元是本部分为下述目的而定义的相关的规程元素的逻辑分组：

a)　在表示连接建立期间协商，随后在该表示连接上使用；

b)　一致性要求的规范。

表示功能单元的选择不约束对 PS 用户可用的会话功能单元的选择。如本部分所述。选择 PS 用户可用的特别的会话功能单元意味着选择了该会话功能单元与所选定的表示功能单元的相互作用的规则。

5.4.1　核心功能单元

本功能单元总是可用的，它支持为建立表示连接、传送数据和释放表示连接所要求的基本协议规程元素。

注：这是表示核心功能单元，它支持为允许用户数据参数的表示服务原语在选择的任何会话功能单元情况下传送数据。

5.4.2　上下文管理功能单元

本功能单元支持上下文增加和删除服务，它是可选的，其使用是可协商的。

5.4.3　上下文恢复功能单元

如果选择了会话活动管理功能单元或同时选择了会话同步(主或次)和会话重新同步功能单元，本功能单元增强了表示层功能。上下文恢复功能单元是可选的，其使用是可协商的，仅当选择了上下文管理功能单元时，它才可用。

当选择了对话均衡同步功能单元时，它是不可用的。

5.4bis　协议选项

协议选项是协议规范定义的规程的元素。一些协议选项对于表示服务的支持无效，其他协议选项则暗示对表示服务的支持限制或只能与限制服务的其他选项一同使用。

在表示连接建立时，表示协议本身可以协商那些不影响表示服务的支持的选项，包括：已提名上下文选项、短编码选项和打包编码选项。

空编码选项支持表示服务的一个受限的子集。它能在表示连接建立时协商。

短连接选项只能用来建立使用空编码选项的连接。

除短连接之外的选项都可用快速联系机制来协商(6.2.6.9)，短连接选项与快速联系机制是互斥的；所有选项可以是一个先前商定的主题。

注1：短编码和短连接协议选项是完全分开的。短编码应用在一个建立的连接上的所有 PPDU 的数据上；而短连接应用在一个使用空编码选项的连接建立过程。

注2：因为快速联系机制(见 6.2.6.9)当在会话层实现，所以它不被考虑为表示协议选项。除了短连接外，它可以用来建立一个使用任何联合选项的表示连接。

5.4bis.1 已提名上下文协议选项

该协议选项允许每个协议机选择 DCS 的一个表示上下文作为其已提名上下文。在 8.4 定义的情况下，该已提名上下文会影响运送用户数据的表示协议控制信息。

每个方向上都有独立的已提名上下文：发起者的已提名上下文应用于连接发起者发送的用户数据；响应者的已提名上下文应用于连接响应者发送的用户数据。不过，即使选择了此协议选项，任一 PPM 或 PPM 两者都不需要具有已提名上下文。

已提名上下文协议选项不影响表示服务。它并不暗示会使用哪个会话功能单元。

5.4bis.2 短编码协议选项

如果用户数据只包含一个表示数据值，本协议选项允许为它定义的任何 PPDU 使用短编码形式的用户数据。

本协议选项不影响表示服务。它需要支持其用户数据是 PPDU 的会话原语的特殊用户数据参数。

5.4bis.3 打包编码规则协议选项

当选择了此选项，在 8.2 的 ASN.1 中规定的多个 PPDU 将使用打包编码规则来进行编码。当未选择时，将用基本编码规则来进行编码。打包编码规则协议选项的协商可见 6.2.6.8 的描述。

5.4bis.4 空编码协议选项

当选择了此选项，在建立的表示连接上，不运送任何表示协议控制信息。特别是，不运送与正常或异常的连接释放相关的 PPDU。

本选项在一个建立的连接上使用。本选项的使用限制了表示服务的支持，它只有在以下任一条件满足时才可用：

a) 表示上下文定义表准确地包含有一个条目，而且该条目中的抽象语法名由双方协商为响应 PPM 所知；

b) 表示上下文定义表为空，且缺省上下文是由双方商定而知的；

c) 表示上下文定义表为空，且缺省上下文中的抽象语法在 ASN.1 中规定，并由双方协商为响应 PPM 所知。

本选项不需要特定的会话功能单元。

注：尽管不是必需，但一般情况下，表示空编码选项与会话无序释放功能单元、会话空编码选项一同使用。

5.4bis.5 短连接协议选项

短连接协议选项只在连接建立时用来建立一个使用空编码选项的连接。所以，5.4bis.4 中的一个条件也就满足了。此外，仅当以下两个条件都满足时，它才可用：

a) 主呼和被呼表示选择因子均为空；

b) P-CONNECT 服务中的表示需求参数仅包含核心功能单元。

本选项不需要特定的会话功能单元。

注：一般情况下，表示短连接选项与没有上层上下文标识符存在的会话短连接机制一同使用。

5.5 表示层模型

表示实体内的表示协议机（PPM）使用表示服务定义 GB/T 15695 中定义的服务原语，通过 PSAP 与 PS 用户通信，表示服务原语引起使用会话连接的对等 PPM 之间的 PPDU 交换或者是这种交换的结果。通过使用会话服务定义 GB/T 15128 定义的会话服务而影响这些协议交换。在某种情况下，表示服务原语会直接引起会话服务原语或者是会话服务原语的结果。

表示连接可以在已有的表示连接中嵌套建立。这样的连接完全独立于由表示层直接提供的服务，但可能与通过会话层建立的服务有关（见 GB/T 15128 所述）。

PPM 保持了一个表示连接端点和会话连接端点之间的一一对应关系。在外层会话连接端点中的嵌套结构（如果存在）与其对应的表示端点的嵌套结构相同。

在端系统中用与实现有关的内部机制来标识表示连接端点，以使 PS 用户和表示实体能够引用各表示连接。

将接收服务原语和产生相关动作看作是一个不可分的动作。将接收 PPDU 和产生相关动作看作是一个不可分的动作。

图 1 给出了具有单一表示连接的表示层模型。

注：一个表示实体由一个或多个 PPM 组成。

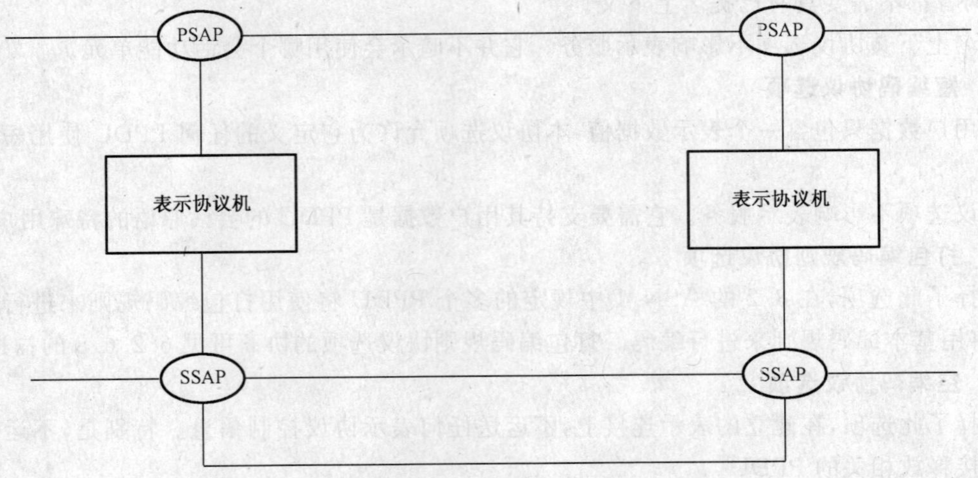

图 1　表示层模型

6　规程元素

为描述方便，本规程元素规范对 PPDU 参数和会话服务原语参数采取了综合处理。本章不标识一个参数是 PPDU 参数还是会话服务原语参数，而在第 7 章中再作区分。关于参数使用的进一步信息，见表示服务定义 GB/T 15695。

6.1　用户数据参数

在表示协议的规程中使用的大部分 PPDU 都携带包含一个或多个表示数据值的用户数据参数。本章的其余部分给出确定表示上下文的规则，而表示数据值(包括任何嵌入的表示数据值)应取自这些表示上下文。

注：如果下层会话服务提供者对某些 SS 用户数据参数施加长度限制，则 PPM 将拒绝那些其用户数据参数不能装入相应的会话服务原语的 SS 用户数据参数中的表示服务 request 或 response 原语(但 P-U-ABORT request 原语例外，见 6.4.2.2)，PPM 如何得知这一点是本地事态。

6.1.1　可以在 TE PPDU 的用户数据参数中传送的表示数据值(包括任何嵌入的表示数据值)总是取自缺省上下文。

6.1.2　除 TE PPDU 之外，可以在用户数据参数中传送的表示数据值(包括任何嵌入的表示数据值)均取自由下述规则确定的上下文：

a)　如果 DCS 为空，并且 d 不适用，则各表示数据值(包括任何嵌入的表示数据值)应取自缺省上下文；

b)　如果 DCS 非空，并且没有任何改变 DCS 内容的规程正在进行，则各表示数据值(包括任何嵌入的表示数据值)应取自该 DCS 中的表示上下文；

c)　如果规程元素本身修改 DCS，则各表示数据值(包括任何嵌入的表示数据值)应取自修改后的 DCS 中的表示上下文，或者，如果修改后的 DCS 为空，则取自缺省上下文；

d)　如果 PM 在等待 PPDU 来证实对 DCS 建议的修改，则各表示数据值(包括任何嵌入的表示数据值)应取自 DCS 中的任何未被建议删除的表示上下文，如果不再有可用的表示上下文，则用户数据参数不出现。

6.2 连接建立

6.2.1 目的

连接建立规程用于在两个表示实体之间建立表示连接，它由收到 P-CONNECT request 服务原语的 PPM 使用。

本规程使用下列 PPDU：

如果没有选择短连接选项，则连接建立规程使用：

a) CP PPDU；

b) CPA PPDU；

c) CPR PPDU。

如果选择了短连接选项，则连接建立规程使用：

d) SHORT-CP PPDU；

e) SHORT-CPA PPDU；

f) SHORT-CPR PPDU。

6.2.2 CP PPDU 的有关参数

6.2.2.1 方式选择因子

这是 P-CONNECT request 服务原语的方式参数，用以标识本表示连接 PM 的操作方式，如果发出 P-CONNECT indication 服务原语，它应作为其中的方式参数出现。

6.2.2.2 协议版本

它标识发起 PM 支持的表示协议的各个版本，本部分中定义协议版本为版本 1。

又见 6.2.6.4。

6.2.2.3 主呼表示选择因子

这是 P-CONNECT request 服务原语中主呼表示地址参数的表示选择因子部分，如果发出 P-CONNECT indication 服务原语，它应作为其中的主呼表示地址参数的主呼表示选择因子部分出现。

在试图建立一个嵌套会话连接的 S-CONNECT 发出的 CP 中，本参数不应出现。

6.2.2.4 主呼会话地址

这是 P-CONNECT request 服务原语中的主呼表示地址参数的会话地址部分，如果发出 P-CONNECT indication 服务原语，它应作为其中的主呼表示地址参数的会话地址部分出现。

在试图建立一个嵌套会话连接的 S-CONNECT 发出的 CP 中，本参数不应出现。

6.2.2.5 被呼表示选择因子

这是 P-CONNECTrequest 服务原语中的被呼表示地址参数的表示选择因子部分，如果发出 P-CONNECT indication 服务原语，则它应作为其中的被呼表示地址参数的被呼表示选择因子部分出现。

在试图建立一个嵌套会话连接的 S-CONNECT 发出的 CP 中，本参数不应出现。

6.2.2.6 被呼会话地址

这是 P-CONNECT request 服务原语中的被呼表示地址参数的会话地址部分，如果发出 P-CONNECT indication 服务原语，它应作为其中的被呼表示地址参数的会话地址部分出现。

在试图建立一个嵌套会话连接的 S-CONNECT 发出的 CP 中，本参数不应出现。

6.2.2.7 表示上下文定义表

它是包含一项或多项的表，每项都代表 P-CONNECT request 服务原语中表示上下文表参数中的一项，并且如果发出 P-CONNECT indication 服务原语，则它应作为其中表示上下文定义表参数中的一项出现，每项都包含三个成分：表示上下文标识符，抽象语法名和传送语法表。

传送语法表包含发起 PPM 能够在表示连接上为已提名的抽象语法而支持的那些传送语法名（或者产生这种传送语法的规范的名字，对于每个建议的表示上下文至少有一个传送语法名）。

所有包含在该参数中的表示上下文标识符都是不同的，并且是奇数。

注：这里将表示上下文标识符确定为奇数，以便使它们可以从一个与响应 PPM 分配的那些标识符不同的数字空间中选择。

又见 6.2.6.1。

6.2.2.8 缺省上下文名

它是 P-CONNECT request 服务原语中的缺省上下文名参数，并且如果发出 P-CONNECT indication 服务原语。它应作为其中的缺省上下文名参数出现。它包含两个成分：抽象语法名和传送语法名（或者产生这种传送语法的规范的名字），传送语法名成分标识发起 PPM 为在表示连接上要使用的缺省上下文而要求的传送语法。见 6.2.6.2。

6.2.2.8bis 发起者的已提名的上下文

应在建议的表示上下文定义表中把表示上下文标识为发起 PPM 的已提名的上下文。这个参数应由表示上下文定义表中的恰当条目中的表示上下文标识符组成。

只有存在表示上下文定义表和选择了已提名上下文协议选项时，这个参数才存在。

见 6.2.6.6。

6.2.2.9 服务质量

这是 P-CONNECT request 服务原语中的服务质量参数，并且如果发出 P-CONNECT indication 服务原语，它应作为其中的服务质量参数出现。

6.2.2.10 表示需求

这是 P-CONNECT request 服务原语中的表示需求参数。它标识发起 PS 用户在 P-CONNECT request 服务原语中要求的表示功能单元。如果发出 P-CONNECT indication 服务原语，并且响应 PPM 支持全部需求。则它应作为其中的表示需求参数出现；如果响应 PPM 不支持全部需求，仅出现响应 PPM 所支持的那些功能单元。见 6.2.6.3。

6.2.2.11 用户会话需求

这是 P-CONNECT request 服务原语中的会话需求参数，它标识 PS 用户对下层会话服务提出的需求。如果发出 P-CONNECT indication 服务原语，则它应作为其中的会话需求参数出现。

6.2.2.12 修订的会话需求

这是 P-CONNECT request 服务原语中的会话需求参数，并用支持表示协议所需增加的需求来补充。

6.2.2.12bis 协议选项

它标识在此连接上选择使用的表示协议的所有选项。

只能选择在 CP PPDU 的协议选项参数中所建议的那些选项。

见 6.2.6.5。

6.2.2.13 初始同步点序号

这是 P-CONNECT request 服务原语中的初始同步点序号参数，并且如果发出 P-CONNECT indication 服务原语，它应作为其中的初始同步点序号参数出现。

6.2.2.14 初始权标分配

这是 P-CONNECT request 服务原语中的初始权标分配参数，并且如果发出 P-CONNECT indication 服务原语，则它应作为其中的初始权标分配参数出现。

6.2.2.15 会话连接标识符

这是 P-CONNECT request 服务原语中的会话连接标识符参数，并且如果发出 P-CONNECT indication 服务原语，它应作为其中的会话连接标识符参数出现。

6.2.2.15bis 协议选项

它标识在此连接上发起 PPM 支持和建议的表示协议的任何选项。

被定义的协议选项为：

a) 已定义的上下文选项；

b) 短编码选项；

c) 打包编码选项；

d) 空编码选项。

注：短连接协议选项在此参数中不存在，因为CP PPDU没有被短连接协议使用。

如果此参数不存在，则不建议任何选项。

见6.2.6.5。

6.2.2.16 用户数据

这是P-CONNECT request服务原语中的用户数据参数，并且如果发出P-CONNECT indication服务原语，则它应作为其中的用户数据参数出现。除非使用了快速联系机制，在此情况下，如果在P-CONNECT indication服务原语中没有用户数据参数，则用户数据的语义内容将使用用户概要参数来传递。如果表示上下文定义表参数不存在，则它是来自缺省上下文的一系列表示数据值(包括任何嵌入的表示数据值)。否则，它应是来自表示上下文定义表参数中建议的表示上下文的一系列表示数据值(包括任何嵌入的表示数据值)。

6.2.2.17 用户概要

这是P-CONNECT request服务原语中的用户概要参数。如果使用了快速联系机制且在P-CONNECT indication服务原语中没有用户数据参数，则应出现此参数。

6.2.3 CPA PPDU的有关参数

CPA PPDU的实例不必包含所有可能的参数值，除了包含响应表示选择因子和响应会话地址参数之外，它只应包含所响应的CP PPDU中出现的等价参数值的值。

6.2.3.1 方式选择因子

这是CP PPDU中的方式选择因子参数。

6.2.3.2 协议版本

它标识在本表示连接上选择使用的表示协议的版本，本部分中定义的协议版本为版本1。

6.2.3.3 响应表示选择因子

这是P-CONNECT response服务原语中响应表示地址参数的表示选择因子部分，并且应作为P-CONNECT confirm服务原语中的响应表示地址参数的响应表示选择因子部分出现。

6.2.3.4 响应会话地址

这是P-CONNECT response服务原语中响应表示地址参数的会话地址部分，并且应作为P-CONNECT confirm服务原语中的响应表示地址参数的会话地址部分出现。

见6.2.6.4。

6.2.3.5 表示上下文定义结果表

这是P-CONNECT response服务原语中表示上下文定义结果表参数，并且应作为P-CONNECT confirm服务原语中的表示上下文定义结果表参数出现。它是一个表，其中含有与CP PPDU的表示上下文定义表参数同样数目的项。每项都是对于CP PPDU中相应项的应答。其中包含一个或两个成分：表示上下文定义结果和可选成分。后者是传送语法名(或产生这样一个传送语法的规范的名字)或者是提供者理由。

表示上下文定义结果取下列值之一：

——“接受”；

——“用户拒绝”；

——“提供者拒绝”。

如果表示上下文定义结果取值为“接受”，则传送语法名应出现，它是发起PM在已标识的表示上下文中作为可能的传送语法而建议的名字之一，它决定了响应PPM所选择的传送语法。

如果表示上下文定义结果取值为“提供者拒绝”，则提供者理由应当出现，它指出响应PPM拒绝表示上下文定义的理由，并取下列值之一：

——理由未规定；

——不支持的抽象语法需求；

——不支持所建议的传送语法；

——超出了对DCS的本地限制。

见6.2.6.1。

6.2.3.6 服务质量

这是P-CONNECT response服务原语中的服务质量参数，并且应作为P-CONNECT confirm服务原语中的服务质量参数出现。

6.2.3.7 表示需求

这是P-CONNECT response服务原语中的表示需求参数，并且应作为P-CONNECT confirm服务原语中的表示需求参数出现。见6.2.6.3。

6.2.3.8 用户会话需求

这是P-CONNECT response服务原语中的会话需求参数，并且应作为P-CONNECT confirm服务原语中的会话需求参数出现。

6.2.3.8bis 响应者的已提名上下文

这将在DCS中把表示上下文标识为响应PPM的已提名上下文。这个参数应由正被提名的表示上下文定义表中的表示上下文标识符组成。

只有选择了已提名上下文协议选项及DCS非空时，该参数才存在。

见6.2.6.6。

6.2.3.9 修订的会话需求

这是P-CONNECT response服务原语中的会话需求参数，并用支持表示协议所需增加的需求来补充。

6.2.3.10 初始同步点序号

这是P-CONNECT response服务原语中的初始同步点序号参数，并且应作为P-CONNECT confirm服务原语中的初始同步点序号参数出现。

6.2.3.11 初始权标分配

这是P-CONNECT response服务原语中的初始权标分配参数，并且应作为P-CONNECT confirm服务原语中的初始权标分配参数出现。

6.2.3.12 会话连接标识符

这是P-CONNECT response服务原语中的会话连接标识符参数，并且应作为P-CONNECT confirm服务原语中的会话连接标识符参数出现。

6.2.3.13 用户数据

这是P-CONNECT response服务原语中的用户数据参数，并且应作为P-CONNECT confirm服务其中的用户数据参数出现。除非使用了快速联系机制，在此情况下，如果在P-CONNECT indication服务原语中没有用户数据参数，则用户数据的语义内容将使用用户概要参数来传递。6.1.2的规则也适用。

6.2.3.14 用户概要

这是P-CONNECT request服务原语中的用户概要参数。如果使用了快速联系机制且在P-CONNECT indication服务原语中没有用户数据参数，则应出现此参数。

6.2.4 CPR PPDU的有关参数

CPR PPDU的实例不必包含所有可能的参数值，除了包括表示选择因子参数以外，它只包含与所应答的 CP PPDU 中出现的等价参数值的值。

6.2.4.1 协议版本

它标识由响应 PPM 支持的表示协议的各个版本,本部分中定义的协议的版本为版本 1。

见 6.2.6.4。

6.2.4.2 响应表示选择因子

这是 P-CONNECT response 服务原语中的响应表示地址参数的表示选择因子部分,并且应作为 P-CONNECT confirm 服务原语中的响应表示地址参数的响应表示选择因子部分出现。

6.2.4.3 响应会话地址

这是 P-CONNECT response 服务原语中的响应表示地址参数的会话地址部分,并且应作为 P-CONNECT confirm 服务原语中的响应表示地址参数的会话地址部分出现。

6.2.4.4 表示上下文定义结果表

这是 P-CONNECT response 服务原语的表示上下文定义结果表参数,并且应作为 P-CONNECT confirm 服务原语中的表示上下文定义结果表参数出现。它是一个表,其中含有与 CP PPDU 的表示上下文定义表参数相同数目的项,各项都是对 CP PPDU 中相应项的应答,其中包含一个或两个成分:表示上下文定义结果和可选成分,后者是传送语法名(或者是产生这样一个传送语法的规范的名字)或者是提供者理由,见 6.2.6.1。

表示上下文定义结果取下列值之一:

——“接受”;

——“用户拒绝”;

——“提供者拒绝”。

如果表示上下文定义结果取值为“接受”,则传送语法名应出现,它是发起 PPM 在已标识的表示上下文中作为可能的传送语法而建议的名字之一,它决定了响应 PPM 所选择的传送语法。

如果表示上下文定义结果取值为“提供者拒绝”,则提供者理由应出现,它指出响应 PPM 拒绝表示上下文定义的理由,取下列值之一:

——理由未规定;

——不支持的抽象语法需求;

——不支持所建议的传送语法;

——超出了对 DCS 的本地限制。

6.2.4.5 缺省上下文结果

这是 P-CONNECT response 服务原语中的缺省上下文结果参数,并应作为 P-CONNECT confirm 服务原语中的缺省上下文结果参数出现,它可取值“接受”、“提供者拒绝”或“用户拒绝”,见 6.2.6.2。

6.2.4.6 服务质量

这是 P-CONNECT response 服务原语中的服务质量参数;或者,如果响应 PPM 在接收到 CP PPDU 时发起了 CPR PPDU,则它应由响应 PPM 提供。在这两种情况下,它都应作为 P-CONNECT confirm 服务原语中的服务质量参数出现,它标识由响应 PS 用户或表示服务提供者需求的服务质量。

6.2.4.7 会话需求

这是 P-CONNECT response 服务原语中的会话需求参数;或者,如果响应 PPM 在接收到 CP PPDU 时发起了 CPR PPDU,则它应由响应 PPM 提供。在这两种情况下,它都应作为 P-CONNECT confirm 服务原语中的会话需求参数出现。它标识由响应 PS 用户或表示服务提供者需求的那些会话功能单元。

注:如果 PS 用户拒绝了表示连接建立建议,则该参数应代表如 response 原语所指出的 PS 用户的会话要求。在本 PDU 中没有修订会话需求这一参数。

6.2.4.8 会话连接标识符

它是 P-CONNECT response 服务原语中的会话连接标识符参数,并且应作为 P-CONNECT confirm 服务原语中的会话连接标识符参数出现。

6.2.4.9 **提供者理由**

它如果存在，则指出是响应表示服务提供者拒绝，如果不存在，它指出是响应 PS 用户拒绝。本参数指出拒绝表示连接建立建议的理由，并应作为 P-CONNECT confirm 服务原语中的提供者理由参数出现，取下列值之一：

——未规定的理由(瞬时的)；

——瞬时拥塞(瞬时的)；

——超出本地限制(永久的)；

——未知的被呼表示地址(永久的)；

——不支持的协议版本(永久的)；

——不支持的缺省上下文(永久的)；

——不可读的用户数据(永久的)；

——被呼表示地址标识的 PSAP 集合中没有可用的 PSAP(瞬时的)。

6.2.4.10 **用户数据**

这是 P-CONNECT response 服务原语中的用户数据参数，并且应作为 P-CONNECT confirm 服务原语中的用户数据参数出现。本参数应包含表示数据值(包括任何嵌入的表示数据值)的编码。如果 CPR PPDU 存在表示上下文定义结果表参数，则这些值取自该参数中包含的传送语法。否则，取自缺省上下文。如果表示连接建立建议遭到表示服务提供者的拒绝，则本参数不出现。

6.2.5 **规程**

如果没有选择空编码选项，则连接建立规程可见 6.2.6 与 6.2.7。

6.2.5.1 当 PPM(发起者)收到 P-CONNECT request 服务原语时，它通过发送 CP PPDU 来发起建立表示连接。该 PPDU 包含表示连接操作所需的表示数据值和建议参数(见 6.2.2)。

6.2.5.2 作为发起者的一个选项，CP PPDU 中包含的表示数据值可以多次编码。以允许同一表示数据值使用一些不同的传送语法来传送。

6.2.5.3 不要求响应 PPM 检查收到的各个表示数据值的多个编码。如果对于任何收到的表示数据值，其所有被检查的编码都以不为响应 PPM 所支持的传送语法来表达，则响应 PPM 应通过发送其提供者理由参数值为“不可读的用户数据”的 CPR PPDU 来拒绝所建议的表示连接。

6.2.5.4 如果发起 PPM 由于没有能力建立会话连接而不能建立表示接受，则应发出结果参数值为“提供者拒绝”的 P-CONNECT confirm 服务原语，并且不建立表示连接。

6.2.5.5 响应 PPM 可以拒绝建议的表示连接(例如，如果 CP PPDU 的参数值是不可接受的，见 6.2.6)。在这种情况下，它应发送带有提供者理由参数的 CPR PPDU(见 6.2.4)；反之，如果不拒绝，则发出 P-CONNECT indication 服务原语。

6.2.5.6 如果响应 PPM 随后收到一其结果参数值为“用户拒绝”的 P-CONNECT response 服务原语，它应发送 CPR PPDU(见 6.2.4)；但如果它收到了其结果参数值为“接受”的 P-CONNECT response 服务原语，则应发送结果参数值为“接受”的 CPA PPDU(见 6.2.3)。

6.2.5.7 当发起 PPM 收到了拒绝表示连接的(CPR PPDU 时，如果其中提供者理由参数不出现，则应发出其结果参数值为“用户拒绝”的 P-CONNECT confirm 服务原语；否则，如果出现提供者理由参数，则应发出结果参数值为“提供者拒绝”的 P-CONNECT confirm 服务原语。二者都不建立表示连接。

6.2.5.8 如果发起 PPM 收到了接受表示连接的 CPA PPDU，则它应发出结果参数值为“接受”的 P-CONNECT response 服务原语，表示连接被建立。

6.2.5.9 如果建立了表示连接，则应根据 CPA PPDU 的参数来设置每个 PPM 的 DCS。

6.2.6 协商

6.2.6.1 表示上下文协商

在表示连接建立期间决定的DCS可以在对等PPM和PS用户之间进行协商。

发起PPM为PS用户要求的每一抽象语法提供它能够为表示连接支持的传送语法表。响应PPM在P-CONNECT indication服务原语中向其PS用户指出那些它不能使用建议的传送语法之一的抽象语法。将其标为拒绝("提供者拒绝");响应PS用户在P-CONNECT response服务原语中指出它所接受或拒绝的那些抽象语法。响应PPM从传送语法表中选择一项作为在表示连接上用于每个接受的表示上下文的传送语法。用由发起PPM提供的表示上下文标识符来表示上下文。

6.2.6.2 缺省上下文协商

如果P-CONNECT request服务原语中不出现缺省上下文名参数,则对于取自缺省上下文的表示数据值的解释以本部分范围之外的方式进行。

如果缺省上下文名出现但响应PPM不支持已提名的缺省上下文,则应发送提供者理由参数为"不支持的缺省上下文"和缺省上下文结果参数值为"提供者拒绝"的CPR PPDU。

如果响应PPM支持已提名的缺省上下文但收到了缺省上下文结果参数值为"用户拒绝"的P-CONNECT response服务原语,则应发送缺省上下文结果参数值为"用户拒绝"的CPR PPDU。

6.2.6.3 功能单元协商

表示功能单元是在两个PS用户间协商的为表示连接选择的表示功能单元是为PS用户双方所要求的并为PPM双方所支持的表示功能单元。会话功能单元的协商服从会话服务定义(GB/T 15128)的规则。

6.2.6.4 协议版本协商

表示协议版本是在PPM双方之间协商。

在CP PPDU中,发起PPM提供一系列它能支持的版本。在CPA PPDU中,响应PPM指出在表示连接上使用的表示协议版本,它是发起PPM所建议的诸版本中的一个。在CPR PPDU中,响应PPM可以指出它能支持的一系列版本,其用法是本地事态。

6.2.6.5 协议选项协商

表示层协议选项在两个PPM之间协商。

如果发起PPM希望建议一些协议选项,则它标识那些在CP PPDU的协议选项参数中的选项。如果不希望建议任何选项,则CP PPDU中没有协议选项参数。

在CPA PPDU中,响应者PPM指示要在此连接中使用哪些协议选项。这些选项应仅包括那些在CP PPDU中建议的选项以及由响应PPM支持的选项。如果在此连接中没有选择使用任何选项,则CPA PPDU中没有协议选项参数。

注:在本部分的上一版中,没有定义任何协议选项或协议选项参数。在8.5中的扩展性规则保证了接收到CP PPDU建议的不可识别的选项的响应PPM将忽略选项建议或整个协议选项参数,从而退出协商。

6.2.6.6 已提名上下文

每个PPM决定哪个(如果有)DCS中的表示上下文是它的已提名上下文(这将影响它在此连接中发送出的PPDU的用户数据的编码)。即使在连接时选择了已提名上下文协议选项,PPM也不必需提议一个已提名上下文。如果它不提议一个上下文,则它没有已提名上下文。

发起者PPM通过标识表示上下文定义表中的一个条目来提议一个已提名上下文,该上下文将应用到将发送的PPDU(而不是CP和CPC类的PPDU)。如果响应者在表示上下文结果表中接受了该上下文,且在连接中选择了已提名上下文协议选项,则当发起者收到CPA PPDU时,该上下文成为发起PPM的已提名上下文。如果响应PPM或响应的表示用户拒绝了该上下文,但连接被接受,则对于发起者PM来说,没有已提名上下文。如果没有选择已提名上下文协议选项,则对于双方PPM来说,都没有已提名上下文。

响应 PPM 标识 DCS 中的一个元素作为其已提名上下文，将立刻成为响应 PPM 的已提名上下文，并将应用到 CPA PPDU 的用户数据的编码上。

6.2.6.7 短编码协议选项

短编码的使用需要两个 PPM 之间协商。只有双方 PPM 都提议时，才可以选择该协议选项。

6.2.6.8 打包编码规则协议选项

由于打包编码规则协议选项的使用包括了 CP PPDU 的编码，所以该选项的协商并不是总是可能的。可用以下机制：

a) 通过使用快速联系机制可以对打包编码规则的使用进行协商。这种情况下，CP PPDU 的语义内容由 S-CONNECT 的 SS 用户概要参数传送。

b) 通过使用 BER 可以对 CP PPDU 进行编码，但应包含一个协议选项字段提供 BER 协议选项。如果响应者接受选项，则 CPA 和所有接下来的 PPDUs 均使用 PER 进行编码，否则使用 BER 进行编码。

注 1：CPA PPDU 所使用的编码规则可以由 CPA PPDU 编码的第一个八位位组的最高 3 位确定。对于 BER，是"001"；对于 PER，是"011"(从选项元素的位图到方式选择)。

c) CP PPDU 可以使用 PER 进行编码。如果响应者不支持该协议选项，用 PER 编码的 CP 将会提示协议错误。

注 2：因为在 c)中没有对使用 CP PPDU 进行协商，所以这种机制只适用于已知响应者支持 PER 协议选项时。

如果响应者 PPM 发送 CPR PPDU(按 6.2.5.5 或 6.2.5.6 中规定的)，则 CPR PPDU 应与接收到的 CP 类型的 PPDU 使用相同的编码规则。

6.2.6.9 快速联系机制

如果在连接建立期间使用快速联系机制，则如同构成传递到 S-CONNECT request 的用户概要参数中的会话服务提供者的 CC PPDU 一样，发起 PPM 也将传递 S-CONNECT request 的用户概要参数中的 CP PPDU 的语义内容。用户概要参数引用一个上层上下文规范，且是一个纯粹的抽象参数。如果有 P-CONNECT request 用户信息参数，它的语义内容将会提供给 P-CONNECT request 的用户概要参数中的 PPM，并且被概念性包含在 S-CONNECT request 的用户概要参数中。

如果会话提供者(通过会话协议)使用了快速联系机制，则响应的 PPM 将只接收到 P-CONNECT indication 上的用户概要参数而不是用户数据。响应的实现则重新构造曾经在 P-CONNECT 用户数据中出现的 CC TPDU 的语义内容，并发出具有用户概要参数的 P-CONNECT indication 而代替它的用户数据。

类似地，通过引用同样的上层上下文规范，响应的 PPM 将形成来自 CPA PPDU 的 P-CONNECT response 上的用户概要参数，还包括 P-CONNECT response 的用户概要参数的语义内容(如果有的话)。发起 PPM 重新构造 CPA PPDU。

注：用户概要参数的传递和来自会话用户概要参数的 PPDU 的重新构造是抽象的。对于完成这些动作的一个实现没有要求。

6.2.7 冲突与交互

6.2.7.1 P-U-ABORT

如果发起 PPM 在发送了 CP PPDU 之后而在发出 P-CONNECT confirm 服务原语之前收到了 PU-ABORT request 服务原语，则它应发送 ARU PPDU，表示连接不被建立。

6.2.7.2 ARU PPDU，ARP PPDU 与 S-P-ABORT

如果发起 PPM 收到了一个 S-P-ABORT indication 服务原语或一个 ARP PPDU 或一个没有 SS-user-data 参数的 S-U-ABORTindication 服务原语，它将发出一个 P-P-ABORTindication 服务原语，并且不应建立表示连接。

如果发起 PPM 收到了 ARU PPDU，它应发出 P-U-ABORT indication 服务原语，表示连接不被建立。

响应 PPM 一旦发出 P-CONNECT indiction 服务原语,它应按如上的方式对于 ARU PPDU,ARP PPDU 和 S-P-ABORT indication 服务原语作出反应。

6.2.8 **SHORT-CPA PPDU 联系参数**

6.2.8.1 **编码选择**

它将如下指出为(单个)表示上下文(可能是默认上下文)所用的传送语法:

a) 透明编码(通过双方协商所理解);

b) 基本编码规则;

c) 打包编码规则(变量不对齐);

d) 打包编码规则(变量对齐)。

只在使用 ASN.1 描述抽象语法时,传送语法 b)、c)、d)才可用。

6.2.8.2 **用户数据**

这应是 P-CONNECT response 服务原语的用户数据参数。

6.2.9 **SHORT-CPR PPDU 联系参数**

6.2.9.1 **编码选择**

它将如下指出为(单个)表示上下文(可能是默认上下文)所用的传送语法:

a) 透明编码(通过双方协商所理解);

b) 基本编码规则;

c) 打包编码规则(变量不对齐);

d) 打包编码规则(变量对齐)。

只在使用 ASN.1 描述抽象语法时,传送语法 b)、c)、d)才可用。

6.2.9.2 **原因**

本参数将指出拒绝是因为响应表示服务提供者还是由于响应表示用户。它将指示出表示连接建立被拒绝的原因,并以 P-CONNECTconfirm 服务原语的结果参数形式给出。可能会取以下值:

——表示用户;

——未规定原因(瞬时);

——临时拥塞(瞬时);

——本地限制进行(瞬时);

——被呼表示地址未知(永久);

——不支持的协议版本(永久);

——不支持的默认上下文(永久);

——不可读的用户数据(永久)。

6.2.9.3 **用户数据**

这将是 P-CONNECT response 服务原语的用户数据参数。

6.2.10 **SHORT-CP PPDU 联系参数**

6.2.10.1 **编码选择**

它将如下指出为(单个)表示上下文(可能是默认上下文)所用的传送语法:

a) 透明编码(通过双方协商所理解);

b) 基本编码规则;

c) 打包编码规则(变量不对齐);

d) 打包编码规则(变量对齐)。

只在使用 ASN.1 描述抽象语法时,传送语法 b)、c)、d)才可用。

6.2.10.2 **用户数据**

这应是 P-CONNECT response 服务原语的用户数据参数。

6.2.11 使用短连接协议选项的连接建立规程

6.2.11.1 如果 PPM 收到了一个 P-CONNECTrequest 服务原语，且提议了一个空编码选项（因此，5.4bis.4中的条件符合），并且 5.4bis.5 中的所有条件符合，则该 PPM 可能选择使用短连接协议选项。这种情况下，它将通过发送包含编码选项选择参数和用户数据的 SHORT-CP PPDU 来发起建立一个表示连接。

6.2.11.2 如果由于不能建立会话连接，发起 PPM 不能建立该表示连接，则它应发出具有值为“提供者拒绝”的结果参数的发出 P-CONNECT confirm 服务原语，且表示连接不应被建立。

6.2.11.3 响应得 PPM 可以拒绝该提议的表示连接（例如：如果提供的 SHORT-CP PPDU 中的编码选项不可接受），则它应发送一个 SHORT-CPR PPDU，内含原因参数（见 6.2.9.2）。相应地，如果不拒绝，它将发出 P-CONNECT indication 服务原语。

6.2.11.4 当 PPM（响应者）接收到一个内含值为“用户拒绝”的结果参数的 P-CONNECT response 服务原语时，它应通过发送 SHORT-CPR PPDU 来拒绝建立该表示连接。如果结果参数的值是“接受”，则该表示连接应被建立。

6.2.11.5 如果发起 PPM 收到拒绝表示连接的 SHORT-CPR PPDU，则它将发出一个 P-CONNECT confirm 原语，内含一个基于接收原因参数的编码的结果参数值，并且该表示连接不应被建立。

6.2.11.6 如果发起 PPM 收到接受表示连接的 SHORT-CPA PPDU，则它将发出一个 P-CONNECT confirm 原语，内含一个值为“接受”的结果参数值，并且该表示连接应被建立。

6.2.11.7 如果建立了表示连接，属于（单个）表示上下文（可以是默认上下文）的用户数据的传送语法将根据 SHORT-CPA PPDU 的编码选择参数值的编码来设置。

6.3 连接正常释放

6.3.1 目的

PPM 使用表示连接正常释放规程来释放表示连接而不丢失正在传送的数据。

6.3.2 规程

6.3.2.1 表示连接的正常释放与下层会话连接的释放同时进行，这里不显式地给出 PPDU 的定义，而是由第 7 章中的映射描述隐含地给出。

6.3.2.2 会话服务原语中使用的 SS 用户数据参数代表相关的表示服务原语中的用户数据参数，或被后者所代表。该用户数据参数取自按 6.1.2 规定的表示上下文。

6.4 连接异常释放

6.4.1 目的

表示连接异常释放规程随时用于强行释放表示连接，该规程被 P-U-ABORT 服务调用或用于响应协议差错或响应收到一个无效 PDU。

本规程使用下列 PPDU：

a) ARU PPDU；

b) ARP PPDU。

6.4.2 ARU PPDU 有关参数

6.4.2.1 表示上下文标识符表

本参数在下面两种情况下出现，如果 ARU PPDU 的用户数据参数存在，并选择了上下文管理功能单元；或者，如果在 CP PPDU 中出现表示上下文定义表参数。对于 ARU PPDU 用户数据参数中使用的每一表示上下文，本参数都标识使用的传送语法。

表示上下文标识符表中的每一项都包含两个成分：表示上下文标识符和相关的传送语法名（或者产生这种传送语法的规范的名字）。

注：如果 DCS 为空，本参数应为空。

6.4.2.2 用户数据

本参数代表 P-U-ABORT request 服务原语中的用户数据参数，并且被 P-U-ABORT indication 服务原语中的用户数据参数代表，本参数按 6.1.2 定义取自表示上下文。

注：如果下层会话服务施加的长度限制导致 S-U-ABORT request 会话服务原语中的 SS 用户数据参数容纳不下用户数据参数的表示数据值，则该用户数据参数将不包含在发送的 ARU PPDU 中，PPM 如何得知这一点是本地事态。

6.4.3 ARP PPDU 的有关参数

6.4.3.1 提供者理由

本参数将指出下列理由之一：

a) 未规定的理由；

b) 不能识别的 PPDU；

c) 未料到的 PPDU；

d) 未料到的会话服务原语；

e) 不能识别的 PPDU 参数；

f) 未料到的 PPDU 参数；

g) 无效的 PPDU 参数值。

在 c)、d)、e)、f)和 g)诸情况下，还应给出事件标识符参数。

6.4.3.2 事件标识符

本参数标识触发废弃过程的 PPDU 或会话服务原语。

6.4.4 规程

本规程依赖于下列激发因素：

6.4.4.1 P-U-ABORT

当 PPM 收到了 P-U-ABORT request 服务原语，并且下列情形之一成立时：

a) 已建立表示连接；

b) 已发送 CP PPDU，而且既未收到 CPA PPDU，也未收到 CPR PPDU。

PPM 应发送 ARU PPDU，并释放表示连接。

6.4.4.2 协议差错

当 PPM 收到了不能认识的或意想不到的 PPDU，或者收到了意想不到的会话服务原语时，它应发出 P-P-ABORT indication 服务原语，可能的话还发送 ARP PPDU。如果选择了空编码协议选项，则发出没有 SS-user-data 参数的 S-U-ABORT request 原语，应释放表示连接。

6.4.4.3 无效的 PPDU

当 PPM 收到了含有无效 PPDU 参数值或含有不能认识或意想不到的 PPDU 参数的 PPDU 时，其中包括带有意想不到的表示上下文标识符，或收到的位串不能用相应的抽象语法来表示的表示数据值(包括任何嵌入的表示数据值)的 PPDU，它应发出 P-P-ABORT indication 服务原语，如果可能的话则发送 ARP PPDU。如果没有选择空编码协议选项，则发送一个没有 SS-user-data 参数的 S-U-ABORT request 原语，然后释放表示连接。

6.4.4.4 S-P-ABORT

当 PPM 收到了 S-P-ABORT indication 会话服务原语时，它应发现出 P-P-ABORT indication 服务原语，并释放表示连接。

6.4.4.5 ARU PPDU

当 PPM 收到了 ARP PPDU 时，它应发出 P-U-ABORT indication 服务原语，并释放该表示连接。

6.4.4.6 ARP PPDU

当 PPM 收到了 ARU PPDU 或者一个没有 SS-user-data 参数 S-U-ABORT indication 服务原语，

它应发送一个 P-P-ABORT indication 服务原语，并释放表示连接。

注：如果在试图建立表示连接时应用了异常释放规程，则不建立表示连接。

6.4.5 冲突与交互

可以在表示连接建立期间或表示连接建立后随时使用异常释放规程。

6.5 上下文改变

6.5.1 目的

上下文改变规程用来修改 DCS，它对一个或多个要加入 DCS 的新表示上下文定义，以及对 DCS 成员的表示上下文的删除进行协商。它由收到 P-ALTER-CONTEXT request 服务原语的请求实体来使用。

本规程使用下列 PPDU：

a) CP PDU；

b) CA PPDU。

6.5.2 AC PPDU 的有关参数

6.5.2.1 表示上下文增加表

它是包含一项或多项的表。每一项代表 P-ALTER-CONTEXT request 服务原语的表示上下文增加表参数中的一项，并且被 P-ALTER-CONTEXT indication 服务原语的表示上下文增加表参数中的一项代表。每一项包含三个成分：表示上下文标识符，抽象语法名以及传送语法表。传送语法表包含请求 PPM 能够支持命名的抽象语法的传送语法名（或者产生这种传送语法的规范的名字）。包含在本参数中的所有表示上下文标识符彼此不同，并且也与 DCS 中的或先前在表示连接上的任何 PPDU 中使用的所有表示上下文的表示上下文标识符不同。如果发送 PPM 是发起者，则所有的表示上下文标识符都为奇数，否则为偶数。

6.5.2.2 表示上下文删除表

它是 P-ALTER-CONTEXT request 服务原语中的表示上下文删除表参数，并应作为 P-ALTER-CONTEXT indication 服务原语中的表示上下文删除表参数出现。

6.5.2.3 用户数据

本参数代表 P-ALTER-CONTEXT request 服务原语中的用户数据参数，并且应被 P-ALTER-CONET indication 服务原语中的用户数据参数代表，本参数取自 6.1.2 规定的表示上下文。

6.5.3 ACA PPDU 的有关参数

6.5.3.1 表示上下文增加结果表

它代表 P-ALTER-CONTEXT response 服务原语中的表示上下文增加结果表参数，并应被 P-ALTER-CONTEXT confirm 服务原语中的表示上下文增加结果表参数代表。它是一个表，包含与 AC PPDU 中的表示上下文增加表参数相同数目的项，每一项都是对 AC PPDU 中相应项的应答，并且包含一个或两个成分：表示上下文增加结果和可选成分，后者是传送语法名（或者产生这种传送语法的规范的名字）或者是提供者理由。

表示上下文增加结果取下列值之一：

——“接受”；

——“用户拒绝”；

——“提供者拒绝”。

如果表示上下文增加结果取值“接受”，则传送语法名存在，它是请求 PPM 为已标识的表示上下文的可能的传送语法而建议的诸名字中的一个，并确定接受 PPM 已选择的传送语法。

如果表示上下文增加结果取值“提供者拒绝”，则提供者理由存在，它规定接受 PPM 拒绝表示上下文增加的理由，并取下列值之一：

——未规定的理由；

——不支持的抽象语法;

——不支持所建议的传送语法;

——超出对 DCS 的本地限制。

6.5.3.2 **表示上下文删除结果表**

它是 P-ALTER-CONTEXT response 服务原语中的表示上下文删除结果表参数,并应作为 P-ALTER-CONTEXT confirm 服务原语中的表示上下文删除结果表参数出现。它是一个表,包含与 AC PPDU 中的表示上下文删除表参数相同数目的项,每项应引用 AC PPDU 中的对应项,并取下列值之一:

——"接受";

——"用户拒绝"。

6.5.3.3 **用户数据**

本参数代表 P-ALTER-CONTEXT response 服务原语中的用户数据参数,并应被 P-ALTER CONTEXT confirm 服务原语中的用户数据参数代表。本参数取自 6.1.2 规定的表示上下文。

6.5.4 **规程**

6.5.4.1 当 PPM(请求者)收到 P-ALTER-CONTEXT request 服务原语时,它应发送 AC PPDU。

注:这些建议删除的表示上下文对于 AC PPDU 的用户数据参数的表示数据值仍是可用的。

6.5.4.2 当 PPM(接受者)收到 AC PPDU 时,它可以自己拒绝建议的表示上下文增加中的一些或全部表示上下文,它发出 P-ALTER CONTEXT indication 服务原语并在其中以"提供者拒绝"标记被拒绝的增加建议。

6.5.4.3 如果接受 PPM 收到 TP-ALTER-CONTEXT response 服务原语,它发送 ACA PPDU 来指出接受或拒绝各个建议的表示上下文增加和表示上下文删除。

6.5.4.4 当接受 PM 收到了 P-ALTER-CONTEXT response 服务原语时,应将建议增加的并被标记为"接受"的表示上下文加入到 DCS 中,并且这些表示上下文从收到响应时起立即可用,也可以用作 ACA PPDU 的用户数据参数中包含的表示数据值。建议删除的并被标记为"接受"的表示上下文应从 DCS 中删除,并且从收到响应时起不再可用,也不能用作 ACA PPDU 的用户数据参数中包含的表示数据值。

6.5.4.5 如果请求 PM 收到了 ACA PPDU,它应发出 P-ALTER-CONTEXT confirm 服务原语。

6.5.4.6 当请求 PPM 收到了 ACA PPDU 时,在 ACA PPDU 中接受的表示上下文应加入到 DCS 中,并且从收到 ACA PPDU 时起立即可用,并且应为 ACA PPDU 本身的用户数据参数中包含的表示数据值所接受。在 ACA PPDU 中接受删除的表示上下文应从 DCS 中删除,并且从收到 ACA PPDU 时起就不再可用。

6.5.5 **冲突和交互**

6.5.5.1 **AC PPDU**

PPM 独立地处理 PS 用户双方同时发出的 P-ALTER-CONTEXT request 服务原语,即使 PS 用户双方规定了要从 DCS 中删除同样的表示上下文,仍独立地处理这些同时发出的删除请求。

作为独立处理两个请求的结果以及每个 PS 用户自由接受或拒绝对等 PS 用户的表示上下文删除建议的结果,PPM 必须准备处理下述情形,这些情形并不被当作差错处理。

a) 收到响应 P-ALTERCONTEXT indication 服务原语的 P-ALTER CONTEXT request 服务原语,该原语规定对一个非 DCS 成员的表示上下文的删除,在此情形下,PPM 应发送使用 P-ALTERCONTEXT response 服务原语的表示上下文删除结果表参数值的 ACA PPDU;

b) 收到响应 ACA PPDU 的 AC PPDU,该 PPDU 规定对一个非 DCS 成员的表示上下文的删除,在此情形下,PPM 应发送一个具有相应的表示上下文删除结果表参数值的 P-ALTER-CONTEXT confirm 服务原语。

6.5.5.2 **P-U-ABORT,ARU PPDU,ARP PPDU 和 S-P-ABORT**

见 6.4。

6.5.5.3 **破坏型会话服务**

如果 AC PPDU 发送者在收到 ACA PPDU 之前收到了 RS PPDU 或 S-U-EXCEPTION-REPORT,S-P-EXCEPTION-REPORT,S-ACTIVITY-DISCARD 或 S-ACTIVITY-INTERRUPT indication 服务原语,它不应发出 P-ALTER-CONTEXT confirm 服务原语,PM 应继续上述扰乱服务所规定的或 RS PPDU 所规定的规程。

6.6 **信息传送**

6.6.1 **目的**

信息传送规程用来运送由 P-DATA,P-TYPED-DATA,P-CAPABILITY-DATA 和 P-EXPEDITED-DATA request 服务原语,以及 P-CAPABILITY-DATA response 服务原语发起的表示数据值(包括任何嵌入的表示数据值)。

本规程使用下述 PPDU:

a) TD PPDU;

b) TTD PPDU;

c) TE PPDU ;

d) TC PPDU;

e) TCC PPDU。

6.6.2 **PPDU 的有关参数**

由本规程使用的各 PPDU 只有一个参数。

6.6.2.1 **用户数据**

本参数代表相应的 request 或 response 服务原语中的用户数据参数,并作为相应的 indication 或 confirm 服务原语的用户数据参数出现。对于 TE PPDU,本参数包含取自缺省上下文的表示数据值;对于 TD、TTD、TC 和 TCC PPDU,本参数包含取自 6.1.2 规定的表示上下文的表示数据值(包括任何嵌入的表示数据值)。

6.6.3 **规程**

6.6.3.1 当 PPM 收到 P-DATA request 服务原语时,它应发送 TD PDU,根据商定的传送语法传送在 P-DATA request 服务原语中表达的表示数据值(包括任何嵌入的表示数据值)。当 PPM 收到 TD PPDU 时,它应发出 P-DATA indication 服务原语,其中包含这些表示数据值(包括任何嵌入的表示数据值)。

6.6.3.2 当 PPM 收到 P-TYPED-DATA request 服务原语时,它应发送 TTD PPDU,根据商定的传送语法传送在 P-TYPED-DATA request 服务原语中的表示数据值(包括任何嵌入的表示数据值)。当 PPM 收到 TTD PPDU 时,它应发出 P-TYPED-DATA indication 服务原语,其中包含这些表示数据值(包括任何嵌入的表示数据值)。

只有已在 CP 和 CPA PPDU 中的用户会话需求参数中建议和选择了会话特权数据功能单元时,TTD PPDU 才是可用的。

6.6.3.3 当 PPM 收到 P-EXPEDITED-DATA request 服务原语时,它发送 TE PPDU,按缺省上下文的传送语法传送在 P-EXPEDITED-DATA request 服务原语中表达的表示数据值(包括任何嵌入的表示数据值);当 PPM 收到 TEPPDU 时,它应发出 P-EXPEDITED-DATAindication 服务原语,其中包含这些表示数据值(包括任何嵌入的表示数据值)。

6.6.3.4 当 PPM 收到 P-CAPABILITY-DATA request 服务原语时,它应发送 TC PPDU,按商定的

传送语法传送在 P-CAPABILITY-DATA request 服务原语中表达的表示数据值(包括任何嵌入的表示数据值)。当 PPM 收到了 TC PPDU 时,它应发出 P-CAPABILITY-DATA indication 服务原语,其中包含这些表示数据值(包括任何嵌入的表示数据值),如果随后接受 PPM 收到了 P-CAPABILITY-DATA response 服务原语,它应发送 TCC PPDU,按商定的传送语法传送在 P-CAPABILITY-DATA response 服务原语中表达的表示数据值(包括任何嵌入的表示数据值);当 PPM 收到了 TCC PPDU 时,它应发出 P-CAPABILITY-DATA confirm 服务原语,其中包含这些表示数据值(包括任何嵌入的表示数据值)。

6.6.4 冲突与交互

6.6.4.1 P-U-ABORT、ARU PPDU、ARP PPDU 和 S-P-ABORT。

见 6.4。

6.7 权标处理

6.7.1 目的

权标处理规程使得 PS 用户能够使用会话服务的权标处理业务,PPM 使用本规程来支持 P-TOKEN-GIV、P-TOKN-PLEASE -CONTROL-GIVE request 和 indication 服务原语。

6.7.2 规程

6.7.2.1 不显式地定义 PPDU,而是由第 7 章的映射描述隐含地给出。

6.7.2.2 使用的会话服务原语的用户数据参数代表或被代表为相关的表示服务原语的用户数据参数,并取自 6.1.2 规定的表示上下文。

6.8 同步与重新同步

6.8.1 目的

同步和重新同步规程用来使得 PS 用户能够使用会话服务的同步和重新同步业务,PPM 使用这些规程来支持 P-SYNC-MINOR、P-SYNC-MAJOR 和 P-RESYNCHRONIZE 服务原语,当选择了上下文恢复功能单元时,重新同步规程对于 DCS 有影响。

本规程使用下述 PPDU:

a) RS PPDU;

b) RSA PPDU。

6.8.2 RS PPDU 的有关参数

6.8.2.1 重新同步类型

这是 P-RESYNCHRONIZE request 服务原语的重新同步类型参数,并应作为 P-RESYNCHRONIZE indication 服务原语的重新同步类型参数出现。

6.8.2.2 同步点序号

这是 P-RESYNCHRONIZE request 服务原语的同步点序号参数,并应作为 P-RESYNCHRONIZE indication 服务原语的同步点序号参数出现。

6.8.2.3 权标

这是 P-RESYNCRONIZE request 服务原语的权标参数,并应作为 P-RESYNCHRONIZE indication 服务原语的权标参数出现。

6.8.2.4 表示上下文标识符表

它是一个表,其中每项含有两个成分:表示上下文标识符和相关的传送语法名。本表规定由 RS PPDU 导致的 DCS。

6.8.2.5 用户数据

它代表 P-RESYNCHRONIZE request 服务原语的用户数据参数,并被 P-RESYNCHRONIZE indication 服务原语的用户数据参数代表。本参数取自 6.1.2 规定的表示上下文。

6.8.3 **RSA PPDU 的有关参数**

6.8.3.1 **同步点序号**

这是 P-RESYNCHRONIZE response 服务原语的同步点序号参数，并应作为 P-RESYNCHRONIZE indication 服务原语的同步点序号参数出现。

6.8.3.2 **权标**

这是 P-RESYNCHRONIZE response 服务原语的权标参数，并应作为 P-RESYNCHRONIZE confirm 服务原语的权标参数出现。

6.8.3.3 **表示上下文标识符表**

它是一个表，其中每项含有两个成分：表示上下文标识符和相关的传送语法名，本表规定由 RSA PPDU 导致的 DCS。

6.8.3.4 **用户数据**

它代表 P-RESYNCHRONIZE response 服务原语的用户数据参数，并被 P-RESYNCHRONIZE confirm 服务原语的用户数据参数代表。本参数取自 6.1.2 规定的表示上下文。

6.8.4 **规程**

6.8.4.1 服务原语的同步点标识符中的同步点序号值等于该服务原语的对应参数的同步点序号值。

服务原语的重新同步标识符的同步点序号值等于该服务原语的对应参数的同步点序号值减 1。

6.8.4.2 如果 PPM 收到了 P-SYNC-MINOR request 服务原语或者发出了 P-SYNC-MAJOR indication 服务原语，并用已选择了上下文恢复功能单元，则它应把当前的 DCS 与 request 或 indication 服务原语的同步点标识符联系起来。

6.8.4.3 如果 PPM 收到了 P-SYNC-MAJOR response 服务原语或者发出了 P-SYNC-MAJOR confirm 服务原语，并且已选择了上下文恢复功能单元，则它应把当前的 DCS 与 response 或 confirm 服务原语的同步点标识符联系起来。

PPM 应取消它以前建立的同步点标识符和 DCS 之间的任何联系。

6.8.4.4 如果 PPM 收到 P-RESYNCHRONIZE request 服务原语，而且未选择上下文管理功能单元，则它应发送 RS PPDU。

6.8.4.5 如果 PPM 收到了 P-RESYNCHRONIZE request 服务原语，并且选择了上下文管理功能单元而未选择上下文恢复功能单元，则它应发送 RS PPDU，表示上下文标识符表参数应与 PPM 所知的 DCS 相对应。

6.8.4.6 如果 PPM 收到了 P-RESYNCHRONIZE 不起 request 服务原语，而且已选择了上下文恢复功能单元，则它应将 DCS 设置如下：

a) 如果重新同步类型为“放弃”，则 DCS 不变；

b) 如果重新同步类型为“重启”或“置位”，则：

  1) 如果原语的重新同步标识符与某个 DCS 有联系，则 DCS 恢复到那个 DCS；

  2) 如果原语的重新同步标识符小于与某个 DCS 有联系的各个同步点标识符，则 DCS 恢复到表示连接建立时的那个 DCS；

  3) 在所有其他情形下，DCS 不变。

PPM 随后应发送 RS PPDU，其中具有与 DCS 对应的表示上下文标识符表参数值。

6.8.4.7 如果 PPM 收到了 RS PPDU，并且未选择上下文管理功能单元，则它应发送 P-RESYNCHRONIZE indication 服务原语。

6.8.4.8 如果 PPM 收到了 RS PPDU，并且已选择上下文管理功能单元，但未选择上下文恢复功能单元，则：如果在等待 ACA PPDU，PPM 应使用 RS PPDU 的表示上下文标识符表参数中规定的 DCS 替换 DCS。然后，不论是否在等待 ACA，都应发出 P-REYNCHRONIZE indication 服务原语。

6.8.4.9 如果 PM 收到了 RS PPDU，且已选择了上下文恢复功能单元，则应设置 DCS 如下：

a) 如果重新同步类型为“放弃”，则：
   1) 如果在等待一个 ACA PPDU，则用 RS PPDU 的表示上下文标识符表参数中规定的 DCS 替换 DCS；
   2) 如果未在等待 ACA PPDU，则 DCS 不变；
b) 如果重新同步类型为“重启，或“置位”，则：
   1) 如果服务原语的重新同步标识符与某个 DCS 有联系，则将 DCS 恢复为那个 DCS；
   2) 如果服务原语的重新同步标识符小于与某个 DCS 有联系的每个同步点标识符，则 DCS 恢复为表示连接建立时的那个 DCS；
   3) 在所有其他情形下，DCS 如 a 设置。

随后 PPM 发出 P-RESYNCHRONIZE indication 服务原语。

6.8.4.10 如果 PPM 收到了 P-RESYNCHRONIZE response 服务原语并且未选择上下文管理功能单元，则应发送 RSA PPDU。

6.8.4.11 如果 PPM 收到了 P-RESYNCHRONIZE response 服务原语并且已选择上下文管理功能单元，则它应发送 RSA PPDU。表示上下文标识符表参数应与 PPM 所知的 DCS 相对应。

6.8.4.12 如果 PPM 收到了 RSA PPDU 并且未选择上下文管理功能单元，则应发出 P-RESYNCHRONIZE confirm 服务原语。

6.8.4.13 如果 PPM 收到了 RSA PPDU 并且已选择上下文管理功能单元，但未选择上下文恢复功能单元，则应用 RSA PPDU 的表示上下文标识符表参数规定的 DCS 替换 DCS。然后它应发出 P-RESYNCHRONIZE confirm 服务原语。

6.8.4.14 如果 PPM 收到了 RSA PPDU 并且已选择了上下文恢复功能单元，则应设置 DCS 如下：

a) 如果重新同步类型为“放弃”，则用 RSA PPDU 的表示上下文标识符表参数规定的 DCS 替换 DCS；
b) 如果重新同步类型为“重启”或“置位”，并且没有同步点标识符与某个 DCS 有联系，或者重新同步标识符与任一 DCS 都没有联系，且大于所有与 DCS 有联系的同步点标识符的最小者，则用 RSA PPDU 的表示上下文标识符表参数规定的 DCS 替换 DCS；
c) 在所有其他情形下，DCS 不变。

PPM 随后发出 P-RESYNCHRONIZE confirm 服务原语。

注：当收到 RSA PPDU 时，相关的重新同步类型(对于上面描述的规程)是与之有联系的 RS PPDU 的重新同步类型。

6.8.5 冲突与交互

6.8.5.1 P-U-ABORT，ARU PPDU，ARP PPDU 和 S-P-ABORT

见 6.4。

6.8.5.2 P-ALTER-CONTEXT、AC PPDU 和 ACA PPDU

见 6.5。

6.9 异常报告

6.9.1 目的

异常报告规程用来使得 PS 用户能够使用会话服务的异常报告业务，PM 用它支持 P-U-EXCEPTION-REORT request 和 indication 服务原语及 P-P-EXCEPTION-REPORTindication 服务原语。

6.9.2 规程

6.9.2.1 不显式地定义 PPDU，而是由第 7 章的映射描述隐含地给出。

6.9.2.2 使用的会话服务原语的用户数据参数代表相关的表示服务原语的用户数据参数，或被后者所代表，并取自如6.1.2规定的表示上下文。

6.10 活动管理

6.10.1 目的

活动管理规程用来使得PS用户能够使用会话服务的活动管理业务，PPM用它来支持P-ACTIVITY-START与P-ACTIVITY-RESUME request和indication服务原语，以及P-ACTIVITY-END、P-ACTIVITY-INTERRUPT和P-ACTIVITY-DISCARD request、indication、response和confirm服务原语。

当已选择了上下文恢复功能单元时，活动管理规程对DCS有影响，如6.10.2定义。

6.10.2 规程

6.10.2.1 不显式地定义PPDU，而由第7章的映射描述隐含地给出。

6.10.2.2 使用的会话服务原语的用户数据参数代表相关的表示服务原语的用户数据参数，或被后者代表，并取自如6.1.2规定的表示上下文。

6.10.2.3 当一个活动正在进行并且已选择了上下文恢复功能单元时，如果PPM收到了P-ACTIVITY-INTERRUPT response服务原语，或者发出了P-ACTIVITY-INTERRUPT confirm服务原语，则它应该用活动间DCS替换DCS。

6.10.2.4 当一个活动正在进行并且已选择了上下文恢复功能单元时，如果PPM收到了P-ACTIVITY-DISCARD request服务原语，或者发出了P-ACTIVITY-DISCARD confirm服务原语时，则它应该用活动间DCS替换DCS，并取消它以前建立的同步点标识符和DCS之间的任何联系。

6.10.2.5 当选择了上下文恢复功能单元时，如果PPM收到了P-ACTIVITY-END response服务原语或发出了P-ACTIVITY-END confirm服务原语，则它应使用活动间DCS替换DCS，并取消它以前建立的同步点标识符和DCS之间的任何联系。

6.10.2.6 如果PPM收到了P-ACTIVITY-RESUME request服务原语或发出了P-ACTIVITY-RESUME indication服务原语，并且在该request或indication服务原语中不出现旧会话连接标识符参数，则它应取下列动作：

a) 取消DCS与下述偶对的任何联系，这些偶对由request或indication服务原语中的旧活动标识符参数值与任何大于同步点序号参数值的同步点序号组成；

b) 如果由旧活动标识符和同步点序号参数值组成的偶对与某个DCS相关联，则将DCS恢复到那个DCS。

6.10.2.7 当选择了上下文恢复功能单元时P-ACTIVITY-INTERRUPT和P-ACTIVITY-DISCARD服务的用户数据参数中的pdvs应参照互操作DCS，如果互操作DCS为空，则依照默认上下文。

6.10.3 冲突和交互

6.10.3.1 P-ALTER-CONTEXT

在本服务的用户数据参数中的pdvs在PS-users中应被略过，且遵守GB/T 15695—2008中10.1的规则。

7 表示协议数据单元到会话服务的映射

7.1 连接建立

7.1.1 CP PPDU

CP PPDU应在S-CONNECT request和indication会话服务原语中从发起PPM运送到响应PPM。

7.1.1.1 CP PPDU的有关参数

表1定义了CP PPDU的有关参数到S-CONNECT参数的映射。

表 1 CP PPDU 的有关参数到 S-CONNECT 参数的映射

CP PPDU 的有关参数	S-CONNECT 参数	m/nm/s
方式选择因子	SS 用户数据	m
协议版本	SS 用户数据	nm
主呼表示选择因子	SS 用户数据	nm
主呼会话地址	主呼 SSAP 地址	s
被呼表示选择因子	SS 用户数据	nm
被呼会话地址	被呼 SSAP 地址	s
表示上下文定义表	SS 用户数据	nm
缺省上下文名	SS 用户数据	nm
服务质量	服务质量	s
表示需求	SS 用户数据	nm
用户会话需求	SS 用户数据	nm
修订会话需求	会话需求	s
初始同步点序号	初始同步点序号	s
初始权标分配	初始权标分配	s
会话连接标识符	会话连接标识符	s
用户数据	SS 用户数据	nm
用户概要	SS 用户概要	nm
说明： m：必备的； nm：非必备的； s：如会话服务定义(GB/T 15128)中所定义。		

7.1.2 CPA PPDU

CPA PPDU 应在 S-CONNECT response 和 confirm 会话服务原语中从响应 PPM 运送到发起 PPM。

7.1.2.1 CPA PPDU 的有关参数

表 2 定义了 CPA PPDU 的有关参数到 S-CONNECT 参数的映射。

表 2 CPA PPDU 的有关参数到 S-CONNECT 参数的映射

CPA PPDU 的有关参数	S-CONNECT 参数	m/nm/s
方式选择因子	SS 用户数据	m
协议版本	SS 用户数据	nm
响应表示选择因子	SS 用户数据	nm
响应会话地址	响应 SSAP 地址	s
表示上下文定义结果表	SS 用户数据	nm
服务质量	服务质量	s
表示需求	SS 用户数据	nm
用户会话需求	SS 用户数据	nm

表 2（续）

CPA PPDU 的有关参数	S-CONNECT 参数	m/nm/s
修订会话需求	会话需求	s
初始同步点序号	初始同步点序号	s
初始权标分配	初始权标分配	s
会话连接标识符	会话连接标识符	s
用户数据	SS 用户数据	nm
用户概要	SS 用户概要	nm
说明： m：必备的； nm：非必备的； s：如会话服务定义(GB/T 15128)中所定义。		

7.1.2.2　**S-CONNECT 结果参数**

它应取值"accept"。

7.1.3　**CPR PPDU**

CPR PPDU 应在 S-CONNECT response 和 confirm 会话服务原语中从响应 PPM 传送到发起 PPM。

但是，当会话服务提供者拒绝会话连接建立建议时，没有显式的 S-CONNECT response 会话服务原语和对应的 CPR PPDU。

7.1.3.1　**CPR PPDU 的有关参数**

表 3 定义了 CPR PPDU 的有关参数到 S-CONNECT 参数的映射。

表 3　CPRP PDU 的有关参数到 S-CONNECT 参数的映射

CPR PPDU 的有关参数	S-CONNECT 参数	m/nm/s
协议版本	SS 用户数据	nm
响应表示选择因子	SS 用户数据	nm
响应会话地址	响应 SSAP 地址	s
表示上下文定义结果表	SS 用户数据	nm
缺省上下文结果	SS 用户数据	nm
服务质量	服务质量	s
会话需求	会话需求	s
会话连接标识符	会话连接标识符	s
提供者理由	SS 用户数据	nm
用户数据	SS 用户数据	nm
说明： m：必备的， nm：非必备的。 s：如会话服务定义(GB/T 15128)中所定义。		

7.1.3.2　**S-CONNECT 结果参数**

本参数可取值：

——"SS 提供者拒绝"(一整类的值)；

——带有SS用户数据的“被呼SS用户拒绝”。

当会话服务提供者发起拒绝时，取第一种值，即使拒绝是由表示服务提供者发起的，也不出现提供者理由参数。而当拒绝是由响应PPM或PS用户发起时，则取第二种值，仅当拒绝是由响应PPM发起时，提供者理由参数才出现；仅当拒绝是由响应PS使用者发起时，CPR PPDU的用户数据参数才可以出现。

7.1.4 **SHORT-CPA PPDU**

当表示连接建立时，应从S-CONNECT response和confirm原语中，将SHORT-CPA PPDU从响应PPM传送到发起PPM。

7.1.4.1 **SHORT-CPA PPDU联系参数**

表4bis定义了从SHORT-CPA PPDU联系参数到S-CONNECT参数的映射。

表4bis 从SHORT-CPA PPDU联系参数到S-CONNECT参数的映射

SHORT-CPA PPDU的有关参数	S-CONNECT参数	m/nm
编码选择	SS用户数据	m
用户数据	SS用户数据	nm
m：必备的； nm：非必备的。		

7.1.4.2 **S-CONNECT结果参数**

本参数应该有值“accept”。

7.1.5 **SHORT-CPR PPDU**

当表示连接建立时，应从S-CONNECT response和confirm原语中，将SHORT-CPR PPDU从响应PPM传送到发起PPM。

7.1.5.1 **SHORT-CPR PPDU联系参数**

表4ter定义了从SHORT-CPR PPDU联系参数到S-CONNECT参数的映射。

表4ter 从SHORT-CPR PPDU联系参数到S-CONNECT参数的映射

SHORT-CPR PPDU的有关参数	S-CONNECT参数	m/nm
编码选择	SS用户数据	m
原因	SS用户数据	m
用户数据	SS用户数据	nm
m：必备的； nm：非必备的。		

7.1.5.2 **S-CONNECT结果参数**

本参数应该取以下值：

——“SS提供者拒绝”(一整类的值)；

——带有SS用户数据的“被呼SS用户拒绝”。

当会话服务提供者发起拒绝时，取第一种值，即使拒绝是由表示服务提供者发起的，也不出现提供者理由参数。而当拒绝是由响应PPM或PS用户发起时，则取第二种值，仅当拒绝是由响应PPM发起时，提供者理由参数才出现；仅当拒绝是由响应PS使用者发起时，PPDU的用户数据参数才可以出现。

7.1.6 **SHORT-CP PPDU**

当表示连接建立时，应从S-CONNECT response和confirm原语中，将SHORT-CPR PPDU从发起PPM传送到响应PPM。

7.1.6.1 **SHORT-CP PPDU联系参数**

表4quater定义了从SHORT-CP PPDU联系参数到S-CONNECT参数的映射。

表 4quater 从 SHORT-CP PPDU 联系参数到 S-CONNECT 参数的映射

SHORT-CP PPDU 的有关参数	S-CONNECT 参数	m/nm
编码选择	SS 用户数据	m
用户数据	SS 用户数据	nm
m:必备的; nm:非必备的。		

7.2 连接正常释放

表示连接的正常释放与会话连接的正常释放同时进行,表示服务原语映射到对应的会话服务原语,表 4 定义了这种映射。

表 4 正常释放服务原语的映射

表示原语	会话原语
P-RELEASE request	S-RELEASE request
P-RELEASE indication	S-RELEASE indication
P-RELEASE response	S-RELEASE response
P-RELEASE confirm	S-RELEASE confirm

7.3 连接异常释放

7.3.1 ARU PPDU

ARU PPDU 在 S-U-ABORT request 和 indication 会话服务原语中从请求 PPM 运送到接受 PPM。

7.3.1.1 ARU PPDU 的有关参数

表 5 定义了 ARU PPDU 的有关参数到 S-U-ABORT 参数的映射。

表 5 ARU PPDU 的有关参数到 S-U-ABORT 参数的映射

ARU PPDU 的有关参数	S-U-ABORT 参数	m/nm/s
表示上下文标识符表	SS 用户数据	nm
用户数据	SS 用户数据	nm
说明: m:必备的; nm:非必备的; s:如会话服务定义(GB/T 15128)中所定义。		

7.3.2 ARP PPDU

ARP PPDU 在 S-U-ABORT request 和 indication 会话服务原语中从请求 PPM 运送到接受 PPM。

7.3.2.1 ARP PPDU 的有关参数

表 6 定义了 ARP PPDU 的有关参数到 S-U-ABORT 参数的映射。

表 6 ARP PPDU 的有关参数到 S-U-ABORT 参数的映射

ARP PPDU 的有关参数	S-U-ABORT 参数	m/nm/s
提供者理由	SS 用户数据	nm
事件标识符	SS 用户数据	nm
说明: m:必备的; nm:非必备的; s:如会话服务定义(GB/T 15128)中所定义。		

7.4 上下文改变

7.4.1 AC PPDU

AC PPDU 在 S-TYPED-DATA request 和 indication 会话服务原语中从请求 PPM 运送到接受 PPM。

7.4.1.1 AC PPDU 的有关参数

表 7 定义了 AC PPDU 的有关参数到 S-TYPED-DATA 参数的映射。

表 7 AC PPDU 的有关参数到 S-TYPED-DATA 参数的映射

AC PPDU 的有关参数	S-TYPED-DATA 参数	m/nm/s
表示上下文增加表	SS 用户数据	nm
表示上下文删除表	SS 用户数据	nm
用户数据	SS 用户数据	nm
说明： m:必备的； nm:非必备的； s:如会话服务定义(GB/T 15128)中所定义。		

7.4.2 ACA PPDU

ACA PPDU 在 S-TYPED-DATA response 和 confirm 会话服务原语中从接受 PPM 运送到请求 PPM。

7.4.2.1 ACA PPDU 的有关参数

表 8 定义了 ACA PPDU 的有关参数到 S-TYPED-DATA 参数的映射。

表 8 ACA PPDU 的有关参数到 S-TYPED-DATA 参数的映射

ACA PPDU 的有关参数	S-TYPED-DATA 参数	m/nm/s
表下上下文增加结果表	SS 用户数据	nm
表示上下文删除结果表	SS 用户数据	nm
用户数据	SS 用户数据	nm
说明： m：必备的； nm：非必备的； s:如会话服务定义(GB/T 15128)中所定义。		

7.5 信息传送

7.5.1 TTD PPDU

TTD PPDU 在 S-TYPED-DATA request 和 indication 会话服务原语中从请求 PPM 运送到接受 PPM。

7.5.1.1 TTD PPDU 的有关参数

表 9 定义了 TTD PPDU 的有关参数到 S-TYPED-DATA 参数的映射。

表 9 TTD PPDU 的有关参数到 S-TYPED-DATA 参数的映射

TTD PPDU 的有关参数	S-TYPED-DATA 参数	m/nm/s
用户数据	SS 用户数据	nm
说明： m：必备的； nm：非必备的； s：如会话服务定义(GB/T 15128)中所定义。		

7.5.2 TD PPDU

TD PPDU 的用户数据参数形成 S-DATA request 服务原语和相应的 indication 服务原语中的 SS 用户数据参数。

7.5.3 TE PPDU

TE PPDU 的用户数据参数形成 S-EXPEDITED-DATA request 服务原语和相应的 indication 服务原语中的 SS 用户数据参数。

7.5.4 TC PPDU

TC PPDU 的用户数据参数形成 S-CAPABILITY-DATA request 服务原语和相应的 indication 服务原语中的 SS 用户数据参数。

7.5.5 TCC PPDU

TCC PPDU 的用户数据参数形成 S-CAPABILITY-DATA response 服务原语和相应的 confirm 服务原语中的 SS 用户数据参数。

7.6 权标处理

权标处理服务由下层会话服务提供,表示服务原语映射到相应的会话服务原语,表 10 定义了这种映射。

表 10 权标处理服务原语的映射

表示原语	会话原语
P-TOKEN-GIVE request	S-SYNC-GIVE request
P-TOKEN-GIVE indication	S-TOKEN-GIVE indication
P-TOKEN-PLEASE request	S-TOKEN-PLEASE request
P-TOKEN-PLEASE indication	S-TOKEN-PLEASE indication
P-CONTROL-GIVE request	S-CONTROL-GIVE request
P-CONTROL-GIVE indication	S-CONTROL-GIVE indication

7.7 同步

同步服务由下层会话服务提供,表示服务原语映射到相应的会话服务原语,表 11 定义了这种映射。

表 11 同步服务原语的映射表示原语会话原语

表示原语	会话原语
P-SYNC-MINOR request	S-SYNC-MINOR request
P-SYNC-MINOR indication	S-SYNC-MINOR indication
P-SYNC-MINOR response	S-SYNC-MINOR response
P-SYNC-MINOR confirm	S-SYNC-MINOR confirm
P-SYNC-MAJOR request	S-SYNC-MAJOR request
P-SYNC-MAJOR indication	S-SYNC-MAJOR indication
P-SYNC-MAJOR response	S-SYNC-MAJOR response
P-SYNC-MAJOR confirm	S-SYNC-MAJOR confirm

7.8 重新同步

7.8.1 RS PPDU

RS PPDU 在 S-RESYNCHRONIZE request 和 indication 服务原语中从请求 PPM 运送到接受 PPM。

7.8.1.1 RS PPDU 的有关参数

表 12 定义了 RS PPDU 的有关参数到 S-RESYNCHRONIZE 参数的映射。

表 12　RS PPDU 的有关参数到 S-RESYNCHRONIZE 参数的映射

RS PPDU 的有关参数	S-RESYNCHRONIZE 参数	m/nm/s
重新同步类型	重新同步类型	s
同步点序号	同步点序号	
权标	权标	s
表示上下文标识符表	SS 用户数据	nm
用户数据	SS 用户数据	nm
说明： m：必备的； nm：非必备的； s：如会话服务定义（GB/T 15128）中所定义。		

7.8.2　**RSA PPDU**

RSA PPDU 在 S-RESYNCHRONIZE response 和 confirm 会话服务原语中从接受 PPM 运送到请求 PPM。

7.8.2.1　**RSA PPDU 的有关参数**

表 13 定义了 RSA PPDU 的有关参数到 S-RESYNCHRONIZE 参数的映射。

表 13　RSA PPDU 的有关参数到 S-RESYNCHRONIZE 参数的映射

RSA PPDU 的有关参数	S-RESYNCHRONIZE 参数	m/nm/s
同步点序号	同步点序号	
权标	权标	s
表示上下文标识符表	SS 用户数据	nm
用户数据	SS 用户数据	nm
说明： m：必备的； nm：非必备的； s：如会话服务定义（GB/T 15128）中所定义。		

7.9　**异常报告**

异常报告服务由下层会话服务提供，表示服务原语被映射到相应的会话服务原语，表 14 定义了这种映射。

表 14　异常报告服务原语的映射

表示原语	会话原语
P-P-EXCEPTION-REPORT indication	S-P-EXCEPTION-REPORT indication
P-U-EXCEPTION-REPORT request	S-U-EXCEPTION-REPORT request
P-U-EXCEPTION-REPORT indication	S-U-EXCEPTION-REPORT indication

7.10　**活动管理**

活动管理服务由下层会话服务提供，表示服务原语被映射到相应的会话服务原语，表 15 定义了这种映射。

表 15 活动管理服务原语的映射

表示原语	会话原语
P-ACTIVITY-START request	S-ACTIVITY-START request
P-ACTIVITY-START indication	S-ACTIVITY-START indication
P-ACTIVITY-RESUME request	S-ACTIVITY-RESUME request
P-ACTIVITY-RESUME indication	S-ACTIVITY-RESUME indication
P-ACTIVITY-INTERRUPT request	S-ACTIVITY-INTERRUPT request
P-ACTIVITY-INTERRUPT indication	S-ACTIVITY-INTERRUPT indication
P-ACTIVITY-INTERRUPT response	S-ACTIVITY-INTERRUPT response
P-ACTIVITY-INTERRUPT confirm	S-ACTIVITY-INTERRUPT confirm
P-ACTIVITY-DISCARD request	S-ACTIVITY-DISCARD request
P-ACTIVITY-DISCARD indication	S-ACTIVITY-DISCARD indication
P-ACTIVITY-DISCARD response	S-ACTIVITY-DISCARD response
P-ACTIVITY-DISCARD confirm	S-ACTIVITY-DISCARD confirm
P-ACTIVITY-END request	S-ACTIVITY-END request
P-ACTIVITY-END indication	S-ACTIVITY-END indication
P-ACTIVITY-END response	S-ACTIVITY-END response
P-ACTIVITY-END confirm	S-ACTIVITY-END confirm

8 PPDU 的结构与编码

8.1 概述

8.1.1 PPDU 的结构应按下述内容明显或隐含地来定义：

a) 到会话服务原语参数的映射；

b) 会话服务原语的 SS 用户数据参数值的结构；

c) 会话服务原语特殊用户数据参数值的结构。

8.1.2 除 SHORT-CPR、SHORT-CPA 和 SHORT-CP PPDU 之外的 SS 用户数据参数值的结构用以下内容规定：

a) 记法 ASN.1(GB/T 16262.1)；

b) ASN.1 描述中包含的附加注释；

注：8.2 中的 ASN.1 注释是本部分不可分的一部分，并经常用于表达各种需求。

c) 当在常规方式下操作时，8.5 规定了扩充性规则；

d) 短编码 PPDU 的规范见 8.3。

SHORT-CPR、SHORT-CPA 和 SHORT-CP PPDU 的结构分别在 8.1.4、8.1.5 和 8.1.6 中描述。

8.1.3 8.3 规定了 SS 用户数据参数值的编码。

8.1.4 SHORT-CPR PPDU

SHORT-CPR PPDU 的协议控制信息应是一个八位位组。其中 6-4 位标识原因参数，最后两位构成编码选择参数。用户数据参数跟在该 PCI 后面。

SHORT-CPR 的编码如下模式所示：

0yyy00zz

其中，yyy 如下标识原因参数，定义如下：

——000：表示用户；

——001：未指出原因(瞬时的)；

——010：临时拥塞(瞬时的)；

——011：本地限制进行(瞬时的)；

——100:被呼表示地址未知(永久的);

——101:不支持的协议版本(永久的);

——110:不支持的默认上下文(永久的);

——111:不可读的用户数据(永久的)。

zz 标识如下编码选择,定义如下:

——00:双方商定的;

——01:BER;

——10:PER 不对齐;

——11:PER 对齐。

用户数据应该是空编码类型(见 8.4.4)。

8.1.5 SHORT-CPA PPDU

SHORT-CPA PPDU 的协议控制信息应是一个八位位组。最后两位构成编码选择参数。用户数据参数(按每个编码选择参数被编码的)跟在该 PCI 后面。

SHORT-CPA 的编码如下模式所示:

000000zz

其中 zz 标识编码选择,定义如下:

——00:双方商定的;

——01:BER;

——10:PER 不对齐;

——11:PER 对齐。

用户数据应该是空编码类型(见 8.4.4)。

8.1.6 SHORT-CP PPDU

SHORT-CP PPDU 的协议控制信息应是一个八位位组。最后两位表示编码选择参数。用户数据参数(按每个编码选择参数被编码的)跟在该 PCI 后面。

SHORT-CP PPDU 的编码如下模式所示:

000000zz

其中 zz 标识编码选择,定义如下:

——00:双方商定的;

——01:BER;

——10:PER 不对齐;

——11:PER 对齐。

用户数据应该是空编码类型(见 8.4.4)。

8.2 SS 用户数据参数值的结构

GB/T 15696-PRESENTATION DEFINITIONS::=

BEGIN

——在 X.410—1984 方式中,S-CONNECT request 和 indication 服务原语的 SS 用户数据值为 CP-type 的值。

——在常规方式中,S-CONNECT request 和 indication 服务原语的 SS 用户数据参数值为 CP-type 的值,并且(作为请求者的选项)可以后跟零个或多个 CPC-type 的值。

IMPORTS RTORQapdu,RTOACapdu,RTORJapdu,RTABapdu FROM

Reliable-Transfer-APDUs{joint-iso-ccitt(2)reliable-transfer(3)apdus(0)};

CP-type::=**SET**{

mode-selector [0] IMPLICIT Mode-selector,
X410-mode-parameters [1] IMPLICIT SET {
COMPONENTS OF Reliable-Transfer-APDUs. RTORQapdu
}OPTIONAL
——仅用于 X. 410 模式。
——与 CCITT 建议 X. 410-1984 在比特一级上相容。
——它是 CP PPDU 的用户数据参数。
——为一个嵌套表示连接时,本 OPTIONAL 参数不应出现。

注:ASN. 1 模块名 RELIABLE-TRANSFER-APDU 在第一版的 GB/T 17174. 2 中定义。

normal-mode-parameters [2]IMPLICITY SEQUENCE {
protocol-version [0] IMPLICIT Protocol-version DEFAULT{version-1},
calling-presentation-selector [1]IMPLICIT Calling-presentation-selector OPTIONAL,
called-presentation-selector [2] IMPLICIT Called-presentation-selector OPTIONAL,
presentation-context-definition-list [4]IMPLICIT
presentation-context-definition-list OPTIONAL,
default-context-name [6] IMPLICIT Default-context-name OPTIONAL,
presentation-requirements [8]IMPLICIT Presentation-requirements OPTIONAL,
user-session-requirements [9]IMPLICIT User-session-requirements OPTIONAL,
——如果等于修改的会话需求参数,则不出现。
protocol-options [11] Protocol-options DEFAULT {},
——如果没有提供任何选项时就不出现。
initiators-nominated-context [12] Presentation-context-identifier
OPTIONAL,
——如果没有提供任何选项时就不出现 只在协议选项中提供已提名上下文时才出现。
extensions [14] SEQUENCE {…} OPTIONAL,
——允许将来扩展。
User-data User-data OPTIONAL
} OPTIONAL
——仅用于常规方式。
——应为 CP PPDU 的参数。
}
——作为发起者的选项,包含在 CP PPDU 中的表示数据值可以使用 CPC-TYPE 的值多次编码,以允许使用一些不同的传送语法来传送同样的表示数据值。

CPC-type::=User-data
——仅用于常规方式。
——如果 CP PPDU 中不出现表示上下文定义表参数,则它也不出现。
——本数据类型的各个实例包含 CP PPDU 的用户数据参数所包含的所有表示数据值。
——它与 CP-type 所包含的表示数据值的集合相同。
——当结果参数值为"接受"时,S-CONNECT response 和 confirm 服务原语的 SS 用户数据参数应是一个 CPA-PPDU 值。

CPA-PPDU::=SET

{ mode-selector [0] IMPLICIT Mode-selector,

X. 410-mode-parameters [1] IMPLICIT SET

{COMPONENTS OF Reliable-Transfer - APDUs. RTOACapdu }

OPTIONAL

——仅用于 X. 401 方式。与 CCITT 的 X. 410-1984 建议在比特一级上相容。

——它是 CPA PP DU 的用户数据参数。

——为一个嵌套表示连接时,本 OPTIONAL 参数不应出现。

注:ASN. 1 模块名 RELIABLE-TRANSFER-APDU 在第一版的 GB/T 17174. 2 中定义。

normal-mode-parameters [2]IMPLICITY SEQUENCE {

protocol-version [0] IMPLICIT Protocol-version DEFAULT{version-1},

responding-presentation-selector [3] IMPLICITY Responding-presentation-selector OPTIONAL,

presentation-context-definition-result-list [5]IMPLICIT

Presentation-context-definition-result-list OPTIONAL,

presentation-requirements [8]IMPLICIT Presentation-requirements OPTIONAL,

user-session-requirements [9]IMPLICIT User-session-requirements OPTIONAL,

——如果等于修改的会话需求参数,则不出现。

protocol-options [11] Protocol-options DEFAULT {},

——如果没有提供任何选项时就不出现。

responders-nominated-context [13] Presentation-context-identifier

OPTIONAL,

——只在协议选项中提供已提名上下文时才出现。

注:扩充标识仅用于 CP PPDU。表示没有上下文无关的传送语法,也不用传送语法名称标识它自己的编码,从而将来的 PPDU 而不是 CP 的扩充可以用注释添加,假如这些注释链接 CP 的某些域的扩充的表示。

User-data OPTIONAL

} OPTIONAL

——仅用于常规方式。

}

——当结果参数值为"reject by SS-provider"或"reject by SS-provide"时,S-CONNECT response 和 confirm 服务原语中的 SS 用户数据参数值为 CPR-PPDU 值。

CPR-PPDU::=CHOICE{

X. 400-mode-parameters SET{COMPONENTS OF Reliable-Transfer-APDUs. RTORJapdu}

——仅用于 X. 410 方式。与 CCITT 的 X. 410-1984 建议在比特一级上相容。

——它是 CPR PPDU 的用户数据参数。

——为一个嵌套表示连接时,本 OPTIONAL 参数不应出现。

注:ASN. 1 模块名 RELIABLE-TRANSFER-APDU 在第一版的 ISO 9906-2 中定义。

Normal-mode-parameters SEQUENCE

{protocol-version [0] IMPLICIT Protocol-version DEFAULT(version-1) ,

responding-presentation-selector [3] IMPLICIT Responding-presentation-selector OPTIONAL,

presentation-context-definition-result-list [5]IMPLICIT

Presenation-context-definition-result-list OPTIONAL,

default-context-result [7] IMPLICIT Defoult-context-result OPTIONAL,

```
    provider-reason [10]IMPLICIT Provider-veason              OPTIONAL,
    user-data    User-data                    OPTIONAL
  }
  ——仅用于常规方式。
}
——S-U-ABORT request 和 indication 服务原语的 SS 用户数据参数是一个 Abort-type 值。
Abort-type::=CHOICE{aru-ppdu    ARU-PPDU
——对于 P-U-ABORT。
                    arp-ppdu    ARP PPDU
—— 对于 P-P-ABORT。
                  }

ARU-PPDU::=CHOICE {
x.400-mode-parameters    SET{COMPONENTS OF Reliable-Transfer-APDU。RTABapdu}
        ——仅用于 X.410 方式,与 CCITT 的 X.410-1984 建议在比特一级上相容。
        ——它是 ARU PPDU 的用户数据参数。
      normal-mode-parameters [0] IMPLICIT SEQUENCE
        {presentation-context-identifier-list [0]  IMPLICIT
                              Presentation-context-identifier-list       OPTIONAL,
        user-data    User-data OPTIONAL
        }
      ——仅用于常规方式。
    }
ARP-PPDU::=SEQUENCE        {
    provider-reason    [0] IMPLICIT Abort-reason                         OPTIONAL,
    Event-identifier        [1]IMPLICIT Event-identifier                  OPTIONAL
  }
——S-TYPED-DATArequest 和 indication 服务原语的 SS 用户数据参数值为 Typed-data-type 值。
Typed-data-type::=CHOICE        {
    acPPDU [0] IMPLICIT AC-PPDU
          ——P-ALTER-CONTEXT request 和 indication,
    acaPPDU [1] IMPLICIT ACA-PPDU
          ——P-ALTER-CONTEXT response 和 confirm,
    ttdPPDU         User-data
          ——P-TYPED-DATA request 和 indication
    }
AC-PPDU::=SEQUENCE        {
  presentation-context-addition-list [0] IMPLICIT Presentation-context-addition-list  OPTIONAL,
  presentation-context-deletion-list    [1] IMPLICIT Presentation-context-deletion-list OPTIONAL,
        user-data    User-data                  OPTIONAL
  }
ACA-PPDU::=SEQUENCE
  {presentation-context-addition-list [0] IMPLICIT Presentation-context-addition-list OPTIONAL,
```

```
        presentation-context-deletion-list [1] IMPLICIT Presentation-context-deletion-list OPTIONAL,
              user-data   User-data                    OPTIONAL
        }
```

——S-RESYNCHRONIZE request 和 indication 服务原语的 SS 用户数据参数值为 RS-PPDU 值。

```
RS-PPDU ::= SEQUENCE {
   presentation-context-identifier-list
    presentation-context-identifier-list [0] IMPLICIT Presentation-context-identifier-list OPTIONAL,
   user-data                                   User-data OPTIONAL
}
```

——S-RESYNCHRONIZE request 和 indication 服务原语的 SS 用户数据参数值为 RSA-PPDU 值。

```
RSA-PPDU ::= SEQUENCE {
   presentation-context-identifier-list
     presentation-context-identifier-list [0] IMPLICIT Presentation-context-identifier-list OPTIONAL,
   user-data                                   User-data OPTIONAL
}
```

——S-DATA、S-CAPABILITY-DATA、S-EXPENDITED-DATA request 和 indication 服务原语

——以及 S-CAPABILITY-DATA response 和 confirm 服务原语的 SS 用户数据参数值为 User-data 类型。

——上面未描述的所有其他会话原语的 SS 用户数据参数值为 User-data 类型。

```
Abort-reason ::= INTEGER {
   reason-not-specified(0),
   unrecognized-ppdu(1),
   unexpected-ppdu(2),
   unexpected-session-service-primitive(3),
   unrecognized-ppdu-parameter(4),
   unexpected-ppdu-parameter(5),
   invalid-ppdu-parameter-value(6)}

Abstract-syntax-name ::= OBJECT IDENTIFIER

Called-presentation-selector ::= Presentantion-selector

Calling-presentation-selector ::= Presentantion-selector

Context-list ::=SEQUENCE SIZE (0..7,...,8..MAX) OF   SEQUENCE {
          presentation-context-identifier Presentation-context-identifier,
          abstract-syntax-name            Abstract-syntax-name,
          transfer-syntax-name-list       SEQUENCE OF Transfer-syntax-name
   }

Default-context-name ::= SEQUENCE {
   abstract-syntax-name   [0] IMPLICIT Abstract-syntax-name,
```

```
    transfer-syntax-name    [1] IMPLICIT Transfer-syntax-name
}

Default-context-result  ::= Result

Event-identifier  ::= INTEGER {
        cp-PPDU    (0),
        cpa-PPDU      (1),
        cpr-PPDU(2),
        aru-PPDU(3),
        arp-PPDU(4),
        ac-PPDU(5),
        aca-PPDU(6),
        td-PPDU(7),
        ttd-PPDU(8),
        te-PPDU(9),
        tc-PPDU(10),
        tcc-PPDU(11),
        rs-PPDU(12),
        rsa-PPDU(13),
        s-release-indication(14),
        s-release-confirm(15),
        s-token-give-indication(16),
        s-token-please-indication(17),
        s-control-give-indication(18),
        s-sync-minor-indication(19),
        s-sync-minor-confirm(20),
        s-sync-major-indication(21),
        s-sync-major-confirm(22),
        s-p-exception-report-indication(23),
        s-u-exception-report-indication(24),
        s-activity-start-indication(25),
        s-activity-resume-indication(26),
        s-activity-interrupt-indication(27),
        s-activity-interrupt-confirm(28),
        s-activity-discard-indication(29),
        s-activity-discard-confirm(30),
        s-activity-end-indication(31),
        s-activity-end-confirm(32)}

Mode-selector  ::= SET { mode-value [0] IMPLICIT INTEGER {X.410-1984-mode(0), normal-mode(1)}}

Presentation-context-addition-list  ::= Context-list
```

Presentation-context-addition-result-list ::= Result-list

Presentation-context-definition-list ::= Context-list

Presentation-context-definition-result-list ::=Result-list

Presentation-context-deletion-list ::=
SEQUENCE SIZE (0..7, ..., 8..**MAX**) **OF** Presentation-context-identifier

Presentation-context-deletion-result-list ::=
SEQUENCE SIZE (0..7, ..., 8..**MAX**) **OF** **INTEGER** {acceptance(0), user-rejection(1)}

Presentation-context-identifier ::= **INTEGER**(1..127, ..., 128..**MAX**)

Presentation-context-identifier-list ::=
SEQUENCE SIZE (0..7, ..., 8..**MAX**) **OF SEQUENCE** {
presentation-context-identifier Presentation-context-identifier,
transfer-syntax-name Transfer-syntax-name
}

Presentation-requirements ::= **BIT STRING** {context-management(0), restoration(1)
}

Presentation-selector ::= **OCTET STRING(SIZE** (1..4, ..., 0,5..**MAX**))

Protocol-options ::= **BIT STRING** {
nominated-context(0), short-encoding(1), packed-encoding-rules(2)…}

Protocol-version ::= **BIT STRING** {version-1(0)}

Provider-reason ::= **INTEGER** {
reason-not-specified(0),
temporary-congestion(1),
local-limit-exceeded(2),
called-presentation-address-unknown(3),
protocol-version-not-supported(4),
default-context-not-supported(5),
user-data-not-readable(6),
no-PSAP-available(7)}

Responding-presentation-selector ::= Presentation-selector

```
Result  ::= INTEGER  {acceptance(0), user-rejection(1), provider-rejection(2)}

Result-list  ::=   SEQUENCE SIZE  (0..7, ..., 8..MAX) OF    SEQUENCE  {
            result                          [0] IMPLICIT Result,
            transfer-syntax-name             [1] IMPLICIT Transfer-syntax-name OPTIONAL,
            provider-reason                  [2] IMPLICIT INTEGER  {
                                    reason-not-specified                     (0),
                                    abstract-syntax-not-supported            (1),
                                    proposed-transfer-syntaxes-not-supported(2),
                                    local-limit-on-DCS-exceeded              (3)
            }         OPTIONAL
}

Transfer-syntax-name  ::= OBJECT IDENTIFIER

User-data  ::= CHOICE {
   simply-encoded-data   [APPLICATION 0] IMPLICIT Simply-encoded-data,
   fully-encoded-data    [APPLICATION 1] IMPLICIT Fully-encoded-data }
```

——8.4 定义了何时使用两个值中的哪一个。

```
Simply-encoded-data  ::= OCTET STRING
```

——见 8.4.1。

```
Fully-encoded-data  ::= SEQUENCE SIZE  (1, ..., 2..MAX) OF PDV-list
```

——包含一个或多个 PDU-list 值。

——见 8.4.2。

```
PDV-list  ::= SEQUENCE  {
   transfer-syntax-name                    Transfer-syntax-name OPTIONAL,
   presentation-context-identifier   Presentation-context-identifier,
   presentation-data-values        CHOICE  {
            single-ASN1-type       [0] ABSTRACT-SYNTAX. &Type    (CONSTRAINED BY {
                              --Type corresponding to presentation context identifier -- }),
            octet-aligned         [1] IMPLICIT OCTET STRING,
            arbitrary             [2] IMPLICIT BIT STRING}
```

——包含一个或多个从同一表示上下文的表示数据值。

——见 8.4.2。

```
}

User-session-requirements  ::= BIT STRING  {
   half-duplex(0),
   duplex(1),
   expedited-data(2),
```

minor-synchronize(3),
major-synchronize(4),
resynchronize(5),
activity-management(6),
negotiated-release(7),
capability-data(8),
exceptions(9),
typed-data(10),
symmetric-synchronize(11),
data-separation(12)
}
END

8.2bis 短编码 PPDU

8.2bis.1 如果在表示连接中选择了短编码协议选项，且 PPM 收到了 P-DATA 请求，其中 PS-User 数据包含单个表示数据值，PPM 可以可选地选择使用 8.2、8.3 和 8.4 中描述的用户数据类型或者 8.2bis.2或 8.2bis.3 规定的编码(相应于 SHORT DT PPDU)。如果使用了后者，如 8.2bis.2 或 8.2bis.3规定，一个值应在 S-DATA 请求的特殊用户数据参数中运送。

8.2bis.2 如果表示数据值是来自已提名上下文，或者 DCS 只有一个成员且没选择上下文管理功能单元，或者 DCS 为空，则：

a) S-DATA 请求的 SS-用户数据参数应与表示数据值的编码位串结果拼接，根据合适的传送语法组成 PS-User 数据值；

b) S-DATA 请求的特殊用户数据参数值应为 1(也就是字符串“01”)。

8.2bis.3 如果 DCS 有多个元素且 PS 用户数据中的表示数据值来自是 DCS 中的一个成员的表示上下文，有一个小于 255 的表示上下文标识符，且不是已提名上下文，则：

a) S-DATA 请求的 SS-用户数据参数的第一个八位位组应是编码成二进制整数的表示上下文标识符；

b) S-DATA 请求的 SS-用户数据参数的第 2 个和接下来的八位位组将与表示数据值的编码结果拼接，根据合适的传送语法组成 PS-用户数据值；

c) S-DATA 请求的特殊用户数据参数值应为 2(即位串“02”)。

8.3 SS 用户数据参数值的编码

8.3.1 除了用户数据类型，8.2 中规定的 ASN.1 数据类型应如下编码：

a) 如果没有选择打包编码规则协议选项，应根据 ASN.1 中的基本编码规则(可见 GB/T 16263.1)；

b) 如果选择了打包编码规则协议选项，应根据 ASN.1 中的打包编码规则(可见 GB/T 16263.2)。

8.3.2 User-data 类型值的编码在 8.4 中规定。

8.3.3 除非选择了空编码协议选项，否则 S-CONNECT request 和 indication 服务原语的 SS 用户数据的编码应是 CP 类型数据和 CPC 类型的编码的串连。S-CONNECT request 和 indication 服务原语中的 SS 用户数据参数的编码应是 CP-type 值的编码和 CPC-type 值的编码的拼接(如果这些值存在)。

8.4 用户数据类型值的编码

8.4.1 简单编码

8.4.1.1 当 User-data 值是 Simply-encoded-data 类型时使用本编码。

8.4.1.2 当使用了默认上下文且没有选择空编码协议选项时，User-data 值应是 Simply-encoded-data 的类型。

8.4.1.3 当 DCS 仅包含一个成员并且未选择上下文管理功能单元时，User-data 值应是 Simply-encoded-data 类型。

注：除了 8.4.1.2 规定的之外，这意味着简单编码不能用于 CP PPDU 用户数据参数。

8.4.1.3bis 如果选择了已提名上下文协议选项，表示数据值来自发送者已提名的表示上下文，则 User-data 值应是 Simply-encoded-data 的类型。

8.4.1.4 简单编码如下：

a) Simply-encoded-data 值的内容应是按照适当的传送语法形成 PS 用户数据值的表示数据值编码所产生的位串的拼接。

注：如果传送语法不是自定界，则拼接的表示数据值有存在歧义的危险。

b) 无论何时用户数据作为 8.2 中所述的其他 ASN.1 类型的元素出现，用户数据值的编码应该：
   1) 如果没有选择打包编码规则协议选项，则根据 ASN.1 中的基本编码规则（可见 GB/T 16263.1）；
   2) 如果选择了打包编码规则协议选项，则根据 ASN.1 中的打包编码规则（可见 GB/T 16263.2）。

c) 如果 b)不适用，则 User-data 值的编码应是如 a)所规定的 Simply-encoded-data 值的内容八位位组（即没有标识符八位位组和长度八位位组）。

注：使用简单编码时，使用的传送语法应产生以八位位组为单位对齐的编码或者产生自定界的位串（这不是传送语法的一般情形）。

8.4.2 完全编码

8.4.2.1 当 User-data 值是 Fully-encoded-data 类型时使用本编码。

8.4.2.2 当不使用缺省上下文并且以下情形之一成立时，User-data 值是 Fully-encoded-data 类型：

a) DCS 包含多于一个的成员，且没有选择已提名上下文协议选项；

b) 选择了上下文管理功能单元，且没有选择已提名上下文协议选项；

c) 表示数据值不是全部来自发送者已提名的表示上下文。

如果已提名上下文使用了一个传送语法，该语法产生非自定界值，则发送者只应在单个表示原语中发送一个已提名上下文的 pdv。

8.4.2.3 除非使用缺省上下文，否则 User-data 值为 CP-type 和 CPC-type 的 Fully-encoded-data 类型。

8.4.2.4 当没有选择打包编码规则协议选项时，完全编码是 ASN.1 基本编码规则（GB/T 16263.1）到 Fully-encoded-data 值的应用。PDV-list 值的 Presentation-data-values 成分的结构和内容在 8.4.2.5 中规定。

8.4.2.5 当没有选择打包编码规则协议选项时，PDV-LIST 值的 Presentation-data-values 成分应按照 ASN.1 基本编码规则（GB/T 16263.1）编码，对于 PDV-list 值的 Presentation-data-values 成分的不同选项使用如下：

a) 如果 PDV-list 值恰好包含一个依照 ASN.1 编码规则编码的单一 ASN.1 类型的表示数据值，则使用“single-ASN.1-type”。

b) 如果 PDV-list 值包含的每个表示数据值都是整数个八位位组并且 a)不适用，则使用“octetal-igned”。在此情形下，OCTET STRING 的内容八位位组应是位串的拼接，这些位串是按照适当的传送语法对 PDV-list 值中包含的表示数据值编码而形成的。

c) 如果 a)和 b)皆不适用，则使用“arbitary”选项。BIT STRING 的内容八位位组应是根据适当的传送语法对包含在该 PDV-list 值中的表示数据值进行编码而产生的位串的拼接。

8.4.2.5bis 当选择了打包编码规则协议选项时，应用 ASN.1（可见 GB/T 16263.2）的打包编码规则对数据值进行完整编码。PDV-列表的表示数据值组件的结构和内容可见 8.4.2.5ter 的规定。

8.4.2.5ter 当选择了打包编码规则协议选项时，PDV 列表的表示数据值组件应按照 ASN.1（见

GB/T 16263.2)的打包编码规则来编码。为 PDV-列表的表示数据值组件的各种选项在 8.4.2.5 中 a)、b)和 c)的描述。

注：即使表示 PCI 按照打包编码规则来编码，单个 ASN.1 类型的使用也只适用于那些按照基本编码规则进行编码的值。

8.4.2.6 CP PDU 中的 PDV-list 值的 Presentation-context-identifier 成分应标识表示数据值的表示上下文。

8.4.2.7 当为表示数据值的表示上下文建议了多个传送语法名时，CP PPDU 中的 PVD-list 值的 transfer-syntax-name 成分应出现。

8.4.3 X.410:1984 方式中的表示数据值的编码

8.4.3.1 除 S-DATA request 和 indication 服务原语之外，User-data 类型中的表示数据值应按照 ASN.1 的基本编码规则(GB/T 16263.1)进行编码。

8.4.3.2 对于 S-DATA request 和 indication 服务原语，User-data 类型中的表示数据值应按照 ASN.1 的基本编码规则(GB/T 16263.1)编码为 OCTET STRING 类型值的内容八位位组(即没有标识符八位位组和长度八位位组)。

8.4.4 空编码

8.4.4.1 当在表示连接中选择了空编码协议选项时，应使用本编码。

8.4.4.2 空编码应是字位串的串连。

8.5 常规方式的扩充性规则

8.5.1 对于 CP PPDU，接受 PPM 应

a) 忽略任何未定义的元素；

b) 8.2 中使用命名位时，任何位如果没有相应的名字赋给它，则该位无效。

8.5.2 除 8.5.1 的规定以外，当 8.2 中使用命名数和命名位时，如果一个数或位没有相应的名字赋给它时，则出现该数或位为无效。

9 一致性

9.1 动态一致性

声称与本部分一致的系统应呈现与实现一致的下述外部行为：

a) 如本部分的第 6 章和附录 A 所定义的一个 PPM；

b) 如本部分的第 7 章所定义的对会话服务的使用；

c) 如本部分的第 8 章所定义的 PPDU 的编码。

9.2 静态一致性

声称与本部分一致的系统应能够：

a) 支持常规方式，X.410:1984 方式，或同时支持两者。声称实现了本部分规定的规程的系统在 X.410:1984 方式中运行时，支持 CCITT X.410:1984 建议中规定的规程。声称实现了本部分中规定的除支持 CCITT X.410:1984 建议规定的功能之外的那些功能的系统将按照常规方式运行。

b) 发起表示连接(通过发送 CP PPDU)，或响应 CP PPDU，或者两者皆有。

c) 遵循表示核心功能单元中的所有其他规程。

d) 遵循系统声称实现的各个表示功能单元的所有表示层规程以及系统声称支持的各个会话功能单元的所有表示层规程。

e) 支持本部分第 7 章所定义的到会话服务的映射。

f) 在常规方式下，遵从扩充性规则的规程(见 8.5)。

9.3 协议实现的一致性声明

一个声称与本规范保持一致的协议实现的提供者应完成在 ISO/IEC 8823-2 中提供的 PICS 形式

表,并且应提供必需信息以标识提供者和实现。

10 优先次序

10.1 本部分在一些章条中对表示层协议的诸方面作了规定,本章说明优先规则,以处理同一方面在不止一处以明显不一致的方式加以规定这一可能的情形。协议规范的相关方面包括:

a) 顺序规则;

b) 到会话服务的映射;

c) PPDU 的结构和编码。

10.2 本部分的附录 A 和第 6 章规定了决定表示协议行为的规程元素。本部分中的其他章条如叙述了或隐含着与附录 A 矛盾的顺序规则,则以附录 A 为准。

10.3 第 7 章规定了在哪些会话服务原语中携带哪些表示参数。第 7 章比本部分中其他任何部分更为优先,后者可能叙述或隐含了应该携带什么服务表示参数。

10.4 第 8 章规定了在会话服务用户数据参数中携带的表示参数的结构和编码,第 8 章比本部分的其他任何部分更为优先,后者可能叙述或隐含了在会话服务用户数据中携带的表示参数的结构和编码。

注:任何人当使用本部分时发现错误或歧义,都被请求及时告知其 ISO/IEC 的国家成员体或 ITU 的电信标准化局,以对该事宜进行调查并采取合适的行动。

附 录 A
（规范性附录）
状 态 表

A.1 概述

本附录用状态表描述表示协议。状态表给出了表示连接的状态，在协议中发生的事件、采取的动作和结果状态。

这些状态不是表示协议的形式定义，而是提供比第6章描述的规程元素的更为精确的规范。如果本附录与第6章有所出入，则表明规范中有差错。

表A.1规定了每个外来事件的缩写名、类别和名字。类别可为PS用户事件，SS提供者事件和有效PPDU事件。

表A.2规定了每个状态的缩写名与名字。

表A.3规定了每个外出事件的缩写名、类别和名字，类别可为PS提供者事件，SS用户事件和PPDU事件。

表A.4规定了特定的动作。

表A.5规定了谓词。

表A.6～表A.14规定了状态表。

当且仅当以下条件全适用时，才可发生一个嵌套表示连接的请求或响应原语（包括P-CONNECT request）：

- 该连接下的PPM状态表允许。
- 所有已封装的表示连接下的PPM状态表允许P-DTreq事件。

如果以下条件全适用时，则PPDU事件仅发生在支持嵌套表示连接的嵌套会话连接上：

- 该表示连接下的PPM状态表允许。
- 所有已封装的表示连接下的PPM状态表允许TD事件。

A.2 状态表的记法

A.2.1 外来事件、状态和外出事件用其缩写名来表示。

A.2.2 特定的动作用记法〔n〕来表示，其中n是表A.4中特定动作的编号。

A.2.3 谓词用记号pnn来表示，其中nn是谓词在表A.5中的编号。

A.2.4 用下述记号表示布尔操作符

&	AND
^	NOT
OR	OR

A.3 状态表表项的约定

A.3.1 各状态与外来事件的无效交点为空白。

A.3.2 各状态与外来事件的有效交点包含下面两个表项之一：

a) 一个动作表，其中

1) 可能包含外出事件和（或）特定动作；

2) 总是包含结果状态；

b) 一个或多个条件动作表，其中每个由下述成分组成：

1) 由谓词和布尔操作符组成的谓词表达式；

2) 动作表(如 A.3.2.a))。

注：一个动作表和条件动作表使用 A.2 中的记法。

A.4 PPM 采取的动作

状态表定义了 PPM 采取的动作。

A.4.1 无效交点

如果状态与外来事件的交点为无效，则采取下面的动作：

A.4.1.1 如果外来事件来自 PS 用户，则 PPM 采取的任何动作属于本地事态。

注：对于无效的 request 或 response 服务原语来说。理由之一是，结果 SS 用户数据参数超出了下层的会话服务的长度限制。这种情形及其解决是本地事态。

A.4.1.2 如果外来事件与接收到的 PPDU 或 SS 提供者事件有关，则 PPM 应发出一个 P-P-ABORT 指示。如果有一个下层的会话连接，如果可能的话，PPM 应发出一个 ARP PPDU；或者如果选择了空编码协议选项，则应发出一个没有 SS 用户参数的 S-U-ABORTrequest 原语。

A.4.2 有效交点

如果状态与外来事件的交点为有效，则应采取下列动作之一。

A.4.2.1 如果该交点包含一个动作表，则 PPM 应按照状态表规定的顺序采取特定的动作。

A.4.2.2 如果交点包含一个或多个条件动作表，则对于每个为真的谓词表达式，PPM 应按照与谓词表达式相关的动作表给定的顺序采取特定的动作；如果没有谓词表达式为真，则 PPM 应采取 A.4.1 中定义的动作之一。在不同的条件动作表中谓词表达式计算的顺序由条件动作表的顺序决定。

A.4.3 PPDU 的接收

A.4.3.1 有效 PPDU

PPM 应像表 A.6～表 A.14 所规定的那样处理有效的 PPDU，见 8.5。

A.4.3.2 无效 PPDU

如果收到了无效 PPDU，则 PPM 应采取 A.4.1.2 中定义的动作。

A.5 集合与变量的定义

规定下述集合和变量。

A.5.1 功能单元

将本附录中规定的规程所使用的一组功能单元集合定义为 fu-dom＝(CM,CR)

其中

CM＝上下文管理功能单元

CR＝上下文恢复功能单元

布尔函数 FU 在 fu-dom 上定义如下：

对于 fu-dom 中的 f，FU(f)＝真，当且仅当在表示连接建立阶段选择了功能单元 f。

A.5.1bis 协议选项

在本附录规定的规程中使用的协议选项集定义如下：

po-dom＝(NC)

其中 NC 是已提名上下文协议选项。

而 po-dom 上的布尔值的函数 PO 定义如下：

对于 po-dom 中的 p 来说，PO(p)为真，当且仅当在表示连接建立阶段选择了协议选项 p。

A.5.2 上下文集合

除隐式地用于信息传送操作的 DCS 之外，表示实体还需要知道下列上下文集合：

a) 建议增加的表示上下文,由本地发起;

b) 建议增加的表示上下文,由远地发起;

c) 建议删除的表示上下文,由本地发起;

d) 建议删除的表示上下文,由远地发起;

e) 在表示连接建立期间商定的 DCS;

f) 活动间 DCS;

g) 在同步点处的 DCS 的内容;

h) 本 PPM 的已提名上下文;

i) 建议作为发起 PPM 已提名上下文的表示上下文;

j) 对等 PPM 已知的已提名上下文。

A.5.3 变量

A.5.3.1 aep

aep 是具有如下值的布尔变量:

aep=真,活动结束挂起;

aep=假,活动结束非挂起。

aep 值设置如下:

a) 当发出了 S-ACTIVITY-END response 服务原语但仍有可能收到 S-ACTIVITY-INTERRUPT indication 服务原语时,aep 置为真;

b) 在表示连接建立阶段或者在发出了 S-ACTIVITY-END response 服务原语之后又收到任何会话服务 indication 原语时,aep 置为假。

A.5.3.2 rl

rl 是具有如下值的布尔变量:

rl=真,释放阶段已开始。

rl=假,释放阶段尚未开始或释放已被拒绝。

rl 值设置如下:

a) 在表示连接建立阶段,或发出了 P-RELEASE response 或 confirm 否定服务原语时,rl 置为假;

b) 在发出了 P-RELEASE request 或 indication 服务原语时,rl 置为真。

A.5.3.3 cr

cr 是具有如下值的布尔变量:

cr=真,检测到释放请求冲突。

cr=假,尚未发生释放请求冲突或冲突已经解决。

cr 值设置如下:

a) 在表示连接建立阶段,或当 rl 为真,且发出 P-RELEASE response 或 confirm 服务原语时,cr 置为假;

b) 如果 r1 为真并且发出了 P-RELEASE request 或 indication 服务原语时,cr 置为真。

A.6 与会话服务的关系

通常规定 PPM 的行为独立于会话服务的行为,表示服务原语的调用可为 PPM 接受但并不意味着所引起的会话服务原语可为会话服务提供者接受。

表中所示的由会话服务提供者产生的或发给会话服务提供者的事件,隐式地以会话连接建立时商定的相应的会话功能单元为条件。

表 A.1 外来事件表

缩写名	类别	名称和描述
AC	PPDU	改变上下文
ACA	PPDU	改变上下文证实
ARP	PPDU	提供者废弃
ARU	PPDU	用户废弃
CP	PPDU	表示连接
CPA	PPDU	表示连接接受
CPR	PPDU	表示连接拒绝
P-ACTD req	PS 原语	P-ACTIVITY-DISCARD request
P-ACTD rsp	PS 原语	P-ACTIVITY-DISCARD request
P-ACTE req	PS 原语	P-ACTIVITY-END request
P-ACTE rsp	PS 原语	P-ACTIVITY-END response
P-ACTI req	PS 原语	P-ACTIVITY-INTERRUPT request
P-ACTL rsp	PS 原语	P-ACTIVITY-INTERRUPT response
P-ACTR req	PS 原语	P-ACTIVITY-RESUME request
P-ACTS req	PS 原语	P-ACTIVITY-START request
P-ALTER req	PS 原语	P-ALTER-CONTEXT request
P-ALTER rsp	PS 原语	P-ALTER-CONTEXT response
P-CD req	PS 原语	P-CAPABILITY-DATA request
P-CD rsp	PS 原语	P-CAPABILITY-DATA response
P-CG req	PS 原语	P-CONTROL-GIVE request
P-CON req	PS 原语	P-CONNECT request
P-CON rsp＋	PS 原语	P-CONNECT response 接受
P-CON rsp－	PS 原语	P-CONNECT response 拒绝
P-DT req	PS 原语	P-DATA request
P-EX req	PS 原语	P-EXPEDITED-DATA request
P-GT req	PS 原语	P-TOKEN-GIVE request
P-PT req	PS 原语	P-TOKEN-PLEASE request
P-REL req	PS 原语	P-RELEASE request
P-REL rsp＋	PS 原语	P-RELEASE response 接受
P-REL rsp－	PS 原语	P-RELEASE response 拒绝
P-RSYN req	PS 原语	P-RESYNCHRONIZE request
P-RSYN rsp	PS 原语	P-RESYNCHRONIZE response
P-SYNM req	PS 原语	P-SYNC-MAJOR request
P-SYNM rsp	PS 原语	P-SYNC-MAJOR response
P-SYN m req	PS 原语	P-SYNC-MINOR request
P-SYN m rsp	PS 原语	P-SYNC-MINOR response
P-TD req	PS 原语	P-TYPED-DATA request
P-UAB req	PS 原语	P-U-ABORT request
P-UER reg	PS 原语	P-U-EXCEPTION-REPORT request
RS	PPDU	重新同步
RSA	PPDU	重新同步证实
S-ACTD cnf	SS 原语	S-ACTIVITY-DISCARD confirm

表 A.1(续)

缩写名	类别	名称和描述
S-ACTD ind	SS 原语	S-ACTIVITY-DISCARD indication
S-ACTE cnf	SS 原语	S-ACTIVITY-END confirm
S-ACTE ind	SS 原语	S-ACTIVITY-END indication
S-ACTL cnf	SS 原语	S-ACTIVITY-INTERRUPT confirm
S-ACTI ind	SS 原语	S-ACTIVITY-INTERRUPT indication
S-ACTR ind	SS 原语	S-ACTIVITY-RESUME indication
S-ACTS ind	SS 原语	S-ACTIVITY-START indication
S-CG ind	SS 原语	S-CONTROL-GIVE indication
S-CON cnf	SS 原语	S-CONNECT confirm 拒绝(提供者)
S-GT ind	SS 原语	S-TOKEN-GIVE indication
S-P-AB ind	SS 原语	S-P-ABORT indication
S-PER ind	SS 原语	S-P-EXCEPTION-REPORT indication
S-PT ind	SS 原语	S-TOKEN-PLEASE indication
S-REL cnf+	SS 原语	S-RELEASE confirm 接受
S-REL cnf−	SS 原语	S-RELEASE confirm 拒绝
S-REL ind	SS 原语	S-RELEASE indication
S-RSYN cnf	SS 原语	S-RESYNCHRONIZE confirm
S-RSYN ind	SS 原语	S-RESYNCHRONIZE indication
S-SYNM cnf	SS 原语	S-SYNC-MAJOR confirm
S-SYNM ind	SS 原语	S-SYNC-MAJOR indication
S-SYN mcnf	SS 原语	S-SYNC-MINOR confirm
S-SYN mind	SS 原语	S-SYNC-MINOR indication
S-UER ind	SS 原语	S-U-EXCEPTION-REPORT indication
TC	PPDU	能力数据
TCC	PPDU	能力数据证实
TD	PPDU	数据
TE	PPDU	加速数据
TTD	PPDU	特权数据
S-U-ABind-nd	SS 原语	无 SS-user-data 参数的 S-U-ABORT 指示

表 A.2 状态

缩写名	名称和描述
STAI0	空闲——无连接
STAI1	等待 CPA PPDU
STAI2	等待 P-CONNECT response
STAt0	已接连——数据传送
STAac0	等待 ACA PPDU
STAac1	等待 P-ALTER-CONTEXT response
STAac2	等待 ACA PPDU 或 P-ALTER-CONTEXT response
STAI3	等待 SCA PPDU
STAI4	等待 P-CONNECT 响应

表 A.3 外出事件表

缩写名	类别	名称和描述
AC	PPDU	改变上下文
ACA	PPDU	改变上下文证实
ARP	PPDU	提供者废弃
ARU	PPDU	用户废弃
CP	PPDU	表示连接
CPA	PPDU	表示连接接受
CPR	PPDU	表示连接拒绝
P-ACTD cnf	PS 原语	P-ACTIVITY-DISCARD confirm
P-ACTD ind	PS 原语	P-ACTIVITY-DISCARD indication
P-ACTE cnf	PS 原语	P-ACTIVITY-END confirm
P-ACTE ind	PS 原语	P-ACTIVITY-END indication
P-ACTI cnf	PS 原语	P-ACTIVITY-INTERRUPT confirm
P-ACTL ind	PS 原语	P-ACTIVITY-INTERRUPT indication
P-ACTR ind	PS 原语	P-ACTIVITY-RESUME indication
P-ACTS ind	PS 原语	P-ACTIVITY-START indication
P-ALTER cnf	PS 原语	P-ALTER-CONTEXT confirm
P-ALTER ind	PS 原语	P-ALTER-CONTEXT indication
P-CD cnf	PS 原语	P-CAPABILITY-DATA confirm
P-CD ind	PS 原语	P-CAPABILITY-DATA indication
P-CG ind	PS 原语	P-CONTROL-GIVE indication
P-CON cnf＋	PS 原语	P-CONNECT confirm 接受
P-CON cnf－	PS 原语	P-CONNECT confirm 拒绝
P-CON ind	PS 原语	P-CONNECT indication
P-DT ind	PS 原语	P-DATA indication
P-EX ind	PS 原语	P-EXPEDITED-DATA indication
P-GT ind	PS 原语	P-TOKEN-GIVE indication
P-PAB ind	PS 原语	P-P-ABORT indication
P-PER ind	PS 原语	P-P-EXCEPTION-REPORT indication
P-PT ind	PS 原语	P-TOKEN-PLEASE indication
P-REL cnf＋	PS 原语	P-RELEASE confirm 接受
P-REL cnf－	PS 原语	P-RELEASE confirm 拒绝
P-REL ind	PS 原语	P-RELEASE indication
P-RSYN cnf	PS 原语	P-RESYNCHRONIZE confirm
P-RSYN ind	PS 原语	P-RESYNCHRONIZE indication
P-SYNM cnf	PS 原语	P-SYNC-MAJOR confirm

表 A.3(续)

缩写名	类别	名称和描述
P-SYNM ind	PS 原语	P-SYNC-MAJOR indication
P-SYN mcnf	PS 原语	P-SYNC-MINOR confirm
P-SYN mind	PS 原语	P-SYNC-MINOR indication
P-TD ind	PS 原语	P-TYPED-DATA indication
P-UAB ind	PS 原语	P-U-ABORT indication
P-UER ind	PS 原语	P-U-EXCEPTION-REPORT indication
RS	PPDU	重新同步
RSA	PPDU	重新同步证实
S-ACTD req	SS 原语	S-ACTIVITY-DISCARD request
S-ACTD rsp	SS 原语	S-ACTIVITY-DISCARD response
S-ACTE req	SS 原语	S-ACTIVITY-END request
S-ACTE rsp	SS 原语	S-ACTIVITY-END response
S-ACTI req	SS 原语	S-ACTIVITY-INTERRUPT request
S-ACTI rsp	SS 原语	S-ACTIVITY-INTERRUPT response
S-ACTR req	SS 原语	S-ACTIVITY-RESUME request
S-ACTS req	SS 原语	S-ACTIVITY-START request
S-CG req	SS 原语	S-CONTROL-GIVE request
S-GT req	SS 原语	S-TOKEN-GIVE request
S-PT req	SS 原语	S-TOKEN-PLEASE request
S-REL req	SS 原语	S-RELEASE request
S-REL rsp+	SS 原语	S-RELEASE response 接受
S-REL rsp−	SS 原语	S-RELEASE response 拒绝
S-RSYN req	SS 原语	S-RESYNCHRONIZE request
S-RSYN rsp	SS 原语	S-RESYNCHRONIZE response
S-SYNM req	SS 原语	S-SYNC-MAJOR request
S-SYNM rsp	SS 原语	S-SYNC-MAJOR response
S-SYNM req	SS 原语	S-SYNC-MAJOR request
S-SYNM rsp	SS 原语	S-SYNC-MAJOR response
S-UER req	SS 原语	S-U-EXCEPTION-REPORT request
TC	PPDU	能力数据
TCC	PPDU	能力数据证实
TD	PPDU	数据
TE	PPDU	加速数据
TTD	PPDU	特权数据
SCA	PPDU	SHORT CONNECT ACCEPT
SCR	PPDU	SHORT CONNECT REJECT
SCN	PPDU	SHORT CONNECT

表 A.4 特定动作

代 码	动 作
[01]	将提供者不能支持的建议的表示上下文定义标记为“提供者拒绝”
[02]	置 rl 和 cr 为 FALSE
[03]	为商定的 DCS 的表示上下文和缺省上下文记录抽象语法和传送语法
[04]	为每个表示上下文建议至少一个传送语法
[05]	如果 request 服务原语中命名了缺省上下文，则为其建议一个传送语法
[06]	为每个其定义已商定的表示上下文选择一个传送语法，并将商定的表示上下文包含在 DCS 中
[07]	置 rl 为 TRUE
[08]	如果 rl 为 TRUE，则置 cr 为 TRUE
[09]	如果 aep 为 TRUE，则： 置 aep 为 FALSE；并且 如果 FU(CR)为 TRUE，则与最后一个活动相关的同步点不再有相关的 DCS
[10]	为每个新的表示上下文记录选择的传送语法，并将新的表示上下文包含在 DCS 中
[11]	从 DCS 中去掉同意删除的表示上下文
[12]	根据 CPA PPDU 中的表示需求对 fu-dom 中的 f 记录 FU(f)
[13]	如果 FU(CR)成立，则将 DCS 与同步点标识符关联起来
[14]	如果 FU(CR)成立，并且有一个活动在进行，则将 DCS 置为活动间 DCS
[15]	置 aep 为 TRUE
[16]	将 DCS 置为与同步点标识符相关联的 DCS
[17]	如果 FU(CR)成立，则将 DCS 记住为活动间 DCS
[18]	将 DCS 置为表示连接建立期间商定的 DCS
[19]	删除同步点序号和当前活动的 DCS 之间的任何联系
[20]	置 aep 为 FALSE
[21]	根据 PPDU 的表示上下文标识符表参数的规定设置 DCS
[22]	如果 FU(CR)成立，则删去同步点标识符与 DCS 之间的任何关联
[24]	如果 PPDU 包括一个发起者的已提名上下文参数，则将该表示上下文提议为该发起者 PPM 的已提名上下文
[25]	如果 PO(NC)为真且为发起者 PPM 提议的已提名上下文是 DCS 的成员，则将该上下文记录为双方已知的已提名上下文
[26]	如果 PO(NC)为真且为发起者 PPM 提议的已提名上下文是 DCS 的成员，则将该上下文记录为双方已知的已提名上下文
[27]	如果 PO(NC)为真且 PPDU 包含一个响应者的已提名上下文参数，则将该上下文记录为本 PPM 的已提名上下文
[28]	如果 PO(NC)为真且 PPDU 包含一个响应者的已提名上下文参数，则将该上下文记录为本 PPM 的已提名上下文

表 A.5 谓词

代码	意义
p01	表示连接可为 PPM 接受(本地事态)
p02	支持命名的缺省上下文(如果出现)
p03	每个表示数据值来自表示连接建立期间建议的 DCS 中的表示上下文;或者,如果该 DCS 为空,来自缺省上下文
p04	每个表示数据值来自表示连接建立期间被接受的 DCS 中的表示上下文;或者,如果该 DCS 为空,来自缺省上下文
p05	每个表示数据值来自 DCS 中的表示上下文;或者,如果该 DCS 为空,来自缺省上下文
p06	每个表示数据值来自未被对等 PPM 建议删除的 DCS 中的表示上下文
p07	每个表示数据值来自未被本地 PPM 建议删除的 DCS 中的表示上下文
p08	cr 的值为 TRUE
p09	每个表示数据值来自未被接受从 DCS 中删除的表示上下文;或者,来自被接受加入到 DCS 中的表示上下文;或者,如果没有这样的表示上下文可用,来自缺省上下文
p11	FU(CM)为 TRUE
p13	每个表示数据值来自缺省上下文
p14	FU(CM)为 FALSE,或者 FU(CM)为 TRUE 并且用户会话需求未选择权数据功能单元
p15	每个表示数据值来自表示连接建立期间商定的 DCS 中的表示上下文,或者,如果该 DCS 为空,来自缺省上下文
p16	每个表示数据值来自与下列偶对相关联的 DCS 中的表示上下文,这个偶对包含旧活动标识符和同步点序号参数值;或者该 DCS 为空,来自缺省上下文
p17	FU(CR)为 TRUE
p18	每个表示数据值来自与同步点标识符相关联的 DCS 中的表示上下文;或者,如果该 DCS 为空,来自缺省上下文
p19	或者没有同步点标识符与一个 DCS 相关联,或者重新同步标识符不与一个 DCS 相关联并且大于有一个相关联的 DCS 的最小的同步点标识符
p20	PPDU 包含表示上下文标识符表参数
p21	每个表示数据值来自在 PPDU 中规定的表示上下文;或者,如果 PPDU 中未规定表示上下文,则来自缺省上下文
p22	对于每个表示数据值,PPM 支持编码的一个实例(选择为本地事态)
p23	对于每个表示数据值,PPM 支持其编码
p24	每个表示数据值来自 DCS 中的表示上下文;或者来自本地 PPM 建议加入到 DCS 中的表示上下文;或者,如果 DCS 为空或本地 PPM 建议删除 DCS 中所有的表示上下文,则来自缺省上下文
p25	每个表示数据值来自未被对等 PPM 建议删除的 DCS 中的表示上下文,或者来自本地 PPM 建议加入到 PCS 中的表示上下文
p26	同步点标识符具有一个相关联的 DCS
p27	旧会话连接标识符参数出现
p28	有一个 DCS 与由旧活动标识符和同步点序号参数值组成的偶对相关联
p29	每个表示数据值来自互活动的 DCS 的表示上下文或者在其为空时来自默认上下文
p30	rs 的值为真
p31	满足 5.5 中定义的本地选项以及选择无编码和短连接协议选项的条件

表 A.6 连接建立

	STAI0 空闲、无连接	STAI1 等待 CPA	STAI2 接收到 CP 后等待 P-CONrsp	STAI3 等待 SCA	STAI4 接收到 SCN 后等待 P-CONrsp
P-CONreq	p02 &p03 &-p31 [04][05][02][20] [24] CP STAI1 p31 [03][24] SCN STAI3				
CP	p01&p02&p03&p22 [01][02][20] [24] P-CONind STAI2 ^p01OR^ p02 OR^p22 [01][24] CPR STAI0				
P-CONrsp+			p04 [06][12] [26][28] CPA STAt0		SCA STAt0
CPA		p04 [03][12] [25][27] P-CONcnf+ STAt0			
P-CONrap-			p 04 [06] CPR STAI0		SCR STAI0
CPR		p 04 P-CONcnf STAI0			
S-CONcnf		P-CONcnf STAI0		P-CONcnf STAI0	
SCA				[12] P-CONcnf+ STAt0	

表 A.6(续)

	STAI0 空闲、无连接	STAI1 等待 CPA	STAI2 接收到 CP 后等待 P-CONrsp	STAI3 等待 SCA	STAI4 接收到 SCN 后等待 P-CONrsp
SCN	p01&p22 P-CONind STAI4 ¬p01 OR ¬p22 ARP STAI0				
SCR				P-CONcnf STAI0	

表 A.7 连接释放(正常)

	STAac0 等待 ACA	STA ac1 等待 P-ALTER rsp	STA ac2 等待 ACA 或 P-ALTER rsp	STA t0 已连接—— 数据传送
P-RELreq	p07 [08][07] S-REL req STAac0	p05 [08][07] S-REL req STA ac1	p07 [08][07] S-REL req STAac2	p05 [08][07] S-REL req STAt0
S-RELind	p05 [08][07] P-RELind STAac0	p06 [08][07] P-RELrsp+ STAac1	p06 [08][07] P-RELind STAac2	p05 [08][07] P-RELind STA t0
P-RELrsp+	p07&¬p08 S-RELrsp+ STAI0 p07&p08 [02] S-RELrsp+ STAt0	p05&p08 S-RELrsp+ STAI0 p05&p08 [02] S-RELrsp+ STAt0	p07&¬p08 S-RELrsp+ STAI0 p07&p08 [02] S-RELrsp+ STAt0	p05&¬p08 S-RELrsp+ STAI0 p05&p08 [02] S-RELrsp+ STAt0
S-RELcnf+	p05&¬p08 P-RELcnf+ STAI0 p05&p08 [02] P-RELcnf+ STAt0	p06&¬p08 P-RELcnf+ STAI0 p06&p08 [02] P-RELcnf+ STAt0	p06&¬p08 P-RELcnf+ STAI0 p06&p08 [2] P-RELcnf+ STAt0	p05&¬p08 P-RELcnf+ STAI0 p05&p08 [02] P-RELcnf+ STAt0
P-RELrsp−	p07 [02] S-RELrsp− STAac0	p05 [02] S-RELrsp− STAac1	p07 [02] S-RELrsp− STAac2	p05 [02] S-RELrsp− STAt0

表 A.7(续)

	STAac0 等待 ACA	STA ac1 等待 P-ALTER rsp	STA ac2 等待 ACA 或 P-ALTER rsp	STA t0 已连接—— 数据传送
S-RELcnf—	p05 [02] P-RELcnf— STAac0	p06 [02] P-RELcnf— STAac1	p06 [02] P-RELcnf— STAac2	p05 [02] P-RELcnf— STAt0

表 A.8 连接释放(废弃)

	STAI1 等待 CPA	STAI2 等待 P-CONrsp	SATac0 等待 ACA	STAac1 等待 P-ALTERrsp	STAac2 等待 ACA 或 P-ALTERrsp	STAt0 已连接—— 数据传送
P-UABreq	p03 ARU STAI0	p03 ARU STAI0	p07 ARU STAI0	p05 ARU STAI0	p07 ARU STAI0	p05 ARU STAI0
ARU	p03&p21 P-UABind STAI0	p03&p21&p23 P-UABind STAI0	p21&p24 P-UABind STAI0	p06&p21 P-UABind STAI0	p21&p25 P-UABind STAI0	p05&p21 P-UABind STAI0
ARP	P-PABind STAI0	P-PABind STAI0	P-PABIND STAI0	P-PABind STAI0	P-PABind STAI0	P-PABind STAI0
S-PABind	P-PABind STAI0	P-PABind STAI0	P-PABind STAI0	P-PABind STAI0	P-PABind STAI0	P-PABind STAI0
S-U-ABind-nd	P-PABind STAI0	P-PABind STAI0	P-PABind STAI0	P-PABind STAI0	P-PABind STAI0	P-PABind STAI0

表 A.9 上下文管理

	STAac0 等待 ACA	STAac1 等待 P-ALTERrsp	STAac2 等待 ACA 或 P-ALTERrsp	STAt0 已连接—— 数据传送
P-ALTERreq		p05 [04] AC STAac2		p05&p11 [04] AC STAac0
AC	p06 [01] P-ALTERind STAac2			p05&p11 [01][09] P-ALTERind STAac1
P-ALTERrsp		p09 [06][11] ACA STAt0	p09 [06][11] ACA STAac0	
ACA	p09 [10][11] P-ALTERcnf STAt0		p09&p06 [10][11] P-ALTERcnf STAac1	

表 A.10 数据传送

	STAac0 等待 ACA	STAac1 等待 P-ALTERrsp	STAac2 等待 ACA 或 P-ALTERrsp	STAt0 已连接—— 数据传送
P-DTreq	p07 TD STAac0	p05 TD STAac1	p07 TD STAac2	p05 TD STAt0
TD	p05 P-Dtind STAac0	p06 P-Dtind STAac1	p06 P-Dtind STAac2	p05 [09] P-Dtind STAt0
P-TDreq	p07&p14 TTD STAac0	p05&p14 TTD STAac1	p07&p14 TTD STAac2	p05&p14 TTD STAt0
TTD	p05&p14 P-Tdind STAac0	p06&p14 P-Tdind STAac1	p06&p14 P-Tdind STAac2	p05&p14 [09] P-Tdind STAt0
P-EXreq	p13 TE STAac0	p13 TE STAac1	p13 TE STAac2	p13 TE STAt0
TE	p13 P-Exind STAac0	p13 P-Exind STAac1	p13 P-Exind STAac2	p13 [09] P-Exind STAt0
P-CDreq	p07 TC STAac0	p05 TC STAac1	p07 TC STAac2	p05 TC STAt0
TC	p05 P-Cdind STAac0	p06 P-Cdind STAac1	p06 P-Cdind STAac2	p05 [09] P-Cdind STAt0
P-CDrsp	p07 TCC STAac0	p05 TCC STAac1	p07 TCC STAac2	p05 TCC STAt0
TCC	p05 P-CDcnf STAac0	p06 P-CDcnf STAac1	p06 P-CDcnf STAac2	p05 P-CDcnf STAt0

表 A.11 权标处理

	STAac0 等待 ACA	STAac1 等待 P-ALTERrep	STAac2 等待 ACA 或 P-ALTERrsp	STAt0 已连接—— 数据传送
P-GTreq	p07 S-GTreq STAac0	p05 S-GTreq STAac1	p07 S-GTreq STAac2	p05 S-GTreq STAt0
S-GTind	p05 P-Gtind STAac0	p06 P-Gtind STAac1	p06 P-Gtind STAac2	p05 [09] P-Gtind STAt0
P-PTreq	p07 S-PTreq STAac0	p05 S-PTreq STAac1	p07 S-PTreq STAac2	p05 S-PTreq STAt0
S-PTind	p05 P-PTind STAac0	p06 P-PTind STAac1	p06 P-PTind STAac2	p05 [09] P-PTind STAt0
P-CGreq	p07 S-CGreq STAac0	p05 S-CGreq STAac1	p07 S-CGreq STAac2	p05 S-CGreq STAt0
S-CGind	p05 P-Cgind STAac0	p06 P-Cgind STAac1	p06 P-Cgind STAac2	p05 [09] P-CGind STAt0

表 A.12 同步

	STAac0 等待 ACA	STAac1 等待 P-ALTERrep	STAac2 等待 ACA 或 P-ALTERrsp	STAt0 已连接—— 数据传送
P-SYNmreq	^p17&p07 S-SYNmreq STAac0	p05 S-SYNmreq [13] STAac1	^p17&p07 S-SYNmreq STAac2	p05 S-SYNmreq [13] STAt0
S-SYNmind	p05 P-SYNmind [13] STAac0	^p17&p06 P-SYNmind STAac1	^p17&p06 P-SYNmind STAac2	p05 P-SYNmind [13] STAt0
P-SYNmrsp	p07 S-SYNmrsp STAac0	p05 S-SYNmrsp STAac1	p07 S-SYNmrsp STAac2	p05 S-SYNmrsp STAt0

表 A.12（续）

	STAac0 等待 ACA	STAac1 等待 P-ALTERrep	STAac2 等待 ACA 或 P-ALTERrsp	STAt0 已连接—— 数据传送
S-SYNmcnf	p05 P-SYNmcnf STAac0	p06 P-SYNmcnf STAac1	p06 P-SYNmcnf STAac2	p05 P-SYNmcnf STAt0
P-SYNMreq	^p17&p07 S-SYNMreq STAac0	p05 S-SYNMreq STAac1	^p16&p07 S-SYNMreq STAac2	p05 S-SYNMreq STAt0
S-SYNMind	p05 P-SYNMind STAac0	^p17&p06 P-SYNMind STAac1	^p17&p06 P-SYNMind STAac2	p05 P-SYNMind STAt0
P-SYNMrsp	p05 S-SYNMrsp [22][13] STAac0	^p17&p05 S-SYNMrsp STAac1	^p17&p07 S-SYNMrsp STAac2	p05 S-SYNMrsp [22][13] STAt0
S-SYNMcnf	^p17&p05 P-SYNMcnf STAac0	p06 P-SYNMcnf [22][13] STAac1	^p17&p06 P-SYNMcnf STAac2	p05 P-SYNMcnf [22][13] STAt0

表 A.13　活动管理和异常处理

	STAac0 等待 ACA	STAac1 等待 P-ALTERrsp	STAac2 等待 ACA 或 P-ALTERrsp	STAt0 已连接—— 数据传送
P-ACTSreq	^p17&p07 S-ACTSreq STAac0	p05 [17] S-ACTSreq STAac1	^p17&p07 S-ACTSreq STAac2	p05 [17] S-ACTSreq STAt0
S-ACTSind	p05 [09][17] P-ACTSind STAac0	^p17&p06 P-ACTSind STAac1	^p17&p06 P-ACTSind STAac2	p05 [09][17] P-ACTSind STAt0
P-ACTEreq	^p17&p07 S-ACTEreq STAac0	p05 S-ACTEreq STAac1	^p17&p07 S-ACTEreq STAac2	p05 S-ACTEreq STAt0
S-ACTEind	p05 P-ACTEind STAac0	^p17&p06 P-ACTEind STAac1	^p17&p07 P-ACTEind STAac2	p05 P-ACTEind STAt0

表 A.13（续）

	STAac0 等待 ACA	STAac1 等待 P-ALTERrsp	STAac2 等待 ACA 或 P-ALTERrsp	STAt0 已连接—— 数据传送
P-ACTErsp	p07 [14][15] S-ACTErsp STAac0	^p17&p05 S-ACTErsp STAac1	^p17&p07 S-ACTErsp STAac2	p05 [14][15] S-ACTErsp STAt0
S-ACTEcnf	^p17&p05 P-ACTEcnf STAac0	p06 [14][19] P-ACTEcnf STAac1	^p17&p06 P-ACTEcnf STAac2	p05 [14][19] P-ACTEcnf STAt0
P-ACTIreq	^p17 S-ACTIreq STAt0 p17&p29 [14] S-ACTIreq STAt0	^ p17 S-ACTIreq STAt0 p17&p29 [14] S-ACTIreq STAt0	^ p17 S-ACTIreq STAt0 p17&p29 [14] S-ACTIreq STAt0	^ p17 S-ACTIreq STAt0 p17&p29 [14] S-ACTIreq STAt0
S-ACTIind	^ p17 [20] P-ACTIind STAt0 p17&p29 [14][20] P-ACTIind STAt0	^ p17 [20] P-ACTIind STAt0 p17&p29 [14][20] P-ACTIind STAt0	^ p17 [20] P-ACTIind STAt0 p17&p29 [14][20] P-ACTIind STAt0	^ p17 [20] P-ACTIind STAt0 p17&p29 [14][20] P-ACTIind STAt0
P-ACTIrsp				^p17 OR (p17&p29) [14] S-ACTIrsp STAt0
S-ACTIcnf				^p17 OR (p17&p29) [14] S-ACTIrsp STAt0
P-ACTRreq	^p17&p07 S-ACTRreq STAac0	(^p17ORp27OR ^p28)&p05 S-ACTRreq STAac1 ^p27&p28&p17&p16 [17][16] S-ACTRreq STAac1	^p17&p07 S-ACTRreq STAac2	(^p17ORp27 ^p28)&p05 S-ACTRreq STAt0 ^p27&p28&p17&p16 [17][16] S-ACTRreq STAt0

表 A.13(续)

	STAac0 等待 ACA	STAac1 等待 P-ALTERrsp	STAac2 等待 ACA 或 P-ALTERrsp	STAt0 已连接—— 数据传送
S-ACTRind	(^p17ORp27OR ^p28)&p05 [09] P-ACTRind STAac0 ^p27&p28&p17&p16 [09][17][16] P-ACTRind STAac0	^p17&p06 P-ACTRind STAac1	^p17&p06 P-ACTRind STAac2	(^p17 OR p27OR ^p28)&p05 [09] A-ACTRind STAt0 ^p27&p28&p17&p16 [09][17][16] P-ACTRind STAt0
P-ACTDreq	^p17 S-ACTDreq STAt0 ^p17&p29 [14] S-ACTDreq STAt0	^p17 S-ACTDreq STAt0 ^p17&p29 [14] S-ACTDreq STAt0	^p17 S-ACTDreq STAt0 ^p17&p29 [14] S-ACTDreq STAt0	^p17 S-ACTDreq STAt0 ^p17&p29 [14] S-ACTDreq STAt0
P-ACTDind	^p17 [09] P-ACTDind STAt0 p17&p29 [14][09] S-ACTDind STAt0	^p17 [09] P-ACTDind STAt0 p17&p29 [14][09] S-ACTDind STAt0	^p17 [09] P-ACTDind STAt0 p17&p29 [14][09] S-ACTDind STAt0	^p17 [09] P-ACTDind STAt0 p17&p29 [14][09] S-ACTDind STAt0
P-ACTDrsp				^p17 OR p17&p29 [14][19] S-ACTDrsp STAt0
S-ACTDcnf				^p17 OR p17&p29 [14][19] P-ACTDcnf STAt0
P-UERreq	p07 S-UERreq STAt0	p05 S-UERreq STAt0	p07 S-UERreq STAt0	p05 S-UERreq STAt0
S-UERind	p05 P-UERind STAt0	p06 P-UERind STAt0	pP06 P-UERind STAt0	p05 P-UERind STAt0
S-PERind	P-PERind STAt0	P-PERind STAt0	P-PERind STAt0	P-PERind STAt0

表 A.14 重新同步

	STAac0 等待 ACA	STAac1 等待 P-ALTERrsp	STAac2 等待 ACA 或 P-ALTERrsp	STAt0 已连接—— 数据传送
P-RSYNreq	^p17&p07 RS STAt0 p17&p19&p07 RS STAt0 p17&p26&p18 RS STAt0 p17&^p19&^p26&p15 [18] RS STAt0	^p17&p05 RS STAt0 p17&p19&p05 RS STAt0 p17&p26&p18 RS STAt0 p17&^p19&^p26&p15 [18] RS STAt0	^p17&p07 RS STAt0 p17&p19&p07 RS STAt0 p17&p26&p18 RS STAt0 p17&^p19&^p26&p15 [18] RS STAt0	^p11&p05 RS STAt0 p11&^p17&p05 RS STAt0 p11&p17&p19&p05 RS STAt0 p11&p17&p26&p18 RS STAt0 p11&p17&^p19&^p26&p15 [18] RS STAt0
RS	^p17&p21 [21] P-RSYNind STAt0 p17&p19&p21 [21] P-RSYNind STAt0 p17&p26&p18 [16] P-RSYNind STAt0 p17&^p19&^p26&p15 [18] P-RSYNind STAt0	^p17&p21 P-RSYNind STAt0 p17&p19&p21 P-RSYNind STAt0 p17&p26&p18 [16] P-RSYNind STAt0 p17&^p19&^p26&p15 [18] P-RSYNind STAt0	^p17&p21 [21] P-RSYNind STAt0 p17&p19&p21 [21] P-RSYNind STAt0 p17&p26&p18 [16] P-RSYNind STAt0 p17&^p19&^p26&p15 [18] P-RSYNind STAt0	^p11&p05 P-RSYNind STAt0 p11&^p17&p21 P-RSYNind STAt0 p11&p17&p19&p21 P-RSYNind STAt0 p11&p17&p26&p18 [16] P-RSYNind STAt0 p11&p17&^p19&^p26&p15 [18] P-RSYNind STAt0

表 A.14（续）

	STAac0 等待 ACA	STAac1 等待 P-ALTERrsp	STAac2 等待 ACA 或 P-ALTERrsp	STAt0 已连接—— 数据传送
P-RSYNrsp				^p11&p05 RS STAt0 p11&^p17&p05 RSA STAt0 p11&p17&p19&p05 RSA STAt0 p11&p17&p26&p05 RSA STAt0 p11&p17&^p19&^p26&p05 RSA STAt0
RSA				^p11 & p05 P-RSYNcnf STAt0 p11 & ^p17 & p21 [21] P-RSYNcnf STAt0 p11 & p17 & p19 & p21 [21] P-RSYNcnf STAt0 p11 & p17 & p26 & p05 P-RSYNcnf STAt0 p11 & p17 & ^p19 & ^p26 & p05 P-RSYNcnf STAt0

附 录 B
(规范性附录)
传送语法登记

B.1 引言

使抽象语法用在表示连接上的传送语法的标识,需要传送语法的无二义性命名。本附录规定了这些命名分配的登记规程。

B.2 登记规程

本部分规定了传送语法的登记以及规定在下述中的编码规则:

a) 标准中;或

b) 一些需要的组织。

在本阶段对传送语法的国际登记机构没有要求。

B.2.1 标准中的登记

在某些情况下,通过参考本部分,标准中规定传送语法规范的命名。命名的定义要与GB/T 17969.1一致。目前还没有包含此类信息客体的国际登记机构。

参考标准会根据 GB/T 17969.1 分配一个名,但不需要参考 GB/T 17969.1。

B.2.2 一些需要的组织的登记

传送语法规范命名的分配应与一般规程和 GB/T 17969.1 中定义的组成一致。

希望分配命名的组织应在 GB/T 17969 的命名树中找到上级机构,并请求分配给它们一个弧。

注:"上级机构"包括 ISO/IEC 的国家成员体,与 ISO 6523 一致的国际代码分配组织,电信管理机构和 ROA,以及代理登记机构的组织。

B.3 传送语法登记表

B.3.1 一个传送语法登记应该包含如下信息:

a) 分配给传送语法的名称;

b) 传送语法是否八进制排列;

c) 传送语法是否是自定界;

d) 它是上下文无关还是上下文相关;

e) 抽象语法的名字或者抽象语法的类是可用的。

B.3.2 对给定的抽象语法,如果其传送语法是由规范组成的,则称其为明确定义的。该规范对于每一个抽象语法中的表示数据值,都由一个或多个与表示数据值相关联的位模式组成。

注:位模式可以被直接规定,或者被适用于抽象语法定义的符号的运算法则标识。后者中的同命名(运算法则中)可以提供传送语法。

B.3.3 如果特殊的位模式与抽象语法内的表示数据值关联,则传送语法是上下文无关的,否则,为上下文相关。

注:推荐但不必须要求传送语法是上下文无关的。在传送语法上下文相关的情况下,值的解码需要知道传送值的应用的状态信息。只有在发出表示服务原语模式明确定义的情况下,这种状态信息在表示层才是可见的,并不是依赖于这些原语的用户数据。违反这一建议,会因此制约实现者像他们希望的那样把表示层支持与应用层的支持更密切地整合起来。

ICS 11.180
C 05

中华人民共和国国家标准

GB/T 15721.1—2009/ISO 8548-1:1989
代替 GB/T 15721.1—1995

假肢与矫形器　肢体缺失 第1部分:先天性肢体缺失状况的描述方法

Prosthetics and orthotics—Limb deficiencies—
Part 1:Method of describing limb deficiencies present at birth

(ISO 8548-1:1989,IDT)

2009-09-30 发布　　2009-12-01 实施

中华人民共和国国家质量监督检验检疫总局
中国国家标准化管理委员会　发布

前 言

GB/T 15721《假肢与矫形器　肢体缺失》分为五个部分：

——第 1 部分：先天性肢体缺失状况的描述方法；

——第 2 部分：下肢截肢残肢的描述方法；

——第 3 部分：上肢截肢残肢的描述方法；

——第 4 部分：截肢原因的描述；

——第 5 部分：截肢者的临床症状描述。

本部分为 GB/T 15721 的第 1 部分。

本部分等同采用 ISO 8548-1:1989《假肢与矫形器　肢体缺失　第 1 部分：先天性肢体缺失状况的描述方法》（英文版）。

为了便于使用，本部分做了下列编辑性修改：

a）删除了国际标准的前言；

b）"本国际标准"改为"本部分"。

本部分代替 GB/T 15721.1—1995《假肢与矫形器　肢体缺失　第 1 部分：先天性肢体缺失状况的描述方法》。本部分与 GB/T 15721.1—1995 相比，主要变化如下：

a）在规范性引用文件中，引用了 GB/T 14191.1《假肢学和矫形器学术语　第 1 部分：体外肢体假肢和体外矫形器的基本术语》（GB/T 14191.1—2009，ISO 8549-1:1989，IDT）；

b）在标准的适用范围中，改为"本标准适用于描述用解剖学和放射学手段所呈现出来的"骨骼缺失。

本部分的附录 A 为资料性附录。

本部分由中华人民共和国民政部提出。

本部分由全国残疾人康复和专用设备标准化技术委员会（SAC/TC 148）归口。

本部分起草单位：中国康复器具协会、中国康复研究中心、国家康复辅具研究中心。

本部分主要起草人：杨成瑞、丁伯坦、廖琪。

本部分所代替标准的历次版本发布情况为：

——GB/T 15721.1—1995。

引　言

已经有许多种给截肢残肢分类的方法,但是没有一种普遍认可的方法,其中原因多种多样。临床小组成员分布在不同国家,患者不同,因而只能研究不同的方法以适应各自需要。因此需要制定一个国际通用的方法以比较论著之不同,患者与患者之不同。各种医疗人员,包括受过不同培训的外科医生(特别是那些与康复有关的)、物理治疗师和作业治疗师及假肢技师,都接受并使用一种描述残肢的标准方法。该方法对流行病专家和负责健康的政府官员同样有价值。

已经拟定的方法应满足不同治疗小组成员的需要,并能够将残肢的描述以易于体现在病历上的方式记录下来,GB/T 15721 的本部分旨在为所描述的最小信息定义,这些信息应具有为计算机分析所采纳的能力。

假肢与矫形器　肢体缺失 第1部分:先天性肢体缺失状况的描述方法

1　范围

GB/T 15721的本部分规定了先天性上肢、下肢缺失状况的描述方法。

本标准适用于描述用解剖学和放射学手段所呈现出来的,由于肢体骨骼发育异常的骨骼缺失;而不涉及病因、传染病的因素。

2　规范性引用文件

下列文件中的条款通过GB/T 15721的本部分的引用而成为本部分的条款。凡是注日期的引用文件,其随后所有的修改单(不包括勘误的内容)或修订版均不适用于本部分,然而,鼓励根据本部分达成协议的各方研究是否可使用这些文件的最新版本。凡是不注日期的引用文件,其最新版本适用于本部分。

GB/T 14191.1　假肢学和矫形器学术语　第1部分:体外肢体假肢和体外矫形器的基本术语(GB/T 14191.1—2009,ISO 8549-1:1989,IDT)

ISO 8549-2:1989　假肢学和矫形器学术语　第2部分:与体外肢体假肢和此类假肢使用者有关的术语

3　术语和定义

GB/T 14191.1、ISO 8549-2:1989中确立的术语和定义适用于GB/T 15721的本部分。

4　缺失描述

4.1　概述

先以"横向"或"纵向"描述缺失,再进一步按4.2和4.3指出的各种形式描述。当患者的缺失多于一个肢体时,应分别进行描述。

4.2　横向缺失

按以下情况描述横向缺失:

a)　侧别(左侧或右侧);

b)　肢体(上肢或下肢);

c)　程度,按图1。

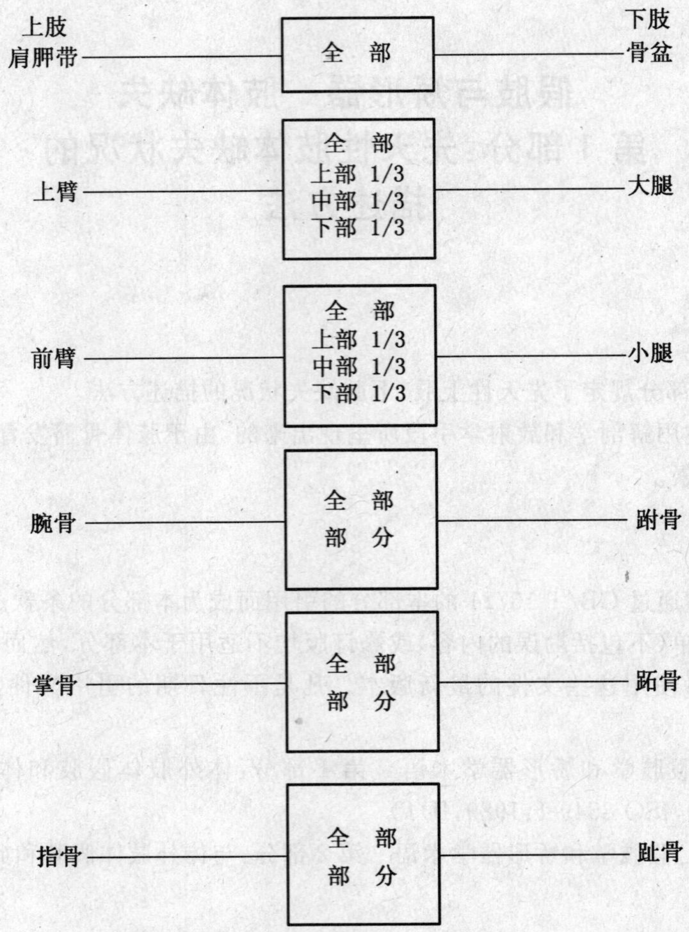

注：肩部或半侧骨盆(及远端部分)全部缺失，描述为横向缺失。如果只是肩部或半侧骨盆的部分缺失，则描述为纵向缺失。

图 1 上肢与下肢横向缺失的程度示意

4.3 纵向缺失

按以下情况及图 2、图 3 描述纵向缺失：

a) 侧别(左侧或右侧)；

b) 肢体(上肢或下肢)；

c) 对于肩胛带、骨盆及四肢长骨，应说明各缺失骨骼的名称；对于掌骨、跖骨、指骨或趾骨，应说明手指或脚趾缺失的数量，并分别按至桡侧或胫侧计数的方法，标出掌骨或跖骨及其相关指(趾)骨的具体序数。拇指(趾)的序数为 1；

注：当描述掌骨或跖骨及相关的指(趾)骨时，应使用“放射状”示意图。

d) 从近端到远端，说明每个骨骼的缺失程度：

1) 肩胛带/骨盆

说明哪些骨骼是全部缺失，哪些是部分缺失。如为部分缺失，则确定并说明骨骼缺失的位置。

2) 肱骨、桡骨、尺骨、股骨、胫骨和腓骨

说明哪些骨骼是全部缺失，哪些是部分缺失。如为部分缺失，则说明缺失骨骼邻近部位的情况，以及缺失的位置(如：近端、远端)。

3) 腕骨、跗骨

说明腕骨或跗骨是全部缺失或是部分缺失(即：有些腕骨或跗骨是存在的)。

注：可以通过对个别骨骼进行单独命名的方法来进一步描述部分缺失。

4) 掌骨、跖骨

说明哪些骨骼是全部缺失，哪些是部分缺失。

注：可以通过描述缺失的位置(如：近端、远端)来进一步描述部分缺失。

5) 指(趾)骨

说明哪些骨骼是全部缺失，哪些是部分缺失。

注：可以通过命名受损伤的指(趾)骨(即：近端、中部、远端)来进一步描述部分缺失。

e) 适当情况下，说明发育不全现状时，要描述所有未曾描述过的骨骼，包括全部缺失和部分缺失。

注：不同纵向缺失和根据本部分对它们的描述都已在附录A中给出。例如部分纵向缺失，可更详细描述受损伤的骨骼，但这种描述未包括在GB/T 15721的本部分范围内。

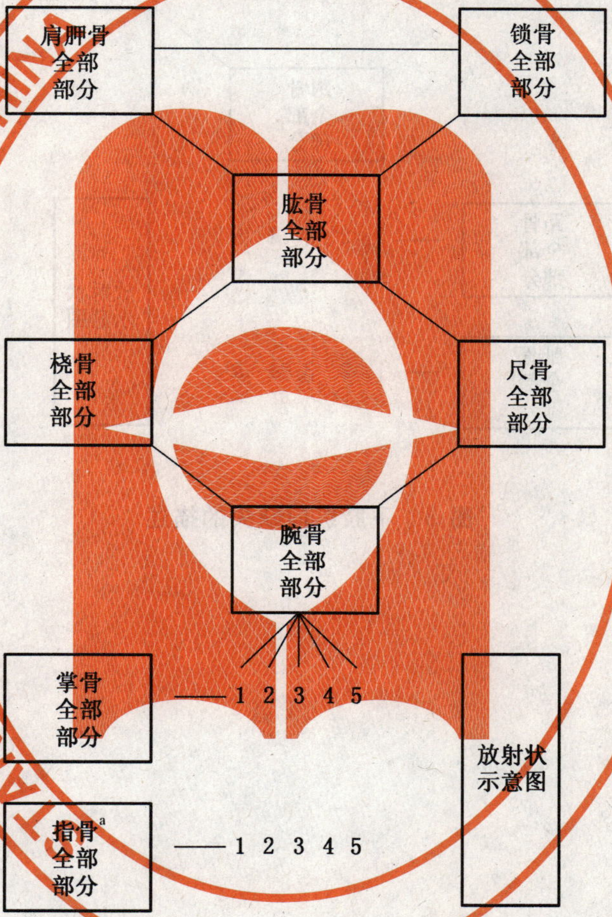

[a] 手指有一些俗称：1称为拇指，2称为食指，3称为中指，4称为环指，5称为小指。这种称谓对脚趾不适用。

图2 上肢纵向缺失的描述

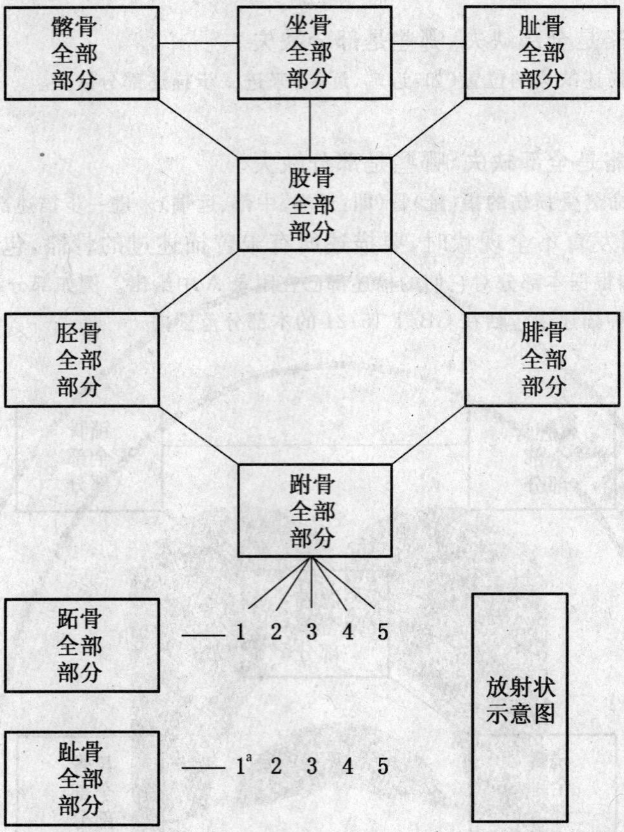

a 拇趾。

图 3 下肢纵向缺失的描述

附 录 A
（资料性附录）
描述纵向缺失的例子

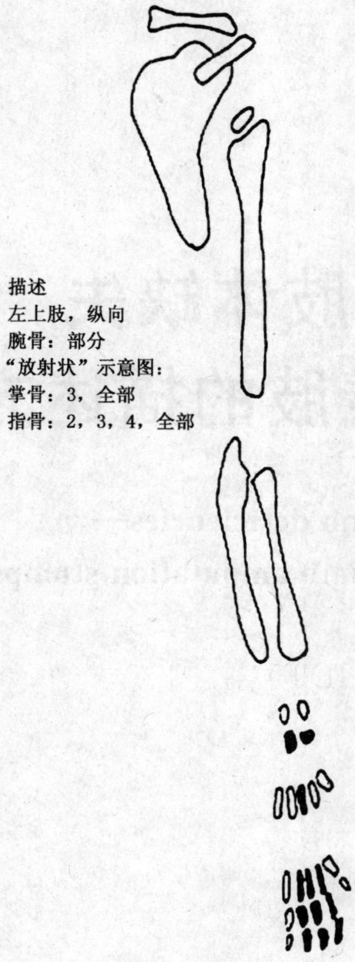

注：缺少部分以黑色表示。

图 A.1 上肢纵向缺失的例子

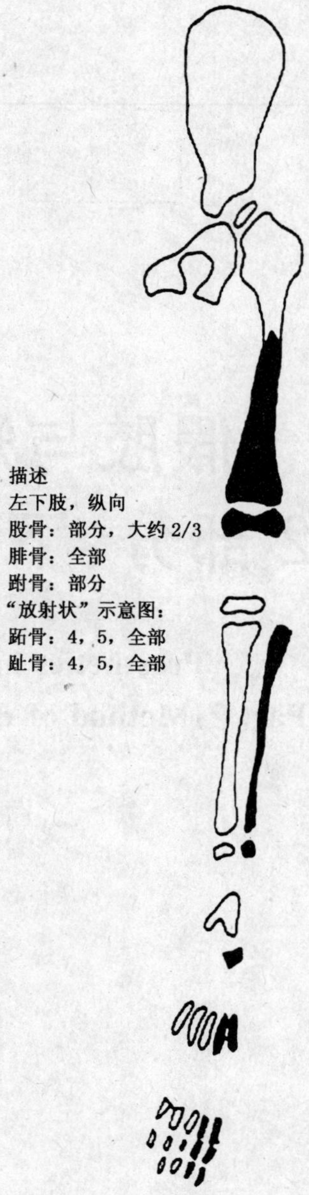

注：缺少部分以黑色表示。

图 A.2 下肢纵向缺失的例子

ICS 11.180
C 05

中华人民共和国国家标准

GB/T 15721.2—2009/ISO 8548-2:1993
代替 GB/T 15721.2—1995

假肢与矫形器　肢体缺失
第2部分：下肢截肢残肢的描述方法

Prosthetics and orthotics—Limb deficiencies—
Part 2: Method of describing lower limb amputation stumps

(ISO 8548-2:1993,IDT)

2009-09-30 发布　　2009-12-01 实施

中华人民共和国国家质量监督检验检疫总局
中国国家标准化管理委员会　发布

前　言

GB/T 15721《假肢与矫形器　肢体缺失》分为五个部分：

——第1部分：先天性肢体缺失状况的描述方法；

——第2部分：下肢截肢残肢的描述方法；

——第3部分：上肢截肢残肢的描述方法；

——第4部分：截肢原因的描述；

——第5部分：截肢者的临床症状描述。

本部分为 GB/T 15721 的第2部分。

本部分等同采用 ISO 8548-2:1993《假肢与矫形器　肢体缺失　第2部分：下肢残肢的描述方法》（英文版）。

为了便于使用，本部分做了下列编辑性修改：

a) 删除了国际标准的前言；

b) “本国际标准”改为“本部分”。

本部分代替 GB/T 15721.2—1995《假肢与矫形器　肢体缺失　第2部分：下肢截肢残肢的描述方法》。本部分与 GB/T 15721.2—1995 相比，主要变化如下：

a) 在规范性引用文件中，引用了国家标准：GB/T 14191.1《假肢学和矫形器学术语　第1部分：体外肢体假肢和体外矫形器的基本术语》(GB/T 14191.1—2009, ISO 8549-1:1989, IDT)；

b) 对部分术语和定义进行了修改，如将“足跟面”改为“足跟后面”、“趾面”改为“趾端面”等；

c) 对部分下肢截肢残肢的描述进行了修改，如将“残肢皮肤感觉异常”改为“残肢皮肤感觉减弱”、“残肢软组织的硬度：适中/软/硬”改为“残肢软组织的软硬程度：适中/松弛/坚实”等。

本部分的附录 A 是资料性附录。

本部分由中华人民共和国民政部提出。

本部分由全国残疾人康复和专用设备标准化技术委员会(SAC/TC 148)归口。

本部分起草单位：中国康复器具协会、中国康复研究中心、国家康复辅具研究中心。

本部分主要起草人：杨成瑞、丁伯坦、廖琪。

本部分所代替标准的历次版本发布情况为：

——GB/T 15721.2—1995。

引　言

已经有许多种给截肢残肢分类的方法，但是没有一种普遍认可的方法，其中原因多种多样。临床小组成员分布在不同国家，患者不同，因而只能研究不同的方法以适应各自需要。因此需要制定一个国际通用的方法以比较论著之不同，患者与患者之不同。各种医疗人员，包括受过不同培训的外科医生（特别是那些与康复有关的）、物理治疗师和作业治疗师及假肢技师，都接受并使用一种描述残肢的标准方法。该方法对流行病专家和负责健康的政府官员同样有价值。

已经拟定的方法应满足不同治疗小组成员的需要，并能够将残肢的描述以易于体现在病历上的方式记录下来，GB/T 15721 的本部分旨在为所描述的最小信息定义，这些信息应具有为计算机分析所采纳的能力。

假肢与矫形器　肢体缺失
第2部分:下肢截肢残肢的描述方法

1　范围

GB/T 15721的本部分规定了一种描述下肢截肢残肢的方法,并记录所描述的信息。

2　规范性引用文件

下列文件中的条款通过GB/T 15721的本部分的引用而成为本部分的条款。凡是注日期的引用文件,其随后所有的修改单(不包括勘误的内容)或修订版均不适用于本部分,然而,鼓励根据本部分达成协议的各方研究是否可使用这些文件的最新版本。凡是不注日期的引用文件,其最新版本适用于本部分。

GB/T 14191.1　假肢学和矫形器学术语　第1部分:体外肢体假肢和体外矫形器的基本术语(GB/T 14191.1—2009,ISO 8549-1:1989,IDT)

GB/T 15721.1　假肢与矫形器　肢体缺失　第1部分:先天性肢体缺失状况的描述方法(GB/T 15721.1—2009,ISO 8548-1:1989,IDT)

ISO 8549-2:1989　假肢学和矫形器学术语　第2部分:与体外肢体假肢和此类假肢使用者有关的术语

3　术语和定义

GB/T 14191.1、GB/T 15721.1和ISO 8549-2:1989中确立的术语和定义适用于GB/T 15721的本部分。

4　下肢截肢残肢的测量

4.1　基准水平面和基准面

定义与4.1.1和4.1.2中描述的各个截肢部位相关的基准水平面和基准平面。

4.1.1　基准水平面

4.1.1.1　会阴水平面位置——大腿内侧最近端部位,在此处测量与大腿中线垂直的围长。

4.1.1.2　膝关节间隙水平面位置——位于内侧胫骨平台上缘的水平面。除膝关节永久性畸形外,在此位置的最高点测量与残肢中心线垂直的围长。

4.1.1.3　残肢末端水平面——残肢远端的水平面。

4.1.1.4　地面——患者赤脚站立的水平面。

4.1.1.5　残端软组织水平面位置——仅出现在经股骨和经胫骨截肢残肢中,该位置在残肢内侧,残肢外形曲线斜率向末端过度的拐点处。

4.1.1.6　最小围长水平面位置——仅出现在膝离断、踝离断残肢,即测最小围长的位置。

4.1.1.7　股骨髁水平面位置——仅出现在膝离断残肢中。

4.1.1.8　最大远端围长水平面位置——仅出现于踝离断残肢,测量最大远端围长的位置。

4.1.2　基准面(仅用于部分脚截肢)

4.1.2.1　足跟后面——与足跟的后面相切,且与腿的中心线平行的额状面。

4.1.2.2　胫骨前面——胫骨前面与腿的中心线平行的额状面。

4.1.2.3 残肢末端面——残肢末端与腿的中心线平行的额状面。

4.1.2.4 趾端面——位于对侧趾尖处,与腿的中心线平行的额状面。

4.2 测量

4.2.1 长度测量

按照相应表(表1～表7)中对各个特定截肢平面的规定,测量并记录测量结果。

4.2.2 围长测量

根据相应表(表1～表7)中对各个特定截肢平面的规定,测量并记录测量结果。

4.3 关节功能的评价

4.3.1 概论

关节功能方面需要记录的内容包括关节活动范围受限、肌力明显减弱及任何关节稳定性受损情况。

4.3.2 测量关节的活动范围

根据美国假肢矫形外科学会在1964年所采用的关节活动的测试方法进行测量和记录各种异常关节的活动范围,即从规定的零点起始位置测试关节的所有运动。

4.3.3 关节肌力的评价

记录下任何可能明显影响运动的肌力减弱。

注:肌力能够被客观地测试,但需要有昂贵的和笨重的仪器,在这里显然不太合适。对脊髓灰质炎病例的肌力测试规定在此也完全不适用。

主观判断肌力是否明显减弱,必须让残肢穿戴在制做良好的接受腔中,并使假肢处于支撑相,检查能否稳定住残肢相邻的关节。

4.3.4 关节稳定性的评价

记录关节稳定性的评价。

注:关节的稳定是由骨、韧带及神经与肌肉等综合因素决定的。在本部分中,关于关节不稳定的记录是指骨骼或韧带缺陷及由此引起的相关因素造成的不稳定。

5 下肢截肢残肢的描述方法

5.1 概述

按照相应表(表1～表7)中的相关词语并参照附录A描述残肢。

5.2 骨盆切除

使用表1中的描述方法。

5.3 髋离断

使用表2中的描述方法。

注:"髋离断"指髋臼与股骨关节的离断或通常保留股骨近端的大腿极短截肢。

5.4 大腿截肢(膝以上截肢)

使用表3中的描述方法。

注:长度测量时,上端基准位置是会阴部位,但在屈曲畸形情况下,其上端基准位置应是与残肢中心线成直角,且能够测量围长的最高位置。

5.5 膝离断

使用表4中的描述方法。

注:长度测量时,上端基准位置是会阴部位,但在屈曲畸形情况下,其上端基准位置应是与残肢中心线成直角,且能够测量围长的最高位置。

5.6 小腿截肢(膝以下截肢)

使用表5中的描述词语。

注:长度测量,上端基准位置是膝关节中线,但在屈曲畸形情况下,其上端基准位置应是与残肢中心线成直角,且能够测量围长的最高位置。

5.7 踝离断(赛姆截肢)

使用表6中的描述方法。

注:长度测量,上端基准位置是膝关节中线,但在屈曲畸形情况下,其上端基准位置应是与残肢中心线成直角,且能够测量围长的最高位置。

5.8 部分足截肢

使用表7中的描述方法。

表1 骨盆切除的描述(见5.2及附录A)

描述项目	记录
残肢外形	
骨盆残留	无/有
残肢皮肤	
截肢疤痕	痊愈/未痊愈
	可移动/粘连
概况	皮肤表面完整/皮肤表面受损
	感觉正常/感觉减弱
	无/有其他疤痕
循环	
水肿	无/有/严重
残肢软组织	
量	适中/过少/过多
软硬程度	适中/松弛/坚实
明显疼痛	
自发痛	无/有
触痛	无/有(整体)/有(局部)
神经瘤痛	无/有
幻肢痛	无/有
锻炼后疼痛	无/有

表2 髋离断的描述(见5.3及附录A)

描述项目	记录
残肢外形	
股骨上端残留	无/有(且凸起)/有(不凸起) 如果对侧肢体也是截肢的,应注明其截肢平面位置。
残肢皮肤	
截肢疤痕	痊愈/未痊愈
	可移动/粘连
概况	皮肤表面完整/皮肤表面受损
	感觉正常/感觉减弱
	无/有其他疤痕
循环	
水肿	无/有/严重

表 2(续)

描述项目	记　录
残肢软组织	
量	适中/过少/过多
软硬程度	适中/松弛/坚实
明显疼痛	
自发痛	无/有
触痛	无/有(整体)/有(局部)
神经瘤痛	无/有
幻肢痛	无/有
锻炼后疼痛	无/有

表 3　大腿截肢(膝以上截肢)(包括髁上截肢和经髁截肢)的描述(见 5.4 和图 1 及附录 A)

描述项目	记　录
测量	记录下列测量结果[a]: ——会阴平面至残肢末端的长度,l_1; ——"残端软组织"位置至残肢末端的长度,l_2; ——对侧肢体会阴平面至地面高度,l_3; ——对侧肢体膝关节间隙至地面的高度,l_4; ——会阴平面围长,C_1; ——"残端软组织"位置围长,C_2; 如果对侧肢体也是截肢的,应注明其截肢平面的位置。
残肢外形	
概况	圆柱状/圆锥状/球根状
股骨末端	无凸起/凸起
残肢皮肤	
截肢疤痕	痊愈/未痊愈 可移动/粘连
概况	皮肤表面完整/皮肤表面受损 感觉正常/感觉减弱 无/有其他疤痕
循环	
皮肤颜色	正常/青紫色/其他异常颜色
温度(用手检查)	正常/冷
水肿	无/有/严重
残肢软组织	
量	适中/过少/过多
软硬程度	适中/松弛/坚实

表 3(续)

描述项目	记　录
明显疼痛	
自发痛	无/有
触痛	无/有(整体)/有(局部)
神经瘤痛	无/有
幻肢痛	无/有
锻炼后疼痛	无/有
关节功能	
髋关节	
活动范围	正常/异常(详细说明:屈曲/伸展或外展/内收)
肌力	无明显减弱/明显减弱
稳定性	正常/受损
疼痛	无/有
[a] 如果测量残肢时患者处于非站姿,应注明其姿势。	

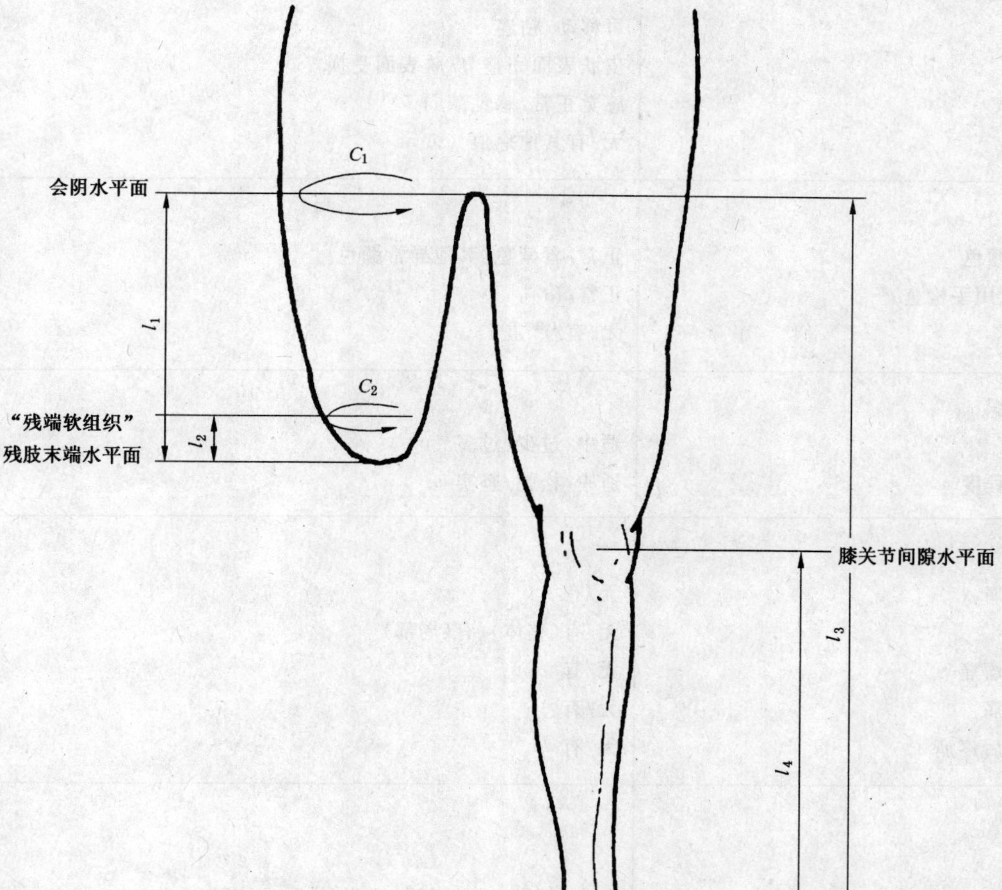

图 1　大腿截肢的基准平面及尺寸测量

表 4 膝离断的描述(不包括髁上截肢和经髁截肢)(见 5.5 和图 2 及附录 A)

描述项目	记 录
测量	记录下列测量尺寸[a]: ——会阴平面至残肢末端的长度,l_1; ——对侧肢体会阴平面至地面高度,l_3; ——对侧肢体膝关节间隙至地面的高度,l_4; ——会阴平面围长,C_1; ——残肢的最小围长,C_4; ——股骨髁的围长,C_3; 如果对侧肢体也是截肢的,应注明其截肢平面的位置。
残肢外形	
概况	圆柱状/圆锥状/球根状
残肢皮肤	
截肢疤痕	痊愈/未痊愈 可移动/粘连
概况	皮肤表面完整/皮肤表面受损 感觉正常/感觉减弱 无/有其他疤痕
循环	
皮肤颜色	正常/青紫色/其他异常颜色
温度(用手检查)	正常/冷
水肿	无/有/严重
残肢软组织	
量	适中/过少/过多
软硬程度	适中/松弛/坚实
明显疼痛	
自发痛	无/有
触痛	无/有(整体)/有(局部)
神经瘤痛	无/有
幻肢痛	无/有
锻炼后疼痛	无/有
关节功能	
髋关节	
活动范围	正常/异常(详细说明:屈曲/伸展或外展/内收)
肌力	无明显减弱/明显减弱
稳定性	正常/受损
疼痛	无/有

[a] 如果测量残肢时患者处于非站姿,应注明其姿势。

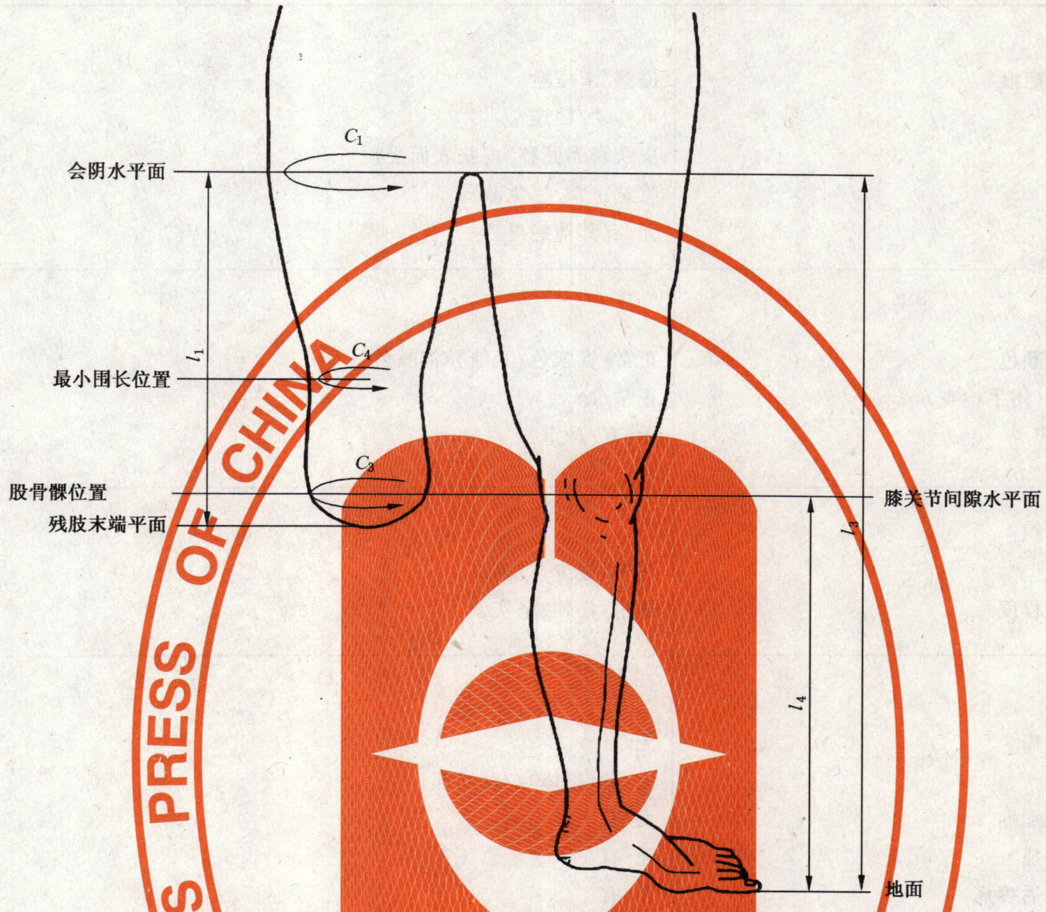

图 2 膝离断的基准平面及尺寸测量

表 5 小腿截肢(膝以下截肢)的描述(见 5.6 和图 3 及附录 A)

描述项目	记　录
测量	记录下列测量尺寸[a]： ——会阴平面至残肢末端的长度，l_5； ——膝关节间隙至殖肢末端的长度，l_6； ——"残端软组织"位置至残肢末端的长度，l_2； ——对侧肢体会阴平面至地面的高度，l_3； ——对侧肢体膝关节间隙至地面的高度，l_4； ——膝关节间隙位置的围长，C_5； ——"残端软组织"位置的围长，C_2； 如果对侧肢体也是截肢的，应注明其截肢平面的位置。
残肢外形 　概况 　胫骨末端 　腓骨末端	 圆柱状/圆锥状/球根状 无凸起/凸起 无凸起/凸起

表 5（续）

描述项目	记　录
残肢皮肤	
截肢疤痕	痊愈/未痊愈
	可移动/粘连
概况	皮肤表面完整/皮肤表面受损
	感觉正常/感觉减弱
	无/有其他疤痕
循环状况	
皮肤颜色	正常/青紫色/其他异常颜色
温度(用手检查)	正常/冷
水肿	无/有/严重
残肢软组织	
量	适中/过少/过多
软硬程度	适中/松弛/坚实
明显疼痛	
自发痛	无/有
触痛	无/有(整体)/有(局部)
神经瘤痛	无/有
幻肢痛	无/有
锻炼后疼痛	无/有
关节功能	
髋关节	
活动范围	正常/异常(详细说明:屈曲/伸展或外展/内收)
肌力	无明显减弱/明显减弱
稳定性	正常/受损
膝关节	
活动范围	正常/异常(详细说明:屈曲/伸展或外展/内收)
肌力	无明显减弱/明显减弱
稳定性	正常/受损
邻近关节疼痛	无/有
[a] 如果测量残肢时患者处于非站姿,应注明其姿势。	

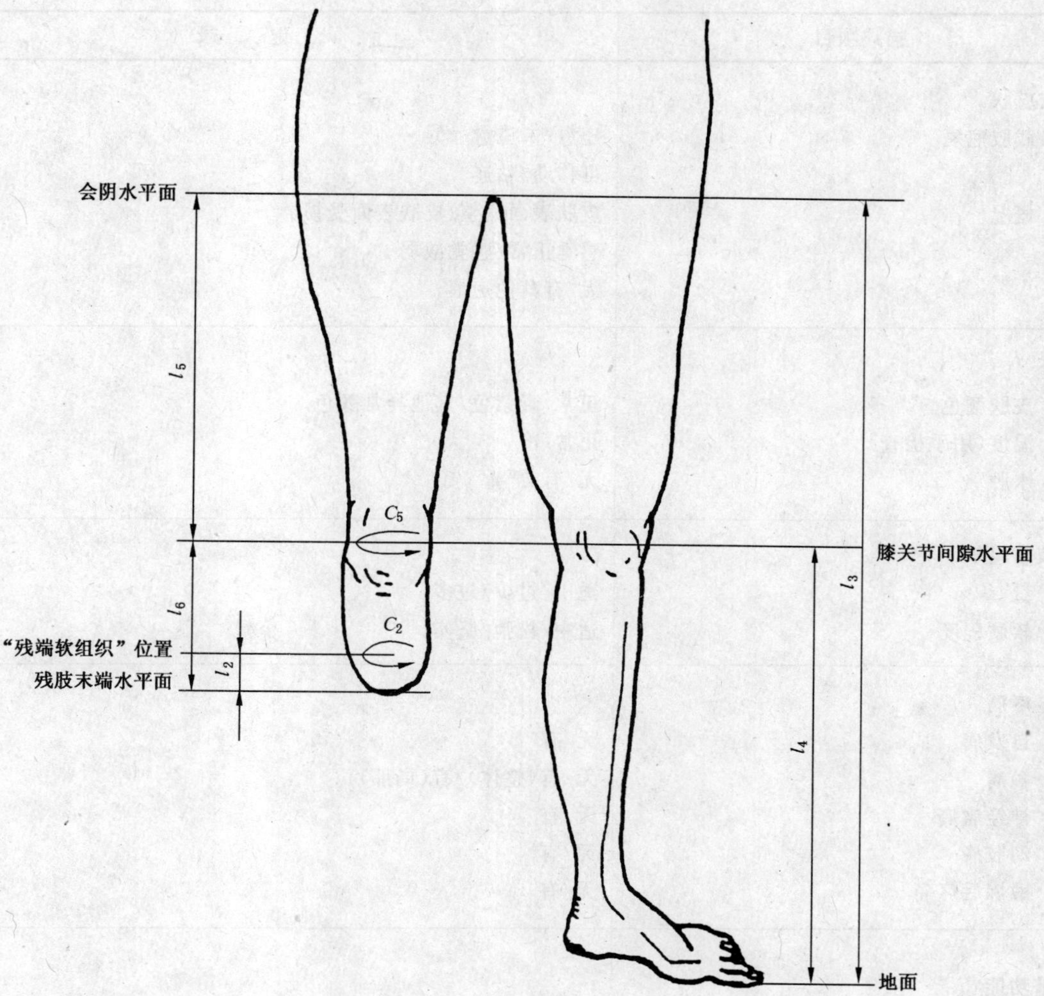

图 3　小腿截肢的基准平面及尺寸测量

表 6　踝离断(赛姆截肢)的描述(见 5.7 和图 4 及附录 A)

描述项目	记　录
测量	记录下列测量尺寸[a]: ——会阴平面至膝关节间隙的长度,l_5; ——膝关节间隙至殖肢末端的长度,l_6; ——对侧肢体会阴平面至地面的高度,l_3; ——对侧肢体膝关节间隙至地面的高度,l_4; ——膝关节间隙水平面的围长,C_5; ——残肢的最小围长,C_4; ——残肢远端最大围长,C_6; 如果对侧肢体也是截肢的,应注明其截肢平面的位置。
残肢外形 　概况 　骨	 圆柱状/球根状 无凸起/凸起

表 6（续）

描述项目	记　录
残肢皮肤	
截肢疤痕	痊愈/未痊愈
	可移动/粘连
概况	皮肤表面完整/皮肤表面受损
	感觉正常/感觉减弱
	无/有其他疤痕
循环	
皮肤颜色	正常/青紫色/其他异常颜色
温度(用手检查)	正常/冷
水肿	无/有/严重
残肢软组织	
量	适中/过少/过多
软硬程度	适中/松弛/坚实
明显疼痛	
自发痛	无/有
触痛	无/有(整体)/有(局部)
神经瘤痛	无/有
幻肢痛	无/有
锻炼后疼痛	无/有
关节功能	
髋关节	
活动范围	正常/异常(详细说明:屈曲/伸展或外展/内收)
肌力	无明显减弱/明显减弱
稳定性	正常/受损
膝关节	
活动范围	正常/异常(详细说明:屈曲/伸展或外展/内收)
肌力	无明显减弱/明显减弱
稳定性	正常/受损
邻近关节疼痛	无/有
[a] 如果测量残肢时患者处于非站姿,应注明其姿势。	

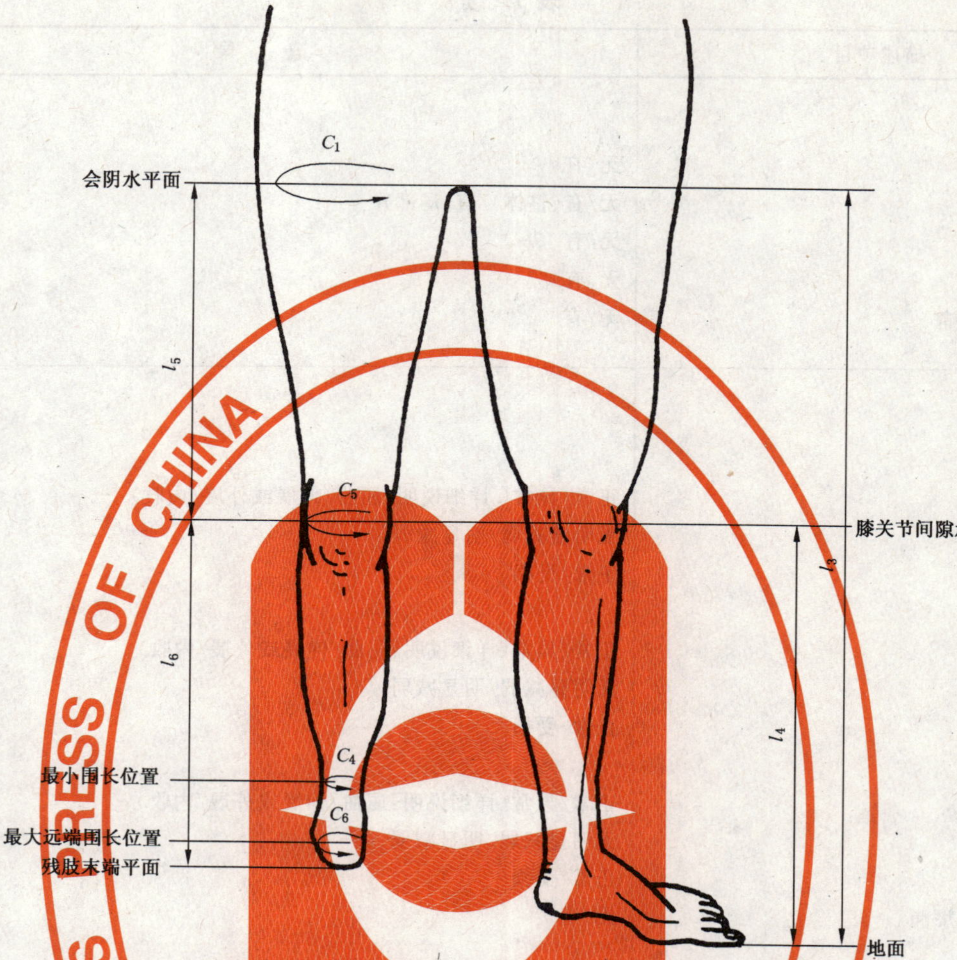

图 4　踝离断的基准平面及尺寸测量

表 7　部分足截肢的描述(见图 5)

描述项目	记　录
测量	记录下列测量尺寸： ——足跟面至残肢末端的长度，l_8； ——胫骨前侧面至残肢末端面的长度，l_7； ——对侧肢体足跟面至足趾面的长度，l_9； 应记录残肢各个特征截面与对侧肢体相应部位的任何明显的长度差异
残肢外形 　骨	 无凸起/凸起
残肢皮肤 　皮肤颜色 　湿度(用手检查) 　水肿	 正常/青紫色/其他异常颜色 正常/冷 无/有/严重
残肢软组织 　量 　软硬程度	 适中/过少/过多 适中/松弛/坚实

表 7（续）

描述项目	记　　录
明显疼痛	
自发痛	无/有
触痛	无/有(整体)/有(局部)
神经瘤痛	无/有
幻肢痛	无/有
锻炼后疼痛	无/有
关节功能	
髋关节	
活动范围	正常/异常（详细说明:屈曲/伸展或外展/内收）
肌力	无明显减弱/明显减弱
稳定性	正常/受损
膝关节	
活动范围	正常/异常(详细说明:屈曲/伸展或外展/内收)
肌力	无明显减弱/明显减弱
稳定性	正常/受损
踝关节	
活动范围	正常/异常(详细说明:屈曲/伸展或外展/内收)
肌力	无明显减弱/明显减弱
稳定性	正常/受损
邻近关节疼痛	无/有
足部残留情况	
概况	其他方面正常/异常(详细说明)
跖行	无/有
其他缺陷	无明显缺陷/有明显缺陷(详细说明)

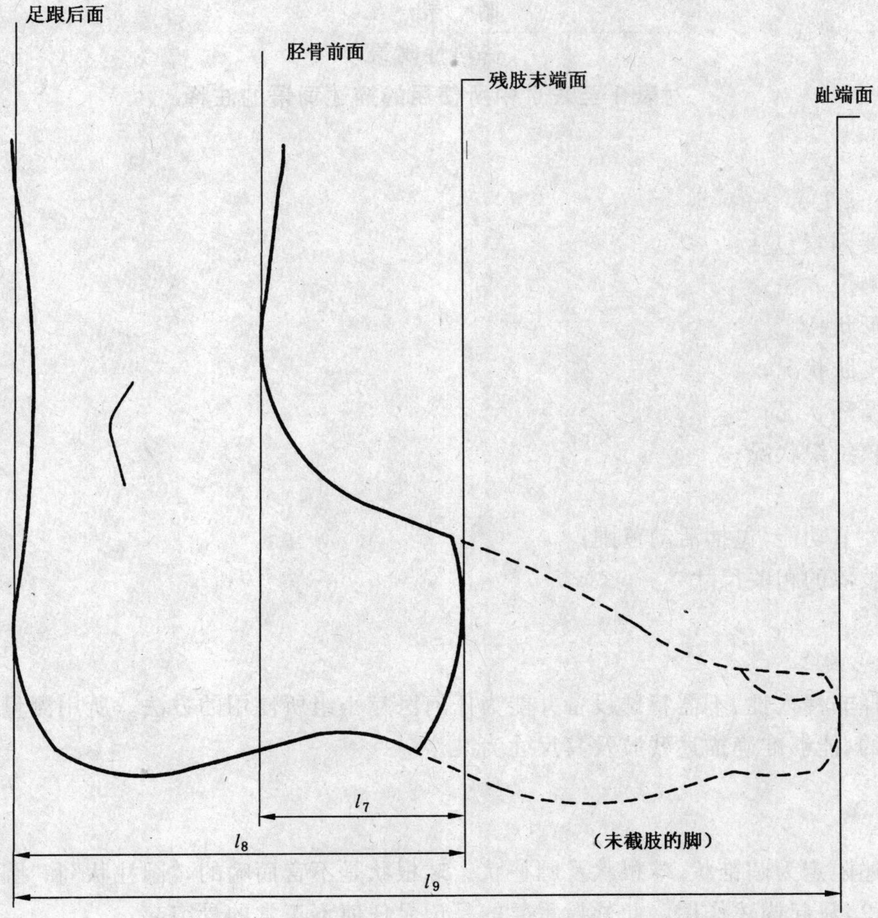

图 5 部分足截肢的基准平面及尺寸测量

附 录 A
（资料性附录）
对表1至表7中所使用的描述词语的注释

A.1 概述

描述中主要因素包括：

a) 残肢测量方法；

b) 残肢形状；

c) 残肢皮肤状况；

d) 残肢循环状况；

e) 残肢软组织状况；

f) 疼痛；

g) 邻近关节功能，包括活动范围；

h) 对侧肢体的相关尺寸。

A.2 测量

测量应选择非侵入性、不需特殊设备并能为任何医疗小组所使用的方法。所用测量方法的数量，应以不超过必要的、能够准确描述残肢及其尺寸为准。

A.3 形状

形状的描述限定为圆锥状、球根状及圆柱状。球根状是不言而喻的，“圆柱状”和“圆锥状”则不必拘泥于其字面意思，只起描述作用。此外最重要的是记录任何不正常的骨突起。

A.4 皮肤

描述残肢皮肤时，通常只涉及其一般情况，只需记录皮肤表面是否完整、皮肤感觉是否正常即可。而不需要描述手术切口的任何细节，但应记录截肢疤痕是否已经痊愈、可移动或其他。如有其他疤痕应注明。

A.5 循环

涉及循环状况的许多因素都应记下，但必须记下以下几点：

a) 皮肤颜色是否正常、青紫色或其他异常颜色；

b) 用手检查温度是否正常；

c) 是否出现水肿。

水肿严重时应要求患者脱掉假肢，或者再次慎重考虑装配假肢。

A.6 软组织

只从量和软硬程度两方面描述。

A.7 疼痛

疼痛通常难以描述且几乎无法测量。无论何种原因产生的自发性疼痛的出现和消失及敏感触痛、神经瘤痛、幻肢痛、锻炼后疼痛都有别于普通的幻肢感觉，应记录下来。

A.8 关节功能

应记录邻近关节的活动范围、肌力、稳定性及疼痛。是否异常(如挛缩或活动过度)也应注明。

A.9 对侧肢体

对于一名患者,当描述其残肢时必然涉及其对侧肢体的一些基本描述。

ICS 11.180
C 05

中华人民共和国国家标准

GB/T 15721.3—2009/ISO 8548-3:1993
代替 GB/T 15721.3—1995

假肢与矫形器　肢体缺失
第3部分:上肢截肢残肢的描述方法

Prosthetics and orthotics—Limb deficiencies—
Part 3:Method of describing upper limb amputation stumps

(ISO 8548-3:1993,IDT)

2009-09-30 发布　　2009-12-01 实施

中华人民共和国国家质量监督检验检疫总局
中国国家标准化管理委员会　发布

前　言

GB/T 15721《假肢与矫形器　肢体缺失》分为五个部分：

——第1部分：先天性肢体缺失状况的描述方法；

——第2部分：下肢截肢残肢的描述方法；

——第3部分：上肢截肢残肢的描述方法；

——第4部分：截肢原因的描述；

——第5部分：截肢者的临床症状描述。

本部分为GB/T 15721的第3部分。

本部分等同采用ISO 8548-3:1993《假肢与矫形器　肢体缺失　第3部分：上肢截肢残肢的描述方法》(英文版)。

为了便于使用，本部分做了下列编辑性修改：

a) 删除了国际标准的前言；

b) "本国际标准"改为"本部分"。

本部分代替GB/T 15721.3—1995《假肢与矫形器　肢体缺失　第3部分：上肢截肢残肢的描述方法》。本部分与GB/T 15721.3—1995相比，主要变化如下：

a) 在规范性引用文件中，引用了GB/T 14191.1《假肢学和矫形器学术语　第1部分：体外肢体假肢和体外矫形器的基本术语》(GB/T 14191.1—2009，ISO 8549-1:1989，IDT)；

b) 对部分术语和定义进行了修改，如将"腋平面"改为"腋窝平面"、"肘关节前皱折平面"改为"肘关节前肘窝横纹处平面"等；

c) 对部分上肢截肢残肢的描述进行了修改，如将"残肢皮肤感觉异常"改为"残肢皮肤感觉减弱"、"残肢软组织的硬度：适中/软/硬"改为"残肢软组织的软硬程度：适中/松弛/坚实"等。

本部分的附录A为资料性附录。

本部分由中华人民共和国民政部提出。

本部分由全国残疾人康复和专用设备标准化技术委员会(SAC/TC 148)归口。

本部分起草单位：中国康复器具协会、中国康复研究中心、国家康复辅具研究中心。

本部分主要起草人：杨成瑞、丁伯坦、廖琪。

本部分所代替标准的历次版本发布情况为：

——GB/T 15721.3—1995。

引　言

已经有许多种给截肢残肢分类的方法，但是没有一种普遍认可的方法，其中原因多种多样。临床小组成员分布在不同国家，患者不同，因而只能研究不同的方法以适应各自需要。因此需要制定一个国际通用的方法以比较论著之不同，患者与患者之不同。各种医疗人员，包括受过不同培训的外科医生(特别是那些与康复有关的)、物理治疗师和作业治疗师及假肢技师，都接受并使用一种描述残肢的标准方法。该方法对流行病专家和负责健康的政府官员同样有价值。

已经拟定的方法应满足不同治疗小组成员的需要，并能够将残肢的描述以易于体现在病历上的方式记录下来，GB/T 15721 的本部分旨在为所描述的最小信息定义，这些信息应具有为计算机分析所采纳的能力。

假肢与矫形器　肢体缺失
第3部分:上肢截肢残肢的描述方法

1　范围

GB/T 15721的本部分规定了一种描述上肢截肢残肢的方法,并记录所描述的信息。

2　规范性引用文件

下列文件中的条款通过GB/T 15721的本部分的引用而成为本部分的条款。凡是注日期的引用文件,其随后所有的修改单(不包括勘误的内容)或修订版均不适用于本部分,然而,鼓励根据本部分达成协议的各方研究是否可使用这些文件的最新版本。凡是不注日期的引用文件,其最新版本适用于本部分。

GB/T 14191.1　假肢学和矫形器学术语　第1部分:体外肢体假肢和体外矫形器的基本术语(GB/T 14191.1—2009,ISO 8549-1:1989,IDT)

GB/T 15721.1　假肢与矫形器　肢体缺失　第1部分:先天性肢体缺失状况的描述方法(GB/T 15721.1—2009,ISO 8548-1:1989,IDT)

ISO 8549-2:1989　假肢学和矫形器学术语　第2部分:与体外肢体假肢和此类假肢使用者有关的术语

3　术语和定义

GB/T 14191.1、GB/T 15721.1和ISO 8549-2:1989中确立的术语和定义适用于GB/T 15721的本部分。

4　上肢截肢残肢的测量

4.1　基准水平面和基准面

定义与4.1.1和4.1.2中描述的各个截肢部位相关的基准位置和平面。患者最好采用站立姿势使残肢处于自然下垂状态。

4.1.1　基准水平面

4.1.1.1　腋窝平面——垂直于上臂中心线最近端的平面,在此可测到最上端的围长。

4.1.1.2　内上髁平面——通过肱骨上髁的水平面。

4.1.1.3　残肢末端平面——位于残肢末端的水平面。

4.1.1.4　尺骨茎突平面——通过尺骨茎突顶端的水平面。

4.1.1.5　骨末端平面——经肱骨及经桡骨截肢残肢的骨末端水平面。

4.1.1.6　最小围长平面位置——在肘关节离断残肢中最小围长的位置。

4.1.2　基准面

4.1.2.1　尺骨后平面——尺骨干后面的平面,当肘关节屈曲90°时平行于前臂中心线。

4.1.2.2　肘关节前肘窝横纹处平面——当肘关节屈曲90°时,位于肘关节前的肘窝横纹处的平面。该平面垂直于前臂中心线。

4.2　残肢测量

4.2.1　长度测量

按照相应表(表1～表7)中对各种截肢部位的规定测量并记录测量结果。

4.2.2 围长测量

按照相应表(表1～表7)中对各个截肢位置的规定测量并记录测量结果。

4.3 关节功能的评价

4.3.1 概论

关节功能方面需要记录的内容包括关节活动范围不正常、肌力明显减弱及任何关节稳定性丧失情况。

4.3.2 测定关节的活动范围

根据美国假肢矫形外科学会在1964年所采用的关节活动的测试方法进行测量和记录各种异常关节的活动范围,即从规定的零点起始位置测试关节的所有运动。

4.3.3 关节力量的评价

记录任何可能明显影响行动的肌力减弱。

注:肌力能够被客观地测试,但需要有昂贵的和笨重的仪器,在这里显然不太合适。对脊髓灰质炎病例的肌力测试规定在此也完全不适用。

主观判断肌力是否明显减弱,必须让残肢穿戴在制做良好的接受腔中,并使假肢处于支撑相,检查能否稳定住残肢相邻的关节。

4.3.4 关节稳定性的评价

记录关节稳定性的评价。

注:关节的稳定是由骨、韧带及神经与肌肉等综合因素决定的。在本标准中,关于关节不稳定的记录是指骨骼或韧带缺陷及由此引起的相关因素造成的不稳定。

5 上肢截肢残肢的描述方法

5.1 概述

使用相应表(表1～表7)中的相关词语并参见附录A描述残肢。

5.2 肩胛带截肢

使用表1中的描术方法。

5.3 肩离断

使用表2中的描述方法。

注:"肩离断"指肩胛骨-肱骨间的关节离断截肢,或通常保留极端肱骨近端的经肱骨部截肢(见5.4)。

5.4 上臂截肢(肱骨截肢)

使用表3中的描述方法。

注:长度测量时,上端(近端)基准位置是腋窝水平面,但在屈曲畸形情况下,长度的上端(近端)基准位置应该在与残肢中心线成直角的且能够测量围长的最高位置处。

5.5 肘离断

使用表4中的描术方法。

注:长度测量时,上端(近端)基准位置是腋窝水平面,但在屈曲畸形情况下,长度的上端(近端)基准位置应该在与残肢中心线成直角的且能够测量围长的最高位置处。

5.6 前臂截肢(桡骨截肢)

使用表5中的描述方法。

注:长度测量时,上端(近端)基准位置是肘关节内上髁,但在屈曲畸形情况下,长度的上端(近端)基准位置应是与残肢中心线成直角的且能够测量围长的最高位置处。

5.7 腕离断

使用表6中的描述方法。

注:长度测量时,上端(近端)基准位置是肘关节内上髁,但在屈曲畸形情况下,长度的上端(近端)基准位置应是与残肢中心线成直角的且能够测量围长的最高位置处。

5.8 部分手截肢

使用表7中的描述方法。

对于非正常的残余手,应该从畸形情况、活动范围、肌力、稳定性及总体功能方面来描述。

表1 肩胛带截肢的描述(见5.2及附录A)

描述项目	记录
残肢外形 残留肩胛骨 残留锁骨	 无/部分残留 无/部分残留 如果对侧肢体也是截肢的,应注明其截肢平面的位置
残肢皮肤 截肢疤痕 概况	 痊愈/未痊愈 可移动/粘连 皮肤表面完整/皮肤表面受损 感觉正常/感觉减弱 无/有其他疤痕
循环 水肿	 无/有/严重
残肢软组织 量 软硬程度	 适中/过少/过多 适中/松弛/坚实
明显疼痛 自发痛 敏感触痛 神经瘤痛 幻肢痛	 无/有 无/有(整体)/有(局部) 无/有 无/有

表2 肩离断的描述(见5.3及附录A)

描述项目	记录
残肢外形 肱骨上端残留	 无/有(凸起)/有(不凸起) 如果对侧肢体也是截肢的,应注明其截肢平面的位置
残肢皮肤 截肢疤痕 概况	 痊愈/未痊愈 可移动/粘连 皮肤表面完整/皮肤表面受损 感觉正常/感觉减弱 无/有其他疤痕
循环 水肿	 无/有/过多
残肢软组织 量 软硬程度	 适中/过少/过多 适中/松弛/坚实
明显疼痛 自发痛 触痛 神经瘤痛 幻肢痛	 无/有 无/有(整体)/有(局部) 无/有 无/有

表 3　上臂截肢(肱骨截肢)的描述(见 5.4 和图 1 及附录 A)

描述项目	记　录
测量	记录下列测量尺寸： ——腋窝平面至残肢末端的长度，l_1； ——骨末端至残肢末端的长度，l_2； ——对侧肢体从腋窝平面至尺骨茎突的长度，l_3； ——对侧肢体从腋窝平面至内上髁的长度，l_4； ——对侧肢体屈曲 90°时从腋窝平面至尺骨干后平面的长度，l_5； ——腋窝平面围长，C_1； ——骨末端围长，C_2； 如果对侧肢体也是截肢的，应注明其截肢平面的位置
残肢外形 　概况 　肱骨末端	 圆柱状/圆锥状/球根状 无凸起/凸起
残肢皮肤 　截肢疤痕 　概况	 痊愈/未痊愈 可移动/粘连 皮肤表面完整/皮肤表面受损 感觉正常/感觉减弱 无/有其他疤痕
循环 　皮肤颜色 　温度(用手检查) 　水肿	 正常/青紫色/其他异常颜色 正常/冷 无/有/过多
残肢软组织 　量 　软硬程度	 适中/过少/过多 适中/松弛/坚实
明显疼痛 　自发痛 　敏感触痛 　神经瘤痛 　幻肢痛	 无/有 无/有(整体)/有(局部) 无/有 无/有
关节功能 肩关节(包括肩肱关节及肩胛胸壁关节) 　活动范围 　肌力 　稳定性 　疼痛	 正常/异常(详细说明) 无明显减弱/明显减弱 正常/受损 无/有

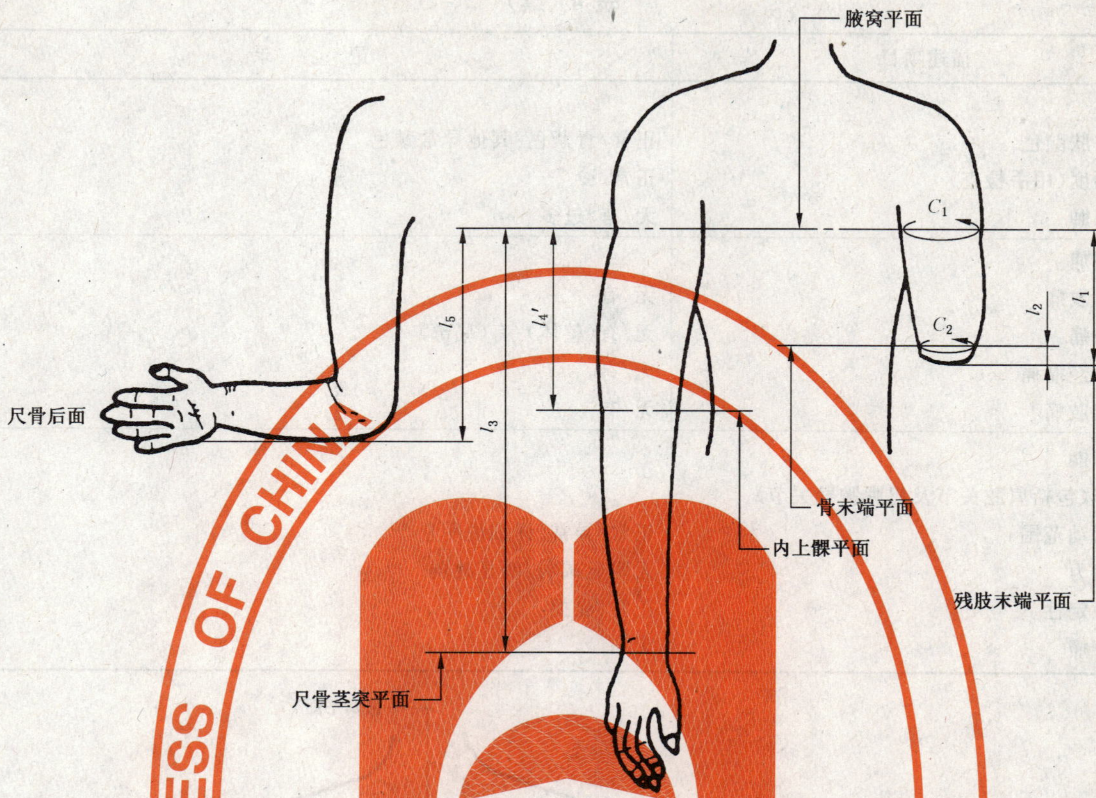

图 1　肱骨截肢的尺寸测量

表 4　肘离断的描述(见 5.5 和图 2 及附录 A)

描述项目	记　　录
测量	记录下列测量尺寸： ——腋窝平面至残肢末端的长度，l_1； ——对侧肢体从腋窝平面至尺骨茎突的长度，l_3； ——对侧肢体从腋窝平面至内上髁的长度，l_4； ——腋窝平面围长，C_1； ——残肢的最小围长，C_4； ——内上踝围长，C_3； 如果对侧肢体也是截肢的，应注明其截肢平面的位置
残肢形状 　概况	 圆柱状/圆锥状/球根状
残肢皮肤 　截肢疤痕 　概况	 痊愈/未痊愈 可移动/粘连 皮肤表面完整/皮肤表面受损 感觉正常/感觉减弱 无/有其他疤痕
残肢软组织 　量 　软硬程度	 适中/过少/过多 适中/松弛/坚实

表 4(续)

描述项目	记　　录
循环	
皮肤颜色	正常/青紫色/其他异常颜色
温度(用手检查)	正常/冷
水肿	无/有/过多
明显疼痛	
自发痛	无/有
触痛	无/有(整体)/有(局部)
神经瘤痛	无/有
幻肢痛	无/有
关节功能	
肩关节(包括肩肱关节及肩胛胸壁关节)	
活动范围	正常/异常(详细说明)
肌力	无明显减弱/明显减弱
稳定性	正常/受损
疼痛	无/有

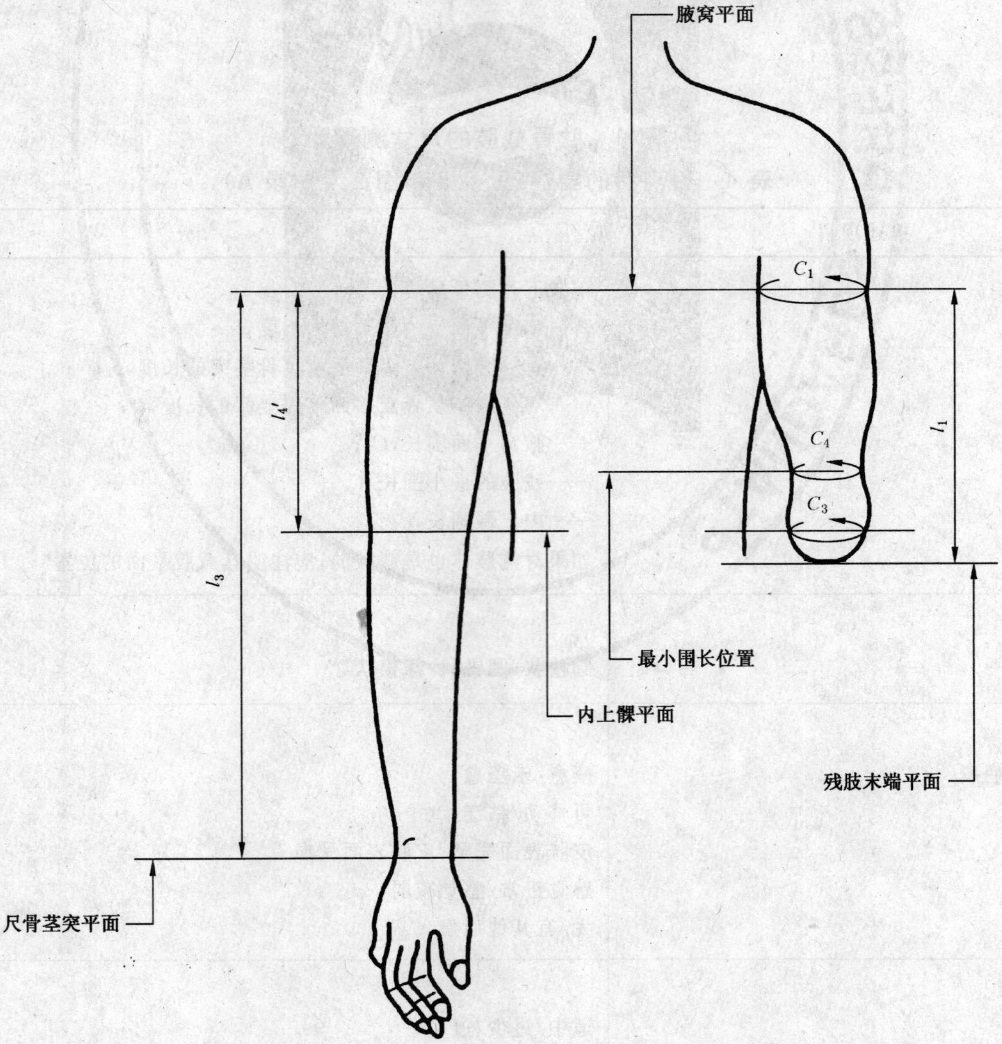

图 2　肘离断的尺寸测量

表 5　前臂截肢(桡骨截肢)的描述(见 5.6 和图 3 及附录 A)

描述项目	记　　录
测量	记录下列测量尺寸： ——腋窝平面至内上髁的长度，l_4； ——内上髁平面至残肢末端的长度，l_6； ——骨末端平面至残肢末端的长度，l_2； ——位于前臂骨末端平面的围长，C_2； ——肘关节屈曲成直角，肘关节前肘窝横纹处平面的围长，C_5； ——对侧肢体从腋窝平面至内上髁的长度，l_4； ——对侧肢体从腋窝平面至尺骨茎突的长度，l_3； 如果对侧肢体也是截肢的，应注明其截肢平面的位置，还应记录尺骨近端、桡骨远端的截肢平面位置
残肢形状 　概况 　桡骨末端 　尺骨末端	 圆柱状/圆锥状/球根状 无凸起/凸起 无凸起/凸起
残肢皮肤 　截肢疤痕 　概况	 痊愈/未痊愈 可移动/粘连 皮肤表面完整/皮肤表面受损 感觉正常/感觉减弱 无/有其他疤痕
循环 　皮肤颜色 　温度(用手检查) 　水肿	 正常/青紫色/其他异常颜色 正常/冷 无/有/过多
残肢软组织 　量 　软硬程度	 适中/过少/过多 适中/松弛/坚实
明显疼痛 　自发痛 　触痛 　神经瘤痛 　幻肢痛	 无/有 无/有(整体)/有(局部) 无/有 无/有
关节功能 肩关节(包括肩肱关节及肩胛胸壁关节) 　活动范围 　肌力 　稳定性 肘关节 　活动范围 　肌力 　稳定性 　邻近关节疼痛	 正常/异常(详细说明) 无明显减弱/明显减弱 正常/受损 正常/异常(详细说明) 无明显减弱/明显减弱 正常/受损 无/有

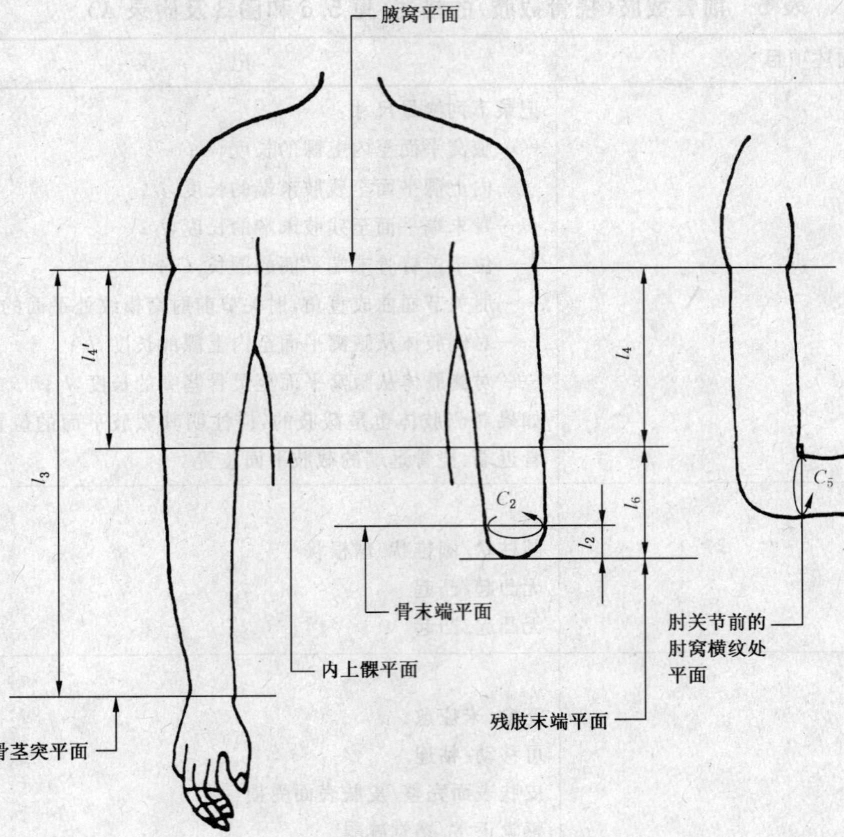

图 3 桡骨截肢的尺寸测量

表 6 腕离断的描述(见 5.7 和图 4 及附录 A)

描述项目	记录
测量	记录下列测量尺寸: ——腋窝平面至内上髁的长度,l_4; ——内上髁平面至残肢末端的长度,l_6; ——对侧肢体从腋窝平面至尺骨茎突的长度,l_3; ——对侧肢体从腋窝平面至内上髁的长度,l_4; ——肘关节屈曲 90°时,肘关节前肘窝横纹处切面的围长,C_5; ——尺骨茎突隆起部位的围长,C_6; 如果对侧肢体也是截肢的,应注明其截肢平面的位置
残肢形状 概况 骨	 圆柱状/圆锥状/球根状 无凸起/凸起
残肢皮肤 截肢疤痕 概况	 痊愈/未痊愈 可移动/粘连 皮肤表面完整/皮肤表面受损 感觉正常/感觉减弱 无/有其他疤痕

表 6（续）

描述项目	记　　录
循环	
皮肤颜色	正常/青紫色/其他异常颜色
温度(用手检查)	正常/冷
水肿	无/有/过多
残肢软组织	
量	适中/过少/过多
软硬程度	适中/松弛/坚实
明显疼痛	
自发痛	无/有
触痛	无/有(整体)/有(局部)
神经瘤痛	无/有
幻肢痛	无/有
关节功能	
肩关节(包括肩肱关节及肩胛胸壁关节)	
活动范围	正常/异常(详细说明)
肌力	无明显减弱/明显减弱
稳定性	正常/受损
肘关节	
活动范围	正常/异常(详细说明)
肌力	无明显减弱/明显减弱
稳定性	正常/受损
邻近关节疼痛	无/有

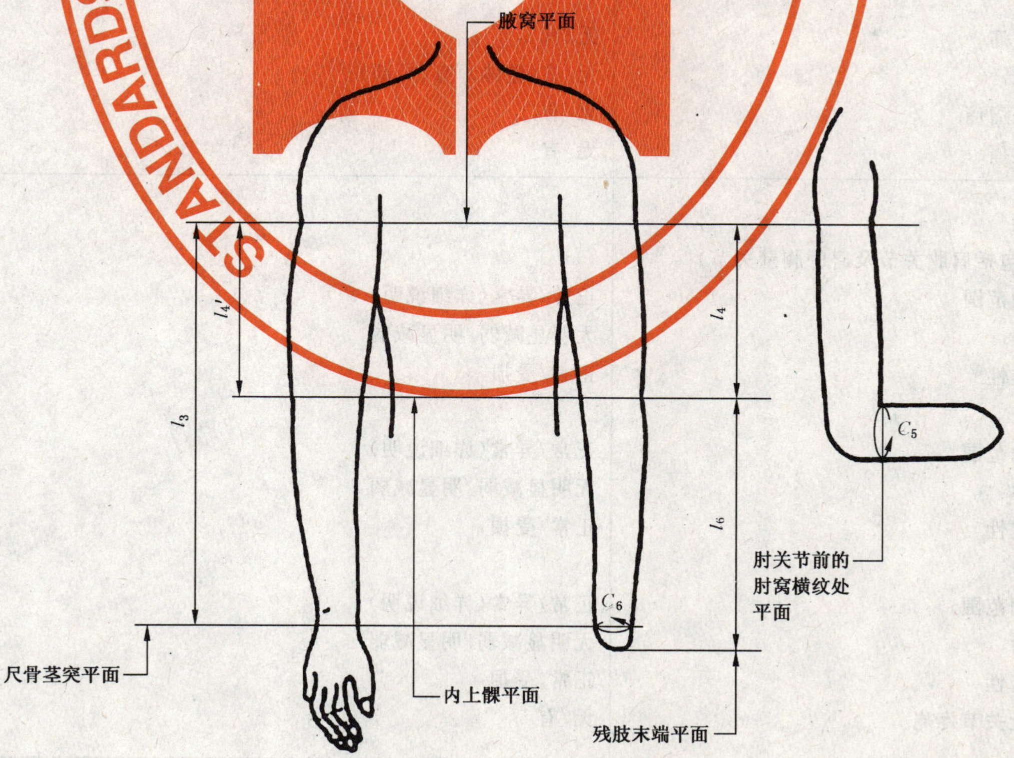

图 4　腕离断的尺寸测量

表7 部分手截肢的描述(见5.8及附录A)

描述项目	记 录
测量	记录下列测量尺寸： ——记录与手的关节和骨相关的截肢平面； ——使用4.1中所描述的基准平面； ——记录残肢各个特征截面与对侧肢体相应部位的任何明显的长度差异
残肢形状	
骨	无凸起/凸起
残肢皮肤	
截肢疤痕	痊愈/未痊愈
	可移动/粘连
概况	皮肤表面完整/皮肤表面受损
	感觉正常/感觉减弱
	无/有其他疤痕
循环	
皮肤颜色	正常/青紫色/其他异常颜色
温度(用手检查)	正常/冷
水肿	无/有/过多
残肢软组织	
量	适中/过少/过多
软硬程度	适中/松弛/坚实
明显疼痛	
自发痛	无/有
触痛	无/有(整体)/有(局部)
神经瘤痛	无/有
幻肢痛	无/有
关节功能	
肩关节(包括肩肱关节及肩胛胸壁关节)	
活动范围	正常/异常(详细说明)
肌力	无明显减弱/明显减弱
稳定性	正常/受损
肘关节	
活动范围	正常/异常(详细说明)
肌力	无明显减弱/明显减弱
稳定性	正常/受损
腕关节	
活动范围	正常/异常(详细说明)
肌力	无明显减弱/明显减弱
稳定性	正常/受损
邻近关节疼痛	无/有
手残留情况	其他方面正常/异常(详细说明)

附 录 A
（资料性附录）
对表1至表7中所使用的描述词语的注释

A.1 概述

描述中主要因素包括：

a） 残肢测量方法；

b） 残肢形状；

c） 残肢皮肤状况；

d） 残肢循环状况；

e） 残肢软组织状况；

f） 疼痛；

g） 邻近关节功能，包括活动范围；

h） 对侧肢体的相关尺寸。

A.2 测量

测量应选择非侵入性、不需特殊设备并能为任何医疗小组所使用的方法。所用测量方法的数量，应以不超过必要的、能够准确描述残肢及其尺寸为准。

A.3 形状

形状的描述限定为圆锥状、球根状及圆柱状。球根状是不言而喻的，“圆柱状”和“圆锥状”则不必拘泥于其字面意思，只起描述作用。此外最重要的是记录任何不正常的骨突起。

A.4 皮肤

描述残肢皮肤时，通常只涉及其一般情况，只需记录皮肤表面是否完整、皮肤感觉是否正常即可。而不需要描述手术切口的任何细节，但应记录截肢疤痕是否已经痊愈、可移动或其他。如有其他疤痕应注明。

A.5 循环

涉及循环状况的许多因素都应记下，但必须记下以下几点：

a） 皮肤颜色是否正常、青紫色或其他异常颜色；

b） 用手检查温度是否正常；

c） 是否出现水肿；

水肿严重时应要求患者脱掉假肢，或者再次慎重考虑装配假肢。

A.6 软组织

只从量和软硬程度两方面描述。

A.7 疼痛

疼痛通常难以描述且几乎无法测量。无论何种原因产生的自发性疼痛的出现和消失及敏感触痛、神经瘤痛、幻肢痛、锻炼后疼痛都有别于普通的幻肢感觉，应记录下来。

A.8 关节功能

应记录邻近关节的活动范围、肌力、稳定性及疼痛。是否异常(如挛缩或活动过度)也应注明。

A.9 对侧肢体

对于一名患者,当描述其残肢时必然涉及其对侧肢体的一些基本描述。

ICS 11.020
C 05

中华人民共和国国家标准

GB/T 15722—2009
代替 GB/T 15722—1995

残疾人坐地排球运动员参赛资格的医学标准

Competitive qualification of medical standard of volleyballsitting for disabled athletes

2009-03-16 发布　　2009-09-01 实施

中华人民共和国国家质量监督检验检疫总局
中国国家标准化管理委员会　发布

前　言

本标准参考了国际残疾人联合会(ISOD)手册中有关坐地排球参赛的医学标准。

本标准代替 GB/T 15722—1995《残疾人坐地排球运动员参赛资格的医学标准》。

本标准与 GB/T 15722—1995 相比,主要变化内容如下:

——对适用范围重新进行了修订;

——删除了引用标准一章;

——删除了脑瘫运动员和脊髓损伤运动员参赛资格的医学标准。

本标准的附录 A 为规范性附录。

本标准由中华人民共和国民政部提出。

本标准由全国残疾人康复和专用设备标准化技术委员会(SAC/TC 148)归口。

本标准起草单位:中国康复研究中心、国家康复器械质量监督检验中心。

本标准主要起草人:丁伯坦、贾亚玲。

本标准所代替标准的历次版本发布情况为:

——GB/T 15722—1995。

引　言

残疾人参加体育运动比赛需要在公平的条件下进行，由于残疾的种类不同，残疾部位不同，以及各运动项目对残疾人的运动功能要求不同，因此，国际上各残疾人体育运动组织的医学科学委员会制定了相应的分级、参赛标准，并在国际比赛中执行。我国残疾人体育运动协会是国际各残疾人体育运动组织的成员，我们在参加国际残疾人运动比赛时当然要应用这些标准，同时在国内开展残疾人运动比赛时也采用这些标准，因此，我们等效采用包括坐地排球参赛的医学标准在内的有关国际标准。为了推动我国残疾人体育运动的发展，应积极贯彻本标准、组织分级人员队伍进行学习和培训，同时在国内各种残疾人运动会的坐地排球比赛中应用。

残疾人坐地排球运动员参赛资格的医学标准

1 范围

本标准规定了残疾人坐地排球运动员参赛的医学标准。

本标准适用于截肢和其他肢体残疾的运动员。

2 参赛资格最低分级标准

2.1 截肢运动员

通过腕关节或踝关节以及以上的截肢。如果截肢平面有问题，在分级时，运动员应提供最近截肢残端的X光片。

注：先天性肢体残疾(非类似截肢的)按其他肢体残疾分级。

2.2 其他肢体残疾运动员

2.2.1 肌力

双下肢肌力最低减少10分；

双上肢肌力最低减少20分；

具体评分标准(下同)见附录A。

2.2.2 关节活动

用量角器测关节的被动活动

髋关节：屈伸幅度减少60°或关节僵硬；

膝关节：伸直最少差30°或关节僵硬；

踝关节：关节僵硬；

肩关节：只能上举不超过135°或任何位置的关节僵硬；

肘关节：伸直最少差45°或任何位置的关节僵硬；

腕关节：关节僵硬。

2.2.3 躯干活动能力永久性严重降低或脊柱侧凸COBB角超过60°。身高不超过145 cm的侏儒症患者伴有运动功能残疾。

2.3 其他

除2.1和2.2规定外，下列残疾也具备参赛资格，但每队只允许有二名运动员参赛，不能同时上场。

2.3.1 截肢

2.3.1.1 双手拇指和食指截肢。

2.3.1.2 双手7个或7个以上手指截肢。

2.3.1.3 一手在掌指关节和腕关节之间的截肢。

2.3.1.4 一足跗跖关节截肢。

2.3.1.5 一足跗中关节截肢。

2.3.2 其他肢体残疾

2.3.2.1 上肢

a) 一上肢短缺大于对侧上肢长(从肩峰到最长手指末端)度的1/3；

b) 双上肢肌力合计最低减少20分；

c) 肩关节外展和屈曲不超过 90°；

d) 肘关节屈曲位僵硬最少为 45°。

注：下列上肢肌力减少情况不符合坐地排球运动员参赛资格：

——侧前臂旋前 5 分；

——侧前臂旋后 5 分；

——侧肩关节内收 5 分；

——侧手及腕关节 20 分。

2.3.2.2 下肢

a) 一下肢短缺 7 cm；

b) 下肢瘫痪，双下肢肌力最低减少 5 分；

注：下列下肢肌力减少情况不符合坐地排球运动员参赛资格：

——侧踝关节背屈肌力减少 5 分；

——侧膝关节屈曲肌力减少 5 分；

——侧髋关节屈曲肌力减少 5 分；

——侧髋关节内收肌力减少 5 分。

c) 关节活动度：

——髋关节屈曲最低减少 45°；

——髋关节外展最低减少 30°；

——膝关节屈曲最低减少 45°；

——膝关节不稳内翻或外翻最少 15°；

——踝关节跖屈和背伸不超过 5°。

2.3.3 符合脑瘫分级最低残疾标准

8 级，功能影响最小的双肢瘫。痉挛 1 级～2 级的偏瘫。轻微的手足徐动。他们能自由的跑、跳、无跛行，不需要辅助器具。

2.3.4 下列永久性残疾符合坐地排球运动员参赛标准：

a) 髋关节脱位；

b) 膝或髋关节全人工关节置换术后；

c) 下肢血循环障碍；

d) 下肢有假关节；

e) 膝关节不稳前后移动达 1.5 cm；

f) 肩关节脱位。

附　录　A
（规范性附录）
徒手肌力测试

A.1　徒手肌力5级(分)检查法

0——肌肉完全无收缩；

1——肌肉能收缩,但不能带动关节运动；

2——肌力差,肌肉收缩能带动关节运动,但关节不能克服肢体重力全范围运动；

3——肌力一般,关节能克服肢体重力全范围运动,但不能抗阻力全范围运动；

4——肌力好,关节能部分抗阻力全范围运动；

5——肌力正常,关节能完全抗阻力全范围运动。

A.2　肌力测试部位

A.2.1　上肢

肩关节:屈曲、伸展、内收、外展；

肘关节:屈曲、伸展；

前臂:旋前、旋后；

腕关节:屈曲、背伸；

手指(2-5):掌指关节屈曲、伸直；

拇指:对掌、伸直。

按徒手肌力5级检查法(1分和2分不计),每个部位最多5分,一侧共计70分。双侧总计140分。

A.2.2　下肢

髋关节:屈曲、伸展、内收、外展；

膝关节:屈曲、伸直；

踝关节:背伸、跖屈。

按徒手肌力5级检查法(1分和2分不计),每个部位最多5分,一侧共计40分。双侧总计80分。

ICS 81.040.20
Q 33

中华人民共和国国家标准

GB 15763.1—2009
代替 GB 15763.1—2001

建筑用安全玻璃　第1部分:防火玻璃

Safety glazing materials in building—Part 1:Fire-resistant glass

2009-03-25 发布　　2010-03-01 实施

中华人民共和国国家质量监督检验检疫总局
中国国家标准化管理委员会　发布

前言

本部分6.3、6.6、6.7、6.8、6.9、6.10、9.1为强制性条款,其他为推荐性条款。

GB 15763《建筑用安全玻璃》目前分为四个部分:

——第1部分:防火玻璃;

——第2部分:钢化玻璃;

——第3部分:夹层玻璃;

——第4部分:均质钢化玻璃。

本部分为GB 15763的第1部分。

本部分参考了国外相应的标准或规范,如BS EN 357:2004《建筑用玻璃——镶透明或半透明玻璃的防火玻璃构件——防火性能分类》、BS 6262-3:2005《建筑窗——第3部分:防火、安全和风载实施规范》。

本部分代替GB 15763.1—2001《建筑用安全玻璃 防火玻璃》。本部分与GB 15763.1—2001相比主要变化如下:

——按GB 15763.1—2001第1号修改单对条文进行修订。

——增加耐火极限等定义。

——取消了B类防火玻璃。

——复合防火玻璃外观质量增加划伤缺陷要求。

——重新规定耐火极限等级。

本部分由中国建筑材料联合会提出。

本部分由全国建筑用玻璃标准化技术委员会归口。

本部分负责起草单位:中国建筑材料检验认证中心、公安部天津消防研究所、公安部四川消防研究所。

本部分参加起草单位:广东金刚玻璃科技股份有限公司、北京格林京丰防火玻璃有限公司、浙江中力控股集团有限公司、和合科技集团有限公司、鹤山市恒保防火玻璃厂有限公司。

本部分主要起草人:苗向阳、龚蜀一、汪如洋、黄伟、聂涛、庄大建、宋丽、龙霖星、夏卫文、陈沃林、吴从真、隋超英。

本部分所代替标准的历次发布情况为:

——GB 15763—1995中建筑用防火玻璃部分;

——GB 15763.1—2001。

建筑用安全玻璃　第1部分:防火玻璃

1　范围

GB 15763 的本部分规定了建筑用防火玻璃的术语和定义、分类及标记、材料、要求、试验方法、检验规则、标志、产品使用说明书及包装、运输、贮存等。

本部分适用于建筑用复合防火玻璃及经钢化工艺制造的单片防火玻璃。

2　规范性引用文件

下列文件中的条款通过 GB 15763 的本部分的引用而成为本部分的条款。凡是注日期的引用文件,其随后所有的修改单(不包括勘误的内容)或修订版均不适用于本部分,然而,鼓励根据本部分达成协议的各方研究是否可使用这些文件的最新版本。凡是不注日期的引用文件,其最新版本适用于本部分。

GB/T 1216　外径千分尺

GB/T 2680—1994　建筑玻璃可见光透射比、太阳光直接透射比、太阳能总透射比、紫外线透射比及有关窗玻璃参数的测定。

GB/T 5137.3—2002　汽车安全玻璃试验方法　第3部分:耐辐照、高温、潮湿、燃烧和耐模拟气候试验

GB 11614　平板玻璃

GB/T 12513—2006　镶玻璃构件耐火试验方法(ISO 3009:2003,MOD)

GB 15763.2—2005　建筑用安全玻璃　第2部分:钢化玻璃

GB/T 18915(所有部分)　镀膜玻璃

3　术语和定义

下列术语和定义适用于本部分。

3.1

耐火完整性　integrity of fire-resistant

在标准耐火试验条件下,玻璃构件当其一面受火时,能在一定时间内防止火焰和热气穿透或在背火面出现火焰的能力。

3.2

耐火隔热性　insulation of fire-resistant

在标准耐火试验条件下,玻璃构件当其一面受火时,能在一定时间内使其背火面温度不超过规定值的能力。

3.3

耐火极限　fire-resistant time

在标准耐火试验条件下,玻璃构件从受火的作用时起,到失去完整性或隔热型要求时止的这段时间。

3.4

复合防火玻璃　laminated fire-resistant glass

由两层或两层以上玻璃复合而成或由一层玻璃和有机材料复合而成,并满足相应耐火性能要求的特种玻璃。

3.5

单片防火玻璃　monolithic fire-resistant glass

由单层玻璃构成，并满足相应耐火性能要求的特种玻璃。

3.6

隔热型防火玻璃（A类）　insulated fire-resistant glass（A type）

耐火性能同时满足耐火完整性、耐火隔热性要求的防火玻璃。

3.7

非隔热型防火玻璃（C类）　integrity-only fire-resistant glass（C type）

耐火性能仅满足耐火完整性要求的防火玻璃。

4　分类及标记

4.1　分类

4.1.1　防火玻璃按结构可分为：

a）复合防火玻璃（以 FFB 表示）；

b）单片防火玻璃（以 DFB 表示）。

4.1.2　防火玻璃按耐火性能可分为：

a）隔热型防火玻璃（A类）；

b）非隔热型防火玻璃（C类）。

4.1.3　防火玻璃按耐火极限可分为五个等级：0.50 h、1.00 h、1.50 h、2.00 h、3.00 h。

4.2　标记

4.2.1　标记方式

```
×××-××-× ×
 |    |  | └──────耐火极限等级，用以小时为单位的三位数字表示
 |    |  └────────按耐火性能的分类，以 A 或 C 表示
 |    └───────────公称厚度，单位为 mm。不足 10 mm 时前面加 0
 └────────────────按结构的分类，以 FFB 或 DFB 表示
```

4.2.2　标记示例

一块公称厚度为 25 mm、耐火性能为隔热类（A类），耐火等级为 1.50 h 的复合防火玻璃的标记如下：

FFB-25-A1.50

一块公称厚度为 12 mm、耐火性能为非隔热类（C类），耐火等级为 1.00 h 的单片防火玻璃的标记如下：

DFB-12-C1.00

5　材料

防火玻璃原片可选用镀膜或非镀膜的浮法玻璃、钢化玻璃，复合防火玻璃原片，还可选用单片防火玻璃。原片玻璃应分别符合 GB 11614、GB 15763.2—2005、GB/T 18915（所有部分）等相应标准和本部分相应条款的规定。

所采用其他材料也均应满足相应的国家标准、行业标准、相关技术条件要求。

6　要求

防火玻璃的技术要求应符合表 1 相应条款的规定。

表 1　防火玻璃技术要求及试验方法

名　称	技术要求		试验方法
	复合防火玻璃	单片防火玻璃	
尺寸、厚度允许偏差	6.1	6.1	7.1
外观质量	6.2	6.2	7.2
耐火性能	6.3	6.3	7.3
弯曲度	6.4	6.4	7.4
可见光透射比	6.5	6.5	7.5
耐热性能	6.6	—	7.6
耐寒性能	6.7	—	7.7
耐紫外线辐照性能	6.8	—	7.8
抗冲击性能	6.9	6.9	7.9
碎片状态	—	6.10	7.10

6.1　尺寸、厚度允许偏差

防火玻璃的尺寸、厚度允许偏差应符合表 2 和表 3 的规定。

表 2　复合防火玻璃的尺寸、厚度允许偏差　　　单位为毫米

玻璃的公称厚度 d	长度或宽度(L)允许偏差		厚度允许偏差
	$L \leqslant 1\,200$	$1\,200 < L \leqslant 2\,400$	
$5 \leqslant d < 11$	±2	±3	±1.0
$11 \leqslant d < 17$	±3	±4	±1.0
$17 \leqslant d < 24$	±4	±5	±1.3
$24 \leqslant d < 35$	±5	±6	±1.5
$d \geqslant 35$	±5	±6	±2.0
注：当 L 大于 2 400 mm 时，尺寸允许偏差由供需双方商定。			

表 3　单片防火玻璃尺寸、厚度允许偏差　　　单位为毫米

玻璃公称厚度	长度或宽度(L)允许偏差			厚度允许偏差
	$L \leqslant 1\,000$	$1\,000 < L \leqslant 2\,000$	$L > 2\,000$	
5 6	+1 −2	±3	±4	±0.2
8 10	+2 −3			±0.3
12				±0.3
15	±4	±4		±0.5
19	±5	±5	±6	±0.7

6.2　外观质量

防火玻璃的外观质量应符合表 4 和表 5 的规定。

表 4　复合防火玻璃的外观质量

缺陷名称	要　求
气泡	直径 300 mm 圆内允许长 0.5 mm～1.0 mm 的气泡 1 个
胶合层杂质	直径 500 mm 圆内允许长 2.0 mm 以下的杂质 2 个
划伤	宽度≤0.1 mm，长度≤50 mm 的轻微划伤，每平方米面积内不超过 4 条
	0.1 mm＜宽度＜0.5 mm，长度≤50 mm 的轻微划伤，每平方米面积内不超过 1 条
爆边	每米边长允许有长度不超过 20 mm、自边部向玻璃表面延伸深度不超过厚度一半的爆边 4 个
叠差、裂纹、脱胶	脱胶、裂纹不允许存在；总叠差不应大于 3 mm
注：复合防火玻璃周边 15 mm 范围内的气泡、胶合层杂质不作要求。	

表 5　单片防火玻璃的外观质量

缺陷名称	要　求
爆边	不允许存在
划伤	宽度≤0.1 mm，长度≤50 mm 的轻微划伤，每平方米面积内不超过 2 条
	0.1 mm＜宽度＜0.5 mm，长度≤50 mm 的轻微划伤，每平方米面积内不超过 1 条
结石、裂纹、缺角	不允许存在

6.3　耐火性能

隔热型防火玻璃(A 类)和非隔热型防火玻璃(C 类)的耐火性能应满足表 6 的要求。

表 6　防火玻璃的耐火性能

分类名称	耐火极限等级	耐火性能要求
隔热型防火玻璃(A 类)	3.00 h	耐火隔热性时间≥3.00 h，且耐火完整性时间≥3.00 h
	2.00 h	耐火隔热性时间≥2.00 h，且耐火完整性时间≥2.00 h
	1.50 h	耐火隔热性时间≥1.50 h，且耐火完整性时间≥1.50 h
	1.00 h	耐火隔热性时间≥1.00 h，且耐火完整性时间≥1.00 h
	0.50 h	耐火隔热性时间≥0.50 h，且耐火完整性时间≥0.50 h
非隔热型防火玻璃(C 类)	3.00 h	耐火完整性时间≥3.00 h，耐火隔热性无要求
	2.00 h	耐火完整性时间≥2.00 h，耐火隔热性无要求
	1.50 h	耐火完整性时间≥1.50 h，耐火隔热性无要求
	1.00 h	耐火完整性时间≥1.00 h，耐火隔热性无要求
	0.50 h	耐火完整性时间≥0.50 h，耐火隔热性无要求

6.4　弯曲度

防火玻璃的弓形弯曲度不应超过 0.3%，波形弯曲度不应超过 0.2%。

6.5　可见光透射比

防火玻璃的可见光透射比应符合表 7 的要求。

表 7　防火玻璃的可见光透射比

项　目	允许偏差最大值(明示标称值)	允许偏差最大值(未明示标称值)
可见光透射比	±3%	≤5%

6.6　耐热性能

试验后复合防火玻璃试样的外观质量应符合 6.2 的规定。

6.7 耐寒性能

试验后复合防火玻璃试样的外观质量应符合6.2的规定。

6.8 耐紫外线辐照性

当复合防火玻璃使用在有建筑采光要求的场合时，应进行耐紫外线辐照性能测试。

复合防火玻璃试样试验后试样不应产生显著变色、气泡及浑浊现象，且试验前后可见光透射比相对变化率 ΔT 应不大于10%。

6.9 抗冲击性能

试样试验破坏数应符合8.3.4的规定。

单片防火玻璃不破坏是指试验后不破碎；复合防火玻璃不破坏是指试验后玻璃满足下述条件之一：

a) 玻璃不破碎；

b) 玻璃破碎但钢球未穿透试样。

6.10 碎片状态

每块试验样品在50 mm×50 mm区域内的碎片数应不低于40块。允许有少量长条碎片存在，但其长度不得超过75 mm，且端部不是刀刃状；延伸至玻璃边缘的长条形碎片与玻璃边缘形成的夹角不得大于45°。

7 试验方法

7.1 尺寸、厚度允许偏差

尺寸用最小刻度为1 mm的钢直尺或钢卷尺测量。厚度用符合GB/T 1216规定的千分尺或与此同等精度的器具测量玻璃四边中点，测量结果以四点平均值表示，数值精确到0.1 mm。

7.2 外观质量

在良好的自然光或散射光照条件下，在距玻璃的正面600 mm处进行目视检查。缺陷的尺寸以能清楚观察到的最大边缘为限。采用分度值为1 mm的金属直尺和(或)最小分度值为0.01 mm的读数显微镜测量缺陷的尺寸。

7.3 耐火性能

按GB/T 12513—2006进行耐火性能试验。试样受火尺寸应选择实际使用的最大尺寸来进行试验，且不应小于1 100 mm×600 mm。

试验时所使用的固定框架和安装方式应与实际工程配套使用的相同，并以图纸或其他相当的方法记录固定框架的结构和安装方式。对于隔热型(A类)防火玻璃固定框架背火面温度测量值仅做记录，不作为隔热性的判定条件。

7.4 弯曲度

按GB 15763.2—2005中6.4规定的方法进行测量。

7.5 可见光透射比

取三块试样，按GB/T 2680—1994中3.1规定的方法进行检验。对于明示标称值的产品，以标称值作为偏差的基准；对于未明示标称值的产品，则取三块试样进行测试，取三块试样之间差值的最大值。

7.6 耐热性能

7.6.1 取六块试样进行试验，其中三块为备样。试样规格应为300 mm×300 mm，应与制品材料相同、在相同加工工艺下制作。

试验前，试样应在20 ℃±5 ℃下垂直放置6 h以上，检查外观质量并详细记录缺陷情况。

7.6.2 将试样垂直放入恒温箱，保持50 ℃±2 ℃，恒温6 h后取出。

7.6.3 将取出的试样，在20 ℃±5 ℃下垂直放置6 h以上，检查其外观质量。

7.7 耐寒性能

7.7.1 同7.6.1。

7.7.2 将试样放入低温箱中，保持-20 ℃±2 ℃，恒温6 h后取出。

7.7.3 将取出的试样，在 20 ℃±5 ℃下垂直放置 6 h 以上，检查其外观质量。

7.8 耐紫外线辐照性能

取六块试样进行试验，其中三块为备样。试样规格应为 300 mm×76 mm，为与制品材料相同、在相同加工工艺下制作的平型试验片。试验装置应满足 GB/T 5137.3—2002 的要求。

试验应按照 GB/T 5137.3—2002 进行。

试验前后试样的可见光透射比相对变化率 ΔT 的计算见式(1)：

$$\Delta T = \frac{|T_1 - T_2|}{T_1} \times 100 \quad \cdots\cdots(1)$$

式中：

ΔT——试样可见光透射比相对变化率，单位为百分数(%)；

T_1——紫外线照射前试样可见光透射比；

T_2——紫外线照射后试样可见光透射比。

7.9 抗冲击性能

取十二块试样进行试验，其中六块为备样。按 GB 15763.2—2005 中 6.5 规定的方法进行检验。当复合防火玻璃为不对称结构时，取较薄的一面为冲击面。

7.10 碎片状态

取四块样品进行试验，样品尺寸为 1 100 mm×360 mm。按 GB 15763.2—2005 中 6.6 规定的方法进行试验。

8 检验规则

8.1 检验分类

检验分出厂检验和型式检验。

8.1.1 出厂检验

检验项目为尺寸、厚度及偏差、外观质量和弯曲度。

8.1.2 型式检验

检验项目为本部分规定的全部技术要求，有下列情况之一时，应进行型式检验：

a) 新产品或老产品转厂生产的试制定型鉴定。

b) 正式生产后，如结构、材料、工艺有较大改变，可能影响产品性能时。

c) 正常生产满 3 年时。

d) 产品停产半年以上，恢复生产时。

e) 出厂检验结果与上次型式检验有较大差异时。

f) 质量监督部门提出进行型式检验的要求时。

8.2 组批与抽样

8.2.1 防火玻璃的尺寸、厚度偏差、外观质量、弯曲度按表 8 规定进行随机抽样。

表 8 尺寸、厚度偏差、外观质量、弯曲度抽样和判定表 单位为块

批量范围	抽检数	合格判定数	不合格判定数
2～8	2	0	1
9～15	3	0	1
16～25	5	1	2
26～50	8	2	3
51～90	13	3	4

表 8（续） 单位为块

批量范围	抽检数	合格判定数	不合格判定数
91～150	20	5	6
151～280	32	7	8
281～500	50	10	11

8.2.2 对产品的技术要求，若用制品检验时，根据检测项目所要求的数量从该批产品中随机抽取；组成一批的防火玻璃应为同一材料，同一工艺条件下生产的产品。当该批产品批量大于 500 片时，以每 500 片为一批分批抽取，若用试样进行检验时，应采用与制品相同材料和工艺条件下制备的试样。

8.3 判定规则

8.3.1 进行防火玻璃的尺寸、厚度偏差、外观质量、弯曲度检验时，如不合格品数小于表 8 中的不合格判定数，该项目合格；如不合格品数等于或大于表 8 的不合格判定数，则认为该批产品的该项目不合格。

8.3.2 进行耐火性能、可见光透射比、碎片状态检验时，样品全部满足要求为合格，否则该项目不合格。

8.3.3 进行耐热性能、耐寒性能、耐紫外辐照性能检验时，样品全部满足要求，该项目合格；如二块样品不合格，则该项目不合格；如果有一块样品不合格，可另取三块备用样品重新试验，如仍出现不合格品，则该项目不合格。

8.3.4 进行抗冲击性能检验时，如样品破坏不超过一块，则该项目合格；如三块或三块以上样品破坏，则该项目不合格；如果有二块样品破坏，可另取六块备用样品重新试验，如仍出现样品破坏，则该项目不合格。

8.3.5 全部检验项目中，如有一项不合格，则认为该批产品不合格。

9 标志、产品使用说明书

9.1 标志

9.1.1 产品标志

每块产品的右下角应有不易擦掉的产品标记、企业名称或商标。

9.1.2 包装标志

每个包装箱上应标明箱内包装产品的种类、规格、耐火极限、数量、收货单位、生产企业名称及地址、出厂日期。并标注“小心轻放、防潮、向上”。

9.2 产品使用说明书

产品出厂时应附产品使用说明书，明确产品的使用场所、安装要求、产品主要性能等内容。

10 包装、运输、贮存

10.1 包装

产品应用木箱或其他包装箱包装，玻璃应垂直立放在箱内，每片玻璃应用塑料膜或纸等材料隔开，玻璃与包装箱之间应使用不易引起玻璃划伤等外观缺陷的轻软材料填实。

10.2 运输

运输时不得平放，长度应与车辆运动方向相同，应有防雨措施。

10.3 贮存

产品应垂直存放在干燥的室内。

ICS 81.040
Q 33

中华人民共和国国家标准

GB 15763.3—2009
代替 GB 9962—1999

建筑用安全玻璃 第3部分：夹层玻璃

Safety glazing materials in building—Part 3: Laminated glass

2009-03-25 发布　　2010-03-01 实施

中华人民共和国国家质量监督检验检疫总局
中国国家标准化管理委员会　发布

前言

本部分6.7～6.11为强制性条款，其余为推荐性条款。

GB 15763《建筑用安全玻璃》目前分为4个部分：

——第1部分：防火玻璃；

——第2部分：钢化玻璃；

——第3部分：夹层玻璃；

——第4部分：均质钢化玻璃。

本部分为GB 15763的第3部分。

本部分与EN ISO 12543-1：1998《夹层玻璃和夹层安全玻璃——第1部分 部件的定义和描述》、EN ISO 12543-2：2006《夹层玻璃和夹层安全玻璃——第2部分 夹层安全玻璃》、EN ISO 12543-3：1998《夹层玻璃和夹层安全玻璃——第3部分 夹层玻璃》、EN ISO 12543-4：1998《夹层玻璃和夹层安全玻璃——第4部分 耐久性测试方法》、EN ISO 12543-5：1998《夹层玻璃和夹层安全玻璃——第5部分 尺寸和边部处理》、EN ISO 12543-6：1998《夹层玻璃和夹层安全玻璃——第6部分 外观》；BS EN 12600：2002《建筑玻璃——摆锤试验——平板玻璃冲击试验方法和分级》的一致性程度为非等效；并参考了AS/NZS 2208：1996/Amdt 1：1999《建筑用安全玻璃材料》、ANSI 97.1：2004《建筑用安全玻璃材料——安全玻璃性能规范和试验方法》等标准。

本部分代替GB 9962—1999《夹层玻璃》。本部分与GB 9962—1999《夹层玻璃》相比主要变化如下：

——修改了夹层玻璃定义(本部分3.5)；增加了安全夹层玻璃定义(本部分3.6)；

——修改了外观质量要求和尺寸允许偏差要求(本部分6.1和6.2)；

——修改了耐辐照性能技术指标(本部分6.9)；

——修改了霰弹袋冲击性能要求及试验方法(本部分6.11和7.12)；

——修改了耐热性试验性能试验方法(本部分7.8)；

——增加了建筑用安全玻璃使用建议(本部分附录A)和霰弹袋冲击分级试验框架校准(本部分附录E)。

本部分的附录B、附录C和附录D为规范性附录，附录A和附录E为资料性附录。

本部分由中国建筑材料联合会提出。

本部分由全国建筑用玻璃标准化技术委员会归口。

本部分主要起草单位：中国建筑材料科学研究总院、中国建筑材料检验认证中心、秦皇岛玻璃工业研究设计院。

本部分参加起草单位：信义玻璃控股有限公司、无锡市新惠玻璃制品有限责任公司、北京物华天宝安全玻璃有限公司、中国南玻集团股份有限公司、成都通达工艺玻璃有限公司、江苏秀强玻璃工艺有限公司、上海耀华皮尔金顿玻璃股份有限公司、广东金刚特种玻璃有限公司。

本部分主要起草人：秦海霞、臧曙光、王文彪、王乐、杨建军、徐锦伟、曾晓、刘海波、廖昌荣、周健、潘伟、吴从真、张坚华。

本部分所替代标准的历次版本发布情况为：

——GB 9962—1988、GB 9962—1999。

建筑用安全玻璃
第3部分:夹层玻璃

1 范围

GB 15763的本部分规定了建筑用夹层玻璃的术语和定义、分类、材料、要求、试验方法和检验规则等。

本部分适用于建筑用夹层玻璃。

2 规范性引用文件

下列文件中的条款通过GB 15763的本部分的引用而成为本部分的条款。凡是注日期的引用文件,其随后所有的修改单(不包括勘误的内容)或修订版均不适用于本部分,然而,鼓励根据本部分达成协议的各方研究是否可使用这些文件的最新版本。凡是不注日期的引用文件,其最新版本适用于本部分。

GB/T 308 滚动轴承 钢球

GB/T 531 硫化橡胶邵尔A硬度试验方法

GB/T 1216 外径千分尺

GB/T 5137.2—2002 汽车安全玻璃试验方法 第2部分:光学性能试验

GB/T 5137.3—2002 汽车安全玻璃试验方法 第3部分:耐辐照、高温、潮湿、燃烧和耐模拟气候试验

GB/T 9056 金属直尺

GB 15763.2—2005 建筑用安全玻璃 第2部分:钢化玻璃

JC/T 511 压花玻璃

JC/T 512 汽车安全玻璃包装

JC/T 677 建筑用玻璃均布静载荷模拟风压试验方法

3 术语和定义

下列术语和定义适用于本标准。

3.1

中间层 interlayer

介于两层玻璃和/或塑料等材料之间起分隔和粘结作用的材料,使夹层玻璃具有诸如抗冲击、阳光控制、隔音等性能。

3.2

离子性中间层 ionoplast interlayer

含有少量金属盐,以乙烯-甲基丙烯酸共聚物为主,可与玻璃牢固地粘结的中间层材料。

3.3

PVB中间层 PVB interlayer

以聚乙烯醇缩丁醛为主的中间层材料。

3.4

EVA中间层 EVA interlayer

以乙烯-聚醋酸乙烯共聚物为主的中间层材料。

3.5

夹层玻璃　laminated glass

是玻璃与玻璃和/或塑料等材料，用中间层分隔并通过处理使其粘结为一体的复合材料的统称。常见和大多使用的是玻璃与玻璃，用中间层分隔并通过处理使其粘结为一体的玻璃构件。

3.6

安全夹层玻璃　laminated safety glass

在破碎时，中间层能够限制其开口尺寸并提供残余阻力以减少割伤或扎伤危险的夹层玻璃。

3.7

对称夹层玻璃　symmetrical laminated glass

从两个外表面起依次向内，玻璃和/或塑料及中间层等材料在种类、厚度和/或一般特性等均相同的夹层玻璃。

3.8

不对称夹层玻璃　asymmetrical laminated glass

从两个外表面起依次向内，玻璃和/或塑料及中间层等材料在种类、厚度和/或一般特性等不相同的夹层玻璃。

3.9

Ⅰ类夹层玻璃　laminated glass of class Ⅰ

对霰弹袋冲击性能不做要求的夹层玻璃。该类玻璃不能作为安全玻璃使用。

3.10

Ⅱ-1类夹层玻璃　laminated glass of class Ⅱ-1

霰弹袋冲击高度可达1 200 mm，冲击结果符合6.11规定的安全夹层玻璃。

3.11

Ⅱ-2类夹层玻璃　laminated glass of class Ⅱ-2

霰弹袋冲击高度可达750 mm，冲击结果符合6.11规定的安全夹层玻璃。

3.12

Ⅲ类夹层玻璃　laminated glass of class Ⅲ

霰弹袋冲击高度可达300 mm，冲击结果符合6.11规定的安全夹层玻璃。

3.13

周边区　edge area

夹层玻璃面积≤5 m^2 时距离边部宽度15 mm；面积＞5 m^2 时距离边部宽度20 mm的区域。

3.14

可视区　vision area

周边区以外的区域。

3.15

裂口　vents

从玻璃边部向中间延伸的尖锐线状裂缝或裂纹。

3.16

皱痕　creases

由中间层折叠引起的夹层后可见的光学变形。

3.17

条纹　streaks due to interlayer inhomogeneity

由于中间层材料制造过程的不均匀缺陷引起的，夹层后可见的光学变形。

3.18

脱胶 delamination

脱胶是指玻璃或塑料与中间层不粘结或产生肉眼可见的分离。

3.19

点缺陷 spot defects

该类缺陷包括不透明斑点、气泡和点装异物。

3.20

线缺陷 linear defects

该类缺陷包括线形异物、划伤或擦伤。

4 分类

4.1 按形状分为：

a) 平面夹层玻璃；

b) 曲面夹层玻璃。

4.2 按霰弹袋冲击性能分为：

a) Ⅰ类夹层玻璃；

b) Ⅱ-1类夹层玻璃；

c) Ⅱ-2类夹层玻璃；

d) Ⅲ类夹层玻璃。

5 材料

夹层玻璃由玻璃、塑料以及中间层材料组合构成。所采用的材料均应满足相应的国家标准、行业标准、相关技术条件或订货文件要求。

5.1 玻璃

可选用：浮法玻璃、普通平板玻璃、压花玻璃、抛光夹丝玻璃、夹丝压花玻璃等。

可以是：无色的、本体着色的或镀膜的；透明的、半透明的或不透明的；退火的、热增强的或钢化的；表面处理的，如喷砂或酸腐蚀的等。

5.2 塑料

可选用：聚碳酸酯、聚氨酯和聚丙烯酸酯等。

可以是：无色的、着色的、镀膜的；透明的或半透明的。

5.3 中间层

可选用：材料种类和成分、力学和光学性能等不同的材料，如离子性中间层、PVB中间层、EVA中间层等。

可以是：无色的或有色的；透明的、半透明的或不透明的。

6 要求

夹层玻璃的性能要求及其试验方法规则判定、应符合表1中相应条款的规定，对曲面夹层玻璃和特殊要求的安全夹层玻璃，其尺寸及外观要求、一般性能要求、试验方法及判定规则可由供需双方商定。

表 1 安全夹层玻璃的性能技术要求及试验方法

名称		要求	试验方法	判定规则
尺寸及外观要求	外观质量	6.1	7.2	8.3.1
	尺寸和允许偏差	6.2	7.3	
	弯曲度	6.3	7.4	
一般性能要求	可见光透射比	6.4	7.5	8.3.2
	可见光反射比	6.5	7.6	
	抗风压性能	6.6	7.7	
安全性能要求	耐热性	6.7	7.8	8.3.4
	耐湿性	6.8	7.9	
	耐辐照性	6.9	7.10	
	落球冲击剥离性能	6.10	7.11	8.3.5
	霰弹袋冲击性能	6.11	7.12	8.3.6

6.1 外观质量

按 7.2 进行检验。

6.1.1 可视区缺陷

6.1.1.1 可视区点状缺陷

可视区的点状缺陷数应满足表 2 的规定。

表 2 可视区允许点状缺陷数

缺陷尺寸(λ)/mm		0.5<λ≤1.0	1.0<λ≤3.0			
玻璃面积(S)/m²		S 不限	S≤1	1<S≤2	2<S≤8	8<S
允许缺陷数/个	玻璃层数 2	不得密集存在	1	2	1.0 m²	1.2 m²
	3		2	3	1.5 m²	1.8 m²
	4		3	4	2.0 m²	2.4 m²
	≥5		4	5	2.5 m²	3.0 m²

注 1：不大于 0.5 mm 的缺陷不考虑，不允许出现大于 3 mm 的缺陷。

注 2：当出现下列情况之一时，视为密集存在：

a) 两层玻璃时，出现 4 个或 4 个以上，且彼此相距<200 mm 缺陷；

b) 三层玻璃时，出现 4 个或 4 个以上的缺陷，且彼此相距<180 mm；

c) 四层玻璃时，出现 4 个或 4 个以上的缺陷，且彼此相距<150 mm；

d) 五层以上玻璃时，出现 4 个或 4 个以上的缺陷，且彼此相距<100 mm。

注 3：单层中间层单层厚度大于 2 mm 时，上表允许缺陷数总数增加 1。

6.1.1.2 可视区线状缺陷

可视区的线状缺陷数应满足表 3 的规定。

表 3 可视区允许的线状缺陷数

缺陷尺寸(长度 L,宽度 B)/mm	L≤30 且 B≤0.2	L>30 或 B>0.2		
玻璃面积(S)/m²	S 不限	S≤5	5<S≤8	8<S
允许缺陷数/个	允许存在	不允许	1	2

6.1.2 周边区缺陷

使用时装有边框的夹层玻璃周边区域，允许直径不超过 5 mm 的点状缺陷存在；如点状缺陷是气泡，气泡面积之和不应超过边缘区面积的 5%。

使用时不带边框夹层玻璃的周边区缺陷，由供需双方商定。

6.1.3 裂口

不允许存在。

6.1.4 爆边

长度或宽度不得超过玻璃的厚度。

6.1.5 脱胶

不允许存在。

6.1.6 皱痕和条纹

不允许存在。

6.2 尺寸允许偏差

6.2.1 长度和宽度允许偏差

夹层玻璃最终产品的长度和宽度允许偏差应符合表 4 的规定。

表 4 长度和宽度允许偏差

单位为毫米

公称尺寸 （边长 L）	公称厚度≤8	公称厚度>8	
		每块玻璃公称厚度<10	至少一块玻璃公称厚度≥10
$L\leqslant 1\,100$	+2.0 −2.0	+2.5 −2.0	+3.5 −2.5
$1\,100<L\leqslant 1\,500$	+3.0 −2.0	+3.5 −2.0	+4.5 −3.0
$1\,500<L\leqslant 2\,000$	+3.0 −2.0	+3.5 −2.0	+5.0 −3.5
$2\,000<L\leqslant 2\,500$	+4.5 −2.5	+5.0 −3.0	+6.0 −4.0
$L>2\,500$	+5.0 −3.0	+5.5 −3.5	+6.5 −4.5

6.2.2 叠差

叠差如图 1 所示，夹层玻璃的最大允许叠差见表 5。

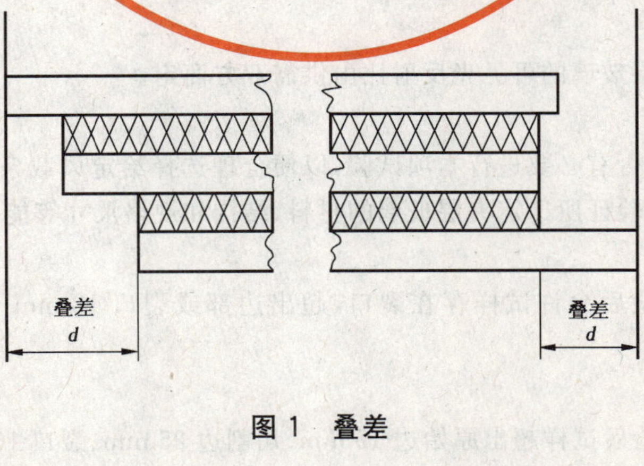

图 1 叠差

表 5　夹层玻璃的最大允许叠差

单位为毫米

长度或宽度 L	最大允许叠差
$L \leqslant 1\,000$	2.0
$1\,000 < L \leqslant 2\,000$	3.0
$2\,000 < L \leqslant 4\,000$	4.0
$L > 4\,000$	6.0

6.2.3　厚度

对于三层原片以上(含三层)制品、原片材料总厚度超过 24 mm 及使用钢化玻璃作为原片时，其厚度允许偏差由供需双方商定。

6.2.3.1　干法夹层玻璃厚度偏差

干法夹层玻璃的厚度偏差，不能超过构成夹层玻璃的原片厚度允许偏差和中间层材料厚度允许偏差总和。中间层的总厚度<2 mm 时，不考虑中间层的厚度偏差；中间层总厚度≥2 mm 时，其厚度允许偏差为±0.2 mm。

6.2.3.2　湿法夹层玻璃厚度偏差

湿法夹层玻璃的厚度偏差，不能超过构成夹层玻璃的原片厚度允许偏差和中间层材料厚度允许偏差总和。湿法中间层厚度允许偏差应符合表 6 的规定。

表 6　湿法夹层玻璃中间层厚度允许偏差

单位为毫米

湿法中间层厚度 d	允许偏差 δ
$d < 1$	±0.4
$1 \leqslant d < 2$	±0.5
$2 \leqslant d < 3$	±0.6
$d \geqslant 3$	±0.7

6.2.4　对角线差

矩形夹层玻璃制品，长边长度不大于 2 400 mm 时，对角线差不得大于 4 mm；长边长度大于 2 400 mm时，对角线差由供需双方商定。

6.3　弯曲度

按 7.5 进行检验，平面夹层玻璃的弯曲度，弓形时应不超过 0.3%，波形时应不超过 0.2%。原片材料使用有非无机玻璃时，弯曲度由供需双方商定。

6.4　可见光透射比

按 7.5 进行检验，夹层玻璃的可见光透射比由供需双方商定。

6.5　可见光反射比

按 7.6 进行试验，夹层玻璃的可见光反射比由供需双方商定。

6.6　抗风压性能

应由供需双方商定是否有必要进行本项试验，以便合理选择给定风载条件下适宜的夹层玻璃的材料、结构和规格尺寸等，或验证所选定夹层玻璃的材料、结构和规格尺寸等能否满足设计风压值的要求。

6.7　耐热性

按 7.8 进行检验，试验后允许试样存在裂口，超出边部或裂口 13 mm 部分不能产生气泡或其他缺陷。

6.8　耐湿性

按 7.9 进行检验，试验后试样超出原始边 15 mm、切割边 25 mm、裂口 10 mm 部分不能产生气泡或其他缺陷。

6.9 耐辐照性

按 7.10 进行检验，试验后试样不可产生显著变色、气泡及浑浊现象，且试验前后试样的可见光透射比相对变化率 ΔT 应不大于 3%。

6.10 落球冲击剥离性能

按 7.11 进行检验，试验后中间层不得断裂、不得因碎片剥离而暴露。

6.11 霰弹袋冲击性能

按 7.12 进行检验，在每一冲击高度试验后试样均应未破坏和/或安全破坏。

破坏时试样同时符合下列要求为安全破坏：

a) 破坏时允许出现裂缝或开口，但是不允许出现使直径为 76 mm 的球在 25 N 力作用下通过的裂缝或开口；

b) 冲击后试样出现碎片剥离时，称量冲击后 3 min 内从试样上剥离下的碎片。碎片总质量不得超过相当于 100 cm^2 试样的质量，最大剥离碎片质量应小于 44 cm^2 面积试样的质量。

Ⅱ-1 类夹层玻璃：3 组试样在冲击高度分别为 300 mm、750 mm 和 1 200 mm 时冲击后，全部试样未破坏和/或安全破坏。

Ⅱ-2 类夹层玻璃：2 组试样在冲击高度分别为 300 mm 和 750 mm 时冲击后，试样未破坏和/或安全破坏；但另 1 组试样在冲击高度为 1 200 mm 时，任何试样非安全破坏。

Ⅲ类夹层玻璃：1 组试样在冲击高度为 300 mm 时冲击后，试样未破坏和/或安全破坏，但另 1 组试样在冲击高度为 750 mm 时，任何试样非安全破坏。

Ⅰ类夹层玻璃：对霰弹袋冲击性能不做要求。

分级后的夹层玻璃适用场所建议参见附录 A。

7 试验方法

7.1 试验条件

除特殊规定外，试验均应在下述条件下进行：

a) 温度：20 ℃±5 ℃；

b) 气压：8.60×10^4 Pa～1.06×10^5 Pa；

c) 相对湿度：40%～80%。

7.2 外观质量检验

以制品为试样，在较好的自然光或散射光照背景条件下，试样垂直放置，视线垂直玻璃，在距试样 1 m处进行观察。点状缺陷尺寸和线状缺陷宽度用放大 10 倍、精度 0.1 mm 的读数显微镜测定。线状缺陷的和爆边长度使用符合 GB/T 9050 钢直尺或具有同等以上精度的量具测量。目视检查裂口、脱胶、皱痕和条纹。

7.3 尺寸允许偏差检验

7.3.1 宽度、长度及对角线差测量

使用最小刻度为 1 mm 的钢直尺或钢卷尺测量。

7.3.2 叠差

使用最小刻度为 0.5 mm 的钢直尺沿玻璃周边测量，读取叠差最大值。

7.3.3 厚度测量

使用符合 GB/T 1216 规定的外径千分尺或具有同等以上精度的量具，在玻璃四边中心进行测量，取其平均值，数值修约至小数点后两位。

压花夹层玻璃厚度按 JC/T 511 中的要求进行测量。

7.4 弯曲度检验

将试样在 7.1 试验条件下防置 4 h 以上，按 GB 15763.2—2005 中 6.4 的要求进行测量。

7.5 可见光透射比试验

取三块试样，按 GB/T 5137.2—2002 中第 4 章的要求进行试验。

7.6 可见光反射比试验

取三块试样，按 GB/T 5137.2—2002 中第 9 章的要求进行试验。

7.7 抗风压性能试验

按 JC/T 677 进行试验。

7.8 耐热性试验

7.8.1 试样

试样与制品材料相同、在相同加工工艺下制备，或直接从制品上切取，但至少有一边为制品原边的一部分。

试样状态应与最终产品使用条件一致。如最终产品使用时所有边部是带保护的，试样的所有边部也应带保护。

试样规格应不小于 300 mm×300 mm，数量为三块。

7.8.2 试验装置

试验装置可以采用控温精度不超过±1 ℃电热鼓风烘箱，或能够加热水至沸腾的装置。

7.8.3 试验程序

将三块玻璃试样加热至 $100_{-3}^{\ 0}$ ℃，并保温 2 h，然后将试样冷却至室温。如果试样的两个外表面均为玻璃，也可把试样垂直浸入加热至 $100_{-3}^{\ 0}$ ℃的热水中 2 h，然后将试样从水中取出冷却至室温。为了避免热应力造成试样出现裂纹，可先将试样在 65 ℃±3 ℃的温水中浴热 3 min。

目视检查试验后的样品，记录是否有气泡或其他缺陷。

7.9 耐湿性试验

按 GB/T 5137.3—2002 中第 7 章的要求进行。

7.10 耐辐照试验

7.10.1 试样

试样由两块无色透明平板玻璃和与制品相同的中间层材料，在相同的夹层工艺条件下制成的平型试验片。

试样尺寸为 300 mm×76 mm，数量为三块。

7.10.2 试验装置

试验装置应满足 GB/T 5137.3 的要求。

7.10.3 试验程序

试验应按照 GB/T 5137.3—2002 中 5.4 的要求进行。

7.10.4 试验结果表达

试验前后试样的可见光透射比相对变化率 ΔT 的计算见式(1)：

$$\Delta T=\frac{|T_1-T_2|}{T_1}\times 100 \qquad \cdots\cdots(1)$$

式中：

ΔT——试样可见光透射比相对变化率，单位为百分数(%)；

T_1——紫外线照射前试样可见光透射比；

T_2——紫外线照射后试样可见光透射比。

7.11 落球冲击剥离试验

7.11.1 试样

与制品相同材料、在相同工艺条件下制备，或直接从制品上切取的 610 mm×610 mm 试验片，数量为 6 块。

7.11.2 试验装置

试验装置包括能使钢球从规定高度自由落下的装置或能使钢球产生相当自由落下的投球装置，以及试样支架。对试样支架的规定见附录B。

7.11.3 淬火钢球

符合GB/T 308规定，质量为1 040 g±10 g，直径为63.5 mm；质量为2 260 g±20 g，直径为82.5 mm。

7.11.4 试验程序

试验前试样应在7.1规定的条件下至少放置4 h。

将试样放在试样支架上，试样的冲击面与钢球的入射方向应垂直，允许偏差在3°以内。

试样为不对称夹层玻璃时，取较薄的一面为冲击面。曲面夹层玻璃进行试验时需要采用与曲面形状相吻合的辅助框架支撑，冲击面根据使用情况确定。

将质量为1 040 g钢球放置于距离试样表面1 200 mm高度的位置，自由下落后冲击点应位于以试样几何中心为圆心、半径为25 mm的圆内，观察玻璃有一块或一块以上破坏时的状态。

如果玻璃没有破坏，按下落高度1 200 mm、1 500 mm、1 900 mm、2 400 mm、3 000 mm、3 800 mm、4 800 mm的顺序，依次提升高度冲击，并观察每次冲击后玻璃的破坏状态。

若玻璃仍未破坏，用2 260 g钢球按相同程序进行冲击，并观察每次冲击后玻璃的破坏状态。

若玻璃还未破坏，按GB/T 308规定选取质量适当增大的钢球，按相同的程序冲击，并观察每次冲击后玻璃的破坏状态。

7.12 霰弹袋冲击性能试验

7.12.1 试样

a) 试样应采用与产品相同材料和工艺条件下制备的平型试验片；曲面夹层玻璃采用相同结构和工艺的平面试验片替代。共需试样12块，每4块试样为1组，分为3组，试验中未破坏的样品允许再次使用。

b) 试样规格为：(1 930±2)mm ×(864±2)mm。

c) 如果试样为不对称夹层玻璃且不能确定该结构的产品在使用时的受冲击面时，应分别在两面进行霰弹袋冲击试验，试验样品数量加倍。

7.12.2 试验装置

试验装置包括：一个固定的试验框、一个试验过程中使试样保持在试验框内的夹紧框和一个备有悬挂装置和释放装置的冲击体(见附录C)，以及测力球装置(见附录D)。试验框架应具有足够的刚度并固定牢固，具体要求参见附录E。

7.12.3 试验程序

a) 试验前，试样应在7.1试验条件下至少保存12 h。

b) 试验应从最低冲击高度开始，4块玻璃为一组，按300 mm、750 mm和1 200 mm的高度依次进行冲击试验。

c) 在每次冲击试验前，应将冲击体提升至相应的高度并保持冲击体静止。在该冲击高度，冲击体的金属杆中心轴应与冲击体的悬挂绳索成一直线，见附录C。

d) 在相应的冲击高度，将初速度为零的冲击体释放，使冲击体以摆捶式自由下落垂直冲击试样的中部一次。

e) 结构为不对称夹层玻璃的，有确定的使用冲击面时，对指定的冲击面进行冲击试验；无确定的使用冲击面时，应对两面进行冲击试验，并在测试报告中注明冲击面。

f) 每次冲击后，应对试样状态进行检查。如一组试样中任一片试样不满足6.11的要求，该组试验结束；如一组试样均满足6.11的要求，可继续下一个高度冲击试验，未破坏的试样可再次使用。

g) 记录并报告该产品试样最大冲击高度和冲击历程；注明中间层材料的种类、产地等内容。

8 检验规则

8.1 检验分类

检验分出厂检验和型式检验。

8.1.1 出厂检验

检验项目为尺寸和偏差、外观质量、弯曲度，其他检验项目由供需双方商定。

8.1.2 型式检验

技术要求中的安全性能要求为必检项目，其余要求由供需双方商定。

有下列情况之一时，应进行型式检验：

a) 新产品或老产品转厂生产的试制定型鉴定；

b) 正式生产后，如结构、材料、工艺有较大改变，可能影响产品性能时；

c) 正常生产时，定期或积累一定产量后，应周期性进行一次检验；

d) 产品长期停产后，恢复生产时；

e) 出厂检验结果与上次型式检验有较大差异时；

f) 国家质量监督机构提出进行型式检验的要求时。

8.2 组批与抽样规则

8.2.1 产品的尺寸允许偏差、外观质量、弯曲度试验按表7进行随机抽样。

表7 抽样规则

批量范围	抽样数	合格判定数	不合格判断数
2～8	2	0	1
9～15	3	0	1
16～25	5	1	2
26～50	8	2	3
51～90	13	3	4
91～150	20	5	6
151～280	32	7	8
281～500	50	10	11

8.2.2 对产品所要求的其他技术性能，若用产品检验时，根据检测项目所要求的数量从该批产品中随机抽取。若用试样进行检验时，应采用同一工艺条件下制备的试样。当该批产品批量大于500块时，以每500块为一批分批抽取试样，当检验项目为非破坏性试验时，试样可继续用于其他项目的检测。

8.3 判定规则

8.3.1 尺寸允许偏差、外观质量、弯曲度

尺寸允许偏差、外观质量、弯曲度三项的不合格品数如大于或等于表7的不合格判定数，则认为该批产品外观质量、尺寸偏差和弯曲度不合格。

8.3.2 可见光透射比、可见光反射比

取三块试样进行试验。三块试样全部符合要求时为合格，一块符合时为不合格。当二块试样符合时，追加三块新试样重新进行试验，三块全部符合要求时为合格。

8.3.3 抗风压性能

根据JC/T 677规定的抽样规则和试验结果判定方法进行判定。

8.3.4 耐热性、耐湿性、耐辐照性

取三块试样进行试验。三块试样全部符合要求时为合格，一块符合时为不合格。当二块试样符合时，追加三块新试样重新进行试验，三块全部符合要求时为合格。

8.3.5 落球冲击剥离性能

取6块试样进行试验。当5块或5块以上符合时为合格，三块或三块以下符合时为不合格。当四块试样符合时，追加6块新试样重新进行试验，6块全部符合时为合格。

8.3.6 霰弹袋冲击性能

安全夹层玻璃霰弹袋冲击性能达到Ⅲ级或更高级别时，霰弹袋冲击性能为合格。如果1组试样在冲击高度为300 mm时冲击后，任何试样非安全破坏，即认定安全夹层玻璃霰弹袋冲击性能不合格。

8.3.7 批次合格判定

上述各项中，有一项不合格，则认为该批产品不合格。

9 包装、标志、运输、贮存

9.1 包装

产品应用集装箱或木箱包装。每片玻璃应用塑料膜或纸等材料隔开。夹层玻璃与包装箱之间用不易引起玻璃划伤等外观缺陷的软材料填实。具体要求应符合JC/T 512的规定。

9.2 标志

标志应符合JC/T 512的有关规定。每个包装箱外应标明“朝上、小心轻放”等字样和玻璃厚度、种类、厂名或商标。

9.3 运输

产品用各种类型的车辆运输，搬运规则，条件应符合JC/T 512的有关规定。

运输时，夹层玻璃不得平放或斜放，长度方向应与车辆运输方向相同，应有防雨设施。

9.4 贮存

产品应垂直贮存在干燥的室内。

附　录　A
（资料性附录）
建筑用安全玻璃使用建议

A.1　范围

本使用建议的目的在于降低建筑用玻璃制品受到冲击时对人体的划伤、扎伤及飞溅等造成的伤害。建筑用安全玻璃在使用时均应满足相关的设计要求和工程技术规范。本建议不适用于特殊专利玻璃制品和温室用玻璃制品。

A.2　使用场所

A.2.1　关键场所

建筑中人体容易撞击且受到伤害的关键场所包括：

a）门及门周围的区域，尤其是易被误认为是门的一些玻璃墙和玻璃隔断；

b）距地面较近的玻璃区（如落地窗等）；

c）浴室、人行通道及建筑中人体容易撞击的其他场所；

d）设计要求和工程技术规范中对人体安全级别有要求的任何场所。

A.2.2　关键场所的安全建议

人体撞击建筑中的玻璃制品并受到伤害主要是由于没有足够的安全防护造成。为了尽量减少建筑用玻璃制品在冲击时对人体造成的划伤、割伤等，在建筑中使用玻璃制品时应尽可能的采取下列措施：

a）选择安全玻璃制品时，应充分考虑玻璃的种类、结构、厚度、尺寸，尤其是合理选择安全玻璃制品霰弹袋冲击试验的冲击历程和冲击高度级别等；

b）对关键场所的安全玻璃制品采取必要的其他防护；

c）关键场所的安全玻璃制品应有容易识别的标识。

A.2.3　关键场所使用安全玻璃制品的建议（如图A.1）

A.2.3.1　门

门中的玻璃制品部分或全部距离地面不超过1 500 mm时：

a）当玻璃制品短边大于900 mm时，所使用的玻璃制品至少为Ⅱ-2类；

b）当玻璃制品的短边不大于900 mm时，所使用的玻璃制品至少为Ⅲ类；

c）当玻璃制品的短边小于或等于250 mm、最大面积不超过0.5 m^2且公称厚度不小于6 mm时，可以使用其他玻璃制品。

A.2.3.2　门侧边区域

门侧边区域的部分或全部玻璃制品距离地面不超过1 500 mm、且距离门边不超过300 mm时：

a）当玻璃制品短边大于900 mm时，所使用的玻璃制品至少为Ⅱ-2类；

b）当玻璃制品的短边小于或等于900 mm时，所使用的玻璃制品至少为Ⅲ类；

c）当玻璃制品的短边小于或等于250 mm、最大面积不超过0.5 m^2且公称厚度不小于6 mm时，可以使用其他玻璃制品。

A.2.3.3　距地面较近的玻璃区

玻璃制品部分或全部距离地面不超过800 mm（非上述A.2.3.1、A.2.3.2情况）时，所使用的玻璃制品至少为Ⅲ类。

A.2.3.4　其他场所

在浴室、游泳池等人体容易滑倒的场所及场所周围使用的玻璃制品至少为Ⅲ类；在体育馆等运动场所使用的玻璃制品至少为Ⅲ类。有特殊使用和设计要求时，应充分考虑霰弹袋冲击历程并采用更高冲击级别的安全玻璃制品。

A.2.4　关键场所安全玻璃制品的防护

必要时，建筑中使用的安全玻璃制品应采取防护措施。防护措施应：

a)　独立于玻璃制品；

b)　能防止直径为(76±1)mm 的球冲击玻璃(如图 A.2)；

c)　长度大于 900 mm 时能够承受 1 350 N 的压力、长度小于 900 mm 时至少能够承受 1 100 N 的压力，且不断裂、不产生永久性扭曲和不移动。

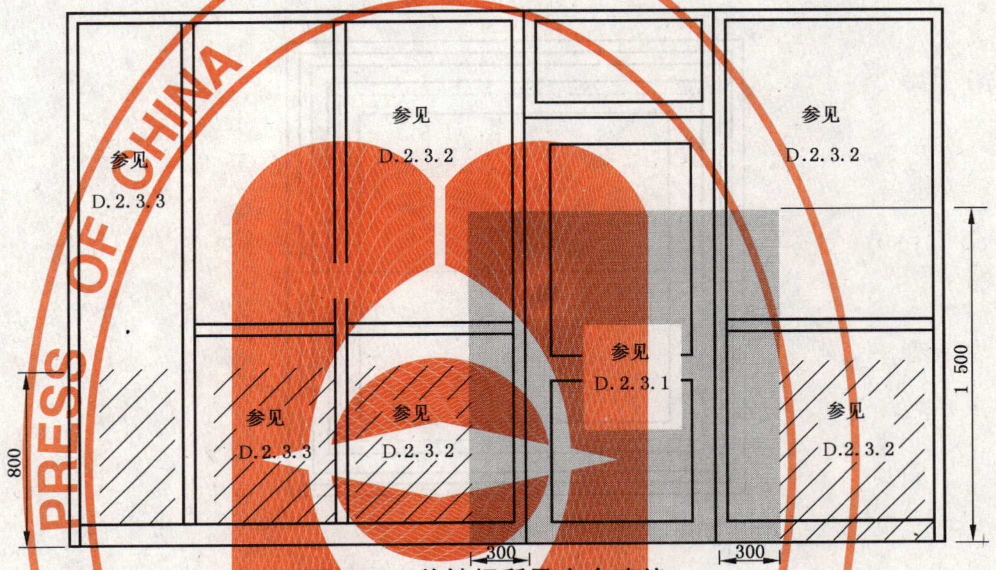

图 A.1　关键场所及安全建议

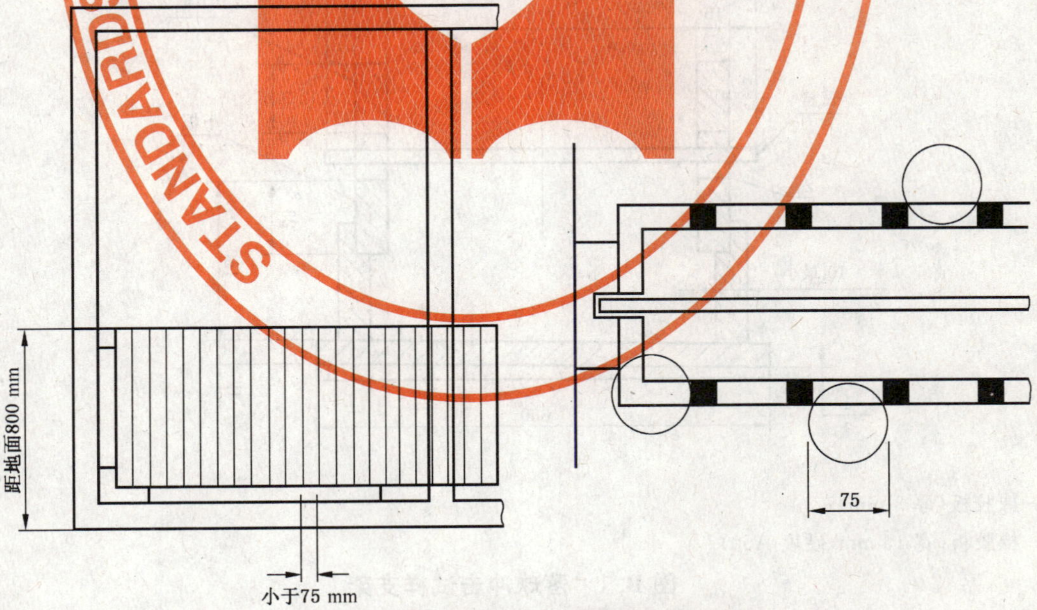

图 A.2　关键场所安全玻璃制品的防护

A.2.5　关键场所的安全玻璃制品的标识

在特定的条件下(如灯光等)，在建筑中使用的不易识别的玻璃制品应具有可快速识别且不易擦去的标识。标识位于距离地面 600 mm～900 mm 处。

附　录　B
（规范性附录）
落球冲击试样支架

如图 B.1 所示，由两个经机械加工的钢框组成，周边宽度 15 mm，在两个钢框接触面上分别衬以厚度为 3 mm、宽度为 15 mm、硬度为邵尔 A50 的橡胶垫。下钢框安放在高度约为 150 mm 的钢箱上，试样放在上钢框下面。支撑钢箱被焊在厚 12 mm 的钢板上，钢箱与地面之间衬以厚 3 mm、硬度为邵尔 A50 的橡胶垫。

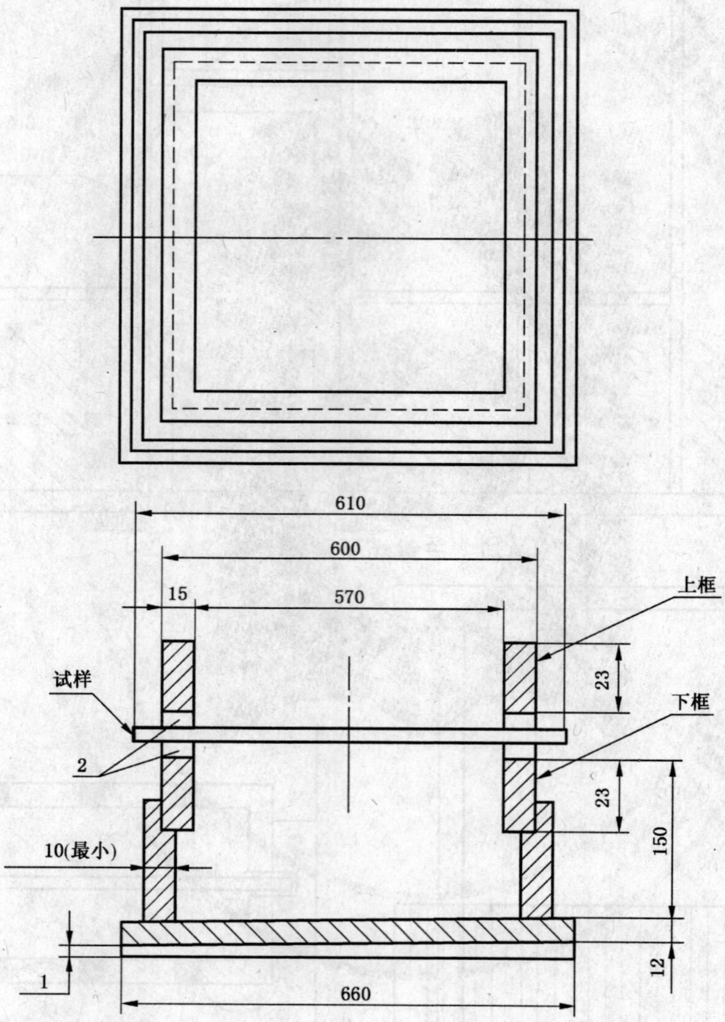

1——橡胶板（厚 3 mm）；
2——橡胶板（宽 15 mm，硬度 A50）。

图 B.1　落球冲击试样支架

附　录　C
（规范性附录）
霰弹袋冲击性能试验装置

如图C.1和图C.2所示，试验框架主体部分采用高度大于100 mm的槽钢，用螺栓等牢固固定在地面上，并在背面加支撑装置，以防止冲击时框架明显变形、位移或倾斜。夹紧框用于固定试样，其内部尺寸比试样尺寸小19 mm左右，与试样四周接触部位使用符合GB/T 531规定的硬度为邵尔A50的橡胶垫衬。安装试样后，橡胶条的压缩厚度为原厚度的10%～15%。

如图C.3所示，冲击体是带有金属杆的皮革袋，皮革袋的中心轴为一根长度为330 mm±13 mm的金属螺杆，在皮革袋中装填铅霰弹，然后把袋的上下两端用螺母拧紧，再把皮革袋的表面用12 mm宽、0.15 mm厚的玻璃纤维增强聚酯尼龙带交叉倾斜地卷缠起来，把表面完全覆盖成袋体状。冲击体质量为45 kg±0.1 kg。

注1：用厚度为0.15 mm的人造带，把二块A片和四块B片缝合在一起（见图C.2中的b））。缝边（虚线部分）为0.5 cm左右。

注2：用公称尺寸ϕ2.5 mm的铅砂装填。

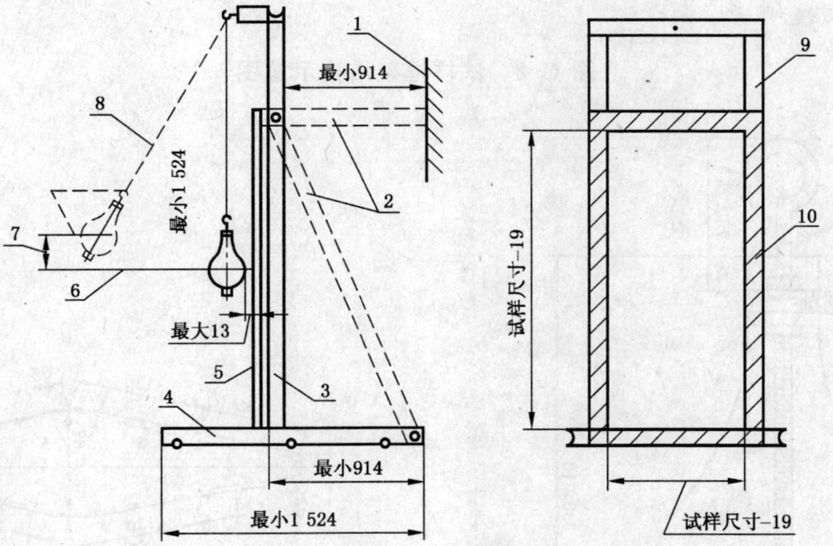

1——固定壁；
2——增强支架，可用任何方式支撑；
3、9——试验框；
4——用螺栓固定的底座；
5、10——木制/钢制紧固框；
6——试样的中心线；
7——下落高度；
8——直径3 mm左右的钢丝绳。

图C.1　试样框架结构示意图

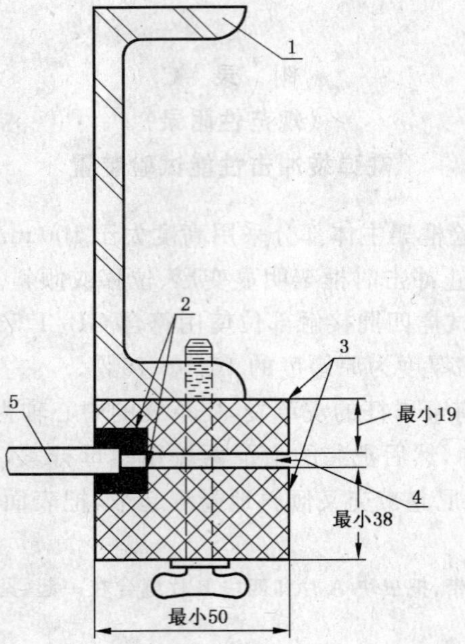

1——试验框；
2——橡胶板；
3——木制/钢制紧固框；
4——限位块；
5——试样。

图 C.2 试样框架结构示意图

单位为毫米

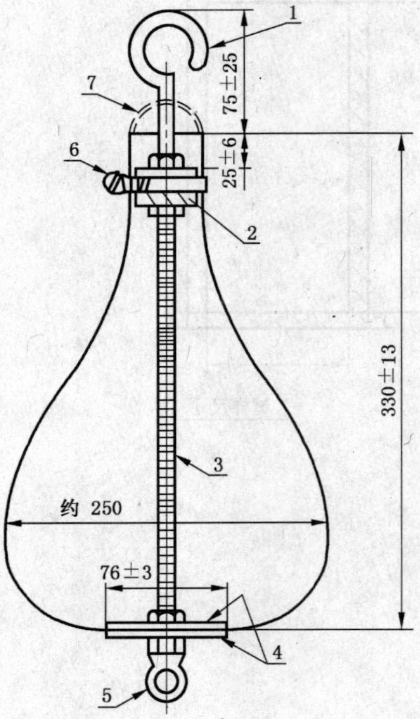

a)

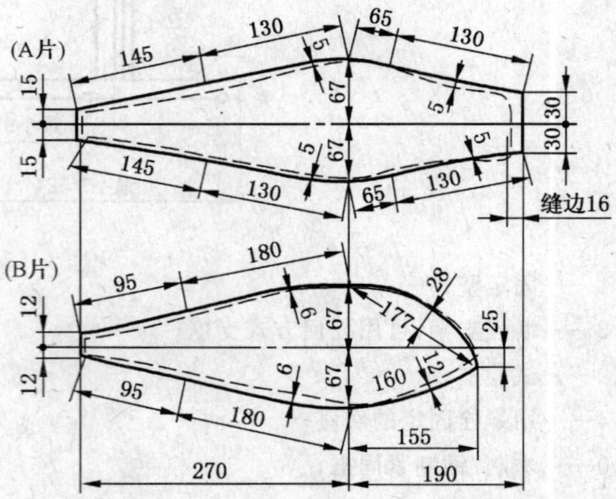

b)

1——弯杆或附有吊环螺母的杆；
2——套筒螺母，长 25 mm，直径 32 mm；
3——螺杆，直径 9.5 mm；
4——金属垫圈，厚 4.8 mm±1.6 mm；
5——吊起铁丝用的吊环螺母；
6——蜗杆传动软管夹；
7——吊绳（卸下）。

图 C.3 霰弹袋

附 录 D
(规范性附录)
测 力 球

D.1 测力装置

测力装置应包括一个直径为(76±1)mm 的球体,球体通过臂杆连接在推力测量和显示装置上,能够测量出施加的最大力 25 N,仪器测量精度至少 0.1 N。测力装置的样式可见图 D.1。

D.2 操作

水平持握测力装置测力显示端,选择试样开口或裂缝最严重的部位,水平推动测力装置,直到:

测力装置已显示达到最大推力 25 N,但球体尚未通过试样开口,则试样为安全破坏;

球体最大直径部分已通过试样开口,但测力装置显示尚未达到最大推力 25 N,则试样为非安全破坏。

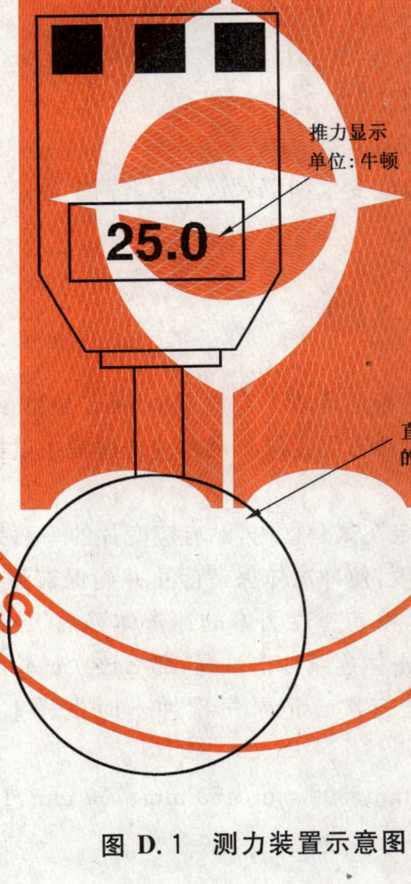

图 D.1 测力装置示意图

附 录 E
（资料性附录）
霰弹袋冲击分级试验框架校准

E.1 校准目的

为保证进行霰弹袋冲击试验使用的框架固定牢固并具有足够的刚度，确保试验分级结果的一致性和可比性，应对试验框架及时校准。

E.2 校准试样和仪器

E.2.1 校准试样

框架校准时采用的试样为 10 mm 厚的钠钙硅钢化玻璃，尺寸规格为(1 930±2)mm×(864±2)mm。

E.2.2 校准仪器

E.2.2.1 应变计

校准时使用温度自补偿 90°直角应变计，应变计应满足下列要求：

a) 24 ℃时的电阻为：350.0×(1±0.5%)Ω；

b) 栅丝长度为：4.57 mm，栅丝宽度为：3.18 mm。

E.2.2.2 动态应变仪

使用动态应变仪及相应的记录仪，应变仪和记录仪至少有两个通路，且每一通路的采集频率应不小于 100 kHz。

E.3 校准程序

E.3.1 校准准备

试验前，试样应在 7.1 规定的试验条件环境下存放至少 4 h。校准试验的环境温度为 20 ℃±5 ℃。

在试样的中央粘贴直角应变计，用动态应变仪测量在冲击过程中试样水平方向和垂直方向的应变。

E.3.2 校准步骤

a) 把用于校准框架的试验片固定在试验框内，贴有应变片的一面为试样非冲击面。

b) 提升霰弹袋冲击体至相应高度，使冲击体保持静止并确保霰弹袋金属杆与冲击体的悬挂绳索成一直线。在每个冲击高度，将初速度为零的冲击体释放，使冲击体摆捶式自由下落垂直冲击试样的中部一次。如果冲击体连续冲击试样，那么该次试验结果无效。

c) 在每个冲击高度对试样冲击三次。记录每次冲击时试样垂直方向和水平方向的应变最大值。

d) 按照冲击高度 200 mm、250 mm、300 mm、450 mm、700 mm、1 200 mm 的次序，重复上述冲击过程。

E.4 框架校准试验报告

在框架校准试验报告中，应包括以下内容：

a) 玻璃试样的类型和公称厚度；

b) 玻璃试样的规格尺寸；

c) 试验框架的描述(材质、试样的夹紧方式等)

d) 每个冲击高度的测量值；

e) 冲击高度与水平方向应变的曲线；冲击高度与垂直方向应变的曲线。水平方向的应变和垂直方向的应变以每个高度三次测量最大值的平均值为基准。

E.5 框架校准参照曲线

在被校准的框架上获得的冲击高度与应变的曲线，应在下述参照校准曲线的±10%以内（见表E.1和图E.1）。满足上述要求的框架，才能用于霰弹袋冲击分级试验，使用该框架对试样所进行的霰弹袋冲击试验获得的级别结果有效。使用校准曲线达不到要求的试验框架进行霰弹袋冲击试验获得的冲击级别无效。

E.6 校准频次

霰弹袋冲击试验的试验框架，每三年校准一次。但是当试验框架发生重大改变时（如结构件、夹紧系统等发生了变化），在试验前应对试验框架进行校准。

表 E.1 霰弹袋冲击试验应变参考平均峰值

冲击高度/mm	水平方向微应变			垂直方向微应变		
	平均值	平均值 −10%	平均值 +10%	平均值	平均值 −10%	平均值 +10%
200	1 435	1 291	1 578	1 031	928	1 134
250	1 599	1 439	1 759	1 154	1 039	1 270
300	1 775	1 598	1 953	1 269	1 142	1 396
450	2 213	1 991	2 434	1 536	1 382	1 690
700	2 627	2 365	2 890	1 860	1 674	2 046
1 200	3 093	2 784	3 403	2 388	2 149	2 627

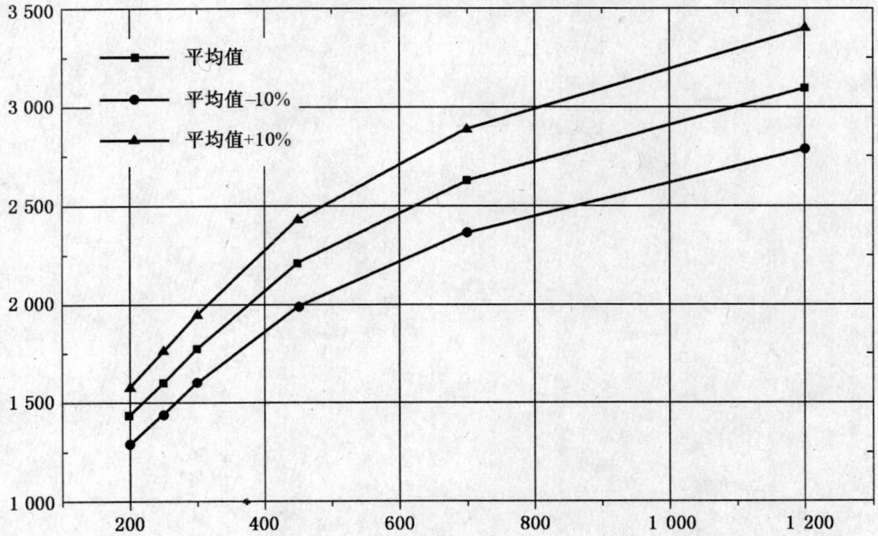

a）霰弹袋冲击试验水平微应变参考平均峰值

图 E.1 霰弹袋冲击试验水平、垂直微应变参考平均峰值

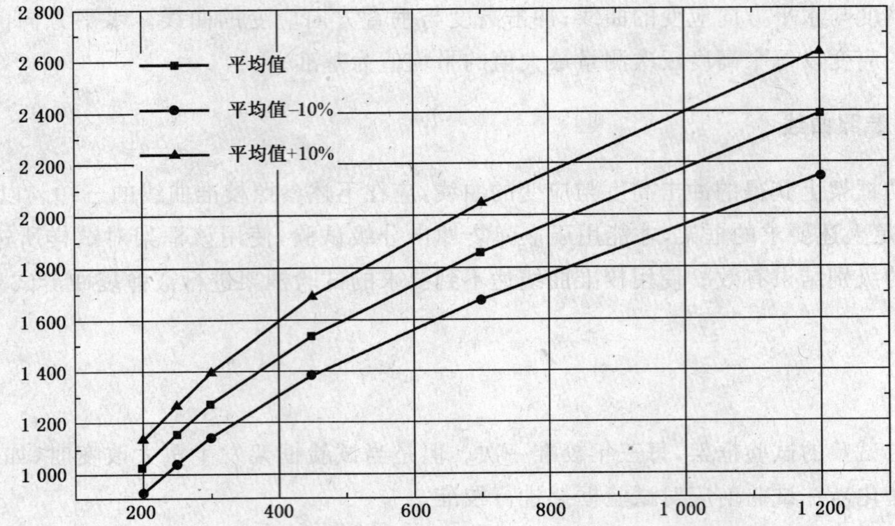

b）霰弹袋冲击试验垂直微应变参考平均峰值

图 E.1（续）

ICS 81.040.20
Q 33

GB

中华人民共和国国家标准

GB 15763.4—2009

建筑用安全玻璃　第4部分：均质钢化玻璃

Safety glazing materials in building—Part 4:Heat soaked thermally tempered glass

2009-03-25 发布　　2010-03-01 实施

中华人民共和国国家质量监督检验检疫总局
中国国家标准化管理委员会　发布

前　言

本部分中5.5、5.6及5.7为强制性要求,其余为推荐性要求。

GB 15763《建筑用安全玻璃》目前分为4个部分:

——第1部分:防火玻璃;

——第2部分:钢化玻璃;

——第3部分:夹层玻璃;

——第4部分:均质钢化玻璃。

本部分为GB 15763的第4部分。

本部分与EN 14179-1:2005《建筑玻璃—均质热钢化钠钙硅安全玻璃—第1部分:定义及要求》的一致性程度为非等效。

本部分的附录A和附录B为规范性附录;附录C为资料性附录。

本部分由中国建筑材料联合会提出。

本部分由全国建筑用玻璃标准化技术委员会归口。

本部分负责起草单位:中国建筑材料检验认证中心。

本部分参加起草单位:广东金刚玻璃科技股份有限公司、和合科技集团有限公司、中国南玻集团股份有限公司、上海耀华皮尔金顿玻璃股份有限公司、江苏秀强玻璃科技股份有限公司、深圳市三鑫特种玻璃技术股份有限公司、北京物华天宝安全玻璃有限公司、浙江中力控股集团有限公司、江门银辉安全玻璃有限公司、深圳市汉东玻璃机械有限公司、无锡大洋玻璃装饰工程有限公司。

本部分主要起草人:王睿、石新勇、陈璐、肖鹏军、夏卫文、艾发智、孙大海、周健、吴从真、龙霖星、吕皓、陈新盛、杨宏斌、盛颂君、何昌杜、王文彪、隋超英、王精精、张坚华。

本部分为首次发布。

引　言

普通退火玻璃经过热处理工艺成为钢化玻璃，玻璃表面形成了压应力层，使得玻璃的机械强度、耐热冲击强度均得到了提高，并具有特殊的碎片状态。钢化玻璃作为一种安全玻璃，被广泛应用于建筑等领域。

在我国，每年都有大量的钢化玻璃使用在建筑幕墙上，但钢化玻璃的自爆大大限制了钢化玻璃的应用。经过长期的跟踪与研究，发现玻璃内部存在硫化镍（NiS）结石是造成钢化玻璃自爆的主要原因。研究表明，通过对钢化玻璃进行均质（第二次热处理工艺）处理，可以大大降低钢化玻璃的自爆率。但如果均质处理时温度控制不当，会引起 NiS 逆向相变或相变不完全，甚至导致钢化应力松弛，影响最终产品的安全性能。

本标准旨在：

a）明确规定均质钢化玻璃的性能。抗冲击、碎片状态及霰弹袋冲击性能涉及产品使用安全，为强制性要求；其他技术要求可作为日常生产用的质量监控项目；

b）对均质处理过程及系统予以规定，以规范均质过程，为均质钢化玻璃的质量保证提供技术支持；

c）针对均质钢化玻璃产品的特殊性，本标准对产品型式检验的抽样方法予以了特殊规定，以保证被检试样的真实性及可靠性。

建筑用安全玻璃　第4部分：均质钢化玻璃

1　范围

GB 15763的本部分规定了建筑用均质钢化玻璃的术语和定义、总则、要求、试验方法、检验规则、标志、包装、运输及贮存。

本部分适用于建筑用均质钢化玻璃。对于建筑以外用的(如工业装备、家具等)均质钢化玻璃，如果没有相应的产品标准，可参照使用本部分。

2　规范性引用文件

下列文件中的条款通过GB 15763的本部分的引用而成为本部分的条款。凡是注日期的引用文件，其随后所有的修改单(不包括勘误的内容)或修订版均不适用于本标准，然而，鼓励根据本部分达成协议的各方研究是否可使用这些文件的最新版本。凡是不注日期的引用文件，其最新版本适用于本部分。

GB 15763.2　建筑用安全玻璃　第2部分：钢化玻璃

3　术语和定义

下列术语和定义适用于本部分。

3.1

均质钢化玻璃　heat soaked thermally tempered glass

热浸钢化玻璃

是指经过特定工艺条件处理过的钠钙硅钢化玻璃(简称HST)。

注：特定工艺条件见附录A。

4　总则

生产均质钢化玻璃所使用的玻璃，其质量应符合相应的产品标准的要求。对于有特殊要求的，用于生产均质钢化玻璃的玻璃，其质量由供需双方确定。

5　要求

均质钢化玻璃的各项性能及其试验方法应符合表1相应条款的规定。

表1　技术要求及试验方法条款

序号	项　　目	技术要求	试验方法
1	尺寸及其允许偏差	5.1	6.2
2	厚度及其允许偏差	5.2	6.3
3	外观质量	5.3	6.4
4	弯曲度	5.4	6.5
5	抗冲击性	5.5	6.6
6	碎片状态	5.6	6.7
7	霰弹袋冲击性能	5.7	6.8

表 1（续）

序号	项　　目	技术要求	试验方法
8	表面应力	5.8	6.9
9	耐热冲击性能	5.9	6.10
10	弯曲强度	5.10	6.11

5.1　尺寸及允许偏差

应符合 GB 15763.2 相应条款的规定。

5.2　厚度及允许偏差

应符合 GB 15763.2 相应条款的规定。

5.3　外观质量

应符合 GB 15763.2 相应条款的规定。

5.4　弯曲度

对于平型均质钢化玻璃，应符合 GB 15763.2 相应条款的规定。

5.5　抗冲击性

应符合 GB 15763.2 相应条款的规定。

5.6　碎片状态

应符合 GB 15763.2 相应条款的规定。

5.7　霰弹袋冲击性能

应符合 GB 15763.2 相应条款的规定。

5.8　表面应力

应符合 GB 15763.2 相应条款的规定。

5.9　耐热冲击性能

应符合 GB 15763.2 相应条款的规定。

5.10　弯曲强度(四点弯法)

以 95％的置信区间，5％的破损概率，均质钢化玻璃的弯曲强度应符合表 2 的规定。

表 2　均质钢化玻璃弯曲强度

均质钢化玻璃	弯曲强度/MPa
以浮法玻璃为原片的均质钢化玻璃 镀膜均质钢化玻璃	120
釉面均质钢化玻璃(釉面为加载面)	75
压花均质钢化玻璃	90

6　试验方法

6.1　总则

尺寸、厚度、外观、弯曲度、碎片状态及表面应力的检验或测量以均质钢化玻璃制品为试样；抗冲击、霰弹袋冲击性能、耐热冲击性能试验及弯曲强度试验，以与制品同厚度、同种类且同一工艺条件下制造及同一均质处理过程处理的平型均质钢化玻璃为试样。

6.2　尺寸检验

应符合 GB 15763.2 相应条款的规定。

6.3　厚度检验

应符合 GB 15763.2 相应条款的规定。

6.4 外观检验

应符合 GB 15763.2 相应条款的规定。

6.5 弯曲度测量

应符合 GB 15763.2 相应条款的规定。

6.6 抗冲击性试验

应符合 GB 15763.2 相应条款的规定。

6.7 碎片状态试验

应符合 GB 15763.2 相应条款的规定。

6.8 霰弹袋冲击性能试验

应符合 GB 15763.2 相应条款的规定。

6.9 表面应力测量

应符合 GB 15763.2 相应条款的规定。

6.10 耐热冲击性能

应符合 GB 15763.2 相应条款的规定。

6.11 弯曲强度(四点弯法)

按附录 B 进行试验,并计算弯曲强度。

7 检验规则

7.1 检验项目

检验分为出厂检验和型式检验。

7.1.1 出厂检验

均质钢化玻璃的厚度及偏差、外观质量、尺寸及偏差、弯曲度。其他检验项目由供需双方商定。

7.1.2 型式检验

本部分第 5 章中 5.5、5.6 及 5.7 规定的项目为必检项目,其余要求由供需双方商定。有下列情况之一时,应进行型式检验。

——新产品或老产品转厂生产的试制定型鉴定。

——试生产后,如结构、材料、工艺有较大改变,可能影响产品性能时。

——正常生产满 1 年时。

——产品停产半年以上,恢复生产时。

——出厂检验结果与上次型式有较大差异时。

——质量监督部门提出进行型式检验的要求时。

7.2 出厂检验组批及抽样方法

7.2.1 产品的厚度及偏差、外观质量、尺寸及偏差、弯曲度按表 3 规定进行随机抽样。

表 3 抽样表

单位为片

批量范围	样本大小	合格判定数	不合格判定数
1~8	2	0	1
9~15	3	0	1
16~25	5	1	2
26~50	8	2	3
51~90	13	3	4
91~150	20	5	6

表 3（续） 单位为片

批量范围	样本大小	合格判定数	不合格判定数
151～280	32	7	8
281～500	50	10	11
501～1 000	80	14	15

7.2.2 对于出厂检验所要求的其他技术性能，若用制品检验时，根据检测项目所要求的数量从该批均质产品中随机抽取；若用试样进行检验时，应采用同一工艺条件下均质的试样。当该批产品批量大于1 000块时，以每 1 000 块为 1 批分批抽取试样，当检验项目为非破坏性试验时可用它继续进行其他项目的检测。

7.3 型式检验组批及抽样方法

7.3.1 对于型式检验所要求的技术性能，若用制品检验时，根据检测项目所要求的数量从该批均质产品中随机抽取；若用试样进行检验时，应采用与制品同一工艺条件下均质的试样。当该批产品批量大于1 000 块时，以每 1 000 块为 1 批分批抽取试样，当检验项目为非破坏性试验时可用它继续进行其他项目的检测。

7.3.2 抽样时，抽样人员应现场见证检验试样的全部均质处理过程，对所抽样品进行封样，并保留该批样品的均质处理过程温度曲线。

7.4 判定规则

7.4.1 进行厚度及偏差、外观质量、尺寸及偏差、弯曲度检验时，若不合格品数等于或大于表 3 的不合格判定数，则认为不合格。

7.4.2 进行抗冲击性试验时，按 GB 15763.2 相应条款的规定进行判定。

7.4.3 进行碎片状态试验时，按 GB 15763.2 相应条款的规定进行判定。

7.4.4 进行霰弹袋冲击性能试验时，按 GB 15763.2 相应条款的规定进行判定。

7.4.5 进行表面应力试验时，按 GB 15763.2 相应条款的规定进行判定。

7.4.6 进行耐热冲击性能试验时，按 GB 15763.2 相应条款的规定进行判定。

7.4.7 进行弯曲强度(四点弯法)试验时，样品全部满足要求时，该项目合格。

7.4.8 以上检验项目中，如有一项不合格，则认为该批产品不合格。

8 标志

在玻璃或最小包装上标识“均质钢化玻璃”或符号“HST”。

9 包装、运输、贮存

包装、运输、贮存应符合 GB 15763.2 相应条款的规定。

附 录 A
（规范性附录）
均质处理过程及系统

A.1 均质处理过程

均质处理过程包括升温、保温及降温三个阶段，如图 A.1 所示。

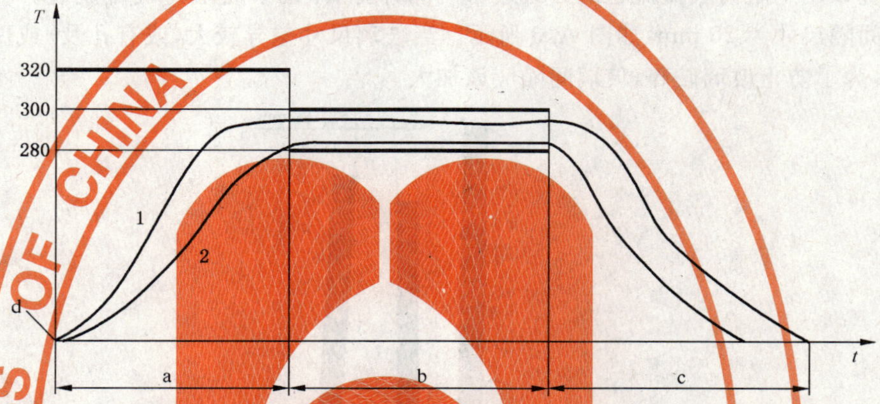

T：温度坐标（℃）；t：时间坐标（h）；

1——第一片达到 280 ℃的玻璃的温度曲线；

2——最后一片达到 280 ℃的玻璃温度曲线。

a：加热阶段；

b：保温阶段；

c：冷却阶段；

d：环境温度（升温起始温度）。

图 A.1 均质处理过程的典型曲线

A.1.1 升温阶段

升温阶段开始于所有玻璃所处的环境温度，终止于最后一片玻璃表面温度达到 280 ℃的时刻。该阶段应按 A.3 进行校准时所确定的过程进行。

炉内温度有可能超过 320 ℃，但玻璃表面的温度不能超过 320 ℃，应尽量缩短玻璃表面温度超过 300 ℃的时间。

A.1.2 保温阶段

保温阶段开始于所有玻璃表面温度达到 280 ℃的时刻，保温时间至少为 2 h。在整个保温阶段中，应确保玻璃表面的温度保持在 290 ℃±10 ℃的范围内。

A.1.3 冷却阶段

当最后达到 280 ℃的玻璃完成 2 h 保温后，开始冷却阶段，在此阶段玻璃温度降至环境温度。当炉内温度降至 70 ℃时，可认为冷却阶段终止。

应对降温速率进行控制，以最大限度地减少玻璃由于热应力而引起的破坏。

A.2 均质处理系统

A.2.1 均质炉

均质炉采用对流方式加热。热空气流应平行于玻璃表面并通畅地流通于每片玻璃之间，且不应由于玻璃的破碎而受到阻碍。在对曲面钢化玻璃进行均质处理过程，应采取措施防止由于玻璃的形状的不规则而导致的气流流通不通畅。

空气的进口与出口也不得由于玻璃的破碎而受到阻碍。

A.2.2 玻璃的支撑

可以采用竖直方式支撑玻璃，如图 A.2 所示。不得用外力固定或夹紧玻璃，应使玻璃处于自由支撑状态。

竖直支撑可以是绝对竖直，也可以以与绝对竖直夹角小于 15°的角度支撑。

玻璃与玻璃不得接触。

A.2.3 玻璃间隔

玻璃之间应该用不阻碍气流流通的方式进行间隔，间隔体也不应阻碍气流流通。一般情况下建议玻璃之间最小间隔尺寸为 20 mm，如图 A.3 所示。当玻璃尺寸差异较大，或有孔及/或凹槽的玻璃放在同一支架上时，为了防止玻璃破碎，玻璃间隔应该加大。

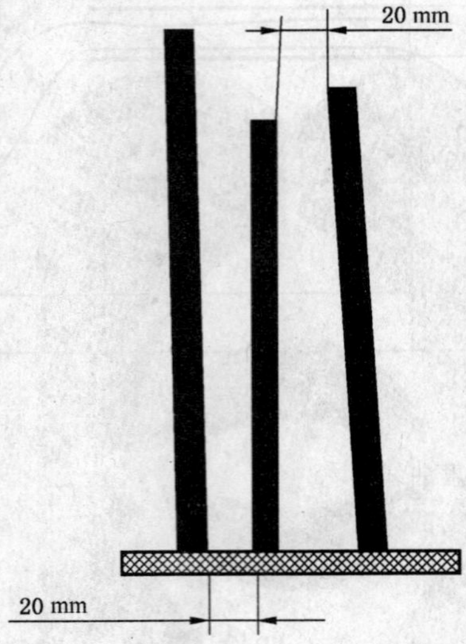

图 A.2 玻璃竖直支撑示意图

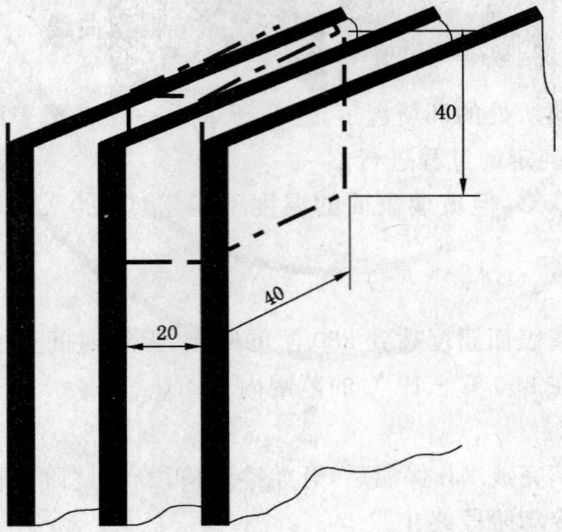

图 A.3 玻璃的竖直支撑及间隔体

A.3 校准

玻璃间隔距离、间隔体的布置、材料和形状、玻璃装载架类型和布置，生产过程中所用操作条件的校准参见附录 C。

附 录 B
（规范性附录）
弯曲强度试验方法

B.1 试验条件

环境温度：23 ℃±5 ℃，环境湿度：40%～70%。为避免热应力的产生，在试验的全过程中，环境温度的波动不应大于1 ℃。

B.2 试样

取至少12块试样进行试验。每块试样长度为1 100 mm±5 mm，宽度为360 mm±5 mm。制备试样时，切割刀口应在试样的同一表面。

试验前24 h内不得对试样进行任何加工或处理。如果试样表面贴有保护膜，需在试验前24h去除。试验前，试样应在B.1规定的条件下放置至少4 h。

B.3 试验装置

采用材料试验机进行试验。试验机应能连续、均匀地对试样加载，且能够将由于加载产生的震动降低至最小。试验机应装有加载测量装置，并在其量程内的误差应小于±2%。支撑辊和加载辊的直径为50 mm，长度不少于365 mm。支撑辊和加载辊均能围绕各辊轴线转动。

B.4 试验程序

B.4.1 测量试样宽度及厚度。

分别测量三次宽度，取其算术平均值，精确至1 mm。

测量厚度时，为避免由于测量而产生的表面破坏，测量应分别在试样的两端进行（至少应在试样的位于加载辊以外的部分进行测量）。分别测量四点，并取算术平均值，精确至0.01 mm。也可在试验后测量破碎后的试样厚度——每块试样取4块碎片测量厚度，并取算术平均值，精确至0.01 mm。

B.4.2 试样有切割刀口的表面朝上。为便于查找断裂源和防止碎片飞散，可在试样上表面粘贴薄膜。按图B.1所示放置试样。橡胶条的厚度为3 mm，硬度为(40±10)IRHD。

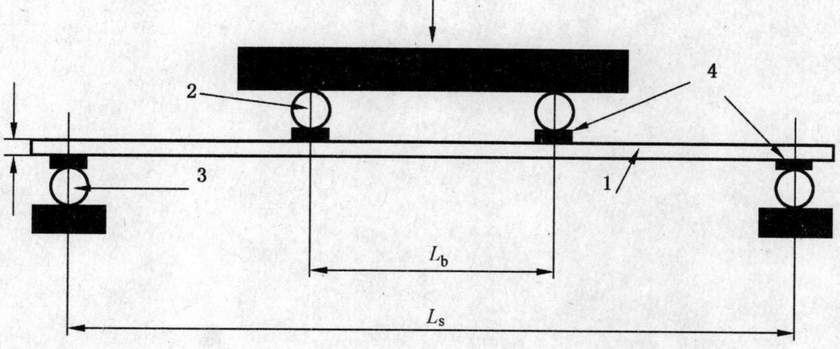

1——试样；
2——加载辊；
3——支撑辊；
4——橡胶条；
L_b=200 mm±1 mm；
L_s=1 000 mm±2 mm。

图 B.1 四点弯曲强度试验

B.4.3　加载

试验机以试样弯曲应力 2 MPa/s±0.4 MPa/s 的递增速度对试样进行加载，直至试样破坏。记录每块试样破坏时的最大载荷、从开始加载至试样破坏的时间（精确至 1 s）以及试样的断裂源是否在加载辊之间。

B.4.4　数据处理

B.4.4.1　断裂源应当在加载辊之间，否则应以新试样替补上重新试验，以保证每组试样原来的数量。按式（B.1）计算试样的弯曲强度。

$$\sigma_{bG} = F_{max}\frac{3(L_s - L_b)}{2Bh^2} + \sigma_{bg} \qquad \cdots\cdots(B.1)$$

式中：

σ_{bG}——弯曲强度，单位为兆帕（MPa）；

F_{max}——试样断裂时的最大载荷，单位为牛顿（N）；

L_s——两支撑辊轴心之间的距离，单位为毫米（mm）；

L_b——两加载辊轴心之间的距离，单位为毫米（mm）；

B——试样的宽度，单位为毫米（mm）；

h——试样的厚度，单位为毫米（mm）；

σ_{bg}——试样由于自重产生的弯曲强度，或通过式（B.2）计算得到，单位为兆帕（MPa）。

$$\sigma_{bg} = \frac{3pgL_s^2}{4h} \qquad \cdots\cdots(B.2)$$

式中：

p——试样密度，对于普通钠钙硅玻璃 $\rho=2.5\times10^3$ kg/m^3；

g——单位换算系数，9.8 N/kg；

L_s——两支撑辊轴心之间的距离，单位为米（m）；

h——试样的厚度，单位为米（m）。

附　录　C
（资料性附录）
均质处理过程及系统的校准

C.1　校准准则

均质处理过程及系统在100％装载量和10％装载量的情况下，均应满足图C.1中所示的时间-温度曲线的要求。

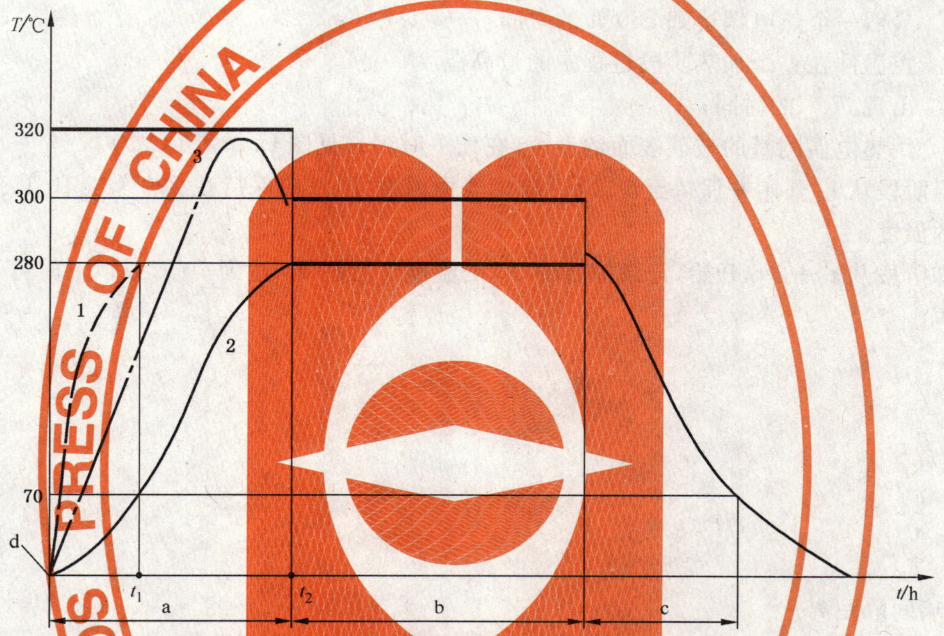

T轴：温度(℃)；t：时间(h)；t_1：第一片玻璃达到280℃所需的时间；
t_2：最后一片玻璃达到280℃所需的时间(h)；
1——第一片玻璃达到280℃；
2——最后一片玻璃达到280℃；
3——玻璃温度。
a：加热阶段；
b：保温阶段；
c：冷却阶段度；
d：环境温度。

图C.1　时间-温度校准曲线

C.2　均质炉的装载及玻璃表面温度的测定

均质炉装载1个、2个、6个，8个或9个装载架的类型、放置方式及热电偶的放置位置见图C.2～图C.9。

应确定玻璃的间隔距离及间隔体的类型、位置、材料及形状。在校准过程使用的最小间隔应同均质生产过程中所采用的最小间隔相同。

C.3　校准过程

C.3.1　炉内温度的测量及玻璃表面温度的测量应在均质炉100％装载量和10％装载量两种状态下进

行。100％装载量取决于玻璃的尺寸、厚度及均质炉的内腔体积。

C.3.2 在靠近气流出口处安装控温件以测定热浸炉内空气温度。玻璃表面温度用热电偶测量，热电偶的数量和布置见图 C.2～图 C.9，将热电偶与玻璃表面充分接触并粘在玻璃表面，其位置距玻璃边部距离应大于 25 mm。

C.3.3 校准开始时，炉内温度不得超过 50 ℃。

C.3.4 在加热阶段，玻璃任一部位的温度不得超过 320 ℃，并记录如下参数：

T_c 控温件的温度(任一时刻)；

t_1 第一个热电耦达到 280 ℃的时间；

T_{c_1} 在 t_1 时刻控温件的温度；

t_2 最后一个热电耦达到 280 ℃的时间；

$T_{c_{max}}$ 控温件在整个加热阶段过程中的最高温度；

$t_{c_{max}}$ 出现 $T_{c_{max}}$ 的时间；

T_{glass} 用热电偶测量的玻璃表面的温度(在任一时刻)(见图 C.2～图 C.9)。

C.3.5 保温阶段从 t_2 开始并保持至少 2 h。玻璃表面温度 T_{glass} 应保持在 290 ℃±10 ℃范围内，记录控温件 T_c 的温度。

C.3.6 冷却阶段从 t_2＋2 h 开始，记录控温件 T_c 的温度。可在 T_c 达到 70 ℃或以下时打开均质炉门。

C.4 记录

试验参数：

——t_1，T_{c1}；

——$T_{c_{max}}$，$t_{c_{max}}$；

——t_2；

——T_c，T_{glass}；

——玻璃间隔距离；

——间隔体位置、材料、形状；

——装载架的类型及布置。

C.5 结果表达

如果温度曲线不能达到图 C.1 的要求，则认为该均质炉校准不合格。

只有在 100％装载量和 10％装载量两种情况下的校准温度曲线均满足图 C.1 的要求时，均质炉才可用于实际均质处理。

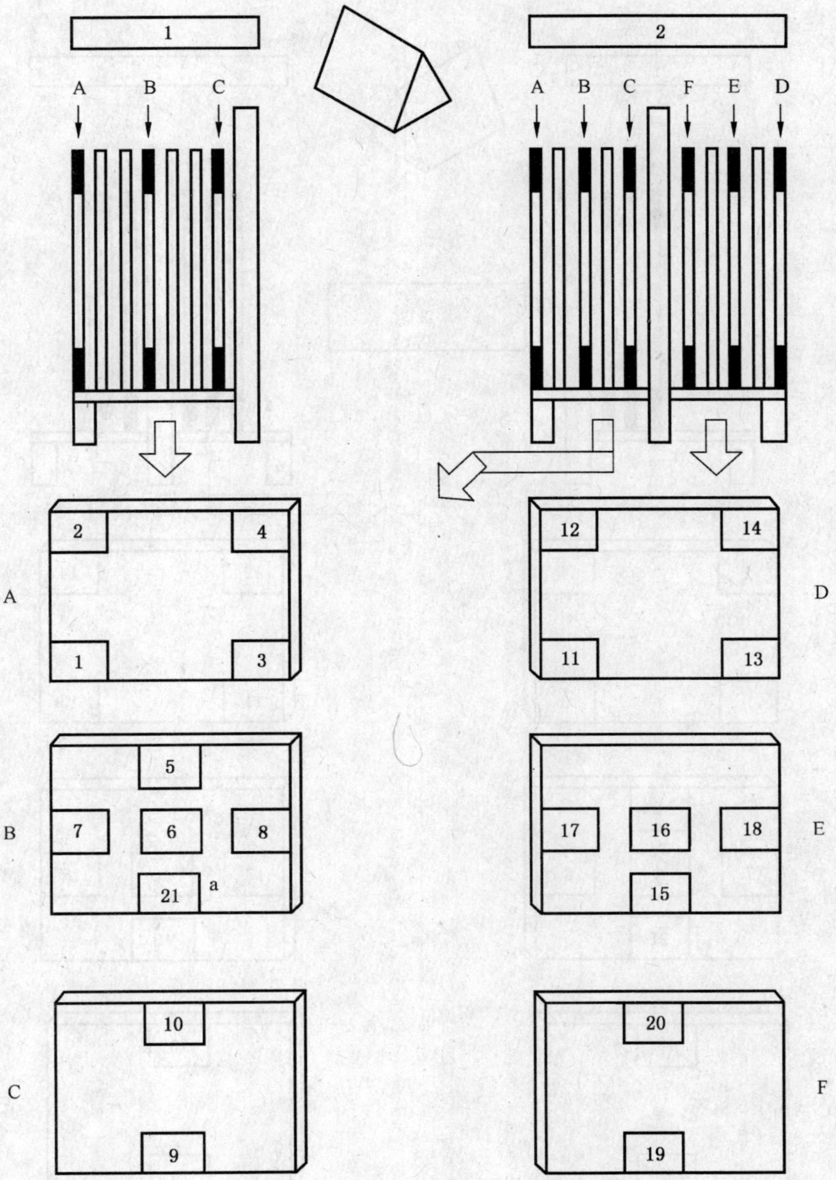

1——单向装载架；

2——双向装载架。

a：只适用于单向装载架。

图 C.2　第 1 类　1 个装载架　100%装载量

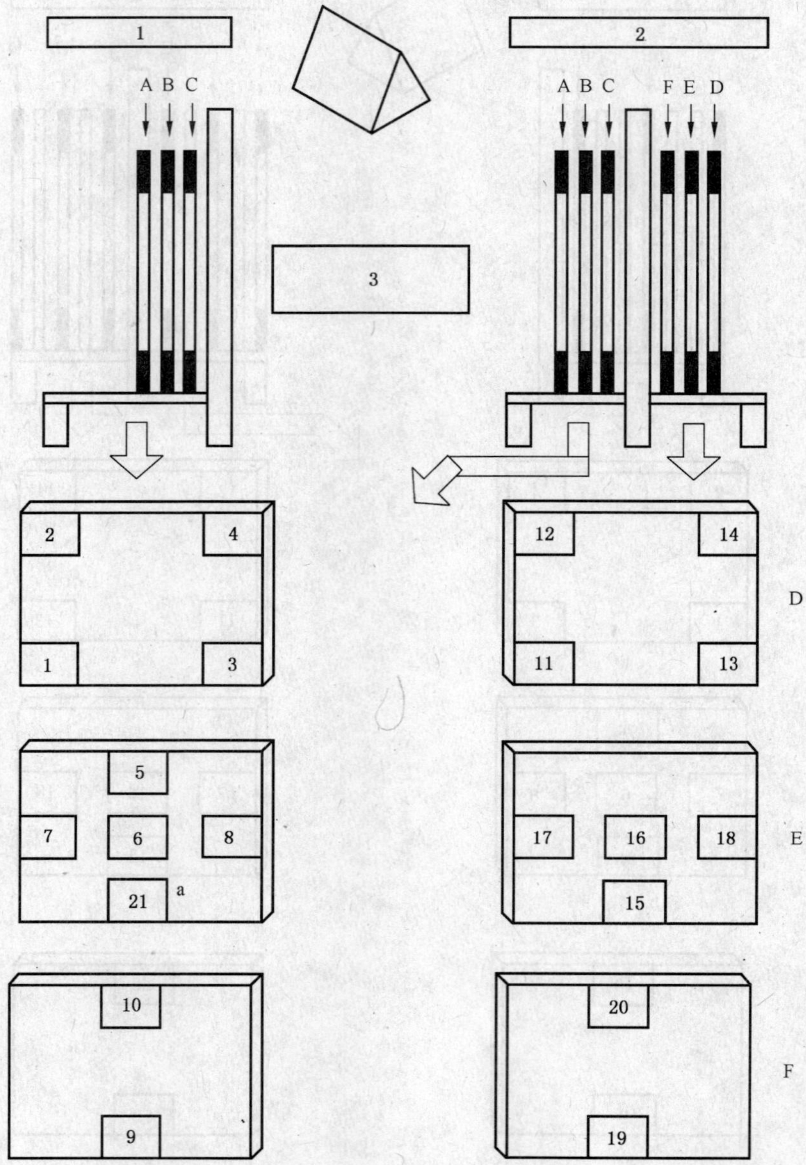

1——单向装载架；

2——双向装载架；

3——架上至少 3 块玻璃平行放置。

a：只适用于单向装载架。

图 C.3　第 1 类　1 个装载架　10%装载量

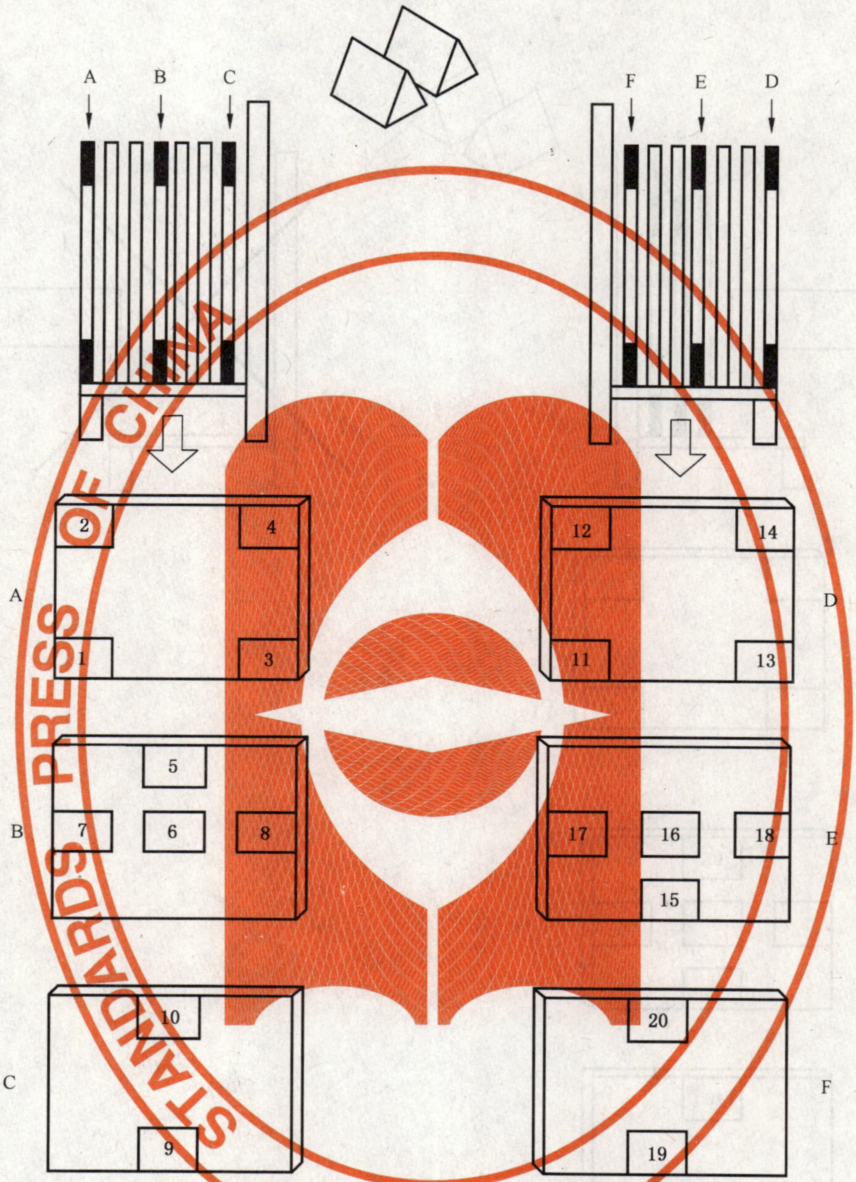

图 C.4 第2类 2个单向装载架 100%装载量

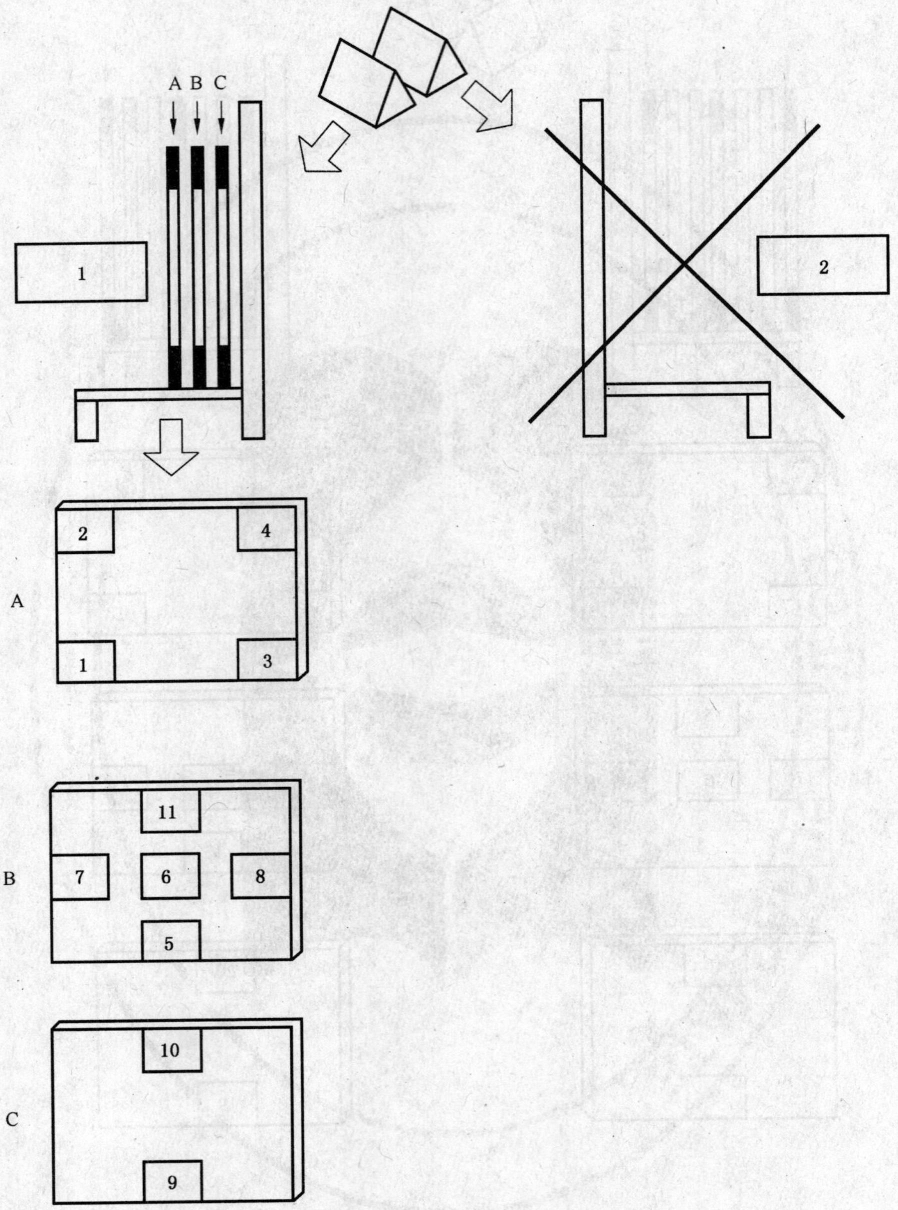

1——第 1 个装载架，至少 3 片玻璃平行放置；
2——第二个装载架空载。

图 C.5　第 2 类　2 个单向装载架　10%装载量

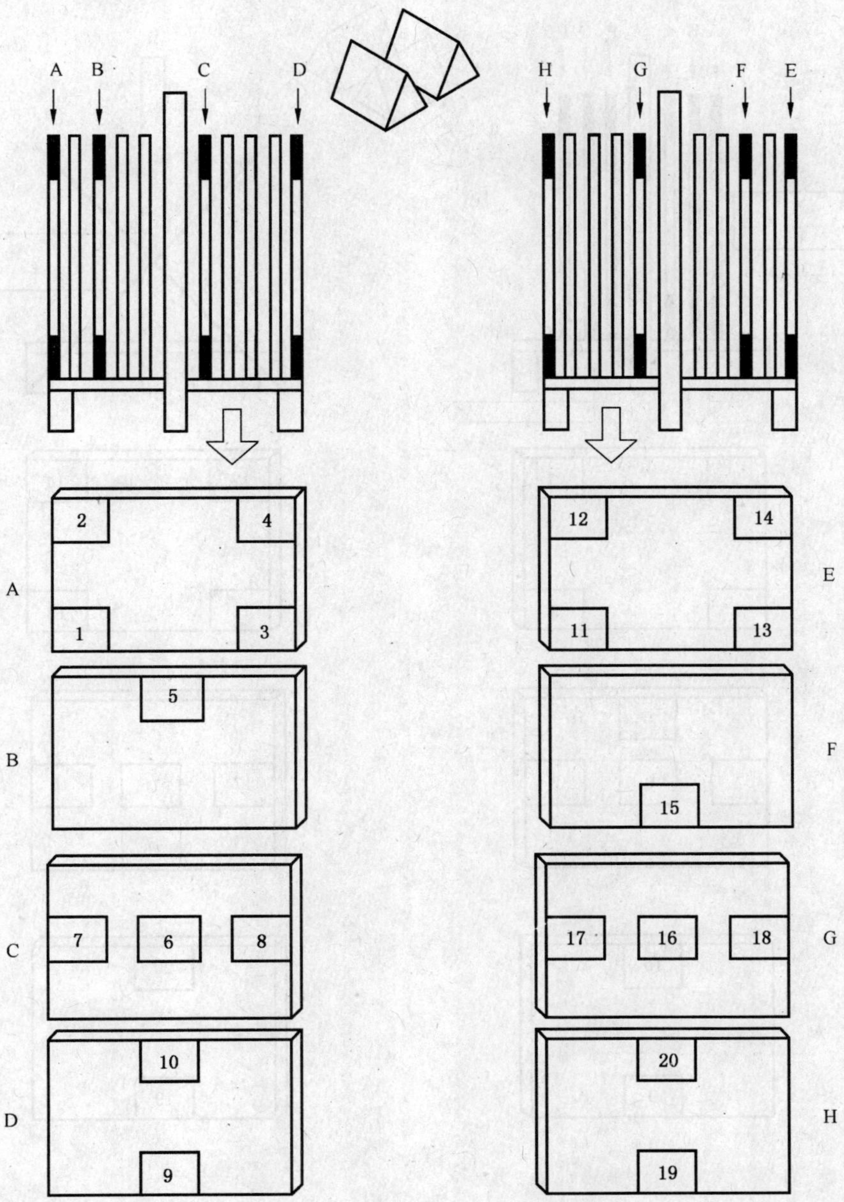

图 C.6　第 2 类　2 个双向装载架　100%装载量

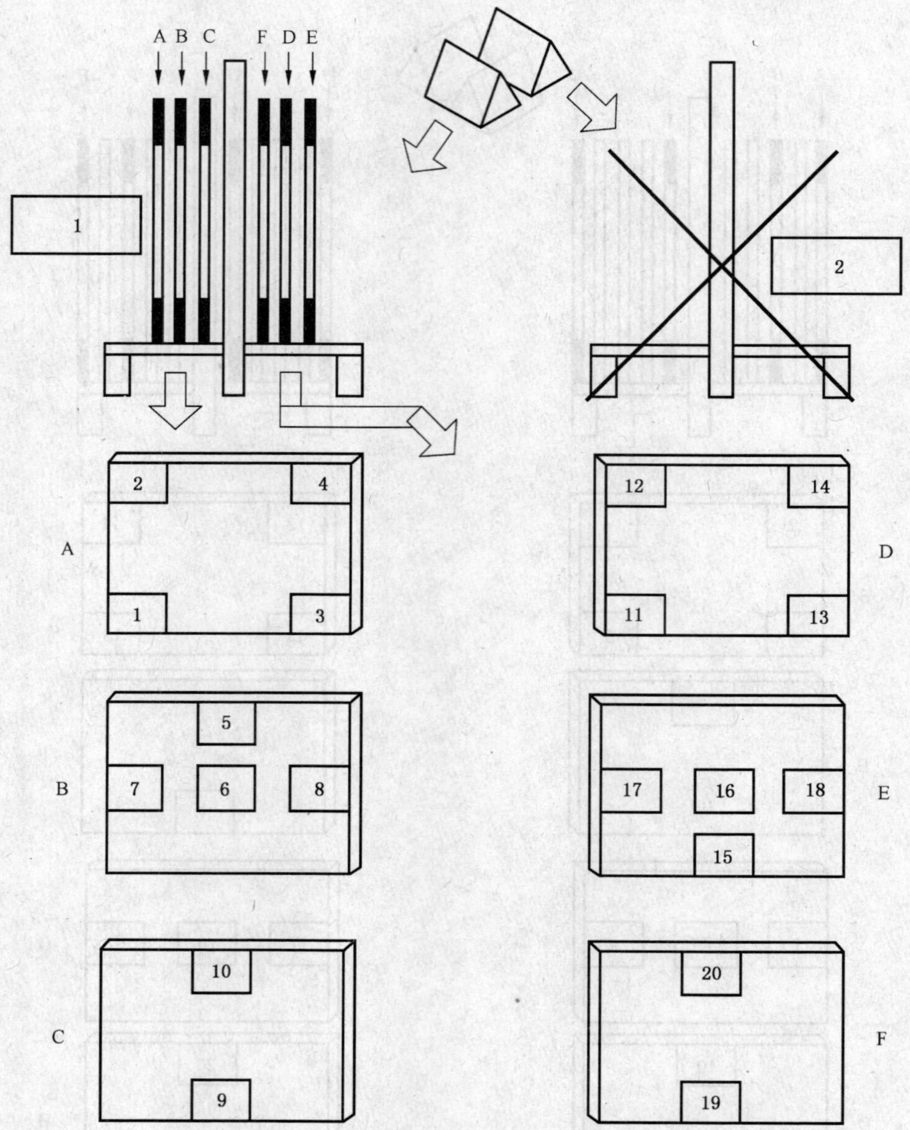

1——第 1 个装载架，每边均至少 3 片玻璃平行放置；

2——第二个装载架空载。

图 C.7　第 2 类　2 个双向装载架　10%装载量

图 C.8　第3类　6个或8个或9个装载架……　100%装载量

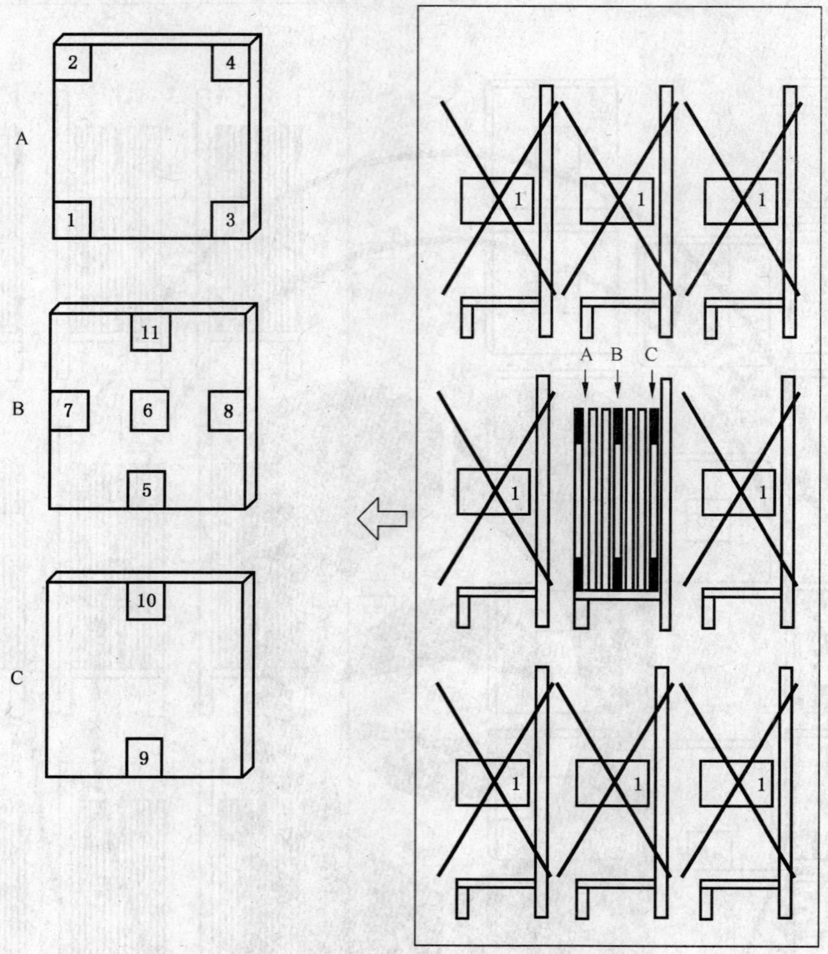

1——空载。

图 C.9　第 9 类　6 个或 8 个或 9 个装载架……　10%装载量

ICS 67.080
B 66

中华人民共和国国家标准

GB/T 15781—2009
代替 GB/T 15781—1995

森林抚育规程

Regulation for tending of forest

2009-05-12 发布　　　　2009-11-01 实施

中华人民共和国国家质量监督检验检疫总局
中国国家标准化管理委员会　发布

前言

本标准代替 GB/T 15781—1995《森林抚育规程》。

本标准与 GB/T 15781—1995 相比，主要有以下变化：

——增加了前言和规范性引用文件；

——调整了原标准的结构和相关内容；

——强调了森林生态功能的发挥，增加了生物多样性保护的有关规定；

——将林木分级改为林木分类；

——增加了修枝的有关规定；

——仅针对中幼龄林开展抚育活动，近熟林以封育为主；

——加强了竹林抚育的内容；

——增加了检查验收和档案管理的内容；

——删去了疏伐的概念，针对中龄林统一采用生长伐方式；

——改变了有关采伐强度、间隔期等控制指标；

——删去了有关抚育作业调查设计的内容；

——更换了附录 A 的内容；

——增加了附录 B、附录 C、附录 D 的内容。

本标准的附录 C、附录 D 均为规范性附录，附录 A、附录 B 均为资料性附录。

本标准由国家林业局提出并归口。

本标准负责起草单位：国家林业局调查规划设计院。

本标准主要起草人：唐小平、程小玲、樊喜斌、赵有贤、王红春、高作锋。

本标准于 1995 年首次发布，2009 年第一次修订。

森林抚育规程

1 范围

本标准规定了森林的抚育条件、对象、方法、技术指标及作业检查验收与档案管理等基本要求和内容。

本标准适用于全国森林抚育作业与经营管理。

本标准不适用于经济林。

2 规范性引用文件

下列文件中的条款通过本标准的引用而成为本标准的条款。凡是注日期的引用文件，其随后所有的修改单(不包括勘误的内容)或修订版均不适用于本标准，然而，鼓励根据本标准达成协议的各方研究是否可使用这些文件的最新版本。凡是不注日期的引用文件，其最新版本适用于本标准。

GB/T 15776—2006 造林技术规程

GB/T 18337.3 生态公益林建设 技术规程

LY/T 1646 森林采伐作业规程

森林资源规划设计调查技术规程

3 术语和定义

下列术语和定义适用于本标准。

3.1

森林抚育 forest tending operations

幼林郁闭到进入成熟封育前围绕培育目标所采取的营林措施的总称。

3.2

抚育采伐(间伐) intermediate cutting

根据林分发育、自然稀疏规律及森林培育目标，适时伐除部分林木，调整树种组成和林分密度，改善环境条件，促进保留木生长的一种营林措施。

3.3

透光伐 lighting cutting

在林分的幼龄阶段、开始郁闭后进行的抚育采伐。间密留匀、留优去劣，调整林分组成，为保留木留出适宜的营养空间。

3.4

生长伐 accretion cutting

在中龄林阶段进行的抚育采伐。伐除生长过密、生长不良和影响目标树生长发育的林木，进一步调整树种组成与林分密度，加速保留木生长，缩短工艺成熟期，提高林分质量和经济效益。

3.5

卫生伐 sanitation cutting

在遭受自然灾害的森林中进行，选择性地伐除已被危害、丧失培育前途的林木。

3.6

抚育采伐标准地 thinning plot

为抚育采伐作业设计或相关科学研究、检查抚育作业效果提供依据所设置的一定面积的森林地段。

它能够反映待测林地的平均指标，是整个林分的缩影，通过测定可获得林分的各种数量和质量指标。分临时标准地和固定标准地，其中固定标准地可设对照区。

3.7

霸王树　wolf tree

在天然林中，散生于主林层上方，树冠庞大，影响目标树正常生长的树木。

3.8

采伐强度　thinning intensity

砍伐和保留林木的程度。常用采伐木的蓄积(或株数)占小班蓄积(或总株数)的百分率表示。合理的采伐强度取决于经营目的和树种的生物学特性。一般根据森林的生长与立木之间的数量关系，在不同的生长阶段按照合理的密度确定。确定合理的采伐强度可依据蓄积、最适株数、郁闭度等方法。

4　总则

4.1　森林抚育是培育森林的重要措施之一。抚育目的主要是提高林木生长势，提高林分质量和抗自然灾害能力，提高林地生产力。

4.2　生态公益林抚育执行 GB/T 18337.3 和 LY/T 1646 中的有关内容。以下条款仅针对用材林的抚育作业和经营管理。

4.3　森林抚育应坚持去劣留优、去弱留壮、去密留稀、控制采伐强度、兼顾目标树分布均匀、保护幼苗幼树的原则。

4.4　按森林的生长、发育顺序，森林抚育采用修枝、透光伐、生长伐、卫生伐等措施。

4.5　森林抚育开始期和间隔期应根据树种特性、林分状况、立地条件、交通运输、劳力及小径材的销路等因素综合考虑确定。一般当林分密度过大导致生长不良，或目标树受到辅助树木压制或影响，胸径连年生长量明显下降时即可进行。

4.6　有特殊培育目标的森林特殊对待，短轮伐期工业原料林可不实施抚育采伐，矿柱林是否抚育视情况而定。

4.7　对原有林分密度过大，间伐后易风倒的林分，本着多次低强度的原则，迎风面可适当加大保留木密度，减少放倒木，防止树干倾斜。

4.8　被伐木优先选择林分内生长不良、感染病虫害或过密的林木，包括枯立木、濒死木、被压木、弯曲木、病腐木、多头木、生长过密林木、抑制目标树生长的其他有害林木和植物。

5　林木分类

5.1　目标树

能够满足森林经营终极目标，对林分的稳定性和生产性发挥重要作用的长势好、质量好、价值高的林木，一般保留到森林主伐利用时采伐。

5.2　辅助树

有利于促进目标树天然整枝和形成良好干形的，对土壤有保护和改良作用的，以及伐除后可能出现林窗或林中空地的林木。

5.3　有害树

枯立木、濒死木、罹病木、被压木以及妨碍目标树与辅助树生长，树冠过分庞大，树干尖削，多枝多节的林木。

6　人工修枝

6.1　条件

在中幼龄林阶段进行，主要适用于天然整枝不良的林木。

6.2 目的

减少节疤，提高木材质量，培育通直优质木材；

改善林内通风与光照状况及林木生长条件，减少树冠火、雪压和风害的受灾程度，防止病虫害蔓延。

6.3 对象

天然整枝不良、枝条影响林内通风和光照的林木。

6.4 方法

修枝常采用切口位置的方法：平切（贴近树干修枝）和留桩，一般采用平切法，对于松树等轮生枝，宜采用留桩法，修枝时留 1 cm～3 cm 的残桩，以免切口相连造成环状剥皮。

6.5 开始时间

林分郁闭，树干下部出现枯枝后开始。针叶树一般是造林 7 年～8 年后进行，为防止牲畜啃食的林地，修枝可晚些进行；阔叶树在造林 2 年～3 年后进行；速生丰产用材林修枝抚育于造林后第三年春季萌芽前或秋季落叶后进行。修枝季节一般在晚秋初冬和早春树木休眠期进行，一般树种以冬末春初为宜。有些萌芽力很强的树种和冬春修枝会形成严重伤流的树种，宜在树木生长旺盛季节进行修枝。

6.6 间隔期

针叶树在前一次修枝后出现两轮死枝时再次修枝。阔叶树的间隔期为 2 年～3 年。

6.7 技术要求

掌握"轻修枝，留大冠，控制竞争，利用辅养"的原则。

避免在雨季修枝，以免伤口不易愈合而感染病害，形成疤痕。

修枝要求切口平滑，不撕裂树皮；修枝时应紧贴枝条基部，修枝后切面与树干平，不留茬；尽量少去枝，防止一次修枝过重，以免造成伤疤过多，难以愈合，影响到树木的生长。

修枝高度依培育目标而异，锯材、胶合板材为 6 m～7 m；纤维用材 4 m～5 m；造船材 6 m～9 m；不同目的的树种按所需材种确定不同生长期的修枝高度。一般修去枯死枝和林木下部 1 轮～2 轮活枝，幼龄林阶段修枝高度不超过树高 1/3，中龄林阶段修枝高度不超过树高的 1/2。

7 透光伐

7.1 条件

符合下列情况之一的幼龄林进行透光伐：

——每公顷树高 30 cm 以上的天然更新幼树超过 3 000 株，或 30 cm 以下的幼苗幼树超过 6 000 株，更新频度超过 60%（2 m×2 m 样方 25 个以上），幼苗幼树层的植被总覆盖度 80% 以上；

——郁闭后目标树受到非目标树、灌木、杂草压制时；

——郁闭度在 0.9 或分布不均郁闭度 0.8 以上的人工林；

——郁闭度在 0.8 或分布不均郁闭度 0.7 以上的天然林。

幼龄林的划分标准执行《森林资源规划设计调查技术规程》中的有关规定。

7.2 目的

解决目标树与非目标树、草本植物之间的矛盾，保证目标树不受任何压抑而加速其生长。

7.3 对象

在天然林中伐除对象是高大草本植物、灌木、藤蔓与影响目标树幼树生长的萌芽条、霸王树与上层残留木及目标树中生长不良的林木，调节林分密度；在人工纯林中伐除对象是过密的和质量低劣、无培育前途的林木；在人工混交林中，伐除对象是有碍保留木生长的乔灌木、藤蔓和草本植物。

7.4 方法

透光伐的实施可视林分特征和交通、劳力等社会经济条件不同分别采取全面抚育和局部抚育透光伐。凡劳力充足，交通方便，主要目标树占优势、且分布均匀的林分可采用全面抚育透光伐；地处边远山区，交通不便、劳力缺乏或林间主要目标树分布疏密不均，水土流失严重的，可采用团状抚育或带状抚育透光伐。

7.5 开始时间

幼林郁闭后，林分密度大，林木受光不足，出现营养空间竞争、林木开始分化时；

目标树开始受到非目标树、灌木、杂草压抑时。

7.6 技术要求

对纯林主要是间密留匀、去劣存优，伐去质量低劣、无培育前途的有害树和过密的辅助树，同时清除影响林木生长的藤蔓、杂灌。对混交林主要是调整林分组成，伐去生长不良和影响目标树生长的林木。

天然林抚育采伐后每公顷均匀保留 2 400 株～3 600 株幼苗幼树，郁闭度不低于 0.6；人工林郁闭度不低于 0.7。在风雪危害严重的地段透光伐的郁闭度一次不得降低 0.2。抚育后林分平均胸径不小于抚育前林分平均胸径，抚育后保留木单位面积最少株数符合附录 A、附录 B 中的指标。

速生丰产林间隔期为 3 年～5 年，其他林分间隔期视郁闭度恢复情况确定。

8 生长伐

8.1 条件

在中龄林阶段进行，同时符合下列条件之一的：

——郁闭度 0.8 以上；

——郁闭度 0.7 以上，下层目标树幼树较多、分布均匀；

——林木胸径连年生长量明显下降；枯立木与濒死木数量超过林木总数 30%。

中龄林的划分标准执行《森林资源规划设计调查技术规程》中的有关规定。

8.2 目的

伐除生长过密和生长不良的林木，合理调整立木密度，使保留木具有较好的营养空间，促进保留木生长，培育良好干形及目标树。

8.3 对象

8.3.1 同龄纯林，伐除有害树以及过密的或受害的辅助树。

8.3.2 混交林尤其是复层混交林，伐除位于林冠上方的霸王树和上一世代的残留木。

8.3.3 反复多次不合理择伐后的天然次生林，伐除有害树。

8.3.4 天然更新的单层同龄林，伐除上层散生的上一世代的残留木和主林层中生长落后的林木。

8.3.5 不易引起病虫害的枯立木、风倒木、风折木、濒死木等。

8.4 方法

同龄纯林宜采用下层抚育采伐；混交林、复层林宜采用上层抚育采伐；其他林分宜采用综合抚育采伐；对于株行距整齐的人工林，可每隔一定距离，按事先确定的采伐行距和株距，机械地确定抚育采伐木，即采用机械抚育采伐。

8.5 开始时间

在林木分化加剧、胸径连年生长量明显下降时进行。

8.6 技术要求

一次间伐强度为总株数的 15%～35%，伐后郁闭度应保留 0.6～0.7。未进行过透光伐的飞播林，首次间伐每公顷保留 1 200 株～2 800 株以上或伐后郁闭度控制在 0.7～0.8。间隔期视郁闭度恢复情况确定。一般到近熟龄林封育前作业 1 次～2 次。

未进行透光伐的中龄林，可按照郁闭度确定采伐强度，抚育采伐后郁闭度不低于 0.6，抚育后林分平均胸径不小于抚育前林分平均胸径；对于容易引起风倒的林分或因抚育强度大影响林木正常生长的，每次抚育采伐后郁闭度不得降低 0.2；抚育后保留木单位面积最少株数符合附录 A、附录 B 中的指标。

9 卫生伐

9.1 条件

遭受病虫害、火灾及风雪危害等自然灾害和林内卫生状况较差的林分。

9.2 目的

以改善林分的卫生状况，减少病虫害和火灾发生，促进林木健康生长。

9.3 对象

遭受病虫害、风雪危害、森林火灾的林木。

9.4 开始时间

林分受害后进行。

9.5 方法和技术要求

伐除不容易引起病虫害的枯立木、风(雪压)倒木、风(雪压)折木、濒死木和受病虫害危害的立木。

受害木数量较多时，要适当保留受害较轻的林木，使林分郁闭度保持在0.6以上。耐火烧树种在火灾发生后的2年～3年内分数次逐步伐除火烧木，首次伐除的严重火烧木不要超过林木总数的30%。

10 竹林抚育

10.1 条件

有培育前途且抚育不会造成水土流失，以及竹林内杂灌、藤蔓和生长细弱、畸形竹及病竹、风倒竹、雪压竹比例达30%的竹子；与竹林生长争光争热、不利于保留竹生长的非目标树及生长过密的竹子。

10.2 目的

除去害虫中间寄主和减少害虫栖息场所，保持合理的立竹度，减少营养消耗，促进竹林生长。

10.3 方法

10.3.1 劈山

每年7月～8月份劈山一次。竹林立竹度大，杂草、灌木少时，也可不劈山。

10.3.2 垦复

每隔4年～6年全垦一次，首次于发笋长竹当年盛夏、冬季进行，深翻20 cm～25 cm，清除树桩、竹蔸、老鞭。

10.3.3 施肥

于发笋长竹当年劈山后进行，以秋季为宜，穴施或沟施。

10.4 技术要求

竹林采伐强度按采伐量不超过当年新竹量，伐桩不超过10 cm，且伐后郁闭度不得低于0.7。

适当保留竹林中的伴生树、散生林木。

竹林采伐后立竹保留一般3 000株/hm^2；立地条件较好、现有竹林平均直径较大(地径2 cm以上)、以经营较大直径竹子为目的的竹林保留2 250株/hm^2；立地条件较差、现有竹林平均直径较小(地径2 cm以下)、以经营较小直径竹子为目的的竹林，可保留4 800株/hm^2。

采伐后的立竹龄级结构。采伐后一年生竹占35%，两年生竹占30%，三年生竹占30%，四年生竹占5%，保留生笋力强的立竹占65%，保持较高的叶面指数和生笋能力。若一次采伐还不能达到上述标准龄级结构，可多次采伐，逐年调整优化。

11 林地管理

11.1 施肥

土壤肥力下降的集约经营用材林要根据土壤营养元素的丰缺状况、目标树种的种类与年龄、林分密度，确定所施肥料的种类与单位面积施肥量；对一般经营的林分，根据生长量是否达标考虑进行追肥。

力求通过营养诊断，以适宜的投资成本，获取较高的经济收益。

11.2 灌溉与排水

干旱、半干旱地区的集约经营用材林要引水灌溉。灌溉的时机为早春树液流动前和干旱季节。沼泽化及季节性积水的林地要挖沟排水。

11.3 地力维护

提倡行间间种豆类、花生、药材、牧草等矮秆作物，起到以耕代抚的作用，增加地表覆盖、改良土壤、提高经济效益。但应坚持以林为主，以农促林的原则，间种应离开树木 0.5 m 以外，且不可种在株间。间作物收获后，要把树叶和间种剩余物返还林地。林木行间不能间作和不易间作的林地，每年春、秋松土，夏季锄草，以起到灭草、压青、蓄水的作用。

11.4 林道维护

对抚育作业林道进行适时的路面修补，如塌方填平、堆方清除、边坡修护、标识维护等。

12 生物多样性保护

12.1 野生动物保护

保留鸟巢或人工鸟巢周围的林木。

保留野生动物隐蔽地的树木。

保留不容易引起病虫害的孤立木、枯立木、站桩、倒木、腐木，保护野生动物栖息地。

12.2 野生植物保护

保留林地内的古树。

保留林地内珍稀树种和国家、地方重点保护野生植物。

12.3 其他相关保护措施

在抚育时应结合除草、修枝等整修防火线，清除可燃物。

保留不影响幼苗、幼树生长的下木和林下灌木。

抚育采伐不得造成林窗。

自然保护区、重要森林景观区周围林分抚育时，应设置大于 30 m 的缓冲带。

13 抚育作业施工

13.1 施工前要完成辅助工程设施及生产与生活资料的准备，明确劳动组织和操作方法。

13.2 抚育作业要正确选择采伐木。曾进行过抚育采伐、平均胸径 8 cm 以上的林分，其间伐木(或保留木)胸高处和根颈处要标上明显标记；施工作业期技术人员现场监督，伐后按现行的木材规格、材质标准合理造材。

13.3 采伐剩余物及修剪的枝条要及时清理并加以利用。

13.4 林地排灌时要防止土壤侵蚀和次生盐碱化，施肥时不要污染环境。

13.5 其他施工要求具体执行 LY/T 1646 的相关规定。

14 作业监督与检查验收

14.1 作业监督

作业质量检查等日常管理工作由抚育采伐作业单位负责，当地主管部门应派出现地质量监督员，在现地监督检查本标准的执行情况并指导抚育采伐作业。质量监督员对发现的违规作业行为，有权作出限期补救提示、限期补救并处以罚款警告和暂停采伐作业处理(见附录 C)，如果出现暂停采伐处理，则在继续作业之前应进行进一步的实地检查以证实所有工作都按照要求的标准完成。

14.2 作业区检查验收

14.2.1 检查验收组织和检查验收时间

各级林业主管部门要对其审批的抚育设计及其施工质量抽样检查，组织验收。作业检查验收应在抚育采伐作业结束后立即进行。

设计质量检查的抽样比为原测量标准地数的5%～10%，小班面积的1%～5%。现场核实标准地的测树因子、抚育作业的设计、作业小班区划等项目。

14.2.2 检查程序

a) 抚育作业单位应在完成作业后及时向业务主管部门提出验收申请，主管部门接到申请后到现地进行检查验收。

b) 检查验收按作业设计小班进行实地核实。

c) 检查验收小组在检查时应有抚育单位代表配合。

d) 施工质量检查按照作业设计小班进行。测树因子检查采用抽样方法，现地实测，实测样地(标准地)的面积不应低于作业面积的3%，最小实测样地面积不应小于0.02 hm^2，实测样地(标准地)的数量在3块以上，且均匀分布在小班内。

e) 检查验收发现的所有没有按照本标准进行作业的都应向抚育单位代表说明。

f) 检查结束后，应由抚育作业单位代表签署检查单。

14.2.3 检查验收标准

检查验收采取百分制，总分达到85分为合格，检查验收标准见附录D。其中改变采伐方式和越界采伐为否定因子，满足其一即判定为不合格作业区。

15 档案管理

15.1 档案管理机构、人员与职责

各经营管理单位，应按照国家档案管理的规章制度配备相应的管理机构和管理人员，负责档案资料的接收、收集、整理、更新、保管和提供利用。

15.2 档案内容

15.2.1 作业区资源调查与抚育采伐设计文档

小班区划和调查成果材料，包括作业区资源调查成果(作业区资源调查报告、资源统计报表)、小班区划图、作业区调查原始记录、抚育采伐设计成果(作业区设计报告包括集材道设计、采伐更新设计、设计报表和设计图等)等文档资料。

15.2.2 作业区作业文档

抚育采伐作业过程中的采伐人员情况，生产和生活资料，集材道修建及植被恢复，木材生产(伐木、造材、集材、归楞、运输)等资料。

15.2.3 监督、检查与验收文档

作业区调查设计检查文档，作业区生产准备作业检查文档，作业区作业监督文档，作业区验收文档等，具体内容见本标准的“作业监督与检查验收”。

15.2.4 其他相关文档

除上述有关文档外，还应包含有关作业区调查设计与实施的指导性文件和采伐许可证等文档。

15.3 档案保存形式

包括上述全部档案内容都应有纸介质文档和电子文档，每份电子文档应有两个备份(光盘)，字迹应清楚。

15.4 档案管理和服务

15.4.1 以作业区小班为单位建立技术管理档案。

15.4.2 对档案采用计算机化管理，并及时更新。

15.4.3　抚育采伐结束后，有关单位和部门应立即整理立卷和移交纸质档案，档案管理部门整理立卷和接收入库的档案。

15.4.4　抚育作业单位应有健全的档案管理制度，档案管理人员应建立必需的登记和统计制度，对档案的收进、移出、保管和利用情况进行精确的统计，档案管理人员更换时应办理移交工作。

附　录　A

（资料性附录）

人工林主要树种抚育后保留木密度

表 A.1　人工林主要树种抚育后保留木密度

单位为株每公顷

树种	林龄													
	幼龄林							中龄林						
	东北区	华北中原区	中南华东区	东南沿海及热带区	长江上中游区	黄河上中游区	三北风沙区	东北区	华北中原区	中南华东区	东南沿海及热带区	长江上中游区	黄河上中游区	三北风沙区
红松	1 845～2 460							1 380～1 845						
落叶松	1 350～2 805	1 350～2 805	1 425～2 970		1 425～2 970		1 350～2 805	1 005～2 100	1 005～2 100	1 065～2 235		1 065～2 235		1 005～2 100
樟子松	930～1 845	930～1 845					930～1 845	690～1 380	690～1 380					690～1 380
云杉、冷杉	1 860～2 805	930～1 680	1 065～1 335		810～975		1 125～2 805	1 395～2 100	705～1 260	810～1 005		600～735		840～2 100
侧柏、柏木		1 395～2 805	1 485～2 970	1 485～2 970	660～2 085	1 395～2 235	1 125～2 235		1 050～2 100	1 110～2 235	1 110～2 235	495～1 560	1 050～1 680	840～1 680
油松、黑松、白皮松	1 680～2 805	1 680～2 805	1 185～1 485		630～810	930～1 395	930～1 395	1 260～2 100	1 260～2 100	900～1 110		465～600	705～1 050	705～1 050
白桦	900～1 125	900～1 125	945～1 185	945～1 185	945～1 185	900～1 125	900～1 125	675～840	675～840	720～900	720～900	720～900	675～840	675～840
胡桃楸、水曲柳、黄菠萝	2 460～3 690	2 460～3 690	375～1 185		300～1 185	420～1 260		1 845～2 775	1 845～2 775	285～900		225～900	315～945	
蒙古栎、辽东栎、角栎	1 680～3 360	1 680～3 360				930～2 235	1 125～2 235	1 260～2 520	1 260～2 520				705～1 680	840～1 680

表 A.1（续）

单位为株每公顷

树种	林龄													
	幼龄林							中龄林						
	东北区	华北中原区	中南华东区	东南沿海及热带区	长江上中游区	黄河上中游区	三北风沙区	东北区	华北中原区	中南华东区	东南沿海及热带区	长江上中游区	黄河上中游区	三北风沙区
白蜡		675～1 230	690～1 305	600～1 305					510～930	510～975	450～975			
桤木、蒙自桤木			1 065～1 605		900～1 485	840～1 680				810～1 200		675～1 110	630～1 260	
榆树	750～1 845	555～1 680	480～1 185	480～1 185	480～1 185	750～1 125	550～1 395	570～1 380	420～1 260	360～900	360～900	360～900	570～840	420～1 050
椴树	930～1 680	675～1 125	750～1 185		750～1 185		1 125～1 680	705～1 260	510～840	555～900		555～900		840～1 260
杨树	225～1 845	180～1 845	180～360		120～480	330～555	390～675	165～1 380	135～1 380	135～270		90～360	255～420	300～510
刺槐	930～3 360	930～3 360	450～540	975～3 570		675～2 235	675～1 680	690～2 520	690～2 520	330～405	735～2 685		510～1 680	510～1 260
泡桐		105～840	120～450		240～480				75～630	90～330		180～360		
栲、红椎、米槠、甜椎、青檀		450～1 125	540～720	990～1 980	540～630				330～840	405～540	750～1 485	405～465		
华山松、黄山松		1 680～3 780	720～2 145		720～1 785				1 260～2 835	540～1 605		540～1 335		
云南松、思茅松、高山松				990～1 980	720～1 485						750～1 485	540～1 110		
马尾松、火炬松、湿地松			540～1 065	990～1 980	540～900					405～810	750～1 485	405～675		
杉木			630～1 785	990～1 980	900～2 145					465～1 335	750～1 485	675～1 605		

表 A.1（续）

单位为株每公顷

树种	林龄													
	幼龄林							中龄林						
	东北区	华北中原区	中南华东区	东南沿海及热带区	长江上中游区	黄河上中游区	三北风沙区	东北区	华北中原区	中南华东区	东南沿海及热带区	长江上中游区	黄河上中游区	三北风沙区
水杉、池杉、落羽杉、水松			750～1 485	990～1 485	720～1 485					555～1 110	750～1 110	540～1 110		
秃杉、油杉			780～1 485	720～1 185	720～1 185					585～1 110	540～900	540～900		
柳杉			900～2 085	1 485～2 685	720～1 785					675～1 560	1 110～2 010	540～1 335		
香樟			720～2 145	810～1 785	630～1 785					540～1 605	600～1 335	465～1 335		
楠木、红豆树			630～1 065	1 485～1 785	540～900					465～810	1 110～1 335	405～675		
木荷、火力楠、观光木、含笑			720～1 335	600～1 485	630～1 065					540～1 005	450～1 110	465～810		
栓皮栎、麻栎、槲栎、黄山栎、白栎、锐齿栎、锥栎			900～1 485	720～1 305	660～1 185					675～1 110	540～975	495～900		
青冈栎、桤木			9 003～1 785	990～2 235	810～1 785					675～1 335	750～1 680	600～1 335		
喜树			630～1 065	660～990	540～900					465～810	495～750	405～675		

表 A.1（续）

单位为株每公顷

树种	林龄													
	幼龄林							中龄林						
	东北区	华北中原区	中南华东区	东南沿海及热带区	长江上中游区	黄河上中游区	三北风沙区	东北区	华北中原区	中南华东区	东南沿海及热带区	长江上中游区	黄河上中游区	三北风沙区
相思类			720～1 965	990～1 965						540～1 470	750～1 470			
木麻黄			1 185～1 785	1 485～2 970						900～1 335	1 110～2 235			
苦楝、川楝、麻楝			270～450	240～420	270～360					195～330	180～315	195～270		
香椿、臭椿			540～900	1 185～2 145	360～810					405～675	900～1 605	270～600		
桉树			720～1 485	990～2 970	630～1 335					540～1 110	750～2 235	465～1 005		
山桃、山杏		225～450	300～480				225～555		165～330	225～360				165～420
毛竹			180～360	300～540	165～270					135～270	225～405	120～195		

注 1：各区域范围按照《造林技术规程》(GB/T 15776—2006)中附录 C 的规定。

注 2：青藏高原区根据实际情况自行确定。

注 3：表中没有列上的树种由各地自定。

附 录 B
（资料性附录）
天然次生林抚育不同径阶适宜保留株数

表 B.1 天然次生林抚育不同径阶适宜保留株数 单位为株每公顷

类 型	区域	径 阶/cm						
		6	8	10	12～14	16～18	20～22	22 以上
针阔混交林	北部	4 000～6 405	2 100～4 485	1 580～2 730	930～2 010	810～1 320	700～1 060	640～920
	南部	3 600～5 760	1 900～3 960	1 340～2 320	790～1 520	650～1 050	560～700	510～660
硬阔叶林	北部	2 550～4 110	1 490～2 980	1 130～2 050	850～1 640	780～1 260	650～1 020	600～790
	南部	2 250～3 700	1 350～2 680	1 020～1 800	720～1 100	660～870	550～710	510～630
软阔叶林	北部	4 060～6 540	2 020～4 610	1 590～2 920	1 040～2 290	910～1 520	780～910	
	南部	3 600～5 700	1 800～4 180	1 440～2 620	950～1 750	770～1 250	660～730	
山杨林	北部	2 460～3 950	2 010～3 900	1 580～2 900	1 180～2 270	900～1 500	760～960	
	南部							
柞树林	北部	3 150～5 070	2 060～4 120	1 530～2 830	1 010～2 190	750～1 500	680～1 090	650～880
	南部							
白桦林	北部	2 700～4 330	1 970～3 660	1 550～2 790	1 230～2 230	980～1 420	860～1 060	
	南部							

注：南部是指长江流域和长江以南地区；北部是指黄河流域和黄河以北地区以及新疆、祁连山林区和西南高山云、冷杉林区。

附 录 C
（规范性附录）
作业区作业监督主要处罚项目

表 C.1 作业区作业监督主要处罚项目

提示限期补救	警告限期补救并处以罚款	暂停作业
违反安全管理操作规程；	严重违反安全管理操作规程；	违反安全管理操作规程造成后果的；
标记树未被采伐；	树倒方向控制不好，造成树木搭挂或伐倒木砸伤损伤；	改变采伐方式、越界采伐；
作业过程造成集材道；	采伐未挂号的立木；	作业区工作人员人为造成火灾火情；
楞场排水方式不正确造成积水；	伐根高度超过 10 cm；	发生食物中毒事件；
生活区废物处理不当；	集材道被铲坏，阻塞和弄乱界限、道路、河流以及当地农林排沟灌渠；	有人身伤亡事故发生；
各类油污未处理	拖拉机下道，集材损坏树木和幼树	采伐野生动物隐蔽地未受病虫害的树木

附 录 D
（规范性附录）
抚育采伐作业质量检查标准

表 D.1 抚育采伐作业质量检查标准

检查项目		标准分	检查方法及评分标准
(一)采伐质量	采伐方式	5	符合调查设计要求的得满分,改变采伐方式的为不合格作业区
	采伐面积	10	符合调查设计要求的得满分,越界采伐的为不合格作业区
	采伐蓄积	5	允许误差 5%;每超过±1%扣 2 分
	出材量	5	允许误差 5%;每超过±1%扣 2 分
	应采未采木	10	应采木漏采 0.1 m^3 扣 1 分
	采伐未挂号的树木	5	每采 0.1 m^3 扣 1 分
	郁闭度	10	符合调查设计要求的得满分,否则不得分
	伐根	5	伐根高度超过 10 cm 比例应低于 15%;每超过 1%扣 1 分
	集材	10	拖拉机不下集材道的得满分,下道的不得分; 幼苗、幼树损伤率超过调查采伐面积中幼苗、幼树总株树 30%的不得分
	林窗	5	未出现林窗的得满分,出现林窗的不得分
(二)环境影响	水土流失	10	采伐作业生活区建设时破坏的山体未回填扣 2 分; 对可能发生冲刷的集材道未作处理扣 4 分; 对可能发生冲刷的集材道处理达不到要求扣 2 分; 集材道出现冲刷不得分; 集材道路未设水流阻流带,车辙、冲沟深度超 5 cm 扣 8 分
	场地卫生	5	发生下列情况之一的扣 2 分: 可分解的生活废弃物未深埋; 难分解生活废弃物未运往垃圾处理场; 采伐作业生活区的临时工棚未拆除彻底; 建筑用材料未运出; 抽查 0.5 hm 采伐面积,人为弃物超过 2 件; 轻度损伤的树木未作伤口处理的,重度损伤的树木未伐除
(三)资源利用	作业区丢弃材	10	丢弃材超过 0.1 m^3/hm^2 扣 10 分
	装车场丢弃材	5	装净得满分,否则不得分
注:总分为 100。			

ICS 65.020.40
B 64

GB

中华人民共和国国家标准

GB/T 15782—2009
代替 GB/T 15782—1995

营造林总体设计规程

Code for silvicultural overall design

2009-02-23 发布　　2009-08-01 实施

中华人民共和国国家质量监督检验检疫总局
中国国家标准化管理委员会　发布

前　言

本标准代替 GB/T 15782—1995《集约经营用材林基地造林总体设计规程》。

本标准与 GB/T 15782—1995 相比，主要变化如下：

——标准名称改为《营造林总体设计规程》，将总体设计客体“集约经营用材林基地造林”改为“营造林”，扩大了标准的适用范围；

——总则中增加了营造林总体设计编制要在国家林业重点工程建设规划及相关文件的框架下进行的要求；

——增加了总体设计的任务、深度、依据、编制单元；

——规定要将历次与森林经营有关的区划整合到同一经营区划系统中，一个小班只有一个主要经营方向(见 8.1)；

——规定编制造林模型的技术指标要符合相关技术标准(见 10.1.3)；

——规定进行小班数据更新时宜采用卫星影像(见 9.2.2.4)；

——规定宜采用地理信息系统软件编制附图(见 10.1)；

——规定宜利用地理信息系统软件确定建设规模(见 10.2)；

——现状图、立地类型图、设计图打印输出比例尺增加了 1∶50 000 与 1∶100 000 两种规格(见第 21 章)。

——野外调查与内业设计两部分的文字进行了提炼、压缩，删除了已为大家熟知的具体说明(见第 9、12、13 和 14 章)；

——增加了附录 B《总体设计说明书编制提纲》。

本标准的附录 C 为规范性附录，附录 A、附录 B 为资料性附录。

本标准由国家林业局提出并归口。

本标准起草单位：国家林业局调查规划设计院。

本标准主要起草人：顾云春、刘道平、赵有贤、周志峰、高作锋。

营造林总体设计规程

1 范围

本标准规定了营造林总体设计编制的任务、依据、深度、内容、方法与要求及编制程序。

本标准适用于国家林业重点工程的营造林总体设计。其他营造林项目可参照执行。

2 规范性引用文件

下列文件中的条款通过本标准的引用而成为本标准的条款。凡是注日期的引用文件，其随后所有的修改单(不包括勘误的内容)或修订版均不适用于本标准，然而，鼓励根据本标准达成协议的各方研究是否可使用这些文件的最新版本。凡是不注日期的引用文件，其最新版本适用于本标准。

GB 6000 主要造林树种苗木质量分级

GB/T 6001 育苗技术规程

GB/T 14071 林木良种审定规范

GB/T 14175 林木引种

GB/T 15162 飞播造林技术规程

GB/T 15163 封山(沙)育林技术规程

GB/T 15776 造林技术规程

GB/T 15781 森林抚育规程

GB/T 16621 母树林营建技术

GB/T 18337.1 生态公益林建设 导则

GB/T 18337.3 生态公益林建设 技术规程

LY/T 1028 林业苗圃工程设计规范

LY/T 1185 国有林区标准化苗圃

LY/T 1186 飞机播种治沙技术要求

LY/T 1345 主要针叶造林树种种子园营建技术

LY/T 1438 森林资源代码 森林调查

LY/T 1439 森林资源代码 树种

LY/T 1560 低产用材林改造技术规程

林业地图图式(原林业部.1982年8月发布)

林业专业调查主要技术规定(原林业部编.中国林业出版社.1990)

投资项目可行性研究指南(中国电力出版社.2002)

森林资源规划设计调查主要技术规定(国家林业局2003年4月28日发布)

3 总则

3.1 营造林总体设计编制要在国家林业重点工程建设规划及相关文件的框架下进行，并要遵循生态效益优先，生态效益、经济效益和社会效益统一的原则。

3.2 营造林建设用地确定应符合土地利用总体规划，不得将林业用地改作其他用地，也不得将基本农田纳入退耕还林范围。

3.3 应遵循森林分类经营的原则。山地造林应优先安排有利于生态建设的林种。果园型经济林，短轮伐期用材林、原料林比重不宜过大，其中果园型经济林造林面积不应超过造林总面积的30%。

3.4 要贯彻适地适树原则。不应破坏天然林，大面积营建人工林，引种外来树种要经过长期试验。集约经营用材林(替代速生丰产用材林)适宜的建设区域为年降水量 400 mm 等值线以东地区。沙漠化治理工程建设区域应以封山(沙)育林育草、造林种草作为恢复沙区植被的主要措施。

3.5 要贯彻森林生态系统经营管理原则。森林营建与管理中应采取无损于生态环境的措施。推荐营造混交林，以维护生物多样性，建立稳定的多功能的森林生态系统。避免大面积营造纯林，尤其是针叶林纯林。每块纯林的最大面积不应超过 20 hm^2(大径级珍贵阔叶树种可放宽到 50 hm^2)；带状造林，纯林林带的最大宽度不应超过 100 m。树种相同的两块(带)纯林之间可设计生态隔离林带。隔离林带的树种与被隔离的纯林的树种之间的生态特性要有互补性。

4 总体设计的依据

4.1 国家林业重点工程建设规划及其他有关的规划。

4.2 按国家规定的基建程序审批的可行性研究报告。

4.3 森林资源规划设计调查资料及其他工程营造林地块落实资料。

5 总体设计的任务

将国家林业重点工程建设规划及相关文件确定的建设任务，据实落实到地块，并依此做出投资概算。

6 总体设计的深度

总体设计的深度应满足下列要求：

——建设任务按类型落实到小班；

——采用的数据应能反映建设区域当前状况；

——确定营造林工程及其他相关费用，编制投资计划；

——据以制定年度计划；

——据以编制作业设计；

——据以进行施工准备。

7 编制单元

以县(市、旗、区)为单元，或以林业局、林管局、经营所、林场、公司等经济实体为单元编制。

县(市、旗、区)域范围内的林场或相当的经济实体可以独立编制营造林总体设计，也可在以县(市、旗、区)为单元编制营造林总体设计时，纳入同一区划系统，统一编制。当选择独立编制时，以县(市、旗、区)为单元编制的总体设计中不应再包括这些林场或经济实体。当选择统一编制时，县(市、旗、区)属林场在区划系列中与乡镇并列，乡镇办林场与村屯并列，村办林场、民办林场与经营区并列。

跨省区、县市的项目以县(市、旗、区)域为单元编制总体设计，由上级建设单位将各总体设计编纂成集。

8 经营区划

8.1 区划的方法

经营区划采用地形图、卫星影像，参照森林资源规划设计调查成果及其他区划成果划分。要尽量维持已有区划的成果，仅对已经变更或明显不合理的界线作必要调整，对区划单元的名称作技术性修改。区划时应将现有的相关区划成果整合到经营区划系统中，一个建设区域内共用一套区划架构，一个小班只有一个主要经营方向。

8.2 区划系统

8.2.1 经营区划系统如下所列：

县(市、旗、区，或林业局、经营局、公司等法人单位)
　乡镇(苏木，或林场，或分公司等二级核算单位)
　　村屯(分场、乡办林场)
　　　经营区(工区、自然村、营林区、村办或民办林场)
　　　　林班(林业户)
　　　　　小班

8.2.2 以林场为单元编制总体设计时，区划系统从2级区划单元向下排列。

8.2.3 经营区为森林分类经营的区划单元。经营区命名的原则为：小地名＋经营区主导功能＋“经营区”。村办林场、民办林场按主营方向划为1个经营区，林场名等同小地名。

示例1：

香山水库水源涵养经营区。

示例2：

北风口防沙固沙经营区。

示例3：

鹫峰风景旅游经营区。

示例4：

一面坡纸浆原料林基地经营区。

示例5：

流沙河生态公益林经营区。

示例6：

百里洲沙梨基地经营区。

示例7：

李家村林场柑桔经营区。

9 设计前期工作

9.1 资料收集

9.1.1 营造林建设用地数据

森林资源规划设计调查数据与补充调查数据，以及其他工程营造林建设用地的数据。

9.1.2 相关的法律、法规、标准及方针政策

与林业建设有关的法律、法规、标准，国家与地方、林业主管部门以及金融、税务部门出台的与林业建设有关的政策。

9.1.3 技术经济指标

9.1.3.1 营造林指标

主要造林树种的造林密度，不同林地状况、不同土壤特性、不同苗木规格的林地清理、整地规格、用工量，植苗、补植、幼林抚育、修枝等用工量定额；灌溉、施肥量；林分生长量、生长率、出材率、产品产量等。

9.1.3.2 物资、设备指标

物资、设备的型号、规格、性能与价格，台班运材能力、吨公里运费等。

9.1.3.3 其他指标

税种税费、利率、劳务价格等。

9.1.4 产品市场供需情况

木材及经济林的产品市场供应情况、产品价格现状与走势。

9.1.5 森林培育相关的科技资料

建设区域的地质、地貌、气候、水文、水质、土壤、植被、立地、病虫害等自然地理资料；林业区划、综合

农业区划、气候区划等区划报告及地方志；现有的规划设计、经营方案、造林典型设计、经营模型等设计文件；造林树种的生物学生态学特性、生长规律；新选育的、新引种的树种及无性系的进展情况。

9.1.6 图面资料

地形图、卫星影像、林相图、森林分布图、土地类型分布图、立地类型图、植被图、土壤图、地质图等专业地图；林业规划及相关规划布局图，林业区划图、综合农业区划图、气候区划图等区划图。

9.1.7 社会经济情况

国民经济主要指标值、统计年报，人口、劳动力现状、农民收入、经济来源、经济结构、农村能源；林业生产水平、经营习惯、营造林经验与存在问题；所有制结构，林地承包、租赁、拍卖及土地流转情况；农村专业经济组织及产业发展情况；各级政府制定的综合发展规划、生态公益林、商品林、森林旅游、农牧业、水利以及交通能源等建设规划资料。

9.2 现场调查

9.2.1 营造林专业调查

9.2.1.1 通过路线踏查、设立调查点和标准地，对建设区域的地质、地貌、水文、植被、土壤、立地类型、林木生长、森林更新特点、自然灾害等情况全面了解。

9.2.1.2 调查方法可参照《林业专业调查主要技术规定》和有关技术标准。

9.2.2 营造林建设用地选择与调查

9.2.2.1 造林小班选择

——宜林地；

——无立木林地；

——无法通过封山育林、人工促进更新等措施恢复成林的疏林地；

——其他适宜造林的地块。

9.2.2.2 森林经营小班选择

——有培育前途、亟待抚育采伐的中幼龄林；

——需要通过封山育林恢复森林、改善林况的林地；

——其他急需采取经营措施的林地。

9.2.2.3 选择的方法

利用林相图、卫星影像及其他图面资料在室内选择小班。并将立地类型、立地指数、造林模型、森林经营模型落实到小班。

9.2.2.4 野外查看与补充调查

森林资源规划设计调查数据及其他工程营造林地块落实数据不超过 2 年的，查看部分小班，验证资料精度。数据超过期限或未超过期限但有较多错误的宜采用卫星影像判读方式更新数据。有疑问的小班要到现地查看，变化较大的小班要做补充调查。

9.2.3 种苗调查

9.2.3.1 种苗供需现状

调查当地种子与苗木供需情况、主要造林树种苗木标准、价格。

9.2.3.2 苗圃

了解现有苗圃地的位置、育苗面积、苗木种类与质量，育苗的各项技术经济指标。踏查可用于新建苗圃地的位置、立地条件(土壤、植被、地貌、水源、病虫害等)、面积、权属等情况。

9.2.3.3 采种基地

了解现有母树林、种子园、采穗圃的位置、面积、经营管理措施与提供种源的能力等情况。踏查可划定种源地的位置、面积。

9.2.4 基础设施调查

对道路交通、河流航运、供电、通讯、防火设施、排灌系统、防护沟、水土保持设施、林道、围栏、营造林设备、房屋等现状进行调查。

10 资料整理

10.1 营造林模型数表编制

10.1.1 营造林专业调查后首先要检查调查材料，发现漏项时要补充调查。检查无误后，编制立地类型表(见附录C中表C.3)、造林模型表(见附录C中表C.4)、森林经营模型表(见附录C中表C.5)。集约经营用材林基地建设还要编制立地指数表、立地指数预测模型表。

10.1.2 立地区划与立地分类系统参见附录A。

10.1.3 造林模型的技术指标，尤其是生长量或经济产量指标应符合国家标准、行业标准(见参考文献中速生丰产林、丰产林、丰产技术标准)及地方标准规定。国家标准、行业标准、地方标准没有规定的造林树种，其造林模型的技术经济指标要有充分的、可靠的材料证明。

10.1.4 立地指数导向曲线宜采用Chapman-Richard等可靠的生长函数。

10.1.5 立地类型表、立地指数表、立地指数预测模型、造林模型、森林经营模型的编制应在营造林建设用地选择与调查前完成。造林模型、森林经营模型与第11、12章的内容要协调一致。如建设区域已经编制过类似的数表与模型，可经过验证修改补充后应用。

10.2 营造林任务量的确定

10.2.1 营造林建设用地调查后，宜利用地理信息系统生成数字化地图及相应数据库。地图图例参照原林业部颁布的《林业地图图式》。建立数据库的森林资源代码遵循LY/T 1438和LY/T 1439。数字化地图录入时草图的比例尺为1∶10 000至1∶50 000。造林小班和森林经营小班应录入小班边界，其他林业用地可录入小班、林班边界或仅录入经营区边界。

10.2.2 初步输出建设区域林业用地现状图、立地类型图、造林总体设计图。造林小班及森林经营小班用彩色表示，其他小班用灰色表示。同时输出造林小班与森林经营小班统计表，统计按地类、立地类型、造林模型、经营模型分项的造林面积。小班面积以hm^2计，精确到0.1 hm^2。造林小班与森林经营小班统计表格式见附录C中表C.2。

10.2.3 按照有关规划、市场需求、生态建设需要，以及初步输出的现状图、立地类型图、总体设计图，用效益评价指标进行方案比选，调整各造林类型的面积比例，并将调整后的数据反馈到小班，修改数据库文件。确定最佳比选方案后，可正式打印输出统计表及相应图件，确认营造林任务量。

11 造林设计

11.1 林种、树种

11.1.1 林种分类系统遵照GB/T 18337.1、《森林资源规划设计调查主要技术规定》。

11.1.2 树种选择遵照GB/T 15776、GB/T 18337.3。引种外来树种遵循GB/T 14175。对外来树种及新选育的无性系品种的试验期限遵循GB/T 14071。要论证主要造林树种、新引种造林树种、新选育无性系品种的生物学、生态学特性及经济价值。

11.1.3 根据造林小班与森林经营小班统计表，结合造林模型与森林经营模型计算林种、树种比重。

11.2 造林地准备

11.2.1 造林地清理

根据立地类型、树种的生物学特性、植被现状，提出清理方法，采用机械设备的种类、数量，除草剂的种类，灌木、草本的处理方式，施工季节、时间、所需劳力。

造林地清理要充分考虑到景观与森林旅游、生物多样性保护的需求。对古树名木、珍稀植物种类、特殊景观、风景点(如野生花卉集中的地方)、国家珍稀动植物赖以生存的生物小区均要提出保护性措施。

11.2.2 整地方式和方法

整地方式分为全面整地和局部整地。局部整地又分为带状整地和块状整地。在山地带状整地方法有：水平带状、水平阶、水平沟、反坡梯田、撩壕等；平坦地的整地方法有：犁沟、带状、高垄等。山地应用的块状整地方法有:穴状、块状、鱼鳞坑;平原应用的方法有:坑状、块状、高台等。

提出整地的方式方法、规格、施工季节、时间。

11.2.3 水土保持工程措施

根据地形特点、母岩性状、土壤侵蚀的风险程度及林种、经营强度,提出修筑梯田、护坡等水土保持工程的数量、技术参数、土石方量、适宜的造林模型。

11.3 造林方式、方法

遵照 GB/T 15776、GB/T 15162 和 LY/T 1186 执行。选择飞机播种造林方法时,要将播区落实到设计图的相应区划单元内。

11.4 造林密度和栽植配置

根据树种特性、立地条件、培育目标、是否间作等确定密度、株行距和栽植配置形式。造林密度和栽植配置形式设计时要充分考虑天然林木的空间分布格局,以保证天然更新的地带性树种幼苗幼树的生长空间。

11.5 种苗

遵循 GB 6000,提出种子和苗木的品种、来源、规格、质量。

11.6 幼林抚育

提出除草、松土、施肥及防治病虫害等幼林抚育措施的次数、时间、抚育年限,总用工量,年用工量。

11.7 以耕代抚措施

根据市场需求与树种生物学、生态学特性作出林农间作、林药及林草间作等以耕代抚措施的设计,提出间作类型、间作内容、最优结构的要求,计算所需材料、劳力、资金与投资效益。以耕代抚措施的面积与幼林抚育的面积不能重复计算。

11.8 成林抚育

确定抚育采伐的开始时间、次数、间隔期和间伐强度等技术指标,总任务量和总用工量,年任务量与年用工量。

11.9 排灌工程与节水措施设计

对于有灌溉条件的干旱地区作出灌溉工程设计。无灌溉条件的干旱地区,应提出防止土壤水分损失、增加和保护好土壤中有效水的技术措施。水分过多的地区或地段,应作出排水工程设计。

11.10 其他措施

作出使用除草剂、生根粉、生长调节剂、接种菌根及保水剂等新技术与丰产措施的方法、面积、投入物的品种与用量设计。

12 森林经营设计

12.1 森林培育措施设计

依照 GB/T 15781、LY/T 1560、GB/T 15163 的规定,对列入森林培育对象的小班作出抚育采伐等经营设计,规定采用的经营措施类型,计算工程量、用工量。

12.2 商品林经营周期及产量预测

对商品林作出经营周期、主伐方式、方法以及更新方式的设计。预测产品的年生产量。

13 种苗供应方案设计

13.1 种苗需求量测算

根据造林模型、小班的面积,测算种苗总需求量、年需求量、不同品种的需求量、供应缺口,确定种苗供应渠道。

13.2 种苗基地设计

13.2.1 苗圃

当全部或部分自行解决苗木供应时要作出苗圃设计。根据需苗量、苗圃的产苗量及周围地区可购苗木量计算所需苗圃地的总面积，确定新增苗圃地位置、大小、设备，作出苗圃的投资概算。苗圃设计方法遵循 GB/T 6001、LY/T 1185 和 LY/T 1028。

新建具有独立法人地位的大型苗圃要作出初步设计。初步设计单独立项，设计文件作为造林总体设计的附件列出。

13.2.2 母树林

当需要由母树林供应种子时，要作母树林设计。确定母树林的位置、面积，及其抚育管理措施，计算所需设备、物资、用工量，作出投资概算。母树林设计遵循 GB/T 16621。

13.2.3 种子园

当需要由种子园供应种子时，要作种子园设计。确定种子园的位置、面积，作出种子园生产区、采穗区、育种区、道路、隔离带、晒场、科研试验区、生活区等的面积、布局配置，编制投资概算。针叶树造林树种种子园的设计应符合 LY/T 1345 的规定，阔叶树种参照执行。

14 森林保护设计

14.1 防火线和防火林带

提出防火线和防火林带长度、宽度，防火林带的造林树种、配置方式、造林方式，及防火线维护、防火林带抚育管理措施等设计，作出造价与维护费用概算。

14.2 瞭望台

道路密度低、人烟稀少的林区，要设计瞭望台。设计内容包括瞭望台的位置、个数，瞭望台的建筑结构与高度、通讯设备、交通工具、人员组织等，并概算所需费用。

14.3 病虫鸟兽害防治

提出病虫鸟兽害发生面积、地点、种类，作出检疫、预测预报、防治措施、药械设备、组织形式等设计，并作出投资概算。

14.4 护林点

确定护林点位置、个数、护林员的数量、通讯方式、建筑物与设备，并作出经费概算。

14.5 围栏

林牧交错地区要作出围栏设计，提出设置围栏的位置、样式、材料、长度，概算所需费用及用工量。

15 生态保护设计

分析造林对环境的影响，提出保持生物多样性、保护历史与文化遗存、防止水土流失等方面的措施。为了保护珍稀及濒危动植物、保护物种基因库、优化景观，应将有国家重点保护野生植物分布的天然植物群落设计为自然保护小区，有国家重点保护野生动物分布的建设区域，要保留一定数量的站杆、倒木、岩石堆等动物固有栖憩地及生态走廊。

意义重大的保护设计项目要在设计图上标明，并作出实施保护措施的资金安排。

16 辅助设施与公用工程设计

提出林道、标牌、塘堰、水窖等辅助设施的布局、数量、规格，投资概算。

可行性研究报告确定的新建等级公路，独立法人新建的办公、居住用房、仓库、厂房等建筑物，在资金已经落实的情况下，应作出初步设计。初步设计单独立项，设计文件作为造林总体设计的附件列出。

17 组织机构设计

17.1 以(市、旗、区)行政单元、现有林业企业为单元编制总体设计时,要确定工程实施的组织形式、指挥系统,测算工程的用工量,提出劳力来源,作出劳力安排。

17.2 兴建商品林建设项目按《中华人民共和国公司法》等有关规定,确定组织机构设置方案、各类人员的数量和配置方案,提出员工培训计划。

18 项目实施进度

根据项目建设内容、工程量大小、建设条件、资金来源,确定项目建设工期。

根据建设工期,安排各年的营造林任务量,并对种苗基地建设、森林保护、环境保护、辅助设施等项目作出相应安排。编制项目实施进度表(横线图)。前2年的营造林任务应落实到小班。推荐将选中的小班标示在设计图上。

19 投资概算与资金筹措

19.1 投资概算

19.1.1 概算方法

依据国家和各省(直辖市、自治区)制定的造林、营林各工序的定额、技术经济指标以及营造林建设任务量、用工量、当地劳动工资、基本建设造价参数计算。

19.1.2 概算项目

19.1.2.1 营造林工程费:种苗、林地清理、整地、植苗、幼林抚育、抚育采伐、施肥、新技术专利使用、森林保护(病虫鸟兽害防治、森林防火)等费用。

19.1.2.2 设备购置费:耕作整地机械、营造林机械、运输设备、办公设备等。

19.1.2.3 基础设施与公用工程建设:苗圃、种子园、土建、道路、排灌设施等。

19.1.2.4 其他费用:管理费、研究实验费、生产人员培训费、办公和生活家具购置费、勘察设计费、监理费、环境保护费、涨价预备费、税费、贷款利息等。

19.1.2.5 流动资金:营造林工程建成后,为正常生产运营所需的周转资金,主要用于购买化肥、农药,支付工资、水电费等。

19.2 资金筹措

确定项目融资方案,国家投资、银行贷款、自筹资金的比例,作出资本金筹措、债务资金筹措安排。

20 项目评价

20.1 财务评价

财务评价方法参照《投资项目可行性研究指南》。生态公益林项目不作财务评价,商品林项目是否要作财务评价由可行性研究报告审批部门确定。

20.2 效益分析

20.2.1 经济效益

经济产量效益,林副产品、多种经营收益。

20.2.2 生态效益

涵养水源、防止土壤侵蚀、防护农田牧场、净化空气、游憩等效益。

20.3 生态影响分析

分析项目对生物多样性、水土保持、水质与水量、火险等级、病虫害等的影响。

21 图件打印

21.1 造林总体设计位置示意图

图幅为A4或A3打印纸大小。主要图素有:地形、地貌(水系、山脊线、山峰等)、行政区划界、经营区划界、道路、居民点等。

21.2 现状图

以小班调绘图为蓝本,主要图素有:地形、地貌(水系、山脊、山峰及计曲线等)、行政区划界、经营区划界(最小区划单元为小班)、居民点、道路、桥梁、瞭望台、苗圃、种子园、母树林和建筑物的位置,以及小班编号、小班面积、地类。以不同填充色、图案区分地类。

现状图以建设区域为单位分幅。当图幅过大时也可以区划系统的次级单元为单位分幅。打印输出比例尺为1∶25 000或1∶50 000。当国土总面积小于6万公顷时,比例尺可为1∶10 000。当国土总面积超过40万公顷,且地类简单、图班较大时,比例尺可为1∶100 000。

21.3 立地类型图

主要图素、分幅与现状图相同,地类代码改为立地类型代码。以不同填充色、图案区分立地类型。分幅、比例尺与现状图相同。

21.4 总体设计图

除主要地形、地物、原有道路与居民点外,要标示新增设的道路、桥梁、瞭望台、苗圃、种子园、母树林以及建筑物。以不同填充色、图案标出各小班的造林模型、森林经营模型,并标注其代码。分幅、比例尺与现状图相同。

22 营造林总体设计文件的组成

营造林总体设计文件包括造林总体设计说明书、设计文件的附表、附图及附件四部分。

22.1 造林总体设计说明书

营造林总体设计说明书编制提纲见附录B。

22.2 设计文件的附表

主要附表的格式见附录C。

22.3 附图

——建设区域位置示意图;

——建设区域现状图;

——建设区域立地类型图;

——建设区域营造林总体设计图;

——其他:卫星影像图、造林模式图等。

22.4 附件

——相关的规划设计、项目建议书、可行性研究报告及其有关文件;

——有关的政府文件、合同、协议书;

——土地使用所有权证或土地主管部门对建设用地的批复文件(限兴建商品林建设项目);

——项目资本金的承诺证明及银行等金融机构对项目贷款的承诺函(限兴建商品林建设项目);

——采用的森林资源规划设计调查资料以及其他工程营造林用地的数据;

——各种单项调查研究报告;

——样地调查记录;

——数据库磁盘、照片、录像、标本等。

附 录 A
（资料性附录）
立地区划与立地分类系统

A.1 区划系统

立地区划系统为：

立地区域(site region)

立地带(site zone)

立地区(site district)

立地亚区(site sub-district)

中国共划分为3个立地区域、16个立地带、65个立地区、162个立地亚区。中国立地区划系统如下所列：

A.1.1 东部季风立地区域

A.1.1.1 寒温带立地带

大兴安岭北部立地区。

A.1.1.2 中温带立地带

A.1.1.2.1 大兴安岭南部立地区。

A.1.1.2.2 小兴安岭立地区。

A.1.1.2.3 长白山山地立地区。

A.1.1.2.4 三江平原立地区。

A.1.1.2.5 松辽平原立地区。

A.1.1.3 暖温带立地带

A.1.1.3.1 辽东-山东半岛立地区。

A.1.1.3.2 黄淮海平原立地区。

A.1.1.3.3 华北山地立地区。

A.1.1.3.4 黄土高原立地区。

A.1.1.3.5 汾渭谷地立地区。

A.1.1.3.6 秦岭北坡立地区。

A.1.1.4 北亚热带立地带

A.1.1.4.1 江淮丘陵平原立地区。

A.1.1.4.2 桐柏山、大别山山地丘陵立地区。

A.1.1.4.3 秦巴山地丘陵立地区。

A.1.1.5 中亚热带立地带

A.1.1.5.1 天目山黄山山地立地区。

A.1.1.5.2 武夷山仙霞岭立地区。

A.1.1.5.3 武夷山戴云山立地区。

A.1.1.5.4 两湖平原立地区。

A.1.1.5.5 湘赣丘陵立地区。

A.1.1.5.6 南岭山地立地区。

A.1.1.5.7 三峡武陵山雪峰山立地区。

A.1.1.5.8 三江流域低山丘陵立地区。

A.1.1.5.9 四川盆地周围山地立地区。

A.1.1.5.10　四川盆地立地区。

A.1.1.5.11　川滇黔山地立地区。

A.1.1.5.12　贵州山原立地区。

A.1.1.5.13　云南高原立地区。

A.1.1.6　南亚热带立地带

A.1.1.6.1　台北台中立地区。

A.1.1.6.2　闽粤沿海台地丘陵立地区。

A.1.1.6.3　粤桂丘陵山地立地区。

A.1.1.6.4　黔桂石灰岩丘陵山地立地区。

A.1.1.6.5　滇南山原立地区。

A.1.1.6.6　滇中南中山峡谷立地区。

A.1.1.7　北热带立地带

A.1.1.7.1　台南立地区。

A.1.1.7.2　粤东南滨海丘陵立地区。

A.1.1.7.3　琼雷立地区。

A.1.1.7.4　桂西南石灰岩丘陵山地立地区。

A.1.1.7.5　滇东南峡谷中山立地区。

A.1.1.7.6　西双版纳山间盆地立地区。

A.1.1.7.7　滇西南河谷山地立地区。

A.1.1.7.8　东喜马拉雅山南翼河谷立地区。

A.1.1.8　南热带立地带

琼南-西、中、东沙群岛立地区。

A.1.1.9　赤道热带立地带

南沙群岛立地区。

A.1.2　西北干旱立地区域

A.1.2.1　干旱中温带立地带

A.1.2.1.1　内蒙古高原东部立地区。

A.1.2.1.2　内蒙古高原西部立地区。

A.1.2.1.3　河套灌区立地区。

A.1.2.1.4　阿拉善高原立地区。

A.1.2.1.5　阿尔泰山-准噶尔西部山地立地区。

A.1.2.1.6　准噶尔盆地立地区。

A.1.2.1.7　天山北坡立地区。

A.1.2.2　干旱暖温带立地带

A.1.2.2.1　天山南坡立地区。

A.1.2.2.2　塔里木盆地立地区。

A.1.2.2.3　河西走廊立地区。

A.1.2.2.4　昆仑山-祁连山山地立地区。

A.1.3　青藏高原立地区域

A.1.3.1　青藏高原寒带立地带

北羌塘高原立地区。

A.1.3.2　青藏高原亚寒带立地带

A.1.3.2.1　江河源头立地区。

A.1.3.2.2　那曲-玛多高原立地区。

A.1.3.2.3　南羌塘高原立地区。

A.1.3.3　青藏高原中温带立地带

A.1.3.3.1　柴达木盆地立地区。

A.1.3.3.2　青海东部立地区。

A.1.3.3.3　藏南立地区。

A.1.3.3.4　藏西立地区。

A.1.3.4　青藏高原暖温带立地带

青藏高原东北缘立地区。

A.1.3.5　青藏高原亚热带立地带

青藏高原东缘东南缘立地区。

A.2　立地分类

A.2.1　立地分类的依据

划分立地类型依据立地基底、立地形态特征、立地表层特征和生物气候条件四大立地要素。立地要素与地质、地貌、土壤、植被等因子密切相关,但不完全相同,它是一种功能分类,划分时主要考虑对林木生长、群落的发生与结构的影响是否相同。

A.2.1.1　立地基底

为提供初级的生物生存物质,规定物流流向的深层立地要素,如山区的母岩种类,坡积、冲积、洪积、冰水沉积等母质堆积形式,平原地区土壤下层的夹沙层有无、地下水位高低等。

A.2.1.2　立地形态特征

山地、平原、高原、河漫滩、阶地、山洼、坡度、坡向、坡位、坡形等立地外貌的差异。

A.2.1.3　立地表层特征

为乔灌木根系分布范围内,及群落上盖幕所包容的空间内,足以引起群落特性与林分生产力差异的异常特征,主要与土壤、植被、人类及生物活动有关,例如土壤类型,土层厚度,腐殖质厚度,土壤质地,石砾含量,土壤酸碱度,土壤结持力,泥炭层的有无与厚度,地下冰的存在、石河、石海、倒石堆、裸岩、踏头等特殊地表,泥炭藓层等具指示意义的群落层片,蚁冢,人工梯田等。

A.2.1.4　生物气候条件

指水热光照等影响林木生长的气候因子,与经纬度、海拔高度、开阔度等密切相关。群落类型、层次结构、区系成分是生物气候条件的指示者。

A.2.2　立地分类系统

分类系统共分5级,立地亚型为可选级别。县级单位在实际工作中,高级分类单位可能仅有1类。立地分类成果不必列出仅有1类的分类单元。

立地系列(site series)
　立地纲(site type class)
　　立地目(site order)
　　　立地类型组(site type group)
　　　　立地类型(site type)
　　　　　(立地亚型)(site subtype)

A.2.2.1　立地系列

是立地分类的最高级单位,巨地貌尺度上的立地形态结构相同或相近的诸分类单元的集合。中国造林适宜区域的立地系列分山地、平原两大系列。山地系列如大兴安岭、小兴安岭、长白山等山系,及江南丘陵、南岭山地等。平原系列有东北平原、华北平原、长江中下游平原等。

A.2.2.2 立地纲

在同一立地系列内,生物气候条件相似,主要是水热条件大致相同,具有共同的气候演替顶极,林分潜在生产力相同的分类单元划为同一立地纲。经纬度和海拔高度是造成立地纲分异的主因。原生植被的植被型是划分立地纲的指示者。造林适宜区域的山地可含有下列立地纲:a)寒温性湿润山地;b)温性湿润山地;c)暖温性湿润山地;d)次亚热性湿润山地;e)典型亚热性湿润山地;f)过亚热性湿润山地;g)热性湿润山地。

A.2.2.3 立地目

是立地纲的进一步划分,反映气候肥力在不同大地貌单元之间的差异。为了便于识别,立地目的命名可加上自然地理名称,如天目山低山丘陵、天目山中山、大兴安岭北部低山丘陵等。

A.2.2.4 立地类型组

是立地分类系统中的一个重要分类单位。在立地目之下,根据立地基底不同,划分不同的立地类型组。例如,在山地系列中,按立地基底的功能可划分如下几类:a)第四纪红色或黄色粘土类;b)花岗岩类,包括花岗岩、片麻岩等岩石;c)页岩、砂页岩类,包括各种泥岩、页岩和粉砂质泥页岩;d)砂岩类;e)紫色砂页岩类,包括各种紫色页岩、砂岩及砂砾岩;f)板岩、千枚岩等页岩变质岩;g)石灰岩类,包括各种碳酸岩类,如石灰岩、大理岩、白云岩等;h)玄武岩类,包括玄武岩、辉长岩等基性岩。在平原立地系列中,则依据冲积物、冰积物的种类,土壤夹沙层的有无,地下水位的高低等划分。

A.2.2.5 立地类型

主要根据中小尺度的立地形态结构划分。用来命名的术语有坡上部、坡中部、坡下部、山脊部、山鞍部、山洼、坡地、坡麓缓坡、阳向陡坡、阴向缓坡、台地、阶地、溪旁、沿河长堤、墚峁顶部、川地、坪坝等。

A.2.2.6 立地亚型

是立地类型的补充分类单位,但不是必备的单位。当立地表层特征的差异导致生境变异,足以影响群落结构及林分生产力时划分亚型。例如在山区可划分厚层土、薄层土、腐殖质土、粗骨土、薄层石灰土、多石岗地、腐殖质沼泽谷地、具踏头的薹草沼泽谷地、梯田等亚型;平原可划分沙土、盐碱化等亚型。

A.2.3 立地命名

采用三名法:立地目-立地类型组-立地类型(亚型)。

示例 1:

幕阜山低山丘陵砂页岩低丘。

示例 2:

幕阜山低山丘陵砂页岩腐殖土坡地。

示例 3:

长白山中山玄武岩坡地。

示例 4:

大兴安岭低山丘陵不渗漏基底坡麓缓坡。

附 录 B
(资料性附录)
总体设计说明书编制提纲

总体设计说明书编制提纲如下所示。

前言(项目建设背景、目的意义、编制依据、设计原则)

1 项目区基本情况

1.1 自然地理条件

1.2 社会经济情况

1.3 森林资源情况

1.4 林业经营状况

1.5 项目建设条件分析

2 营造林建设用地论证

2.1 营造林用地核实过程与精度分析

2.2 营造林用地数量、分布及其立地特性

3 经营区划

3.1 经营区划系统

3.2 区划成果

4 建设任务量

4.1 项目布局(总体设计图)

4.2 建设任务量(小班统计表)

5 造林设计

5.1 林种设计

5.2 树种设计

5.3 造林技术设计

6 森林经营设计

6.1 森林经营措施设计

6.2 商品林经营周期及产量预测

7 种苗供应方案设计

7.1 种苗需求量测算

7.2 种苗供应方案

7.3 种苗基地设计

8 森林保护设计

9 环境保护设计

10 基础设施与公用工程设计

11 营造林机具与设备配备设计

11.1 设备选型

11.2 数量及购置费用

12 组织机构设计

12.1 营造林用工量、劳力测算

12.2 组织形式

12.3 机构设置(兴建项目)

13 项目实施进度

13.1 建设工期

13.2 项目实施进度表(横线图)

13.3 前2年的营造林任务落实图表

14 投资概算与资金筹措

14.1 投资概算

14.2 资金筹措

15 项目评价

15.1 财务评价(适用于商品林)

15.2 效益分析

15.2.1 经济效益

15.2.2 生态效益

15.3 环境影响分析

附 录 C
（规范性附录）
常用表格样式

表 C.1 森林资源规划设计调查各类土地面积统计表

统计单位	总面积/hm²	林地使用权	森林类别	林地/hm²																									非林地/hm²	森林覆盖率/%	林木绿化率/%
				合计	有林地						疏林地	灌木林地				未成林造林地			苗圃地	无立木林地				宜林地				辅助生产用地			
					小计	乔木林地			竹林	红树林		小计	国家特别规定灌木林		其他灌木林	小计	人工造林未成林地	封育未成林地		小计	采伐迹地	火烧迹地	其他无立木林地	小计	宜林荒山荒地	宜林沙荒地	其他宜林地				
						计	纯林	混交林					400 mm降雨量以上的灌木林	灌木经济林																	

表 C.2　造林小班与森林经营小班统计表

单位为公顷

单位	面积	小班所属林业用地地类(选择其中1类,选中的在单元格中输入数值1)															森林培育模型(输入代码)		
		未成林造林地			无立木林地				宜林地				幼龄林		中龄林				
		小计	人工造林未成林地	封育未成林地	小计	采伐迹地	火烧迹地	其他无立木林地	小计	宜林荒山荒地	宜林沙荒地	其他宜林地	用材林	生态公益林	用材林	生态公益林	立地类型	造林模型	经营模型

注1:统计单位按区划系统排列,最小统计单元为小班。

注2:小班地类属性用选择法记录,选中的地类用数字1表示。立地类型、造林模型、经营模型用代码表示(见模型表)。

注3:利用地理信息系统软件或者利用Excel电子表格的筛选、排序功能,由本表可得出不同地类造林面积、不同经营方向林分的中幼龄林抚育面积、不同立地类型、不同造林模型(以及林种、树种)、不同经营模型面积。

表 C.3　立地类型表

代码	立地纲	立地目	立地类型组	立地类型或立地亚型	立地要素				立地潜力			适宜造林树种	适宜造林模型
					立地基底	立地形态结构	立地表层特征	生物气候条件	树种	标准年龄	立地指数		

注 1：建设区域小，立地类型简单时，立地纲、立地目可空缺。

注 2：非用材林小班可不填写立地指数。

编制人：　　　　　　　　审核人：

表 C.4 造林模型表

代码	适宜立地类型	林种	树种	培育目标	造林方式方法	栽植配置	初植密度株/hm^2	林地清理			整地			栽植			苗木规格				幼林抚育			成林抚育				施肥			产量预测			
																															用材林		经济林及果园	
								方式方法	规格	时间	方式方法	规格	时间	方式方法	规格	时间	种类	苗龄年	苗高/cm	地径/cm	方法	次数	时间	方法	强度	次数	时间	种类	数量/(kg/hm^2)	时间	主伐年龄	蓄积量/(m^3/hm^2)	正常生产年龄	年产量/(kg/hm^2)

编制人：　　　　　　　　　　审核人：

表 C.5　森林经营模型表

代码	经营措施类型	立地类型	林分特征									经营措施							
			林分类型	起源	树种组成	林龄年	树高/m	胸径/cm	郁闭度	密度株/hm^2	生长状况	补植		施肥		间伐		其他	
												数量	规格	次数	数量	强度	时间		

编制人：　　　　　　　　　　审核人：

表 C.6　种苗需要量统计表

树种	合计		分年度种苗需要量							育苗面积/667 m²(亩)
	需种量/kg	需苗量/万株	1	2	3	4	5	6	……	
总计										

表 C.7 分年度造林规模表

单位为公顷

树种	面积合计	分阶段		分年度					
		□□～□□期间	□□～□□期间	1	2	3	4	5	……

表 C.8　分年度森林经营措施规模表

单位为公顷

森林经营项目	面积合计	分阶段		分年度					
		□□~□□期间	□□~□□期间	1	2	3	4	5	……

表 C.9　造林单位面积(hm^2)技术经济指标

单位为元

造林模型	树种	单位投入	直接费用														间接费用				工价/(元/工日)	苗木价格/(元/株)
			小计	营林用工							材料设备						小计	调查设计	培训推广	管理与监测		
				折成费用	用工量合计	其中																
						林地清理	整地挖穴	林道	栽植	抚育管理	苗木费	水电费	肥料	农药	小型设备	其他						

编制人：　　　　　　　　　　　　审核人：

表 C.10　投资概算总表

序号	项　　目	规模		单价		费用合计/万元	其　　中					占总投资的比例/%
		数量	单位	数值	单位		建安工程	设备购置	种苗	劳力	其他	
0	总　计											
1	1　营造林建设工程											
2	1.1　造林工程费											
3	1.1.1　造林模型Ⅰ											
4	1.1.1.1　种苗		株		元/株							
5	1.1.1.2　整地											
6	1.1.1.3　肥料		kg		元/kg							
7	1.1.1.4　农药											
8	1.1.1.5　灌溉											
9	……											
	1.1.2　造林模型Ⅱ											
	……											
	1.2　营林工程											
	……											
	2　设备(名称,型号,规格)											
	2.1　耕作机械											
	2.1.1　东方红-250 拖拉机		台		元/台							
	……											
	3　基础设施建设											
	3.1　种苗基地建设											
	3.1.1　苗圃											
	……											
	4　其他费用											
	……											
	5　流动资金											
	……											

编制人：　　　　　　　　审核人：

表 C.11　产量估算表

单位为立方米或千克

项　目	合　计	年　份										
		建　设　期			生　产　期							
		1	2	……	……	8	9	10	11	12	13	……
总计												

编制人：　　　　　　　　　　　　　　　　审核人：

参考文献

[1] LY/T 1000 容器育苗技术
[2] LY/T 1058 日本落叶松速生丰产林
[3] LY/T 1059 毛竹林丰产技术
[4] LY/T 1081 柿树优质丰产技术
[5] LY/T 1122 山楂丰产技术
[6] LY/T 1327 油桐栽培技术规程
[7] LY/T 1328 油茶栽培技术规程
[8] LY/T 1329 核桃丰产与坚果品质
[9] LY/T 1337 板栗丰产林
[10] LY/T 1384 杉木速生丰产用材林
[11] LY/T 1385 长白落叶松、兴安落叶松速生丰产林
[12] LY/T 1435 红松速生丰产林
[13] LY/T 1436 柠檬桉速生丰产林
[14] LY/T 1495 杨树人工速生丰产用材林
[15] LY/T 1496 马尾松速生丰产林
[16] LY/T 1497 枣树丰产林
[17] LY/T 1527 水杉速生丰产用材林
[18] LY/T 1528 湿地松速生丰产用材林
[19] LY/T 1559 红皮云杉人工林速生丰产技术
[20] LY/T 1558 仁用杏丰产技术
[21] LY/T 1561 杜仲丰产技术
[22] ZB 64007 泡桐速生丰产用材林

ICS 65.060.80
B 90

中华人民共和国国家标准

GB/T 15784—2009
代替 GB/T 15784—1995

制材机械型号编制方法

Programming method for converted timber machine

2009-11-30 发布 2010-01-01 实施

中华人民共和国国家质量监督检验检疫总局
中国国家标准化管理委员会 发布

前　言

本标准代替 GB/T 15784—1995《制材机械型号编制方法》。

本标准与 GB/T 15784—1995 相比主要差异如下：

——增加第二主参数的折算系数；

——增加组、系的机械名称。

本标准由国家林业局提出。

本标准由全国人造板机械标准化技术委员会归口。

本标准起草单位：信阳木工机械有限责任公司。

本标准主要起草人：胡德弟、沈学文、李新民、王喜宏、韩辉。

本标准所代替标准的历次版本发布情况为：

——GB/T 15784—1995。

制材机械型号编制方法

1 范围

本标准规定了制材机械型号的编制方法。

本标准适用于各类制材锯机、制材跑车、制材辅机、修磨设备等制材机械型号的编制。

2 制材机械型号

2.1 型号表示方法

制材机械型号构成如下所示：

注 1：有“□”符号者，为大写的汉语拼音字母。

注 2：有“△”符号者，为阿拉伯数字。

注 3：有“()”符号者，无内容时，则不表示，若有内容应不带括号。

2.2 制材机械的分类代号

制材机械按功能分为 4 大类，分类代号用汉语拼音字母表示(见表 1)，位于制材机械代号之后。

表 1 制材机械分类代号

类 别	制材锯机	制材跑车	制材辅机	修磨设备
代 号	J	C	F	M

2.3 制材机械的特性代号

2.3.1 制材机械的通用特性代号

制材机械的通用特性代号用汉语拼音字母表示(见表 2)，位于分类代号之后。在型号中仅表示最主要的一个通用特性。

表 2 制材机械通用特性代号

通用特性	自动	半自动	数字程序控制	万能
代 号	Z	B	K	W

2.3.2 制材机械的结构特性代号

制材机械的结构特性代号位于通用特性代号之后，左向用“(Z)”表示，右向不表示。

2.4 制材机械组、系代号

每类制材机械分为 9 个组，每个组划分为 10 个系，各用一位阿拉伯数字表示。

2.5 主参数的表示方法

2.5.1 型号中的主参数、第二主参数用相应折算系数折算后的折算值表示，位于系代号之后。当折算值大于 1 时取整数位，当折算值小于 1 时取 1。

2.5.2 主参数、第二主参数的计量单位以毫米计，联数、轴数以实际数值表示。

2.5.3 第二主参数位于主参数之后，用“/”分开。

2.6 制材机械的重大改进顺序号

当制材机械的性能及结构布局有重大改进时，按大写英文字母 A、B、C……的顺序(但“I”、“O”两个字母不宜选用)标注在原型号的尾部。

2.7 制材机械型号表示方法示例

示例 1：锯轮直径 1 250 mm 的左向跑车带锯机，其型号：ZJ(Z)3212。

示例 2：锯轮直径 1 250 mm 的双联对列带锯机，其型号：ZJ3812/2。

示例 3：卡木桩有效行程 500 mm，最大加工长度 3 000 mm 的带锯跑车，其型号：ZC115/30。

示例 4：最大原木直径 800 mm，最大原木长度 5 000 mm 的链臂式液压原木翻木机，其型号：ZF338/50。

示例 5：运输宽度 800 mm，运输长度 15 000 mm 的链式运输机，其型号：ZF418/150。

示例 6：运输宽度 1 000 mm，运输长度 10 000 mm 的进料辊台，其型号：ZF7110/100。

示例 7：焊接最大锯条宽度 200 mm 的锯条焊接机，其型号：ZM4020。

3 制材机械的名称和类、组、系的划分

制材机械的名称、类、组、系及主参数等应符合表 3 的规定。

表 3 制材机械的名称和类、组、系的划分

类	组		系		主参数		第二主参数	
	代号	名称	代号	机械名称	名 称	折算系数	名 称	折算系数
制材锯机类 ZJ	1	纵剖圆锯机	0					
			1					
			2	双圆锯裁边机	最大锯片直径	1/100	锯片间最大距离	1/100
			3					
			4	多锯片圆锯机	最大锯片直径	1/100	锯片间最大距离	1/100
			5	自动进给圆锯机	最大锯片直径	1/100		
			6	双轴多锯片圆锯机	最大锯片直径	1/100	最大加工厚度	1/10
			7	跑车圆锯机	最大锯片直径	1/100		
			8					
			9					
	2	横截圆锯机	0					
			1	脚踏截锯机	最大锯片直径	1/100		
			2					
			3					
			4					
			5	吊截锯机	最大锯片直径	1/100		

表 3（续）

类	组代号	组名称	系代号	机械名称	主参数名称	主参数折算系数	第二主参数名称	第二主参数折算系数
制材锯机类ZJ	2	横截圆锯机	6					
			7	横截圆锯机	最大锯片直径	1/100		
			8					
			9	多锯片截锯机	最大锯片直径	1/100	锯片间最大距离	1/100
	3	带锯机	0					
			1	普通带锯机	锯轮直径	1/100		
			2	跑车带锯机	锯轮直径	1/100		
			3	移动式带锯机	锯轮直径	1/100		
			4					
			5	自动进给带锯机	锯轮直径	1/100		
			6					
			7	卧式带锯机	锯轮直径	1/100		
			8	多联对列带锯机	锯轮直径	1/100	联数	1
			9	卧式移动式带锯机	锯轮直径	1/100		
	4	框锯机	0					
			1					
			2	立式框锯机	锯框开档	1/100		
			3					
			4					
			5					
			6					
			7					
			8	卧式框锯机	锯框开档	1/100		
			9					
	5	链锯	0					
			1	固定式链锯	链板长度	1/100		
			2	移动式链锯	链板长度	1/100		
			3					
			4					
			5					
			6					
			7					
			8					
			9					

表 3（续）

类	组		系		主参数		第二主参数	
	代号	名称	代号	机械名称	名　称	折算系数	名　称	折算系数
制材锯机类ZJ	6	制材联合机	0					
			1	削片制方联合机	加工原木最大直径	1/100		
			2	圆锯制方联合机	加工原木最大直径	1/100		
			3	圆锯带锯联合机	加工原木最大直径	1/100		
			4					
			5	削片圆锯联合机	加工原木最大直径	1/100		
			6	削片带锯联合机	加工原木最大直径	1/100		
			7					
			8	削片多联带锯联合机	加工原木最大直径	1/100	联数	1
			9					
	7		0					
			1					
			2					
			3					
			4					
			5					
			6					
			7					
			8					
			9					
	8		0					
			1					
			2					
			3					
			4					
			5					
			6					
			7					
			8					
			9					
	9	其他	0					
			1	狐尾锯	加工最大原木直径	1/100		
			2					
			3					

表 3（续）

类	组		系		主参数		第二主参数	
	代号	名称	代号	机械名称	名　称	折算系数	名　称	折算系数
制材锯机类 ZJ	9	其他	4					
			5					
			6					
			7					
			8					
			9					
制材跑车类 ZC	1	带锯跑车	0					
			1	普通带锯跑车	卡木桩有效行程	1/100	加工原木最大长度	1/100
			2					
			3	液压带锯跑车	卡木桩有效行程	1/100	加工原木最大长度	1/100
			4					
			5	气动带锯跑车	卡木桩有效行程	1/100	加工原木最大长度	1/100
			6					
			7					
			8					
			9					
	2	圆锯跑车	0					
			1	普通圆锯跑车	卡木桩有效行程	1/100	加工原木最大长度	1/100
			2					
			3	液压圆锯跑车	卡木桩有效行程	1/100	加工原木最大长度	1/100
			4					
			5	气动圆锯跑车	卡木桩有效行程	1/100	加工原木最大长度	1/100
			6					
			7					
			8					
			9					
	3		0					
			1					
			2					
			3					
			4					
			5					
			6					
			7					
			8					
			9					

表 3（续）

<table>
<tr><th rowspan="2">类</th><th colspan="2">组</th><th colspan="2">系</th><th colspan="2">主参数</th><th colspan="2">第二主参数</th></tr>
<tr><th>代号</th><th>名称</th><th>代号</th><th>机械名称</th><th>名　称</th><th>折算系数</th><th>名　称</th><th>折算系数</th></tr>
<tr><td rowspan="40">制材跑车类ZC</td><td rowspan="10">4</td><td rowspan="10">框锯跑车</td><td>0</td><td></td><td></td><td></td><td></td><td></td></tr>
<tr><td>1</td><td>普通框锯跑车</td><td>加工原木最大直径</td><td>1/100</td><td>加工原木最大长度</td><td>1/100</td></tr>
<tr><td>2</td><td></td><td></td><td></td><td></td><td></td></tr>
<tr><td>3</td><td>液压框锯跑车</td><td>加工原木最大直径</td><td>1/100</td><td>加工原木最大长度</td><td>1/100</td></tr>
<tr><td>4</td><td></td><td></td><td></td><td></td><td></td></tr>
<tr><td>5</td><td></td><td></td><td></td><td></td><td></td></tr>
<tr><td>6</td><td></td><td></td><td></td><td></td><td></td></tr>
<tr><td>7</td><td></td><td></td><td></td><td></td><td></td></tr>
<tr><td>8</td><td></td><td></td><td></td><td></td><td></td></tr>
<tr><td>9</td><td></td><td></td><td></td><td></td><td></td></tr>
<tr><td rowspan="10">5</td><td rowspan="10"></td><td>0</td><td></td><td></td><td></td><td></td><td></td></tr>
<tr><td>1</td><td></td><td></td><td></td><td></td><td></td></tr>
<tr><td>2</td><td></td><td></td><td></td><td></td><td></td></tr>
<tr><td>3</td><td></td><td></td><td></td><td></td><td></td></tr>
<tr><td>4</td><td></td><td></td><td></td><td></td><td></td></tr>
<tr><td>5</td><td></td><td></td><td></td><td></td><td></td></tr>
<tr><td>6</td><td></td><td></td><td></td><td></td><td></td></tr>
<tr><td>7</td><td></td><td></td><td></td><td></td><td></td></tr>
<tr><td>8</td><td></td><td></td><td></td><td></td><td></td></tr>
<tr><td>9</td><td></td><td></td><td></td><td></td><td></td></tr>
<tr><td rowspan="10">6</td><td rowspan="10">多联带锯跑车</td><td>0</td><td></td><td></td><td></td><td></td><td></td></tr>
<tr><td>1</td><td>多联带锯跑车</td><td>加工原木最大直径</td><td>1/100</td><td>加工原木最大长度</td><td>1/100</td></tr>
<tr><td>2</td><td></td><td></td><td></td><td></td><td></td></tr>
<tr><td>3</td><td>液压多联带锯跑车</td><td>加工原木最大直径</td><td>1/100</td><td>加工原木最大长度</td><td>1/100</td></tr>
<tr><td>4</td><td></td><td></td><td></td><td></td><td></td></tr>
<tr><td>5</td><td></td><td></td><td></td><td></td><td></td></tr>
<tr><td>6</td><td></td><td></td><td></td><td></td><td></td></tr>
<tr><td>7</td><td></td><td></td><td></td><td></td><td></td></tr>
<tr><td>8</td><td></td><td></td><td></td><td></td><td></td></tr>
<tr><td>9</td><td></td><td></td><td></td><td></td><td></td></tr>
<tr><td rowspan="10">7</td><td rowspan="10"></td><td>0</td><td></td><td></td><td></td><td></td><td></td></tr>
<tr><td>1</td><td></td><td></td><td></td><td></td><td></td></tr>
<tr><td>2</td><td></td><td></td><td></td><td></td><td></td></tr>
<tr><td>3</td><td></td><td></td><td></td><td></td><td></td></tr>
<tr><td>4</td><td></td><td></td><td></td><td></td><td></td></tr>
<tr><td>5</td><td></td><td></td><td></td><td></td><td></td></tr>
<tr><td>6</td><td></td><td></td><td></td><td></td><td></td></tr>
<tr><td>7</td><td></td><td></td><td></td><td></td><td></td></tr>
<tr><td>8</td><td></td><td></td><td></td><td></td><td></td></tr>
<tr><td>9</td><td></td><td></td><td></td><td></td><td></td></tr>
</table>

表 3（续）

类	组		系		主参数		第二主参数	
	代号	名称	代号	机械名称	名称	折算系数	名称	折算系数
制材跑车类ZC	8		0					
			1					
			2					
			3					
			4					
			5					
			6					
			7					
			8					
			9					
	9	其他	0					
			1					
			2					
			3					
			4					
			5					
			6					
			7					
			8					
			9					
制材辅机类ZF	1	原木调头机	0					
			1					
			2					
			3	转盘式调头机	最大原木长度	1/100		
			4					
			5	悬挂式调头机	最大原木长度	1/100		
			6					
			7					
			8					
			9					
	2	上床机	0					
			1	普通上木机	最大原木直径	1/100	最大原木长度	1/100
			2					
			3	液压原木上木机	最大原木直径	1/100	最大原木长度	1/100
			4					
			5	气动原木上木机	最大原木直径	1/100	最大原木长度	1/100
			6					
			7					
			8					
			9					

表 3（续）

类	组		系		主参数		第二主参数	
	代号	名称	代号	机械名称	名　称	折算系数	名　称	折算系数
制材辅机类ZF	3	翻木机	0					
			1	轮式翻木机	最大原木直径	1/100	最大原木长度	1/100
			2					
			3	链臂式液压原木翻木机	最大原木直径	1/100	最大原木长度	1/100
			4	链臂式气动原木翻木机	最大原木直径	1/100	最大原木长度	1/100
			5	杠杆式液压原木翻木机	最大原木直径	1/100	最大原木长度	1/100
			6	杠杆式气动原木翻木机	最大原木直径	1/100	最大原木长度	1/100
			7	棘爪式液压原木翻木机	最大原木直径	1/100	最大原木长度	1/100
			8	棘爪式气动原木翻木机	最大原木直径	1/100	最大原木长度	1/100
			9					
	4	运输机	0					
			1	链式运输机	运输宽度	1/100	运输长度	1/100
			2	皮带运输机	皮带宽度	1/10	运输长度	1/100
			3	辊轮运输机	运输宽度	1/100	运输长度	1/100
			4	辊筒运输机	运输宽度	1/100	运输长度	1/100
			5					
			6	刮板运输机	刮板宽度	1/10	运输长度	1/100
			7					
			8					
			9					
	5	装卸载机	0					
			1	链式锯材转向机	运输宽度	1/100		
			2					
			3	杆式锯材拨料机	运输宽度	1/100		
			4					
			5	链式锯材卸载机	运输宽度	1/100		
			6	螺旋式锯材卸载机	运输宽度	1/100		
			7					
			8					
			9					
	6	分选机	0					
			1					
			2					
			3					
			4	带式板材分选机	最大板材宽度	1/100		
			5					
			6	链式板材分选机	最大板材宽度	1/100		
			7	螺旋式板材分选机	最大板材宽度	1/100		
			8					
			9					

表 3（续）

类	组		系		主参数		第二主参数	
	代号	名称	代号	机械名称	名　称	折算系数	名　称	折算系数
制材辅机类 ZF	7	辊台	0					
			1	进料辊台	运输宽度	1/100	运输长度	1/100
			2	接料辊台	运输宽度	1/100	运输长度	1/100
			3					
			4	回料辊台	运输宽度	1/100	运输长度	1/100
			5					
			6	转向辊台	运输宽度	1/100	运输长度	1/100
			7					
			8					
			9					
	8	转向器	0					
			1	气动转向器	工作宽度	1/100		
			2					
			3	链式转向器	工作宽度	1/100		
			4					
			5	链式气动转向器	工作宽度	1/100		
			6	链式液压转向器	工作宽度	1/100		
			7					
			8					
			9					
	9	其他	0					
			1					
			2					
			3					
			4					
			5					
			6					
			7					
			8					
			9					
修磨设备类 ZM	1	磨锯机	0	圆锯片磨锯机	最大锯片直径	1/100		
			1	带锯条磨锯机	最大锯条宽度	1/10		
			2	硬质合金圆锯片磨锯机	最大锯片直径	1/10	最小锯片直径	1/100
			3	硬质合金圆锯片侧刃磨锯机	最大锯片直径	1/10		
			4					
			5	万能磨锯机	最大锯片直径	1/100	最大锯条宽度	1/100
			6					
			7	硬质合金带锯条磨锯机	最大锯条宽度	1/10		
			8					
			9					

表 3（续）

类	组		系		主参数		第二主参数	
	代号	名称	代号	机械名称	名 称	折算系数	名 称	折算系数
修磨设备类ZM	2		0					
			1					
			2					
			3					
			4					
			5					
			6					
			7					
			8					
			9					
	3	圆锯片修整机	0	锯齿焊接机	最大锯片直径	1/100		
			1	锯片辊压机	最大锯片直径	1/100		
			2	锯片开齿机	最大锯片直径	1/100		
			3					
			4					
			5	锯片拨齿机	最大锯片直径	1/100		
			6					
			7					
			8	锯片热适张机	最大锯片直径	1/100		
			9					
	4	带锯条修磨机	0	锯条焊接机	最大锯条宽度	1/10		
			1	锯条辊压机	最大锯条宽度	1/10		
			2	锯条开齿机	最大齿距	1/10		
			3					
			4	锯条挤齿机	挤柱直径	1		
			5					
			6					
			7	锯齿焊接机	最大锯条宽度	1/10		
			8	锯条热适张机	最大锯条宽度	1/10		
			9					
	5		0					
			1					
			2					
			3					
			4					
			5					
			6					
			7					
			8					
			9					

表 3（续）

类	组 代号	组 名称	系 代号	机械名称	主参数 名称	主参数 折算系数	第二主参数 名称	第二主参数 折算系数
修磨设备类ZM	6		0					
			1					
			2					
			3					
			4					
			5					
			6					
			7					
			8					
			9					
	7	修整锯联合机	0					
			1					
			2	自动磨锯整齿联合机	最大锯条宽度	1/10		
			3					
			4	锯条焊接整平联合机	最大锯条宽度	1/10		
			5					
			6					
			7					
			8					
			9					
	8		0					
			1					
			2					
			3					
			4					
			5					
			6					
			7					
			8					
			9					
	9	其他	0					
			1					
			2					
			3					
			4					
			5					
			6					
			7					
			8					
			9					

ICS 65.020.01
B 15

中华人民共和国国家标准

GB/T 15790—2009
代替 GB/T 15790—1995

稻瘟病测报调查规范

Rules of investigation and forecast of the rice blast [*Pyricularia oryzae* (Cavara)]

2009-03-27 发布 2009-10-01 实施

中华人民共和国国家质量监督检验检疫总局
中国国家标准化管理委员会 发布

前　言

本标准代替 GB/T 15790—1995《稻瘟病测报调查规范》。

本标准与 GB/T 15790—1995 相比，主要变化如下：

a) 增加了稻瘟病病情和抗性分级指标、稻瘟病模式报表、发生程度分级指标等内容，为准确划分叶瘟、穗瘟发生程度、了解品种田间抗性、来年作物布局提供依据；

b) 在确保调查准确性的基础上，对取样方法、取样数量等进行了合理优化与调整，使之更符合生产实际需要。

本标准的附录 A、附录 B 为规范性附录，附录 C、附录 D 为资料性附录。

本标准由中华人民共和国农业部提出并归口。

本标准起草单位：农业部全国农业技术推广服务中心。

本标准主要起草人：王建强、夏冰、刘宇。

本标准所代替标准的历次版本发布情况为：

——GB/T 15790—1995。

稻瘟病测报调查规范

1 范围

本标准规定了稻瘟病发病程度记载项目和分级指标，病情系统调查和普查方法，测报资料收集和汇总归档要求。

本标准适用于稻瘟病的测报调查，有关研究及生产单位可参考执行。

2 术语和定义

下列术语和定义适用于本标准。

2.1

苗瘟 seed blast

水稻秧苗在3叶期以前发生的稻瘟病，称为苗瘟。

2.2

叶瘟 leaf blast

水稻植株3叶期以后叶片上发生的稻瘟病，称为叶瘟。

2.3

穗瘟 ear blast

水稻植株抽穗以后在穗颈、穗轴、枝梗和谷粒上发生的稻瘟病，统称为穗瘟。

2.4

慢性型病斑 chronic sickness spot

田间最常见到的病斑，多数梭形，边缘呈黄色晕圈，内圈黄褐色，中间灰白色或草黄色。病斑两端有沿叶脉延伸的褐色坏死线，是识别田间稻瘟病的重要特征。

2.5

急性型病斑 acute sickness spot

病斑近圆形或不规则形水浸状、深绿色，霉层数量远比慢性型病斑多。急性型病斑的出现，是叶瘟即将流行的标志。

2.6

发病率 infested ratio

包括病田率、病株率和病叶（穗）率等，是衡量稻瘟病发生程度的重要指标。病田率是指取样调查的田块中发病田块的比率；病株率是指取样调查的稻株中发病株数的比率；病叶（穗）率是指取样调查的叶片（稻穗）中发病叶片（稻穗）的比率。

2.7

品种抗病性 disease resistance of cultivar

水稻品种抵抗病菌侵入、扩展、危害的能力。

3 苗期叶瘟调查

3.1 调查时间

在3叶期～4叶期至移栽大田前3 d～5 d期间，查1次。

3.2 调查田块和调查方法

按品种、生长类型，选择发病轻、中、重的代表类型田，每类型田查3块。采取五点取样法，每点

20 株，每块田共查 100 株。以株为单位，调查病株数、严重度、急性型病株数、叶龄期。按附录 C 进行分级。调查结果记入附录 A 中表 A.1。

4 大田叶瘟调查

4.1 定点系统调查

4.1.1 调查时间

自插秧后秧苗返青起，至始穗止，每 5 d 调查一次。

4.1.2 调查数量和调查方法

按当地水稻品种的布局状况和生态类型，选择发病条件好、发病较早且有代表性的早播、中播、迟播三类型感病品种稻田各 1 块，每块不小于 300 m^2，作为系统观测田，在整个观察期内不施用防病药剂。

每类型的每块田于近田埂的第 2 行～第 3 行稻内直线定查五点，每点查 10 丛稻的绿色叶片。按附录 C 进行分级。调查结果记入附录 A 中表 A.2。

4.2 大田叶瘟普查

4.2.1 调查时间

分别在分蘖末期和孕穗末期查两次。

4.2.2 调查数量和调查方法

按病情程度选择当时田间发病轻、中、重三类型田，每类型田查 3 块，总田块数不少于 20 块，每块田查 50 丛稻的病丛数，5 丛稻的绿色叶片病叶率。

采用五点取样法，每点直线隔丛取 10 丛稻，调查病丛数。每点随机选取一发病稻丛，查清绿色叶片的总叶数和发病叶数。调查结果记入附录 A 中表 A.3。调查叶瘟发生实况，结果记入附录 B 中表B.1。在破口初期预测穗瘟发生情况，结果记入附录 B 中表 B.2。

5 穗瘟调查

5.1 定点系统调查

5.1.1 调查时间

从破口开始至蜡熟初期止，每 5 d 调查一次。

5.1.2 调查数量和调查方法

在原叶瘟定点系统调查稻丛内继续观察。病轻年份原定点的稻丛不能明显反映病情趋势时，应从定点处外延扩大到 50 丛稻进行观察。按附录 C 进行分级。调查结果记入附录 A 中表 A.4。

5.2 穗瘟普查

5.2.1 调查时间

在黄熟期进行。

5.2.2 调查数量和调查方法

按品种的病情程度，选择有代表性的轻、中、重三类型田，总田块数不少于 20 块，每块田查 50 丛～100 丛。采用平行跳跃式或棋盘式取样。调查结果记入附录 A 中表 A.4(在备注中注明普查)。调查穗瘟发生实况，结果记入附录 B 中表 B.1。

6 空中孢子动态观察

本项观察只在有条件的区域病虫测报站进行。

6.1 设置规格

采用自控启闭式孢子捕捉器，臂长 15 cm～17 cm，微型电动机转速 1 500 r/min，捕捉器距田面高度 1.3 m。

6.2 开机捕捉时间和管理

每年开机时间可以从水稻抽穗前一个月至抽穗止。每天凌晨3时开机，捕捉2 h。早晨收片，同时换上涂有粘胶的玻片。粘胶由100 mL四氯化碳加10 g白凡士林溶化而成，装入密封瓶内。粘孢片采用有机玻片，大小厚度同一般载玻片。

6.3 镜检和记载

每天用10×10倍带十字推进器的生物显微镜计数18 mm×18 mm范围内的分生孢子数量，一般宜当天专人镜检完毕，调查记载格式见附录A中表A.5。

7 品种抗性情况调查

7.1 调查时间

分别在分蘖末期和黄熟期结合叶瘟、穗瘟普查分别进行一次。

7.2 调查范围

调查当年主栽品种和品种种植比例。

7.3 调查方法

按品种的病情程度，选择发病有代表性的轻、中、重三类型的不同品种，总田块数不少于20块，每块田查50丛～100丛。采用平行跳跃式取样，按附录C进行品种抗性划分。结果记入附录A中表A.6。

8 调查资料的计算

发病率、病情指数、损失率按式(1)、式(2)、式(3)计算。

a) 发病率计算公式见式(1)。

$$I = \frac{P}{Z} \times 100\% \quad \cdots\cdots(1)$$

式中：

I——发病率，%；

P——发病株(叶、穗)数；

Z——调查总株(叶、穗)数。

b) 病情指数计算公式见式(2)。

$$R = \frac{P_i \times D}{P \times D_M} \times 100 \quad \cdots\cdots(2)$$

式中：

R——病情指数；

P_i——各级发病数；

D——各级代表值；

P——调查总株(叶)数；

D_M——最高级代表值。

c) 损失率计算公式见式(3)。

$$C = \frac{P_i \times S}{P \times S_M} \times 100\% \quad \cdots\cdots(3)$$

式中：

C——损失率，%；

P_i——各级病穗(株、叶)数；

S——各级损失率；

P——调查总穗数；

S_M——最高级损失率。

9 发生程度分级

9.1 分级方法

分5级，以病情指数及其发生面积占稻田面积的百分比例确定各级发生程度。

9.2 发生程度分级指标

见附录D。

10 测报资料收集和汇总归档

10.1 测报资料收集

收集水稻主栽品种、稻作类型、各稻作类型水稻种植面积及其他必要的栽培管理资料。

10.2 测报资料汇总归档

每次调查结束后，将调查数据及时填入相应表内，年末将资料进行整理，正式填入《农作物病虫调查资料表册》内归档保存，并将稻瘟病发生防治基本情况填入附录A中表A.7。

《农作物病虫调查资料表册　稻瘟病》样册见附录A。

附 录 A
（规范性附录）
农作物病虫调查资料表册

稻瘟病

（ 年）

测报站名________________________________盖章

站址 ________________________________

（北纬：________ 东经：________ 海拔：________）

测报员 ________________________________

负责人 ________________________________

全国农业技术推广服务中心编制

表 A.1　苗期叶瘟调查记载表

调查日期	地点	秧田类型	品种名称	叶龄期	调查株数	发病株数	发病株率/%	病株分级				病情指数	急性型		发生面积	秧田面积	备注
								0	1	2	3		病株数	病株率/%			

注：秧田类型包括水育秧田、旱育秧田等。

表 A.2　大田叶稻瘟定点调查记载表

调查日期	地点	类型田	品种名称	生育期	调查总叶数	病叶数	病叶率/%	病叶分级						病情指数	急性型病叶率/%	备注
								0	1	2	3	4	5			

注：类型田即稻作类型，早稻、中稻、晚稻或一季稻。

表 A.3 大田叶瘟普查记载表

调查日期	地点	类型田	品种名称	生育期	病丛率			病叶率			防病情况
					总丛数	病丛数	病丛率/%	总叶数	病叶数	病叶率/%	
注：类型田即稻作类型，早稻、中稻、晚稻或一季稻。											

表 A.4 穗瘟调查记载表

调查时间	地点	类型田	品种名称	生育期	调查总穗数	病穗数	病穗分级						病穗率/%	病情指数	损失率/%	备注
							0	1	2	3	4	5				

注:类型田即稻作类型,早稻、中稻、晚稻或一季稻。

表 A.5　空中孢子捕捉记载表

调查日期	设置地点	周围类型田	当天孢子数				停机前24 h内天气	备　注
			玻片 1	玻片 2	合计	累计		

表 A.6 品种抗病性情况统计表

（稻作类型：　　　　）

调查日期	品种名称	生育期	地点	抗病性类型	全县种植面积/hm^2	占全县总面积百分率/%	备　注

表 A.7 稻瘟病发生防治的基本情况

稻作类型		早稻	中稻	晚稻	一季稻	合计
种植面积/667 m²						
苗期叶瘟	发生面积/667 m²					
	占秧田面积/%					
	防治面积/667 m²					
	流行程度					
大田叶瘟	发生面积/667 m²					
	占播秧面积/%					
	防治面积/667 m²					
	流行程度					
穗瘟	发生面积/667 m²					
	占播秧面积/%					
	防治面积/667 m²					
	流行程度					
挽回损失						
实际损失						
简　述						

附 录 B
（规范性附录）
稻瘟病模式报表

表 B.1 叶稻瘟或穗稻瘟发生实况模式报表

序　号	报表内容	报表程序
1	填报单位	
2	调查日期	
3	水稻生育期	
4	发生面积比率(%)	
5	感病品种比率(%)	
6	主发类型田	
7	发生程度(级)	
8	平均病叶率(%)	
9	其中急性型病斑病叶(株)率(%)	
10	上一旬降雨量	
11	上一旬雨日数	
12	上一旬平均气温	
注：从叶瘟始见时汇报，逢每月1、10、20日上报。		

表 B.2 孕穗-破口期稻瘟病发生情况和穗瘟发生预测模式报表

序　号	报表内容	报表程序
1	填报单位	
2	调查日期	
3	感病品种种植比率(%)	
4	当前叶瘟发生面积比例(%)	
5	发病田平均病叶率(%)	
6	其中急性型病斑病叶率(%)	
7	孕穗后期剑叶叶枕瘟率(%)	
8	预报穗期降雨量(mm)	
9	预报穗期平均气温	
10	预计穗瘟发生程度(级)	
11	预计穗瘟发生面积比例(%)	
注1：在水稻孕穗后期-破口初期汇报。具体早稻在6月1日，中稻及北方单季稻在7月11日，江淮单季晚稻在8月11日。 注2："预报穗期降雨量"和"预报穗期平均气温"为破口、抽穗当月降雨量和平均气温，如破口抽穗期在下旬，则为下一月的降雨量和平均气温。		

附 录 C
（资料性附录）
稻瘟病病情和抗性分级指标

C.1 苗期叶瘟病情分级指标（以株为单位）

0级，无病斑；

1级，病斑5个以下；

2级，病斑5个～10个；

3级，全株发病或部分叶片枯死。

C.2 大田叶瘟病情分级指标（以叶片为单位）

0级，无病；

1级，病斑少而小，病斑面积占叶面积1%以下；

2级，病斑小而多，或大而少，病斑面积占叶片面积的1%～5%；

3级，病斑大而较多，病斑面积占叶片面积5%～10%；

4级，病斑大而多，病斑面积占叶片面积10%～50%；

5级，病斑面积占叶片面积50%以上，全叶将枯死。

C.3 穗瘟病情分级指标（以穗为单位）

0级，无病；

1级，每穗损失5%以下，或个别枝梗发病；

2级，每穗损失5.1%～20%，或1/3左右枝梗发病；

3级，每穗损失20.1%～50%，或穗颈或主轴发病；

4级，每穗损失50.1%～70%，或穗颈发病，大部分秕谷；

5级，每穗损失70%以上，或穗颈发病造成白穗。

C.4 品种抗性划分标准

C.4.1 叶瘟抗性分级指标

高抗（HR），无病；

抗（R），只有针尖大小的褐点或稍大褐点；

中抗（MR），圆形稍长的灰色小病斑，边缘褐色，直径约1 mm～2 mm；

中感1（MS1），典型纺锤型病斑，长1 cm～2 cm，通常局限于两条主脉间，病斑面积2%以下；

中感2（MS2），典型病斑，病斑面积2.1%～10%；

感（S1），典型病斑，病斑面积10.1%～25%；

感（S2），典型病斑，病斑面积25.1%～50%；

高感1（HS1），典型病斑，病斑面积50.1%～75%；

高感2（HS2），叶片全部枯死。

C.4.2 穗颈瘟抗性分级指标

高抗(HR),无病;

抗(R),发病率低于1.0%;

中抗(MR),发病率1.0%~5.0%;

中感(MS),发病率5.1%~25.0%;

感(S),发病率25.1%~50.0%;

高感(HS),发病率50.1%~100%。

附　录　D
（资料性附录）
稻瘟病发生程度分级指标

表 D.1　稻瘟病发生程度分级指标

级　别		1	2	3	4	5
程度		轻发生	偏轻发生	中等发生	偏重发生	大发生
叶瘟	病情指数	<5	5.1～10	10.1～20	20.1～30	>30
	该病指的发生面积占稻田面积的比率/%	>80	>20	>20	>20	>20
穗瘟	病情指数	<3	3.1～5	5.1～10	10.1～20	>20
	该病指的发生面积占稻田面积的比率/%	>80	>20	>20	>20	>20

ICS 65.020.01
B 15

中华人民共和国国家标准

GB/T 15792—2009
代替 GB/T 15792—1995

水稻二化螟测报调查规范

Rules of investigation and forecast for the Asiatic rice striped borer［*Chilo suppressalis*（Walker）］

2009-03-27 发布　　2009-10-01 实施

中华人民共和国国家质量监督检验检疫总局
中国国家标准化管理委员会　发布

前言

本标准代替 GB/T 15792—1995《水稻二化螟测报调查规范》。

本标准与 GB/T 15792—1995 相比，主要变化如下：

a) 对调查范围、取样类型、取样方法、取样数量等进行了合理优化与调整，使之更符合生产实践需要；

b) 增加了二化螟发生情况模式报表，统一、规范数据上报方式；

c) 增加二化螟不同虫态发育历期、二化螟发生程度及发育进度分级指标、二化螟卵与被寄生卵的区别特征部分，为田间调查提供依据。

本标准的附录 A、附录 B 为规范性附录，附录 C、附录 D 和附录 E 为资料性附录。

本标准由中华人民共和国农业部提出并归口。

本标准起草单位：农业部全国农业技术推广服务中心。

本标准主要起草人：王建强、夏冰、刘宇。

本标准所代替标准的历次版本发布情况为：

——GB/T 15792—1995。

水稻二化螟测报调查规范

1 范围

本标准规定了水稻二化螟越冬、幼虫、蛹发育进度、虫口密度、螟害率的调查方法和调查数据记载归档的要求。

本标准适用于水稻二化螟测报调查，有关研究及生产单位可参考执行。

2 术语和定义

下列术语和定义适用于本标准。

2.1

越冬 hibernation

当地秋季二化螟最后1代～2代3龄～7龄幼虫进入滞育状态，到来年春季解除滞育前的行为。

2.2

虫口密度 population density

单位面积内二化螟幼虫、蛹、成虫的数量，通常以“头/667 m^2”表示。

2.3

卵块密度 ovum density

单位面积内二化螟卵块数量，通常以“块/667 m^2”表示。

2.4

有效虫源田 effective insect field

上年或前一代发生二化螟的田块，且该田块在二化螟化蛹或羽化期未进行翻耕冬坑、灌水翻耕等影响二化螟存活率的农事活动。主要包括绿肥田、油菜田、小麦田、冬季蔬菜田、未翻耕冬闲田、中稻田(一季稻田)。

2.5

发生期 emergence period

成虫、卵、各龄幼虫、蛹等各虫态的数量在被调查二化螟总虫量中所占比例分别达16%、50%、84%时，该虫态分别进入始盛期、高峰期和盛末期。

2.6

螟害率 damage ratio of Asiatic rice striped borer

受二化螟为害，水稻表现出枯鞘、枯心、枯孕穗、白穗、虫伤株等症状的单株数占总调查单株数的百分率。

3 越冬虫口密度和死亡率调查

3.1 调查时间

越冬前调查1次，结合末代螟害率进行。越冬后调查1次，在当地稻田灌水翻耕前或越冬代幼虫化蛹始盛期进行。

3.2 调查方法

3.2.1 有效虫源田内调查

选有代表性的有效虫源田(包括冬闲田和春季作物田)10块～15块，总调查面积不少于1 hm^2，代表面积不少于1 000 hm^2。采用棋盘式取样法，每块田取样点20个，每点0.4 m×0.5 m。

分别拾取各类型田所有样点内的全部外露稻桩，带回室内剥查计数。

调查结果经3.3统计计算后记入附录A中表A.1。同时统计冬前基数，结果记入附录B中表B.1。

3.2.2 稻草剥查

在稻草虫源数量大的地区或秋季雨水多的地区进行。

随机抽取有代表性的稻草杆不少于500根，剥查草杆内虫数，计算虫口密度，死亡率和寄生率。

调查结果参照3.3统计计算后记入附录A中表A.2。同时统计冬后活虫数，结果记入附录B中表B.2。

3.3 调查统计方法

3.3.1 田间越冬虫口密度

a) 按式(1)或式(2)计算各类型田每667 m^2 活虫数。

$$P = \frac{C \times Z}{D} \qquad \cdots\cdots(1)$$

式中：

P——每667 m^2 活虫数，单位为头每667平方米(头/667 m^2)；

C——查得总活虫数，单位为头；

Z——每667 m^2 稻丛(或稻根)总数；

D——调查稻丛(或稻根)数。

$$P = \frac{C \times I}{S} \qquad \cdots\cdots(2)$$

式中：

P——每667 m^2 活虫数，单位为头每667平方米(头/667 m^2)；

C——查得总活虫数，单位为头；

I——667 m^2；

S——调查面积，单位为平方米(m^2)。

b) 按式(3)计算当地各类型田加权平均每667 m^2 活虫数。

$$X = \sum(P \times R) \qquad \cdots\cdots(3)$$

式中：

X——加权平均活虫数，单位为头每667平方米(头/667 m^2)；

P——某一种类型田每667 m^2 活虫数，单位为头；

R——某一类型田面积比例，%。

其中，R 按式(4)计算。

$$R = \frac{S_i}{S} \times 100 \qquad \cdots\cdots(4)$$

式中：

R——某一类型田面积比例，%；

S_i——该类型田面积；

S——各类型田总面积。

3.3.2 越冬死亡率

a) 按式(5)、式(6)计算各类型田虫的死亡率。

每块田虫的死亡率按式(5)计算：

$$W = \frac{L + Y}{N} \times 100 \qquad \cdots\cdots(5)$$

式中：

W——每块田虫的死亡率，%；

L——死幼虫数，单位为头；

Y——死蛹数，单位为头；

N——总虫数，单位为头。

每类型田虫的平均死亡率按式(6)计算：

$$V=\frac{W_Z}{H} \quad \cdots\cdots(6)$$

式中：

V——每类型田虫的平均死亡率，%；

W_Z——该类型田调查田虫的死亡率的总和；

H——该类型田调查田块数。

b) 按式(7)计算各类型田虫的加权平均死亡率。

$$W_1=\sum(V_1\times R) \quad \cdots\cdots(7)$$

式中：

W_1——各类型田虫的加权平均死亡率，%；

V_1——某类型田虫的平均死亡率，%；

R——某类型对应的面积比率，%。

3.3.3 越冬幼虫寄生率

按式(8)计算越冬幼虫寄生率。

$$S=\frac{J}{Z}\times 100 \quad \cdots\cdots(8)$$

式中：

S——越冬幼虫寄生率，%；

J——越冬幼虫被寄生总数；

Z——被调查越冬幼虫总数。

4 幼虫、蛹发育进度调查

4.1 调查时间

在有代表性的有效虫源田内，从常年化蛹始盛期开始第一次调查，隔 5 d～7 d 后调查第二次。

4.2 调查方法

4.2.1 越冬代

将 3.2 冬后调查得到的活虫进行分龄。在虫口密度低的地区和年份，在秋播前后，挖取有虫稻桩，并将其置于地势较高的田内，作为预测圃，供冬后剥查。

4.2.2 一般世代

第一次调查可结合螟害率调查进行。剥查活虫数不少于 50 头，被害株不少于 100 株。调查时应根据不同危害状的比例拔取被害株。对查到的幼虫、蛹进行分龄、分级。

隔 5 d～7 d 后进行第二次调查。除调查幼虫、蛹发育进度外，还应剥查寄生情况。

将调查结果按式(12)、式(13)和式(14)计算发育进度，分别记入附录 A 中表 A.3 和表 A.4。

5 成虫诱测

5.1 诱测时间

每年从越冬代幼虫化蛹始盛期开始，至秋季末代螟蛾终见后一周止。每天黄昏开灯，天明关灯。

5.2 诱测方法

用 200 W 白炽灯或用 20 W 的黑光灯(波长 3 600 Å)。灯源离地面 1.5 m，上方架设防雨罩，下方装集虫漏斗，杀虫和集虫装置。每天上午(每周取一次)取回诱集物，置于室内区别种类，并清点虫数。观测结果记入附录A中表A.5。

6 卵块密度、孵化进度调查

6.1 调查时间

成虫始盛期后3 d开始，每隔5 d查一次，共查3次～4次。

6.2 调查方法

6.2.1 卵块密度调查

根据水稻品种、播期、移栽期等将水稻大田划分几种类型田，每类型田选择有代表性的田块2块，采用平行跳跃式取样，每块田取100丛进行标定，每次调查摘取所取样点内的全部卵块，按式(9)计算卵块密度；秧田划定10 m^2 作卵量观察圃，每次调查在计数全部卵块后，摘除卵块，并按式(10)计算卵块密度。结果记入附录A中表A.6。区分卵块是否被寄生参考附录E。按式(11)计算加权平均累计卵块密度。

每块田累计卵块密度按式(9)计算：

$$K_C = \frac{L_C \times S_C}{M_C} \qquad \cdots\cdots(9)$$

式中：

K_C——每块田累计卵块密度，单位为块每667平方米(块/667 m^2)；

L_C——查得累计卵块数；

S_C——每667 m^2 稻丛总数；

M_C——调查水稻丛数。

每块秧田累计卵块密度按式(10)计算：

$$K_S = \frac{L_S}{S_S} \times 667 \qquad \cdots\cdots(10)$$

式中：

K_S——每块秧田累计卵块密度，单位为块每667平方米(块/667 m^2)；

L_S——查得累计卵块数；

S_S——调查的秧田面积，单位为平方米(m^2)。

当地加权平均累计卵块密度按式(11)计算：

$$K_R = \sum(L_R \times P_R) \qquad \cdots\cdots(11)$$

式中：

K_R——当地平均卵块密度，单位为块每667平方米(块/667 m^2)；

L_R——某类型田平均每平方米卵块密度；

P_R——某类型田对应的面积百分率，%。

6.2.2 卵孵化进度及寄生率调查

将水稻大田卵密度调查时摘取的卵块按点分放，保湿培养，室内观察卵块孵化情况，累计孵化进度，记载卵块和卵粒寄生数，参照式(8)计算寄生率。结果记入附录A中表A.6。

在卵块密度很低的地区、年份或世代，采用查枯鞘的方法代替查卵，调查方法同7.2。

7 螟害率、各代虫口密度

7.1 调查时间

枯鞘率、枯心率调查结合当代二化螟残留虫量调查进行；枯孕穗、白穗、虫伤株调查于水稻黄熟期进行。

7.2 调查方法

按稻作类型(早、中、晚稻)、品种、栽插期、抽穗期或螟害轻、中、重分为几个类型,在每类型田中选择有代表性的田块2块。

采用平行跳跃式取样,每块田取100丛,计数其中的被害株。连根拔取全部被害株,如枯鞘、枯心、虫伤株、枯孕穗和白穗等,剥查其中幼虫和蛹的数量及其发育级别。按式(15)、式(16)、式(17)和式(18)计算被害率,参照式(1)~式(4)计算虫口密度。结果记入附录A中表A.1和表A.7。

调查20丛稻的分蘖或有效穗数。调查结果记入附录A中表A.7。同时统计当代二化螟发生实况,预测下代发生情况,结果记入附录B中表B.3。

7.3 计算公式

7.3.1 发育进度

a) 各龄幼虫或各级蛹所占百分率按式(12)计算。

$$P_P = \frac{L_P}{Z_P} \times 100 \qquad \cdots\cdots(12)$$

式中:

P_P——某龄幼虫(或某级蛹)百分率,%;

L_P——某龄幼虫数(或某级蛹数),单位为头;

Z_P——剥查活幼虫、蛹和蛹壳总数。

b) 加权发育进度按式(13)计算。

$$P_W = \sum(E_1 \times A_1) \qquad \cdots\cdots(13)$$

式中:

P_W——某龄幼虫(或某级蛹)平均百分率,%;

E_1——每类型田某龄幼虫(或某级蛹)百分率,%;

A_1——该类型田代表百分率,%。

c) 该类型田代表百分率按式(14)计算。

$$A_1 = \frac{O_1 \times T_1}{\sum(M_1 \times N_1)} \times 100 \qquad \cdots\cdots(14)$$

式中:

A_1——该类型田代表百分率,%;

O_1——该类型田面积,单位为平方米(m^2);

T_1——该类型田虫口密度,单位为头;

M_1——每类型田面积,单位为平方米(m^2);

N_1——每类型田平均虫口密度,单位为头。

7.3.2 螟害率

a) 调查田块的枯心(或白穗)率按式(15)计算。

$$K_X = \frac{C_X}{Z_X \times 10} \times 100 \qquad \cdots\cdots(15)$$

式中:

K_X——调查田块的枯心(或白穗)率,%;

C_X——100丛稻内的枯心(白穗)数;

Z_X——10丛稻分蘖数(穗数)。

b) 一种类型田平均枯心(白穗)率按式(16)计算。

$$L_V = \frac{K_Z}{K} \times 100 \qquad \cdots\cdots(16)$$

式中：

L_V——一种类型田平均枯心(白穗)率,%；

K_Z——调查田块枯心(白穗)率(%)的总和；

K——调查田块数。

c) 当地平均枯心(白穗)率按式(17)计算。

$$B_A = \sum(L_A \times P_A) \quad\quad (17)$$

式中：

B_A——当地平均枯心(白穗)率,%；

L_A——一种类型田的枯心(或白穗)率,%；

P_A——该类型田面积的百分率,%。

d) 螟害率按式(18)计算。

$$M_3 = K_3 + (1 - K_3) \times B_3 \quad\quad (18)$$

式中：

M_3——螟害率,%；

K_3——枯心率,%；

B_3——白穗率,%。

8 预测预报

预测预报包括发生期预测、发生程度预测。

8.1 发生期预测

8.1.1 发蛾期预测

根据上一代残留虫量发育进度剥查结果,参照附录C,利用历期法或期距法预测下一代螟蛾发生期。

发蛾始盛期预测:当化蛹率达16%的日期为化蛹始盛期,以其中最低级的蛹加上常年同温度下该级蛹到羽化的历期或常年平均期距,即为发蛾始盛期。

发蛾高峰期预测:当化蛹率达50%的日期为化蛹高峰期,以其中比率最高的蛹级,减去本级1/2的历期,参照常年同温度下该级蛹到羽化的历期或常年平均至羽化的期距,即为发蛾高峰期。

发蛾盛末期预测:当累计化蛹率84%的日期为化蛹盛末期,以其中最低级的蛹加上常年同温度下该级蛹到羽化的历期或常年平均期距,即为发蛾盛末期。

8.1.2 卵孵化期预测

根据二化螟螟蛾的始盛、高峰和盛末期,加上产卵前期1～2 d,为螟蛾产卵的始盛、高峰和盛末期。再加上常年同温度下的卵历期,即为卵块孵化始盛、高峰和盛末期。

8.2 发生程度预测

8.2.1 应用残虫量预测

根据上代残留有效活虫量,分析当地受虫田承受虫源,对照附录D发生程度分级指标,预报下代发生程度。

8.2.2 应用当代卵量预测

根据螟蛾高峰期后的查见卵量乘以2,近似为当代卵量,对照附录D发生程度分级指标,预报当代发生程度。

9 数据记录与归档

每次调查结束后,将调查数据及时记入相应表内,年末将资料进行整理,填入附录A归档;并将二化螟发生防治基本情况填入附录A中表A.8。

附　录　A
（规范性附录）
农作物病虫调查资料表册

二化螟

（　　　　年）

测报站名________________盖章

站址________________________

（北纬：______东经：______海拔：______）

测报员________________________

负责人________________________

全国农业技术推广服务中心编制

表 A.1 虫源田二化螟越冬虫量调查表

调查日期		调查地点	类型田	调查面积/m^2	调查丛数/丛	活虫数/头	死亡数/头	死亡率/%	每 667 m^2 总虫量/头	二化螟占越冬稻螟虫总数比例/%	备注
月	日										

表 A.2 冬贮稻草中二化螟越冬虫量调查

调查日期		调查地点	稻草冬储状况	取样杆数/根	活虫数/头	死虫数/头	寄生虫数/头	死亡率/%	寄生率/%	活虫量/(头/千根)	备注
月	日										

表 A.3　二化螟幼虫和蛹发育进度调查表

调查日期		世代	类型田	品种	生育期	总虫			虫态	各龄幼虫或各级蛹数(头)及百分比(%)																合计/头	备注
月	日					活虫数/头	死虫数/头	死亡率/%		一		二		三		四		五		六		预蛹七级		蛹壳			
										虫数	百分比	虫数	百分比	虫数	百分比	虫数	百分比	虫数	百分比	虫数	百分比	虫数	百分比	虫数	百分比		

表 A.4 二化螟幼虫和蛹天敌寄生调查表

调查日期		世代	采集地点	类型田	幼虫寄生			蛹寄生			幼虫、蛹寄生率/%	备注
月	日				检查虫数/头	寄生虫数/头	寄生率/%	检查蛹数/头	寄生蛹数/头	寄生率/%		

表 A.5　稻螟蛾灯诱记载表

诱蛾日期		二化螟/头			三化螟/头			大螟/头			开灯时间内气象要素	备注
月	日	雌	雄	合计	雌	雄	合计	雌	雄	合计		

注：备注栏内注明诱蛾等种类。

表 A.6 二化螟卵块密度和孵化进度调查表

调查日期 月	调查日期 日	世代	调查地点	类型田	品种	生育期	长势	取样数量及面积/m^2 或丛	当日卵块数/块	累计卵块数/块	当日孵化数/块	累计孵化数/块	寄生卵块数/块	累计孵化率/%	累计卵寄生率/%	每 667 m^2 卵块数/块	备注

注 1：孵化卵块数指有 50％以上卵粒孵化的卵块数。

注 2：如查枯鞘，请注明数量和密度。

表 A.7 二化螟虫口密度及被害率调查表

调查日期	世代	类型田	品种	生育期	调查丛数/丛	平均每丛/个		调查株数/株	调查虫量/头		每 667m^2 活虫量/头	死亡率/%	二化螟占稻螟总活虫量比例/%	被害株数	被害株率/%	备注
						分蘖数	有效穗数		活虫数	死虫数						

注：备注中注明防治情况。

表 A.8　二化螟发生防治基本情况

水稻种植面积：　　　hm²

水稻类型	双季早稻	双季晚稻	一季中稻	一季晚稻
早熟品种				
中熟品种				
晚熟品种				
合计				

耕地面积________hm²；粮食种植面积________hm²。

各代发生防治面积：

代　别	一	二	三	四	五	六	七	合计
发生程度								
发生面积								
防治面积								

发生特点及原因简述：________

附 录 B
（规范性附录）
二化螟发生实况模式报表

表 B.1 冬前残留基数调查模式报表

填报单位	填报日期	虫源田面积/（667 m²）	各类型田加权平均活虫数/（头/667 m²）	死亡率/%
1	2	3	4	5
注：汇报时间为每年10月底至11月初。				

表 B.2 冬后活虫数及发育进度调查模式报表

填报单位	填报日期（月/日）	各类型田加权平均活虫数/（头/667 m²）	死亡率/%	预计羽化盛期（月/日）	预计卵孵化盛期（月/日）	预计一代发生程度/级	预计一代发生面积比例/%
1	2	3	4	5	6	7	8
注：汇报时间在越冬幼虫化蛹始盛期，华南、江南南部稻区3月底至4月初，长江、江淮稻区在4月底以前，北方稻区在5月中旬汇报。							

表 B.3 各代二化螟发生实况调查及下代预测模式报表

填报单位	填报日期（月/日）	代别	主害类型田	全代蛾量/头	羽化高峰期（月/日）	田间累计卵量/（块/667 m²）	卵孵高峰期（月/日）	螟害率/%	残虫量/（块/667 m²）	预计下一代			
										发生程度/级	蛾盛期（月/日）	卵孵盛期（月/日）	发生面积比例/%
1	2	3	4	5	6	7	8	9	10	11	12	13	14
注：在各代二化螟螟害率调查完成后上报。													

附 录 C
（资料性附录）
二化螟不同虫态发育历期

表 C.1 不同温度下二化螟卵的历期

温度/℃	天数	温度/℃	天数	温度/℃	天数
35.6	5.0～5.1	24.6	5.7～7.0	19.1	11.1～12.0
33.9	4.1～4.4	22.5	7.3～7.8	17.0	18.4～19.0
31.2	4.2～5.0	20.9	8.4～10.0	15.5	22.0～22.5

表 C.2 不同温度下二化螟各龄幼虫历期

代次	1龄	2龄	3龄	4龄	5龄	6龄	7龄	平均温度/℃
1代	5.0	4.1	4.1	5.0	8.2	10.2	13.7	23.1
2代	3.1	3.1	3.0	4.9	9.2	7.9	—	30.5
	3.1	3.2	3.3	4.4	7.4	8.2	—	28.7
3代	3.0	2.7	5.2	6.2	6.3	5.8	—	30.3
	3.5	2.6	3.5	3.8	5.6	—	—	27.8

表 C.3 不同温度下二化螟各级蛹的历期

蛹级	越冬代				第1代			
	18℃～22℃（平均20℃）		20℃～27℃（平均21℃）		25℃～30℃（平均26.8℃）		27℃～32℃（平均28.5℃）	
	天数	至羽化天数	天数	至羽化天数	天数	至羽化天数	天数	至羽化天数
1	1.9	13.8	1.8	11.6	1.0	6.5	0.7	5.9
2	2.3	11.8	2.1	9.7	1.1	5.5	1.1	5.1
3	1.9	9.5	1.4	7.6	1.0	4.3	0.9	4.0
4	2.9	7.6	2.3	6.2	1.0	3.3	1.1	3.1
5	2.8	4.6	2.3	3.9	1.1	2.3	1.0	1.9
6	1.8	1.8	1.5	1.5	1.1	1.1	0.9	0.9

附　录　D
（资料性附录）
二化螟发生程度及发育进度分级指标

表 D.1　二化螟发生程度分级指标

分级选项	发生程度				
	轻发生	偏轻发生	中等发生	偏重发生	大发生
	1 级	2 级	3 级	4 级	5 级
按上代加权平均残留虫量/头	＜200	200～400	401～700	701～1 000	＞1 000
按当代加权平均累计卵量/(块/667 m^2)	＜ 60	61～120	121～180	180～300	＞300

表 D.2　二化螟幼虫发育进度分级指标

项　目	龄　期					
	一龄	二龄	三龄	四龄	五龄	六龄
头宽/mm	0.2～0.3	0.5～0.6	0.8～0.9	1.1～1.2	1.4～1.5	1.7～1.8
体长/mm	1.7～2.7	4.0～5.0	7.0～7.5	9.0～12.0	17.0～19.0	20.0～25.0

表 D.3　二化螟各级别蛹分级特征

级　别	特　征
1 级	复眼内斑点残留或消失，中央褐色弧圈在 1/2 以下，圈内方基本无色素，中胸背线呈虚线状
2 级	复眼中央弧圈在 1/2 以上，圈内淡褐色，中胸背线仅剩一点点褐色
3 级	复眼中央弧圈在 3/4 以上，圈内红色或棕红色
4 级	复眼全部黑色，有光泽，翅外缘与翅壳不分离
5 级	复眼黑色有隔膜覆盖，翅外缘与翅壳开始分离，或明显分离，但无黑点
6 级	翅外缘黑点隐约可见，或明显，近羽化时体呈金黄色，腹部凸凹不平

附 录 E
（资料性附录）
二化螟卵与被寄生卵的区别特征

二化螟卵与被寄生卵的区别特征：

1） 孵化前被寄生卵上有黑点，正常卵淡暗红色；

2） 被寄生卵卵孵化时间比正常卵迟 2 d～3 d；

3） 被寄生卵上寄生蜂羽化孔口光滑，正常卵孵化口不整齐；

4） 被寄生卵孵、羽化后卵壳黑色，正常卵壳无色。

ICS 65.020.01
B 15

中华人民共和国国家标准

GB/T 15794—2009
代替 GB/T 15794—1995

稻飞虱测报调查规范

Rules of investigation and forecast for the rice planthopper
(*Nilaparvata lugens* Stal and *Sogatalla furcifera* Horvath)

2009-03-27 发布　　　　2009-10-01 实施

中华人民共和国国家质量监督检验检疫总局
中国国家标准化管理委员会　发布

前言

本标准代替 GB/T 15794—1995《稻飞虱测报调查规范》。

本标准与 GB/T 15794—1995 相比，主要变化如下：

a) 在确保调查准确性的基础上，对调查范围、取样方法、取样数量等进行了合理优化与调整，使之更符合生产实践需要；

b) 对诱测灯设置环境作数量化界定，提高诱虫效率，结果更具代表性；

c) 采用分格记数法统计夏秋季灯下诱集虫量，“扫网法”或“目测法”调查越冬区秧田，水湿润瓷盘内壁拍查稻飞虱法进行田间虫量调查，操作性更强、效率更高；

d) 增加稻飞虱发生程度分级指标，为田间调查提高依据；

e) 增加稻飞虱发生情况模式报表，统一、规范数据上报方式。

本标准的附录 A、附录 B 为规范性附录，附录 C、附录 D、附录 E 为资料性附录。

本标准由中华人民共和国农业部提出并归口。

本标准起草单位：农业部全国农业技术推广服务中心。

本标准主要起草人：王建强、张跃进、刘宇。

本标准所代替标准的历次版本发布情况为：

——GB/T 15794—1995。

稻飞虱测报调查规范

1 范围

本标准规定了稻飞虱越冬、灯光诱测、田间虫量、天敌以及危害状况的调查方法和测报资料整理与归档要求。

本标准适用于稻飞虱测报调查，有关研究及生产单位可参考执行。

2 术语和定义

下列术语和定义适用于本标准。

2.1

越冬 hibernate

稻飞虱冬季来临前通过迁飞方式，寻找低纬度稻区活动取食，避开冬季恶劣环境对其生存影响的行为。

2.2

越冬区 hibernating area

稻飞虱能安全度过冬天的地区称为稻飞虱越冬区。通常指在北纬23°以南，冬季气温最低月平均气温在12 ℃以上、日平均气温低于10 ℃的持续天数常年不超过10 d，且有水稻或再生稻、落粒自生稻生长的地区。

2.3

落粒自生稻 spontaneous rice

水稻收获时撒落在稻田或田埂上的稻谷自然萌发生长的水稻。

2.4

再生稻 ratooning rice

水稻收获后残留稻桩基部茎节萌发出的中低节位分蘖，这些分蘖最后能抽穗、扬花、结实。

2.5

低龄若虫 low instar nymph

稻飞虱初孵若虫至发育至3龄(含3龄)以前的若虫。

2.6

高龄若虫 advanced instar nymph

稻飞虱3龄以后若虫。

2.7

灯下高峰期及高峰日 adult arising peak period and date under light trap

根据灯诱结果，从出现稻飞虱成虫量突增日到高峰后突减日为止，为一个峰期，峰期中虫量最多的日期为高峰日；前一峰的突减日和后一峰的突增日之间相距3 d以内(含3 d)的，则计入同一个峰期。

2.8

田间成虫高峰期及高峰日 adult arising peak period and date in field

本地成虫羽化峰的确定是根据田间调查结果，成虫量出现最多的日期为田间高峰日，高峰日前成虫量突增至高峰日后虫量稳定的这段时期为田间高峰期。

2.9

产卵高峰 oviposition peak

成虫高峰后，田间出现相应的卵量突增时，则为产卵高峰。

2.10

若虫高峰　nymph peak

田间出现初孵若虫突增现象，为卵孵化高峰。此后若虫数量继续增加。当田间1龄～3龄若虫占田间总虫量50％～80％，则定为低龄若虫高峰期；高龄若虫比例达田间总虫量50％以上时，定为高龄若虫高峰期。

2.11

发生量　number of emergence

单位面积内稻飞虱卵、各龄若虫及成虫的数量，也称“虫口密度”。通常以百丛虫量和百株卵量来表示。100丛水稻中所含稻飞虱各龄若虫和成虫数量为百丛虫量，以“头/百丛”表示；100株水稻中所含的稻飞虱卵量为百株卵量，以“粒/百株”表示。

2.12

发生面积及发生面积比例　area of emergence and proportion

稻飞虱发生超过防治指标的稻田，均计算为稻飞虱发生面积；发生面积比例为稻飞虱发生面积占当地水稻种植面积的百分比。

2.13

冒穿　hopper burn

当田间稻飞虱发生量达到一定程度(通常白背飞虱发生量＞5 000头/百丛，褐飞虱发生量＞3 000头/百丛)时，受害水稻基部茎杆变软、倒杆枯死，在田间形成塌陷的“坑”，或成片倒塌枯黄，称之为“冒穿”，也称为“穿顶”或“塌杆”。

3　越冬调查

3.1　越冬调查地区

在稻飞虱越冬区进行。

3.2　调查时间

2月中、下旬或春季耕翻前调查1次。

3.3　取样面积

在稻飞虱越冬适宜区，随机选取5个样点，每个样点取落粒自生稻或再生稻田不少于100 m^2。

3.4　调查方法

3.4.1　成、若虫发生量

采用目测法，分别记录褐飞虱和白背飞虱低龄和高龄若虫及长翅成虫、短翅成虫的雌、雄数量，并折算每667 m^2 虫量，同时调查统计稻飞虱越冬面积比例。调查结果记入附录A中表A.1。

3.4.2　卵量

拔取稻苗25株～50株，剥查卵条和卵粒，折算百株有效卵粒。调查结果记入附录A中表A.1。

4　灯光诱测

4.1　光源

用200 W白炽灯作标准光源。已使用多年黑光灯诱测的地方，仍可继续使用黑光灯，光源为20 W(波长为3 650 Å)。

4.2　观测灯设置

光源离地面1.5 m，上方架设防雨罩，下方装集虫漏斗、杀虫和集虫装置。

诱测灯安装应紧靠稻田，直径300 m范围内无高度超过6 m的建筑物和丛林，距路灯等干扰光源300 m～350 m。

4.3 开灯时间

从当地最早见虫年份的成虫初见期前 10 d 开始，至常年成虫终见后 10 d 结束。每天天黑前开灯，天明后关灯。

4.4 观测方法

逐日对诱获的成虫计数，区别白背飞虱、褐飞虱种类和性别，并记载其他种类飞虱诱集数量。当日诱虫总重量超过 100 g 时，将所诱集的成虫均匀平铺于瓷盘内，用“十字交叉”法将成虫分为 4 等份，如 1/4 虫量仍超过 100 g 时，继续等分，使 1/4 虫量低于 100 g 后，再分类、记数。将各类型稻飞虱数量×4^n（n 为等分次数）即为各类总诱获量。同时记录开灯时的天气状况。观测结果记入附录 A 中表 A.2。

5 田间虫量系统调查

5.1 调查地点及时间

5.1.1 调查地点

调查在观察区内进行，观察区面积应在 30 hm^2 以上。

选有代表性的类型田作固定系统调查田，并设立观测圃，观测圃面积不少于 667 m^2。

5.1.2 调查时间

每月的 5 日、10 日、15 日、20 日、25 日、30 日各调查一次。

5.1.3 秧田

5.1.4 调查地区

常年秧田稻飞虱发生量较大的地区。

5.1.5 调查时段

秧苗三叶期始至拔秧前止。

5.1.6 调查方法

以调查成虫为主。

选主要类型秧田 3 块。采用目测法或扫网法随机取样，每块田 10 个点。目测法，目测计数每 0.25 m^2 秧田内成虫数量；扫网法，用直径为 53 cm 的捕虫网来回扫取宽幅为 1 m（0.5 m^2 的面积）秧苗，统计捕虫网内成虫数量。折算为每 1 m^2 秧田的成虫量。结果记入附录 A 中表 A.3。

5.2 大田

5.2.1 调查时段

水稻移栽后，自诱测灯下出现第一次成虫高峰后开始，至水稻成熟收割前 2 d～3 d 结束。

5.2.2 取样方法

选品种、生育期和长势有代表性的各类型田 3 块～5 块，采用平行双行跳跃式取样，每点取 2 丛。每块田的调查丛数可根据稻飞虱发生量而定。

a) 每丛低于 5 头时，每块田查 50 丛以上；

b) 每丛 5 头～10 头时，每块田查 30 丛～50 丛；

c) 每丛大于 10 头时，每块田查 20 丛～30 丛。

5.2.3 拍查方法

采用 33 cm×45 cm 的白搪瓷盘作载体，用水湿润盘内壁。查虫时将盘轻轻插入稻行，下缘紧贴水面稻丛基部，快速拍击植株中、下部，连拍三下，每点计数 1 次，计数各类飞虱不同翅型的成虫，以及低龄和高龄若虫数量。每次拍查计数后，清洗白搪瓷盘，再进行下次拍查。结果记入附录 A 中表 A.4。

6 田间卵量系统调查

6.1 调查时间

双季早稻和双季晚稻于主害代成虫高峰后 5 d～7 d 各查 1 次。单季中稻和晚稻于主害代前一代和主害代成虫高峰后 5 d～7 d 分别各查 1 次。

秧田每平方米成虫数量超过 5 头时，移栽前 3 d 进行 1 次卵量调查。

6.2 取样方法

在观测区内选择不同类型田块，采用平行跳跃式取样，每点取 2 丛，每丛拔取分蘖 1 株，主害代前一代取 50 株，主害代取 20 株。秧田采用棋盘式取样 10 点，每点 10 株。

6.3 调查方法

剥查取样稻株，并镜检卵条和卵粒，记录未孵化有效卵粒数、寄生卵数、孵化卵粒数以及卵胚胎发育进度。结果记入附录 A 中表 A.5。

寄生卵和卵的发育进度按照附录 C 识别。

7 大田虫情普查

7.1 普查时间

主害前一代二、三龄若虫盛期普查一次，主害代防治前和防治 10 d 后各普查一次，共查 3 次。

7.2 调查取样

在观察区和辖区范围内调查每种主要水稻类型田不少于 20 块，面积不少于 1 hm^2。每块田采用平行跳跃式取样，每块田取 5 点～10 点，每点 2 丛。

7.3 调查方法

同 5.2.2,5.2.3 计数不同翅型成虫、高龄若虫和低龄若虫，计算褐飞虱百分率。结果记入附录 A 中表 A.6。

8 主要天敌调查

8.1 捕食性天敌调查

在系统调查田中选主要类型田一块，每月的 10 日、20 日、30 日调查一次，结合系统调查进行，以查蜘蛛和黑肩绿盲蝽为主，有条件时将蜘蛛区别种类。调查结果记入附录 A 中表 A.7。

8.2 寄生性天敌调查

在各代成虫主峰期进行，每代抽查雌成虫及高龄若虫 50 头，先目测螯蜂寄生虫数，再抽查线虫寄生虫数，计算寄生率。

卵期寄生性天敌调查结合卵量调查进行。调查结果记入附录 A 中表 A.7。

9 危害状况普查

于各类水稻黄熟期前进行，采用大面积巡视目测法，记录调查区内有“冒穿”出现的田块数和面积，折合净“冒穿”面积，计算占调查区田块和面积的百分比。调查结果记入附录 A 中表 A.8。

10 调查资料的整理、汇报与归档

10.1 稻飞虱世代命名

世代以成虫为起点，命名方法如下：

用中文数字标出全国统一划分的世代，在括号内用阿拉伯数字注出相应的地方称呼世代，如：统一世代为第四代，地方相应世代为第二代，写成“第四(2)代”。适用于除海南南部以外的所有非周年繁殖的发生区。

各地稻飞虱世代划分参考附录 D。

10.2 发生程度分级

10.2.1 分级方法

分 5 级，以加权平均发生量确定各发生程度级别。

10.2.2 **发生程度分级**

发生程度分级参见附录E。计算公式如式(1)。

$$S=\frac{\sum_{i=1}^{5}C_i\times T_i}{\sum_{i=1}^{5}T_i} \qquad \cdots\cdots(1)$$

式中：

S——加权平均百丛虫量；

C_i——各虫量数字段平均虫量；

T_i——所调查的各虫量数字段对应田块数；

10.3 **虫情实时汇报**

稻飞虱系统调查和普查虫情按照附录B实时汇报。

10.4 **调查数据记载与归档**

每次调查结束后，将调查数据及时填入相应表内，年末将资料进行整理，正式填入附录A，归档保存；并将稻飞虱发生统计数据、防治基本情况、发生特点和原因填入附录A中表A.9、表A.10、表A.11。

附 录 A
（规范性附录）
农作物病虫调查资料表册

稻飞虱

（　　年）

测报站名____________________盖章

站址____________________

（北纬：________东经：________海拔：________）

测报员____________________

负责人____________________

全国农业技术推广服务中心编制

表 A.1 稻飞虱越冬调查记载表

调查日期		调查地点	样点类型面积比/%	取样面积/m^2	稻飞虱种类	成虫数/(头/m^2)					若虫数/(头/m^2)			虫量/(头/667 m^2)	卵粒数/粒	百株卵量/粒
						长翅型		短翅型		小计	低龄	高龄	小计			
月	日					雌	雄	雌	雄							
					褐飞虱											
					白背飞虱											

表 A.2　稻飞虱灯诱逐日记载表

诱测日期	(　　)月								备　注
	褐飞虱/头			白背飞虱/头			总计/头	点灯时天气状况	
	雌	雄	合计	雌	雄	合计			

表 A.3　秧田稻飞虱成虫调查记载表

调查日期		品种	叶龄	取样面积/667 m^2	褐飞虱 虫数/(头/m^2)			白背飞虱 虫数/(头/m^2)			备　注
月	日				雌	雄	小计	雌	雄	小计	

表 A.4 稻飞虱田间系统调查记载表

调查日期		类型田	品种	生育期	取样丛数/丛	长翅型成虫				短翅型成虫				若虫				用药情况
月	日					雌/(头/百丛)	雄/(头/百丛)	小计/(头/百丛)	褐飞虱比例/%	雌/(头/百丛)	雄/(头/百丛)	小计/(头/百丛)	褐飞虱比例/%	低龄/(头/百丛)	高龄/(头/百丛)	小计/(头/百丛)	褐飞虱比例/%	

表 A.5　稻飞虱田间卵量及发育进度调查记载表

调查日期		类型田	品种	生育期	平均每丛株数/株	取样株数/株	卵条数/条	卵粒数/粒	其中/粒						寄生率/%	每百丛未孵卵粒数/粒	备注
月	日								初期	中期	后期	末期	寄生数	已孵数			

表 A.6　稻飞虱大田虫口密度普查记载表

调查日期		调查地点	类型田	品种	生育期	成虫量/(头/百丛)			若虫量/(头/百丛)			总虫量/(头/百丛)	褐飞虱百分率/%	防治情况
月	日					长翅	短翅	小计	低龄	高龄	小计			

表 A.7 稻飞虱天敌调查记载表

调查日期		类型田	品种	生育期	捕食性天敌数/(头/100丛)				成、若虫寄生性天敌				备注
月	日				蜘蛛	黑肩绿盲蝽			调查虫数/头	螯蜂寄生数/头	线虫寄生数/头	寄生率/%	

表 A.8 稻飞虱冒穿(穿顶、塌秆)状况调查记载表

调查日期		调查区	水稻类型	水稻面积/667 m^2		冒穿田面积/667 m^2		冒穿净面积/667 m^2	占调查区面积比例/%			备注
月	日			块	面积	块	面积		冒穿田块	冒穿田面积	冒穿净面积	

表 A.9 ____省(市、区)____县(市)____稻稻飞虱发生情况统计报表

年份	播种面积	稻飞虱发生面积	发生程度	迁入始见期	主要迁入峰及峰期虫量									主害前代田间发生情况					主害代田间发生情况			
					第一峰			第二峰			第三峰											
					高峰日	峰期虫量	褐飞虱/%	高峰日	峰期虫量	褐飞虱/%	高峰日	峰期虫量	褐飞虱/%	发生高峰期	百丛虫量	最高虫量	短翅型比例	褐飞虱/%	主害高峰期	百丛虫量	最高虫量	褐飞虱/%

注 1：标题请填写单位及稻作类型，如有不同种类稻作，早、中、晚稻请分表格填写。

注 2：面积以“667 m^2”为单位，虫量以“头”为单位。

注 3：“主要迁入峰及峰期虫量”一栏填写中稻生长期出现的对当地发生数量影响较大的迁入峰及峰期虫量。

注 4：“田间主害期及虫量”一栏中的“百丛虫量”项，为各类型田加权平均百丛虫量。

表 A.10 稻飞虱发生防治基本情况

水稻类型	水稻 播种面积	发生面积	防治面积	受害 减产面积	挽回损失	实际损失
双季早稻						
双季晚稻						
一季中稻						
一季晚稻						
合　计						

注：面积以“667 m^2”为统计单位，损失以“吨”为统计单位。

表 A.11 ______年______省(市、区)______县(市)稻飞虱发生特点及原因简述

发生特点：
原因简述：

附 录 B
（规范性附录）
稻飞虱模式报表

表 B.1 稻飞虱模式报表

填报单位	填报日期	本侯灯下白背飞虱虫量/头	本侯灯下褐飞虱虫量/头	本侯灯下稻飞虱迁入高峰日	田间稻飞虱主虫态（成、高、低龄若虫）	观测区百丛总虫量/头	观测区百丛长翅型虫量/头	观测区百丛短翅型虫量/头	观测区褐飞虱比率/%	普查百丛虫量/头
1	2	3	4	5	6	7	8	9	10	11

注 1：稻飞虱发生情况模式报表主要用于反映稻飞虱发生动态情况。

注 2：有关稻飞虱监测点均要求按此模式汇报。

注 3：汇报时间从灯下或田间开始查见稻飞虱至水稻收割，每逢 1 日、6 日汇报。

附　录　C
（资料性附录）
稻飞虱卵发育进度分级及卵寄生特征

C.1　稻飞虱卵发育进度分级特征

稻飞虱卵发育进度分级特征见表C.1。

表C.1　稻飞虱卵发育进度分级特征

简易分级	初期	中期	后期	末期
相应发育期	胚盘期、胚带期	黄斑期、反转期	眼点期	胸节期、腹节期
基本特征	卵色白，嫩半透明	卵乳白色，解剖镜下能见腹部黄斑	卵头部出现针尖状鲜红色眼点	眼点较大深红色，约占卵宽的1/3

C.2　稻飞虱卵寄生特征

寄生蜂在卵内发育至中、后期才显色，卵粒呈橙红色，黄色或黄绿色。

螯蜂寄生，后期可见稻飞虱身体有不规则外凸。

附　录　D
（资料性附录）
稻飞虱发生世代划分

稻飞虱属迁飞性昆虫，世代划分从成虫开始，经卵、1 龄、2 龄、3 龄、4 龄、5 龄若虫发育到下一代成虫的过程为一个世代。为便于监测预报，根据发生特点，将全国稻飞虱发生划分为以下八个代次。

第一代：4 月中旬以前的成虫；

第二代：4 月下旬至 5 月中旬的成虫；

第三代：5 月下旬至 6 月中旬的成虫；

第四代：6 月下旬至 7 月中旬的成虫；

第五代：7 月下旬至 8 月中旬的成虫；

第六代：8 月下旬至 9 月中旬的成虫；

第七代：9 月下旬至 10 月中旬的成虫；

第八代：10 月下旬以后的成虫。

附 录 E
（资料性附录）
稻飞虱发生程度分级

表 E.1 稻飞虱发生程度分级指标表

发生程度级别	1级	2级	3级	4级	5级
	轻发生	偏轻发生	中等发生	偏重发生	大发生
加权平均百丛虫量/头	<250	250～700	700～1 200	1 200～1 600	>1 600

ICS 65.020.01
B 15

中华人民共和国国家标准

GB/T 15798—2009
代替 GB/T 15798—1995

粘虫测报调查规范

Rules for investigation and forecast of the armyworm
[*Pseudaletia*（*Mythimna*）*separate* Walker]

2009-03-27 发布 2009-10-01 实施

中华人民共和国国家质量监督检验检疫总局
中国国家标准化管理委员会 发布

前 言

本标准代替 GB/T 15798—1995《粘虫虫测报调查规范》。

本标准与 GB/T 15798—1995 相比主要变化如下：

1） 增加了“术语和定义”部分，其中定义了粘虫的发生世代、为害区和模式报表等内容；

2） 成虫诱测方法增加了虫情测报灯，删除了杨树枝把的内容；

3） 增加了“粘虫预报数据的收集和传输”部分，其中增加了“粘虫模式报表”及传输平台的要求内容；

4） 将“粘虫调查资料表册”在正文中进行了规范。

本标准的附录 A、附录 B 为规范性附录，附录 C、附录 D、附录 E、附录 F 为资料性附录。

本标准由中华人民共和国农业部提出并归口。

本标准起草单位：农业部全国农业技术推广服务中心。

本标准主要起草人：姜玉英、屈西峰、夏冰、曾娟。

本标准所代替标准的历次版本发布情况为：

——GB/ T 15798—1995。

粘虫测报调查规范

1 范围

本标准规定了粘虫成虫诱测、卵量调查、幼虫调查、迁出区发生情况调查、调查资料表册、预报数据的收集和传输等方面的技术方法。

本标准适用于粘虫测报调查。

2 术语和定义

下列术语和定义适用于本标准。

2.1

粘虫的发生世代 generation emergence of the armyworm

以卵的出现作为下一个世代的开始，对全年卵、幼虫、成虫、蛹发生世代的表述方法：越冬代、第一代、第二代、第三代……。

2.2

粘虫的发生区 region of generation emergence of the armyworm

越冬代发生区：广东、广西、福建、云南、江西、湖南；

一代发生区：上海、浙江、湖北、江苏、安徽、河南、山东；

二代发生区：黑龙江、吉林、辽宁、内蒙古、山西、山东、河北、天津、北京、云南、贵州、四川、陕西、甘肃、宁夏；

三代发生区：黑龙江、吉林、辽宁、内蒙古、河北、山西、山东、天津、北京；

四代发生区：广东、广西、福建、江西、云南。

3 成虫诱测

3.1 诱测时间

一代发生区南部自 2 月 10 日至 4 月 10 日，北部自 3 月 5 日至 4 月 15 日；二代发生区自 5 月 10 日至 6 月 20 日；三代发生区自 7 月 15 日至 8 月 15 日；四代发生区自 9 月 1 日至 10 月 10 日。

3.2 诱测工具

各地可从下列几种观测工具中，选出一种诱蛾效果最好的进行监测，将蛾量诱测结果记入附录 A 中的表 A.1 中。

3.2.1 虫情测报灯

在常年适于成虫发生的场所，装设 1 台多功能自动虫情测报灯（见附录 C 中的第 C.1 章）或 20 W 黑光灯，要求设在视野开阔处，其四周没有高大建筑物或树木遮挡，灯管下端与地表面垂直距离为 1.5 m。一般每年更换一次灯管。

3.2.2 诱蛾器

选择离村庄稍远、比较空旷容易遭受为害的作物田。一般设置 2 台诱蛾器（其结构见附录 C 中的第 C.2 章），间距应在 500 m 以上，诱蛾器可以用木或铁器架架起，诱蛾器底部距地面 1 m。设立后不要轻易移动位置，保持相对稳定。

诱集方法：加入诱剂（成分和配制方法见附录 C 中的第 C.2 章）后，每日黄昏前将诱剂皿盖打开，搅拌诱剂后罩好筒盖，次日清晨将落在皿内和皿外死亡的粘虫蛾取出，携回检查并将诱剂皿盖盖好，减少诱剂蒸发，再罩好筒罩。诱剂每逢 5（每月 5 日、15 日、25 日）增加半量，逢 10（每月 10 日、20 日、30 日或 31 日）更换全量。当蛾量多、蒸发量大或发生意外事故时，应酌情增加或更换。

3.2.3 糖醋毒草把

选比较空旷有代表性的稻、麦田，每田设一组5把糖醋毒草把(制作方法见附录C中的第C.3章)，东西排列，间距15 m～20 m。草把设置要高出作物30 cm。配制诱剂(成分和配制方法见附录C中的第C.3章)，诱液于傍晚涂在草把上，漏斗中可放入少许稻草，防止鸟雀啄食蛾子；次日清晨将落在漏斗内的粘虫蛾取出，携回检查。诱液每2 d涂一次。

3.3 雌蛾卵巢发育进度检查

在盛蛾期，隔日解剖检查一次雌蛾卵巢发育级别、各级数量和交尾情况(方法见附录D)。即每次抽查上述方法诱到的蛾子20头，诱蛾量不足20头时，应全部检查，将检查结果记入附录A中的表A.2中。

4 卵量调查

4.1 草把诱卵

4.1.1 诱卵时间

一代发生区南部自2月20日至4月15日，一代发生区北部自3月15日至4月20日；二代发生区自5月25日至6月20日。

4.1.2 田间设置

每点选具代表性寄主田2块，每块田插10把；长江以南区域草把间距5 m，长江以北区域间距10 m。

4.1.3 制作方法

选择较粗壮已变质的干稻草3根，剪成50 cm长，基部扎紧成一把；或未变质干谷草5根、50 cm长，从中间对折扎紧即为一把；将其绑在小木棍或细竹竿上，端部朝上，草把顶要高出作物20 cm左右。

4.1.4 诱卵方法

从插草把第一天起，每3 d检查并更换一次草把，仔细清点卵块数；同时抽取10块卵，检查其卵粒数；如不足10块卵则全部检查。平均每块卵的卵粒数按式(1)计算。

$$A = (\sum E)/B \qquad \cdots\cdots(1)$$

式中：

A——平均每块卵的卵粒数，单位为粒；

E——每块卵卵粒数，$\sum E$为10块卵卵粒数的累加，单位为粒；

B——检查卵块数，单位为块。

将草把诱卵结果记入附录A中的表A.3中。

4.2 卵量普查

4.2.1 普查时间

各地在主害代成虫高峰期后进行普查。

4.2.2 普查田块

选择具有代表性各种寄主作物的不同类型田，每种类型田各普查1块～3块田。

4.2.3 普查方法

每田块均采用5点取样，每点查1 m^2。谷子、小麦、水稻等密植矮秆作物，应注意检查枯干叶、枯心苗和上部1片～4片嫩叶尖端的卵量；玉米、高粱等高秆作物，应对所有作物和杂草进行检查，调查时应注意干叶尖、苞叶、花丝、前茬作物上的卵量。每类型分别取10块卵，检查卵粒数。将结果记入附录A中的表A.4中。

5 幼虫调查

5.1 幼虫系统调查

5.1.1 调查时间

一代发生区自4月1日至暴食期止；二代发生区自6月1日至暴食期止；三代发生害区自7月15日至暴食期止；四代发生区自晚秋世代成虫盛期至暴食期止。每3 d调查一次。

5.1.2 调查田块

选当地主要寄主作物田，固定1块～3块为系统调查田。

5.1.3 调查方法

每块田以棋盘式10点取样，条播、穴播的小麦、谷子、水稻每点1 m^2，撒播的作物每点0.3 m×0.3 m；玉米、高粱每点10株，调查后均折算成平均每平方米虫数。

调查条播麦田、谷田时，样点下铺一白布，拍打植株，如此重复数次，直至拍打后再不出现幼虫为止，然后扒开行间，检查布上或地表上的幼虫数量及其发育龄期；还应翻转根际松土，检查潜土的幼虫；谷叶心内常有低龄幼虫潜伏，除拍打外，对心叶及穗轴应仔细检查。玉米、高粱等高秆作物，先检查心叶、叶腋、雌雄穗及干叶卷缝内的虫量、虫龄；再查地表及土内虫量、虫龄；如田中杂草较多，也要查清杂草上的虫量、虫龄。幼虫虫龄按体长和头宽区分(区分指标见附录E)。

5.2 幼虫普查

5.2.1 普查时间

当系统调查大部分幼虫进入2龄期时，立即组织一次普查。

5.2.2 普查田块

选具有代表性各种寄主作物田进行，普查田块总数不少于20块，调查方法同幼虫系统调查，将调查结果记入附录A中的表A.5中。

6 迁出区发生情况调查

6.1 残虫量调查

6.1.1 调查时间

越冬代发生区于2月22日至24日，一代发生区于5月10日至12日，二代发生区于7月3日至4日，三代发生区于8月17日至19日调查一次。

6.1.2 调查地块

选具有代表性已防和未防的各种寄主田及其他发生环境各2块～3块，均以5点取样。条播麦田、谷田每点查1 m^2；玉米、高粱每点查2 m^2；水稻、绿肥、撒播麦田及草地每点查0.3 m×0.3 m。查清植株上、地面及地下幼虫及蛹的数量，检查幼虫龄期和蛹发育进度(区分方法参见附录E、附录F)。将残虫量调查结果记入附录A中的表A.6中。

6.2 天敌调查

在残虫量调查时一同调查天敌情况。在调查田中随机选取幼虫及蛹各50头，不足50头时应全查。剖开虫体，检查寄生性天敌种类、数量，同时调查点内捕食性天敌种类和数量。将天敌调查结果记入附录A中的表A.6中。

7 粘虫调查资料表册

各项调查内容须在调查结束时，认真统计和填写，内容不能随意更改。年底前填写粘虫发生防治基本情况表(见附录A中的表A.7)。全国制定统一的粘虫“调查资料表册”的样表一份(见附录A)，供各地应用时复制。

8 粘虫预报数据的收集和传输

8.1 主害代天气预报

收集将要发生世代内的温度、降水量、湿度、风力、风向、灾害性天气次数、范围等。

一代发生区于2月底收集3月～5月天气预报；

二代发生区于4月底收集5月～6月天气预报；

三代发生区于6月底收集7月～8月天气预报；

四代发生区于8月底收集9月～10月天气预报。

8.2 农作物种植和生长情况

各发生区要及时收集寄主作物种植面积、品种、耕制、苗情长势、生育期早迟、灌溉及施肥等栽培情况。

8.3 粘虫模式报表

越冬代、一代、二代、三代粘虫预报所需数据用模式报表形式进行规范(见附录B),其中所列各项内容均为固定格式,不能随意更改或遗漏。并采用国际网络或传真机等方式及时传输。

模式报表中,发生程度按轻发生、偏轻、中发生、偏重、大发生划分,分别用1、2、3、4、5表示。同历年比较的早、增、多、高用“+”表示,晚(迟)、减、少、低用“－”表示。与历年相同和相近,用“0”表示;缺测项目用“××”表示。

附　录　A
（规范性附录）
农作物病虫调查资料表册

粘　虫

（　　　年）

站名____盖章

站址____

（北纬：__________东经：__________海拔：__________）

测报员____

负责人____

全国农业技术推广服务中心编制

表 A.1 粘虫蛾量诱测记载表

<table>
<tr><td colspan="2" rowspan="2">检查日期</td><td colspan="9">诱测工具</td><td rowspan="3">备 注</td></tr>
<tr><td colspan="3">虫情测报灯/(头/台)</td><td colspan="3">诱蛾器/(头/台)</td><td colspan="3">糖醋毒草把/(头/把)</td></tr>
<tr><td>月</td><td>日</td><td>雌</td><td>雄</td><td>合计</td><td>雌</td><td>雄</td><td>合计</td><td>雌</td><td>雄</td><td>合计</td></tr>
<tr><td></td><td>1</td><td></td><td></td><td></td><td></td><td></td><td></td><td></td><td></td><td></td><td></td></tr>
<tr><td></td><td>2</td><td></td><td></td><td></td><td></td><td></td><td></td><td></td><td></td><td></td><td></td></tr>
<tr><td></td><td>3</td><td></td><td></td><td></td><td></td><td></td><td></td><td></td><td></td><td></td><td></td></tr>
<tr><td></td><td>4</td><td></td><td></td><td></td><td></td><td></td><td></td><td></td><td></td><td></td><td></td></tr>
<tr><td></td><td>5</td><td></td><td></td><td></td><td></td><td></td><td></td><td></td><td></td><td></td><td></td></tr>
<tr><td></td><td>6</td><td></td><td></td><td></td><td></td><td></td><td></td><td></td><td></td><td></td><td></td></tr>
<tr><td></td><td>7</td><td></td><td></td><td></td><td></td><td></td><td></td><td></td><td></td><td></td><td></td></tr>
<tr><td></td><td>8</td><td></td><td></td><td></td><td></td><td></td><td></td><td></td><td></td><td></td><td></td></tr>
<tr><td></td><td>9</td><td></td><td></td><td></td><td></td><td></td><td></td><td></td><td></td><td></td><td></td></tr>
<tr><td></td><td>10</td><td></td><td></td><td></td><td></td><td></td><td></td><td></td><td></td><td></td><td></td></tr>
<tr><td colspan="2">上旬累计</td><td></td><td></td><td></td><td></td><td></td><td></td><td></td><td></td><td></td><td></td></tr>
<tr><td></td><td>1</td><td></td><td></td><td></td><td></td><td></td><td></td><td></td><td></td><td></td><td></td></tr>
<tr><td></td><td>2</td><td></td><td></td><td></td><td></td><td></td><td></td><td></td><td></td><td></td><td></td></tr>
<tr><td></td><td>3</td><td></td><td></td><td></td><td></td><td></td><td></td><td></td><td></td><td></td><td></td></tr>
<tr><td></td><td>4</td><td></td><td></td><td></td><td></td><td></td><td></td><td></td><td></td><td></td><td></td></tr>
<tr><td></td><td>5</td><td></td><td></td><td></td><td></td><td></td><td></td><td></td><td></td><td></td><td></td></tr>
<tr><td></td><td>6</td><td></td><td></td><td></td><td></td><td></td><td></td><td></td><td></td><td></td><td></td></tr>
<tr><td></td><td>7</td><td></td><td></td><td></td><td></td><td></td><td></td><td></td><td></td><td></td><td></td></tr>
<tr><td></td><td>8</td><td></td><td></td><td></td><td></td><td></td><td></td><td></td><td></td><td></td><td></td></tr>
<tr><td></td><td>9</td><td></td><td></td><td></td><td></td><td></td><td></td><td></td><td></td><td></td><td></td></tr>
<tr><td></td><td>10</td><td></td><td></td><td></td><td></td><td></td><td></td><td></td><td></td><td></td><td></td></tr>
<tr><td colspan="2">中旬累计</td><td></td><td></td><td></td><td></td><td></td><td></td><td></td><td></td><td></td><td></td></tr>
<tr><td></td><td>1</td><td></td><td></td><td></td><td></td><td></td><td></td><td></td><td></td><td></td><td></td></tr>
<tr><td></td><td>2</td><td></td><td></td><td></td><td></td><td></td><td></td><td></td><td></td><td></td><td></td></tr>
<tr><td></td><td>3</td><td></td><td></td><td></td><td></td><td></td><td></td><td></td><td></td><td></td><td></td></tr>
<tr><td></td><td>4</td><td></td><td></td><td></td><td></td><td></td><td></td><td></td><td></td><td></td><td></td></tr>
<tr><td></td><td>5</td><td></td><td></td><td></td><td></td><td></td><td></td><td></td><td></td><td></td><td></td></tr>
<tr><td></td><td>6</td><td></td><td></td><td></td><td></td><td></td><td></td><td></td><td></td><td></td><td></td></tr>
<tr><td></td><td>7</td><td></td><td></td><td></td><td></td><td></td><td></td><td></td><td></td><td></td><td></td></tr>
<tr><td></td><td>8</td><td></td><td></td><td></td><td></td><td></td><td></td><td></td><td></td><td></td><td></td></tr>
<tr><td></td><td>9</td><td></td><td></td><td></td><td></td><td></td><td></td><td></td><td></td><td></td><td></td></tr>
<tr><td></td><td>10</td><td></td><td></td><td></td><td></td><td></td><td></td><td></td><td></td><td></td><td></td></tr>
<tr><td colspan="2">下旬累计</td><td></td><td></td><td></td><td></td><td></td><td></td><td></td><td></td><td></td><td></td></tr>
<tr><td colspan="2">全月累计</td><td></td><td></td><td></td><td></td><td></td><td></td><td></td><td></td><td></td><td></td></tr>
</table>

表 A.2　粘虫雌蛾抱卵检查记载表

调查日期		雌蛾来源	检查虫数	卵巢发育级别及占百分比										交配率/%	备　注
月	日			1级	2级	3级	4级	5级	1级	2级	3级	4级	5级		
				头					%						

表 A.3 粘虫草把诱卵记载表

调查日期		插把环境	检查把数	诱卵块数/块	平均每把卵块数/块	检查卵块数/块	单块卵粒数/粒			备 注
月	日						最多	最少	平均	

表 A.4 粘虫卵量普查记载表

调查日期		地点	作物	类型田	取样面积/m^2	总卵块数/块	检查卵块数/块	单块卵粒数/粒			平均每平方米卵量/粒	备注
月	日							最多	最少	平均		

表 A.5　粘虫幼虫发生量调查记载表

调查日期		地点	作物	类型田	取样面积/m²	总虫数/头	平均每平方米虫数/头	各龄幼虫数及占百分比													备注
月	日							1龄	2龄	3龄	4龄	5龄	6龄	合计	1龄	2龄	3龄	4龄	5龄	6龄	
								头							%						

表 A.6 粘虫残虫量和天敌调查记载表

调查日期		作物	类型田	取样面积/m^2	总虫数/头	幼虫及蛹发育进度													天敌寄生情况			
						幼虫					蛹											
月	日					1龄～3龄/头	4龄/头	5龄/头	6龄/头	每平方米虫数/头	前蛹/头	1级/头	2级/头	3级/头	蛹皮/头	每平方米蛹数/头	化蛹/%	羽化/%	种类	数量/头	寄生数/头	寄生率/%

表 A.7　粘虫发生防治基本情况记载表

耕地面积________ hm^2。
其中：水稻________ hm^2；　谷子________ hm^2； 小麦________ hm^2；　糜子________ hm^2； 玉米________ hm^2；　其他________ hm^2。 高粱________ hm^2；
发生面积________ hm^2， 其中：____代____ hm^2；　____代____ hm^2。 受害减产面积________ hm^2； 发生程度________级；
防治面积________ hm^2，　占发生面积________%， 其中：____代____ hm^2；　____代____ hm^2。 挽回损失________ t；　实际损失________ t。
简述发生概况和特点：

附 录 B
（规范性附录）
粘虫模式报表

表 B.1 越冬代粘虫模式报表（M0NCA）

要求汇报时间：2 月 25 日～27 日

序号	编报内容	报表程序
1	报表代码	（M0NCA）
2	发生程度	
3	越冬代粘虫有虫面积（hm^2）	
4	防治面积（hm^2）	
5	麦田面积（hm^2）	
6	其他寄主田面积（hm^2）	
7	防治前各类型麦田平均每平方米虫量（头）	
8	防治前其他类型田（绿肥、油菜、冬闲田…）平均每平方米虫量（头）	
9	防治后各类型麦田平均每平方米残虫量（头）	
10	防治后麦田平均最高每平方米残虫量（头）	
11	防治后其他类型田（绿肥、油菜、冬闲田…）平均每平方米残虫量（头）	
12	防治后其他类型田（绿肥、油菜、冬闲田…）平均最高每平方米残虫量（头）	
13	未防治各种作物田平均每平方米残虫量（头）	
14	总平均每平方米残虫量（头）	
15	总平均每平方米残虫量比历年均值增减百分率（%）	
16	发育进度调查日期（月、日）	
17	三龄前幼虫占百分率（%）	
18	四龄幼虫占百分率（%）	
19	五龄幼虫占百分率（%）	
20	六龄幼虫占百分率（%）	
21	前蛹占百分率（%）	
22	一级蛹占百分率（%）	
23	二级蛹占百分率（%）	
24	三级蛹占百分率（%）	
25	蛹皮（羽化）占百分率（%）	
26	平均自然死亡率（%）	
27	平均自然死亡率比历年增减比率（%）	
28	预计成虫羽化盛期（月、日）	
29	编报单位	

表 B.2　一代粘虫模式报表(M1NCA)

要求汇报时间:5 月 13 日～15 日

序号	编报内容	报表程序
1	报表代码	(M1NCA)
2	发生程度	
3	一代粘虫有虫面积(hm^2)	
4	防治面积(hm^2)	
5	各类型麦田平均每平方米虫量(头)	
6	各类型麦田平均最高每平方米虫量(头)	
7	防治后麦田平均每平方米残虫量(头)	
8	防治后麦田平均最高每平方米残虫量(头)	
9	未防麦田平均每平方米残虫量(头)	
10	未防麦田平均最高每平方米残虫量(头)	
11	各类型田加权平均每平方米残虫量(头)	
12	各类型田平均每平方米残虫量比历年均值增减百分率(%)	
13	发育进度调查日期(月、日)	
14	三龄前幼虫占百分率(%)	
15	四龄幼虫占百分率(%)	
16	五龄幼虫占百分率(%)	
17	六龄幼虫占百分率(%)	
18	前蛹占百分率(%)	
19	一级蛹占百分率(%)	
20	二级蛹占百分率(%)	
21	三级蛹占百分率(%)	
22	蛹皮(羽化)占百分率(%)	
23	平均自然死亡率(%)	
24	平均自然死亡率比历年增减比率(%)	
25	预计成虫羽化盛期(月、日)	
26	编报单位	

表 B.3 二代粘虫模式报表(M2NCA)

要求汇报时间:7月6日～8日

序号	查报内容	报表程序
1	报表代码	(M2NCA)
2	发生程度	
3	二代粘虫有虫面积(hm^2)	
4	防治面积(hm^2)	
5	防治前谷、麦田平均每平方米虫量(头)	
6	防治前谷、麦田平均最高每平方米虫量(头)	
7	防治前玉米高粱田平均百株虫量(头)	
8	防治前玉米高粱田平均最高百株虫量(头)	
9	防治后谷、麦田平均每平方米残虫量(头)	
10	防治后谷、麦田平均最高每平方米残虫量(头)	
11	防治后玉米高粱田平均每平方米米残虫量(头)	
12	防治后玉米高粱田平均最高每平方米残虫量(头)	
13	草地平均每平方米残虫量(头)	
14	各种作物田加权平均每平方米残虫量(头)	
15	总平均每平方米残虫量比历年均值增减率(%)	
16	发育进度调查日期(月、日)	
17	三龄前幼虫占百分率(%)	
18	四龄幼虫占百分率(%)	
19	五龄幼虫占百分率(%)	
20	六龄幼虫占百分率(%)	
21	前蛹占百分率(%)	
22	一级蛹占百分率(%)	
23	二级蛹占百分率(%)	
24	三级蛹占百分率(%)	
25	蛹皮(羽化)占百分率(%)	
26	平均自然死亡率(%)	
27	平均自然死亡率比历年增减比率(%)	
28	预计成虫羽化盛期(月、日)	
29	编报单位	

表 B.4 三代粘虫模式报表(M3NCA)

要求汇报时间:8月20日～25日

序号	编报内容	报表程序
1	报表代码	(M3NCA)
2	发生程度	
3	三代粘虫有虫面积(hm^2)	
4	防治面积(hm^2)	
5	防治前谷田平均每平方米虫量(头)	
6	防治前谷田平均最高每平方米虫量(头)	
7	防治前玉米高粱田平均每百株虫量(头)	
8	防治前玉米高粱田平均最高每百株虫量(头)	
9	防治后谷田平均每平方米残虫量(头)	
10	防治后谷、麦田平均最高每平方米残虫量(头)	
11	防治后玉米高粱田平均每平方米残虫量(头)	
12	防治后玉米高粱田平均最高每平方米残虫量(头)	
13	各种作物田加权平均每平方米残虫量(头)	
14	平均每平方米残虫量比历年均值增减率(%)	
15	发育进度调查日期(月、日)	
16	三龄前幼虫占百分率(%)	
17	四龄幼虫占百分率(%)	
18	五龄幼虫占百分率(%)	
19	六龄幼虫占百分率(%)	
20	前蛹占百分率(%)	
21	一级蛹占百分率(%)	
22	二级蛹占百分率(%)	
23	三级蛹占百分率(%)	
24	蛹皮(羽化)占百分率(%)	
25	平均自然死亡率(%)	
26	平均自然死亡率比历年增减比率(%)	
27	预计成虫羽化盛期(月、日)	
28	编报单位	

附　录　C
（资料性附录）
粘虫成虫诱测工具

C.1　多功能自动虫情测报灯

多功能自动虫情测报灯是在我国长期应用20W黑光灯诱集害虫的基础上，开发出的一种先进诱虫测报灯具。此灯具采用光电控制技术，能自动开关，自动完成诱虫、收集等作业，自动转换接虫袋，并按每一天分别进行保存；同时采用远红外线处理虫体，自动将诱集的昆虫杀死，使虫体保持干燥、完整、新鲜，便于分类、鉴定。

C.2　粘虫诱蛾器构造及其诱剂配制方法

诱蛾器分筒罩、底盘、诱剂皿三部分。筒罩为圆筒形，高35 cm，直径31 cm，筒罩上顶封死，并焊一把手，下端开口。罩壁开有12个大小相等、向内凹入的长孔，长孔外边长24 cm，宽5 cm，内边长20 cm，宽1.5 cm，凹入部分的上、下两端焊住；长孔下缘与筒罩下缘相距在4 cm以上。底盘直径32 cm，边高3 cm。诱剂皿高3 cm，直径25 cm，并做一直径略大于25 cm的盖盖上，大小以能罩入筒罩为限。诱蛾器构造图如图C.1。

诱蛾器诱剂成分和配制方法：40°～50°白酒125 mL，水250 mL，红糖375 g，食醋500 mL，90%晶体敌百虫3 g。先将红糖和敌百虫称出，用温水溶化后，加入醋、酒，拌匀即为一台诱蛾器诱剂全量。

单位为厘米

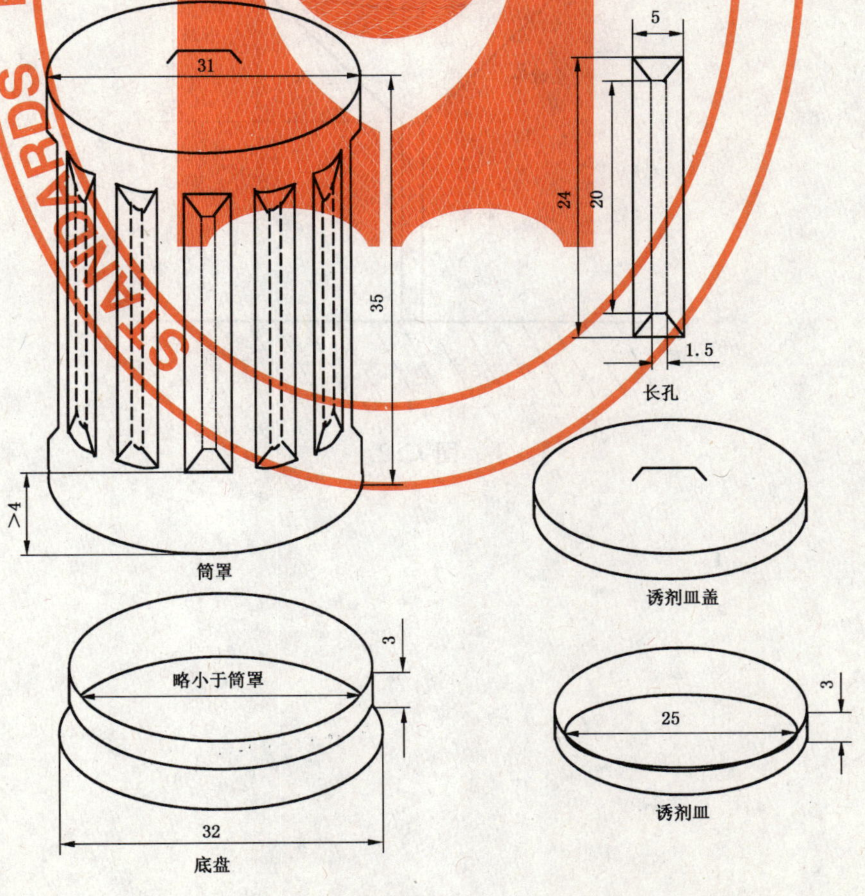

图 C.1

C.3 粘虫糖醋毒草把制作及其诱剂配制方法

选较粗壮未发霉干稻草，剪成50 cm长，基部扎紧呈直径10 cm的草把，端部朝下，插在1.5 m左右长的木棍或竹竿上。草把下边装一个盛蛾铁皮漏斗，漏斗直径60 cm、高30 cm，草把上安装一棚罩，以防雨淋。本草把的制作图见图C.2。糖醋毒草把诱剂成分为：红糖100 g、食醋100 mL、水100 mL、40°～50°白酒50 mL、90%晶体敌百虫2 g，以上为5个毒草把诱剂全量，配制方法同诱蛾器诱剂。

单位为厘米

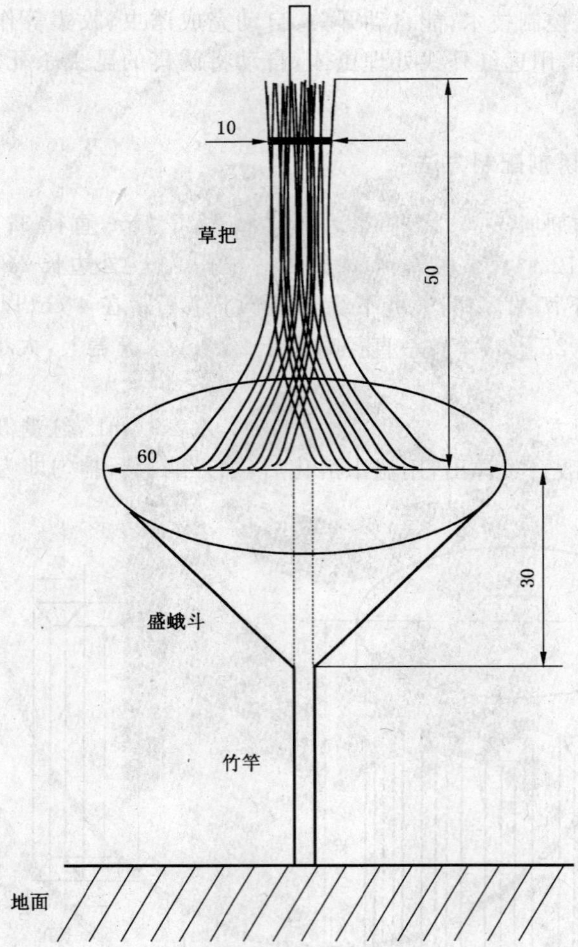

图 C.2

附 录 D
（资料性附录）
粘虫雌蛾卵巢发育级别和交尾划分方法

1级：卵未形成，腹腔乳白色；卵管透明，长3 cm～4 cm，用肉眼辨认不出卵管中分节状，脂肪体多，呈圆形或椭圆形，粒粒饱满，乳白色；

2级：卵粒可辨，腹腔乳白色，卵管白色，长4 cm～6 cm，卵管内卵粒呈分节状，脂肪体多，呈圆形或椭圆形，乳白色，部分已不饱满；

3级：卵已成熟，尚未产卵，腹腔黄白色，卵管白色至黄色，长约7 cm～10 cm，卵粒排列紧密、靠近侧输卵管处，卵粒有堆集重叠现象，脂肪体显著减少，呈半透明或透明状，萎蔫发扁；

4级：卵已部分产出，腹腔淡黄色，卵管白色至黄色，长约4 cm～10 cm，卵粒排列不紧密，几乎没有乳白色脂肪体；

5级：卵已产完，近有少量遗卵，腹腔黄色；卵管暗黄色，萎缩较短，无脂肪体。

凡雌蛾交尾囊内已有精包的，可认定为已交尾个体，囊内无精包的，则为未交尾个体。

附　录　E
（资料性附录）
粘虫幼虫发育进度龄期分级方法

单位为毫米

项目	1龄		2龄		3龄		4龄		5龄		6龄	
	平均	范围	平均	范围	平均	范围	平均	范围	平均	范围	平均	范围
体长	1.87	1.8～2.2	5.9	5～7.1	9.81	7～12	13.7	10～18	20.8	11～24	29.2	19～35.5
头宽	0.32	0.3～0.4	0.54	0.5～0.65	0.96	0.75～1.05	1.59	1.4～1.76	2.27	2～2.5	3.23	3～3.51

附 录 F
（资料性附录）
粘虫蛹发育级别分级方法

1级：蛹体红褐色，复眼与体色一致，不甚明显；

2级：复眼变褐至黑色，很明显，体色仍为红褐色；

3级：蛹体褐至黑色，复眼与体色相同。

ICS 65.020.01
B 15

中华人民共和国国家标准

GB/T 15800—2009
代替 GB/T 15800—1995

棉铃虫测报调查规范

Rules for investigation and forecast of the cotton bollworm [*Helicoverpa armigera* (Hübner)]

2009-03-27 发布　　2009-10-01 实施

中华人民共和国国家质量监督检验检疫总局
中国国家标准化管理委员会　发布

前　言

本标准代替 GB/T 15800—1995《棉铃虫测报调查规范》。

本标准与 GB/T 15800—1995 相比主要变化如下：

a) 增加了“术语和定义”部分，其中定义了棉铃虫的发生世代、发生期和发生程度等内容；

b) 原版本棉铃虫拉丁名为 *Heliothis*，本标准改为 *Helicoverpa*；

c) 以棉铃虫越冬蛹的调查代替越冬幼虫调查；

d) 将原版本“早春灯光诱蛾”、“杨树枝把诱蛾”和“性诱剂诱蛾”三种成虫诱测方法归纳为“成虫诱测”，增加了多功能自动虫情测报灯为诱测工具，规定设置标准和诱蛾时间；

e) 增加了棉铃虫严重发生年份麦田一代发生系统调查内容；

f) 将原版本“棉田虫量和天敌调查”改为“棉田系统调查”；

g) 将原版本“第一代和其他各代棉田外的幼虫量调查”和“大田棉铃虫发生防治情况普查”合并为“大田普查”；

h) 删除了棉花生育期调查中“棉花生育状况调查”；

i) 增加北方棉区第四代棉铃虫为害损失统计计算公式；

j) 增加了“监测预报数据的传递”部分和附录 C(规范性附录)“棉铃虫模式报表”；

k) “棉铃虫调查资料表册”和“棉铃虫测报资料统计(汇总)表册”，在正文和附录中进行了规范。

本标准的附录 A、附录 B、附录 C 为规范性附录，附录 D、附录 E 为资料性附录。

本标准由中华人民共和国农业部提出并归口。

本标准起草单位：全国农业技术推广服务中心。

本标准主要起草人：姜玉英、屈西峰、夏冰。

本标准所代替标准的历次版本发布情况为：

——GB/T 15800—1995。

棉铃虫测报调查规范

1 范围

本标准规定了棉铃虫越冬基数调查、成虫诱测、严重发生年份麦田一代发生情况调查、棉田系统调查、大田普查、棉花生育期调查、测报资料的统计汇总、监测预报数据传递的方法。

本标准适用于棉铃虫测报调查。

2 术语和定义

下列术语和定义适用于本标准。

2.1

总虫(蛹)量　total number of larva (pupa)

观测区里的各种寄主作物上的发生虫(蛹)量。

2.2

发生世代　generation emergence

发生世代的表述方法一律以卵的开始出现作为下一个世代的开始,对以蛹越冬的区域,发生世代的表述方法:越冬代、第一代、第二代、第三代……;对无越冬的区域,发生世代的表述方法:第一代、第二代、第三代……。

2.3

发生期　emergence period

各代各虫态发生期分别称为"始见期、始盛期、高峰期、盛末期、终见期"。调查某代某虫态首见日为其始见期;各代某虫态发生数量达该代该虫态累计总量的16%、50%、84%的日期分别称其始盛期、高峰期、盛末期;发生盛期通常为从始盛期始至盛末期止;连续调查3 d未见某代某虫态,则末次见虫日为其终见期。

2.4

发生程度　emergence degree

发生程度分为轻发生(1级)、偏轻发生(2级)、中发生(3级)、偏重发生(4级)、大发生(5级)五级,以害虫发生高峰期的虫量或卵量表示。

3 越冬基数调查

3.1 冬前越冬蛹量调查

3.1.1 调查时间

10月下旬或11月上旬。

3.1.2 调查作物

当地最末一代棉铃虫主要寄主作物田,如棉花、玉米、花生、大豆、谷子、高粱等。

3.1.3 取样方法

采用对角线五点取样法,各类作物累计不少于20 m^2,挖蛹深度不少于15 cm,每块地随机取5点,兼顾地边和中间,调查记载蛹数、滞育蛹数(滞育蛹和非滞育蛹的区别见附录D),折667 m^2 蛹量。结果记入附录A中表A.1。

3.1.4 调查数据的统计

调查统计出各种作物田平均每平方米蛹数、滞育蛹数,按式(1)计算越冬总蛹量。结果记入附录A

中表 A.2。

$$T=\frac{\sum(P\times L\times E)\times 15}{10\ 000} \qquad (1)$$

式中：

T——越冬总蛹量，单位为万头；

P——某类作物平均每 667 m^2 蛹量，单位为头；

L——某类寄主作物总面积，单位为公顷(hm^2)；

E——蛹滞育率，%。

3.2 春季越冬蛹存活率调查

3.2.1 调查时间在 3 月中下旬。

3.2.2 调查类型田、取样方法均同冬前调查。记载蛹数、活蛹和死蛹数，计算蛹死亡率。结果记入附录 A 中表 A.3。

4 成虫诱测

灯光诱蛾为主，杨树枝把诱蛾和性诱剂诱蛾两种方法作为补充。

4.1 灯光诱蛾

4.1.1 诱测工具田间设置标准

在常年适于成虫发生的场所，设置 1 台多功能自动虫情测报灯(或 20 W 黑光灯)，当在视野开阔地，要求其四周没有高大建筑物和树木遮挡。虫情测报灯(或黑光灯)的灯管下端与地表面垂直距离为 1.5 m，需每年更换一次新的灯管。

4.1.2 诱蛾时间

黄河流域、长江流域和新疆南疆棉区从 4 月 5 日开始；新疆北疆棉区从 4 月中旬开始；辽河流域棉区从 5 月上旬开始，10 月底结束。

4.1.3 观察记载方法

每日统计一次成虫发生数量，将雌蛾、雄蛾分开记载，结果记入附录 A 中表 A.4。

4.2 杨树枝把诱蛾

4.2.1 诱蛾时间

6 月初至 9 月底。

4.2.2 诱蛾方法

取 10 枝 2 年生杨树枝条，晾萎蔫以后捆成一束，竖立于棉行间，其高度超出棉株 15 cm～30 cm；选生长较好的棉田 2 块，每块田 2×667 m^2 以上，每块田 10 束。每日日出之前检查成虫。杨树枝把每 7 d～10 d 更换一次，以保持诱蛾效果。调查结果记入附录 A 中表 A.5。

4.3 性诱剂诱蛾

4.3.1 诱蛾时间

6 月初至 9 月底。

4.3.2 诱蛾方法

采用统一诱芯(性诱剂有效组分见附录 E)，按统一规范安装和安放。用直径 30 cm 的瓷盆或塑料盆为诱盆，内放含有少量洗衣粉或洗涤液的清水，在盆口上绑有十字交叉的铁丝，在交叉处固定一个大头针或铁丝，针头向上，将橡胶诱芯凹面向下固定在针尖上，以免凹面内存有雨水，盆内水面距诱芯约 1 cm。雨季注意盆内盛水量不宜过多，以免因降雨而使成虫随水溢出。诱芯使用 15 d 更换一次。每日早晨检查诱到的雄虫虫量。调查结果记入附录 A 中表 A.5。

5 严重发生年份麦田一代发生情况调查

5.1 系统调查

5.1.1 调查田的设置

在一块面积大于 3×667 m^2～5×667 m^2 的一类麦田中，选一块面积为 67 m^2～200 m^2 的不施药区，作为系统调查田。

5.1.2 卵量调查

在小麦齐穗后进行。在系统调查田，按 5 点取样，每点固定 20 穗小麦，每隔 3 d 查一次麦穗上的棉铃虫卵量，查后将卵抹去。结果记入附录 A 中表 A.6。

5.1.3 幼虫调查

在系统调查田，从卵盛期开始到 5 月底。每 5 d 调查一次。在不施药区内，每次随机取 100 个麦穗，带回室内剥查低龄幼虫发生数量，分龄期记载。结果记入附录 A 中表 A.6。

5.1.4 天敌调查

在系统调查田，从幼虫孵化盛期开始到小麦收割前，每 5 d 查一次。

5.1.4.1 捕食性天敌

在系统调查田，随机取 5 点，每点 20 株小麦，调查记载捕食性天敌发生数量。调查结果记入附录 A 中表 A.7。

5.1.4.2 寄生性天敌

在调查捕食性天敌的同时，每次带回室内 20 头～30 头幼虫，用试管进行单管饲养，隔 3 d 换一次麦穗和试管，记载寄生性天敌种类。调查结果记入附录 A 中表 A.7。

5.2 大田普查

普查时间为 5 月中旬和 5 月下旬各一次。选间作麦田、纯麦田和靠近蜜源植物麦田各一块，每块田 5 点取样，每点调查 1 m^2 小麦上棉铃虫幼虫数，分龄期记载。每一次调查时，随机取 100 个麦穗，带回室内检查卵和初龄幼虫数。记入附录 A 中表 A.6(在表中备注普查字样)。

6 棉田系统调查

6.1 取样方法

选择有代表性的一类棉田一块，5 点取样。二代每点顺行连续调查 20 株，共查 100 株；三、四、五代每点顺行连续调查 10 株，共查 50 株。

6.2 查卵方法

二代查棉株顶端及其以下三个枝条上的卵量，三、四、五代查群尖和嫩叶上的卵量。每次上午调查，每 3 d 调查一次，查后将卵抹掉。调查结果记入附录 A 中表 A.8。

6.3 查幼虫方法

北方棉区查二、三、四代，南方棉区查二、三、四、五代，各代分别选择一块不打药的棉田，面积不少于 334 m^2，采用五点取样，定点调查。二代每点查 10 株，三、四、五代每点查 5 株，每 5 d 调查一次。调查结果记入附录 A 中表 A.9。

6.4 查天敌方法

6.4.1 捕食性天敌观察方法

同 6.3，调查结果记入附录 A 中表 A.9。

6.4.2 寄生性天敌观察方法

在各代棉铃虫卵的高峰期和幼虫的盛发期，分别从田间采集 50 粒～100 粒卵和 2 龄～6 龄幼虫 50 头～100 头，在室内进行观察。调查结果记入附录 A 中表 A.10、表 A.11。

7 大田普查

7.1 棉田卵高峰期普查

7.1.1 普查时间

根据系统调查结果，在卵高峰期进行。

7.1.2 普查地点

在棉花种植较大区域，共普查10块～20块田。根据对棉铃虫发生的有利程度对棉田分类，重点普查一、二类田，以指导大田防治。

7.1.3 普查方法

每块田5点取样，棉铃虫发生程度3级以上时，每点5株；2级以下时，每点查10株。调查结果记入附录A中表A.12。

7.2 各代棉铃虫残留幼虫量普查

7.2.1 北方棉区第一代残留幼虫量普查

7.2.1.1 调查时间

在当地第一代主要寄主作物上进行，调查时间一般应固定在5月下旬至6月上旬，尽量选晴天、微风（小风）的上午，在棉铃虫4龄～5龄幼虫占80%左右时调查一次。

7.2.1.2 调查方法

条播、小株密植作物，以平方米为单位，每种类型田调查2块～4块，每块地取样10点，每点5 m^2；单株、稀植作物，以株为单位，每块田调查取样100株～200株。

7.2.1.3 统计幼虫总量

幼虫总量按式(2)计算。

$$L_1 = \frac{\{\sum[K_1 \times S \times (1-R)]\} \times 15}{10\,000} \quad \cdots\cdots(2)$$

式中：

L_1——幼虫总量，单位为万头；

K_1——某类寄主作物平均每667 m^2 幼虫量，单位为头；

S——某类寄主作物总面积，单位为公顷(hm^2)；

R——寄生率。

7.2.1.4 幼虫龄期分析法

在田间进行幼虫调查时，随后进行幼虫龄期分析。为了保证准确性，幼虫数量应不少于30头。

7.2.2 棉田各世代残留幼虫量调查

在每个世代棉铃虫4龄～5龄幼虫占80%左右时，调查一次。统计幼虫总量和幼虫龄期分析法与第一代相同。

调查结果记入附录A中表A.13。

8 棉花生育期调查

8.1 调查时间

生育期调查结合棉铃虫田间调查进行。

8.2 调查方法

选有代表性棉田一块，5点取样，每点5株。

8.3 调查内容

记载播种、出苗、现蕾、开花、结铃、吐絮期。调查结果记入附录A中表A.14。

9 测报资料的统计汇总

9.1 发生期

9.1.1 各世代卵始、末期的划分

以一类棉田卵的消长曲线表示一年卵的发生消长。各世代卵始、末期的划分方法为：a)各世代卵量有明显始、末期出现的，从实际始、末期处划分；b)两代间卵量有低谷的，从低谷处划分；当低谷较长时，从低谷中心点处划分；c)两代卵量发生重叠时，参考历年发生情况，人为划定一个分界线。

本地区各世代卵始、末期具体划分时，可把以上由 a)、b)、c)划分的各年度各世代始、末期统计出来，计算它们的平均值和标准差。再把这些平均值分别和各世代始、末期相比较，计算其历史符合率。把历史符合率最高、标准差最小的平均值首先固定下来，作为这一代始期或末期的划分标准。然后对其他各代的始、末期加以适当调整。调整的原则是既要使当代的历史符合率比较高，又能使上下两个世代的划分适合性比较好。据此，把本地区各世代卵始、末期的具体划分标准的确定下来。

9.1.2 各世代成虫始、末期的划分

以全年始见成虫和最后一次见到成虫的日期，分别作为开始代的始期和结束代的终止期；中间各代用下一代卵末期减去成虫产卵前期，得出上代成虫末期。上代成虫末期过后为下代成虫始期。

各世代卵和成虫始、末期划分标准的实际应用时，如果某年某代的实际始期(或末期)落入标准划分范围之内，就以发生实况记载和统计始期(或末期)，如果超出划分标准，就以划分标准来记载和统计其始期(或末期)。

9.1.3 划分各代卵、成虫的发生盛期

各代卵、成虫的始盛期、高峰期、盛末期分别以全代累计总量的16%、50%、84%为划分统计标准。

卵期校正采用机值代换法、逻辑斯蒂曲线和 $a_n = a_1 + (n-1)d$ 等差数列通式。

9.2 发生量

发生量以平均百株累计卵量、平均百株幼虫量(由平均百株累计卵量乘卵至三龄幼虫存活率求得)、累计诱蛾量表示。

9.3 发生程度

划分棉铃虫的发生程度包括以下方面：

a) 平均百株累计卵量(多点平均)；

b) 平均百株幼虫量(由百株累计卵量乘卵至三龄幼虫存活率折算)；

c) 应该用农药防治棉田占总棉田面积百分率；

d) 应治棉田平均用药防治次数(以当家农药品种折算)。

其中，a)、b)两项用来作年度棉铃虫发生程度的比较；c)、d)两项用来估计当地防治情况。

9.3.1 常发区发生程度

分5级，各级划分原则为：

1级(轻发生)：指受害允许密度以下的卵量和虫量；

2级(偏轻发生)：指介于轻发生和中发生之间的卵量和虫量；

3级(中发生)：指多年发生的卵量和虫量的平均值；

4级(偏重发生)：指介于中发生和大发生之间的卵量和虫量；

5级(大发生)：指该地区历史上一些发生数量显著偏高年份的卵量和虫量。

9.3.2 偶发区发生程度

参照相邻常发区划分标准。

9.4 危害损失

9.4.1 统计皮棉产量、产值损失率(即若不防治时所造成的皮棉产量、产值损失率)

将某代平均百株累计卵量乘以卵至三龄前幼虫存活率折成平均百株幼虫量，代入当地建立的产量

损失模型，求得皮棉产量损失率。

该代皮棉产量损失率与皮棉产值损失率相等。

当地没有建立损失率测定模型的，可参照条件相似地区的损失率测定模型。北方棉区可参照式(3)、式(4)、式(5)计算。

二代：$Y=4.212\,16\ln X-9.825\,64\pm2.5$ ……………………………………(3)

三代：$Y=7.045\,71\ln X-13.568\,78\pm3.7$ ……………………………………(4)

四代：$Y=0.854\,0+0.023\,2X$ ……………………………………(5)

式中：

X——百株累计卵量，单位为粒；

Y——皮棉产量损失率，%。

南方棉区可参照式(6)、式(7)、式(8)计算。

二代：$Y=0.099\,2X^{1.205\,1}\pm1.398\,6$ ……………………………………(6)

三代：$Y=0.334\,4X^{0.999\,1}\pm1.447\,4$ ……………………………………(7)

四代：$Y=0.452\,0X^{0.844\,0}\pm1.519\,4$ ……………………………………(8)

式中：

X——百株虫量，单位为头；

Y——皮棉产量损失率，%。

9.4.2 统计实际皮棉产量、产量损失值(即防治后仍旧造成的皮棉产量、产值损失率)

将防治后调查的棉田平均百株残虫量代入产量损失模型求得实际皮棉产量损失率，即实际皮棉产值损失率。

9.4.3 统计挽回皮棉产量损失率和挽回皮棉产值损失率

用皮棉产量、皮棉产值损失率分别减去实际皮棉产量、皮棉产值损失率求得。

调查计算结果记入附录A中表A.15。

9.5 年发生程度

按全年产值损失率划分成5级，全年产值损失率等于各代产值损失率之和。划分原则参照9.3。

9.6 棉铃虫调查资料表册

全国制定统一的“调查资料表册”的样表一份(见附录A)，供各地应用时复制。此表册用来规范各区域测报站测报调查行为，保证为全国棉铃虫数据库积累统一、完整的测报调查资料。棉铃虫调查资料表册的内容不能随意更改。各项调查内容应在调查结束时，认真统计和填写。同时，填写预报区内棉铃虫为害作物种植面积和产量情况(附录A中表A.16)和棉铃虫发生防治基本情况(附录A中表A.17)，全面分析棉铃虫的发生影响因素。

9.7 棉铃虫测报资料统计(汇总)表册

全国制定统一的“测报资料统计(汇总)表册”样表一份(见附录B)，供各地应用时复制。此表册保证把调查资料表册上的测报数据，按测报资料统计(汇总)方法，统计成预测预报所需要的数据，从而为建立各项预报模型和方法奠定基础。各项统计内容应在全年田间调查结束时，认真统计和填写，经审核无误后，和计算机数据库数据一起，报上级测报部门保存。

10 监测预报数据的传递

10.1 监测预报数据的传递平台

传递采用国际互联网和传真机等。

10.2 传递监测预报数据的模式报表

向农业部全国农业技术推广服务中心及时准确地传递，特编制统一汇报格式、时间和内容的报表(见附录C)。其中越冬代棉铃虫、一代棉铃虫、二代棉铃虫、三代棉铃虫、四代棉铃虫、越冬棉铃虫预报、棉铃虫长期预报、棉铃虫发生动态模式报表，分别用代码 M0MLA、M1MLA、M2MLA、M3MLA、M4MLA、M5MLA、MNMLA、MDMLA。

以上报表中，发生程度一律按轻发生、偏轻发生、中发生、偏重发生、大发生划分为 5 级，分别用 1、2、3、4、5 表示。同历年比较的早、增、多、高用“＋”表示，晚（或迟）、减、少、低用“－”表示；与历年相同和相近，用“0”表示；缺测项目用“××”表示。

附 录 A
（规范性附录）
农作物病虫调查资料表册

棉铃虫

（　　　年）

测报站名________________________________盖章

站址________________________________

（北纬：________东经：________海拔：________）

测报员________________________________

负责人________________________________

全国农业技术推广服务中心编制

表 A.1 棉铃虫越冬蛹冬前调查统计表

日期		地点	作物	地块类型	调查面积/667 m²	蛹数/头	667 m² 蛹数/头	滞育蛹数/头
月	日							

表 A.2 棉铃虫越冬蛹冬前调查汇总表

日期		调查作物	平均蛹量/(头/667 m^2)	寄主作物总面积/667 hm^2	实际越冬总蛹量/万头	滞育蛹/%	备注
月	日						
合计、平均							

表 A.3 棉铃虫越冬蛹死亡率春季调查统计表

日期		地点	作物	地块类型	蛹数/头	活蛹数/头	死蛹数/头	蛹死亡率/%
月	日							

表 A.4 棉铃虫灯光诱测记载表

日期 月	雌蛾/头	雄蛾/头	合计/头	日期 月	雌蛾/头	雄蛾/头	合计/头	日期 月	雌蛾/头	雄蛾/头	合计/头	日期 月	雌蛾/头	雄蛾/头	合计/头
代合计				代合计				代合计				代合计			

表 A.5 棉铃虫棉田成虫诱测记载表

日期	杨枝把			性诱剂			备注	日期	杨枝把			性诱剂			备注
月	雌蛾/头	雄蛾/头	合计/头	盆数/个	诱蛾数/头	平均每盆/头		月	雌蛾/头	雄蛾/头	合计/头	盆数/个	诱蛾数/头	平均每盆/头	
代合计								代合计							

表 A.6 棉铃虫麦田一代卵、幼虫量发生情况调查表

调查时间		卵量/粒	幼虫/头						
月	日		合计	一龄	二龄	三龄	四龄	五龄	六龄

表 A.7 棉铃虫麦田天敌发生情况调查记载表

调查时间		草蛉/头	瓢虫/头	蜘蛛/头	观察时间		观察数量/头	寄生天敌	
月	日				月	日		种类	数量

表 A.8 棉铃虫卵数量消长调查表

世代____ 棉田类型__________ 地点__________

日期		调查株数	有卵株数	卵量/粒	百株卵量/粒	百株累计卵量/粒
月	日					

表 A.9 棉铃虫幼虫和捕食性天地数量消长调查表

世代____　　　　　　　　　　棉田类型____________　　　　　　　　　　调查地点__________

日期		有虫株数	各龄幼虫/头									捕食性天敌/头					
月	日		一龄	二龄	三龄	四龄	五龄	六龄	小计	百株三龄幼虫	百株累计三龄幼虫	瓢虫类	草蛉类	食虫蝽类	蜘蛛类		合计

表 A.10 棉铃虫卵寄生调查表

日期		采卵地点	代别	观察卵数/粒	寄生卵数/粒	寄生率/%	其中/%			
月	日						赤眼蜂			

表 A.11 棉铃虫幼虫寄生调查表

日期		采集地点	代别	观察幼虫数/头	寄生幼虫数/头	寄生率/%	其中/%				备注
月	日						唇齿姬蜂	侧沟茧蜂			

表 A.12　棉田棉铃虫卵普查表

世代____　　　　　　　　　　　　　棉田类型____________　　　　　　　　　　　　地点__________

日期		调查株数	有卵株数	卵量/粒	百株卵量/粒	百株累计卵量/粒
月	日					

表 A.13　各代棉铃虫残留幼虫量调查表

日期		世代	作物	作物总面积/667 hm^2	调查取样		幼虫数量/头							寄生率/%	幼虫密度		
月	日				m^2	株	1龄	2龄	3龄	4龄	5龄	6龄	合计		百株或 m^2 虫数/头	每 667 m^2 虫数/头	幼虫总量/万头
代计																	
代计																	
代计																	
代计																	

表 A.14 棉铃虫观察区棉花生育期记载表

播种期		棉花品种	棉花类型	生育期(月、日)					备注
月	日			出苗	现蕾	开花	结铃	吐絮	

表 A.15　棉铃虫危害皮棉损失和防治获得经济效益统计表

统计项目		世代				合计
		二代	三代	四代	五代	
若不防治	产量损失率/%					
	产值损失率/%					
	产量损失/t					
	产值损失/万元					
防治挽回	产量损失率/%					
	产值损失率/%					
	产量损失/t					
	产值损失/万元					
防治后仍造成	产量损失率/%					
	产值损失率/%					
	产量损失/t					
	产值损失/万元					

表 A.16　棉铃虫为害作物种植面积和产量情况

统计项目	种植面积/667 hm^2	单产/(kg/667 m^2)
小麦		
春玉米		
夏玉米		
高粱		
花生		
绿豆		
番茄		
棉花		

表 A.17　各代棉铃虫发生防治基本情况

代别	发生程度/级	应该用农药防治面积/hm^2	占总棉田面积比率/%	防治面积/hm^2	施药棉田平均防治次数/次
二					
三					
四					
五					
合计					

附　录　B
（规范性附录）
农作物病虫测报资料统计(汇总)表册

棉铃虫

(　　年)

测报站名________________________________盖章

站址____________________________________

(北纬:__________东经:___________海拔:___________)

测报员__________________________________

负责人__________________________________

表 B.1 历年棉铃虫各代成虫发生期

年份	一代				二代				三代				四代			
	起止日期	始盛	高峰	盛末	起止日期	始盛	高峰	盛末	起止日期	始盛	高峰	盛末	起止日期	始盛	高峰	盛末
注：填杨枝把诱蛾。																

表 B.2 历年棉铃虫各代成虫发生期

年份	越冬代				一代				二代				三代				四代			
	起止日期	始盛	高峰	盛末	起止日期	始盛	高峰	盛末	起止日期	始盛	高峰	盛末	起止日期	始盛	高峰	盛末	起止日期	始盛	高峰	盛末

注：多功能自动虫情测报灯或黑光灯诱蛾。

表 B.3 历年棉铃虫各代卵发生期

年份	二代				三代				四代				五代			
	起止日期	始盛	高峰	盛末	起止日期	始盛	高峰	盛末	起止日期	始盛	高峰	盛末	起止日期	始盛	高峰	盛末

表 B.4 历年棉铃虫各代发生期距

年份	成 虫 至 卵												卵 至 卵								
	越冬代至二代			一至三代			二至四代			三至五代			二至三代			三至四代			四至五代		
	始盛	高峰	盛末	始盛	高峰	盛末	始盛	高峰	盛末	始盛	高峰	盛末	始盛	高峰	盛末	始盛	高峰	盛末	始盛	高峰	盛末

注：选择标准差、变异系数较小，置信区间集中的期距填写。

表 B.5　历年棉铃虫一代残虫龄期分析

年　份	调查日期（月、日）	作物	调查虫数/头	各占百分率/%					
				一龄	二龄	三龄	四龄	五龄	六龄

表 B.6 历年棉铃虫二代残虫龄期分析

年份	调查日期（月、日）	作物	调查虫数/头	各占百分率/%					
				一龄	二龄	三龄	四龄	五龄	六龄

表 B.7　历年棉铃虫三代残虫龄期分析

年　份	调查日期（月、日）	作物	调查虫数/头	各占百分率/%					
				一龄	二龄	三龄	四龄	五龄	六龄

表 B.8　历年棉铃虫四代残虫龄期分析

年　份	调查日期（月、日）	作物	调查虫数/头	各占百分率/%					
				一龄	二龄	三龄	四龄	五龄	六龄

表 B.9 历年棉铃虫各代发生量

年份	每667 m^2 越冬虫量/头			越冬代累计蛾量[a]/头	一代				二代				
	平均幼虫	蛹	越冬总虫量		667 m^2 平均幼虫数/头	总虫量[b]/头	累计蛾量[a]/头		百株累计卵量/粒	折百株幼虫数[c]/头	百株残虫量/头	累计蛾量[a]/头	

年份	三代				四代				五代			
	百株累计卵量/粒	折百株幼虫数[c]/头	百株残虫量/头	累计蛾量[a]/头	百株累计卵量/粒	折百株幼虫数[c]/头	百株残虫量/头	累计蛾量[a]/头	百株累计卵量/粒	折百株幼虫数[c]/头	百株残虫量/头	累计蛾量[a]/头

a 填诱测工具。

b 观测区内。

c 总卵量×卵至三龄幼虫成活率。

表 B.10　历年棉铃虫各代各虫期发生量

年份	成虫/头											
	一　代			二　代			三　代			四　代		
	始盛	高峰	盛末	始盛	高峰	盛末	始盛	高峰	盛末	始盛	高峰	盛末

年份	卵/粒											
	二　代			三　代			四　代			五　代		
	始盛	高峰	盛末	始盛	高峰	盛末	始盛	高峰	盛末	始盛	高峰	盛末

表 B.11 历年棉铃虫造成的损失程度

年份	一代						二代						三代					
	发生程度/级	百株虫数[a]	损失率[b]/%	治后百株残虫数	实际损失率/%	挽回损失率/%	发生程度/级	百株虫数[a]	损失率[b]/%	治后百株残虫数	实际损失率/%	挽回损失率/%	发生程度/级	百株虫数[a]	损失率[b]/%	治后百株残虫数	实际损失率/%	挽回损失率/%

年份	四代						五代						全年			
	发生程度/级	百株虫数[a]	损失率[b]/%	治后百株残虫数	实际损失率/%	挽回损失率/%	发生程度/级	百株虫数[a]	损失率[b]/%	治后百株残虫数	实际损失率/%	挽回损失率/%	发生程度/级	产值损失率[c]/%	挽回产值损失率/%	实际产值损失率/%

[a] 总卵量×卵至三龄幼虫存活率。

[b] 损失率据公式计算而得。

[c] 各代损失率之和。

表 B.12　历年棉花种植情况

年份	棉花面积/667 hm²	占耕地面积百分率/%	育苗移栽占棉田百分率/%	直播棉占棉田百分率/%			平均密度/(株/667 m²)	皮棉产量/(kg/667 m²)
				春播	夏播	合计		

表 B.13　历年棉铃虫主要寄主作物种植面积比例及产量

年份	棉花		小麦		春玉米		夏玉米	
	占总耕地面积比率/%	667 m^2 产量/kg	占总耕地面积比率/%	667 m^2 产量/kg	占总耕地面积比率/%	667 m^2 产量/kg	占总耕地面积比率/%	667 m^2 产量/kg

年份	高粱		花生		绿豆		番茄	
	占总耕地面积比率/%	667 m^2 产量/kg	占总耕地面积比率/%	667 m^2 产量/kg	占总耕地面积比率/%	667 m^2 产量/kg	占总耕地面积比率/%	667 m^2 产量/kg

表 B.14 历年棉花生育期及生育状况

年份	棉花品种	棉田类型	生育期(月、日)					平均每株数量											
			出苗	现蕾	开花	结铃	吐絮	果枝数/个	现蕾数/个	开花数/个	成铃数/个	吐絮铃数/个	脱落数/个	脱落率/%	总果节数/个	伏前桃数/个	伏桃数/个	秋桃数/个	烂铃数/个

附　录　C
(规范性附录)
棉铃虫模式报表

表 C.1　越冬代棉铃虫模式报表(M0MLA)

要求汇报时间:5 月 10 日以前

序号	编报内容	报表程序
1	编制代码	(M0MLA)
2	棉铃虫越冬蛹平均死亡率(%)	
3	越冬蛹死亡率比历年平均值高低率(%)	
4	越冬代成虫始见期(月、日)	
5	成虫始见期比历年平均早晚(d)	
6	成虫始见期比 1992 年早晚(d)	
7	至 5 月 10 日前越冬代累计诱蛾量(头/每台黑光灯)	
8	累计诱蛾量比历年平均值增减率(%)	
9	累计诱蛾量比 1992 年同期增减率(%)	
10	当地麦田面积比历年平均值增减率(%)	
11	一类麦田面积比率比历年平均值增减率(%)	
12	当地小麦吐穗期(月、日)	
13	当地小麦扬花灌浆期(月、日)	
14	小麦扬花灌浆期比历年平均值早晚(d)	
15	预计一代棉铃虫发生程度(级)	
16	编报单位	

表 C.2　一代棉铃虫模式报表(M1MLA)

要求汇报时间:6 月 3 日以前

序号	编报内容	报表程序
1	编制代码	(M1MLA)
2	越冬代棉铃虫成虫盛期(月、日～月、日)	
3	一代幼虫龄期调查日期(月、日)	
4	一代寄主作物田一龄幼虫比率(%)	
5	一代寄主作物田二龄幼虫比率(%)	
6	一代寄主作物田三龄幼虫比率(%)	
7	一代寄主作物田四龄幼虫比率(%)	
8	一代寄主作物田五龄幼虫比率(%)	
9	一代寄主作物田六龄幼虫比率(%)	
10	加权平均 667 m^2 幼虫量(头)	
11	平均 667 m^2 幼虫量比历年平均值增减率(%)	
12	据各种寄主作物总面积计算的总幼虫量(万头)	
13	总幼虫量比历年平均值增减率(%)	
14	预计一代成虫盛期(月、日～月、日)	
15	一代成虫高峰期比历年平均早晚(d)	
16	一类棉田占棉田总面积的比率(%)	
17	一类棉田面积比率比历年平均值增减率(%)	
18	预计二代棉铃虫发生程度	
19	预计二代用药防治面积占棉田总面积比率(%)	
20	预计二代用药防治棉田平均用药次数(次)	
21	编报单位	

表 C.3 二代棉铃虫模式报表(M2MLA)

要求汇报时间:7 月 8 日以前

序号	编报内容	报表程序
1	编制代码	(M2MLA)
2	一代成虫盛期(月、日～月、日)	
3	一代成虫高峰期比历年平均早晚(d)	
4	二代平均百株累计卵量(粒)	
5	平均百株累计卵量比历年平均值增减率(%)	
6	二代发生程度(级)	
7	二代需要用药防治面积占棉田总面积比率(%)	
8	二代实际用药防治面积占棉田总面积比率(%)	
9	二代用药田平均防治次数(次)	
10	二代平均 667 m^2 残留幼虫量(头)	
11	二代平均 667 m^2 残留幼虫量比历年平均值增减比率(%)	
12	据各种寄主作物总面积计算的总幼虫量(万头)	
13	总幼虫量比历年平均值增减百分率(%)	
14	二代幼虫龄期调查日期(月、日)	
15	一龄幼虫比率(%)	
16	二龄幼虫比率(%)	
17	三龄幼虫比率(%)	
18	四龄幼虫比率(%)	
19	五龄幼虫比率(%)	
20	六龄幼虫比率(%)	
21	预计二代棉铃虫成虫盛期(月、日～月、日)	
22	二代成虫高峰期比历年平均早晚(d)	
23	预计三代棉铃虫发生程度	
24	预计三代应用药防治面积占棉田总面积比率(%)	
25	预计三代需要用药防治棉田平均用药次数(次)	
26	编报单位	

表 C.4 三代棉铃虫模式报表(M3MLA)

要求汇报时间:8 月 10 日以前

序号	编报内容	报表程序
1	编制代码	(M3MLA)
2	二代棉铃虫成虫盛期(月、日～月、日)	
3	二代成虫高峰期比历年平均早晚(d)	
4	三代平均百株累计卵量(粒)	
5	平均百株累计卵量比历年均值增减率(%)	
6	三代发生程度(级)	
7	三代需要用药防治面积占棉田总面积比率(%)	
8	三代实际用药防治面积占棉田总面积比率(%)	
9	三代用药田平均防治次数(次)	
10	三代平均 667 m^2 残留幼虫量(头)	
11	三代平均 667 m^2 残留幼虫量比历年平均值增减比率(%)	
12	据各种寄主作物总面积计算的总幼虫量(万头)	
13	总幼虫量比历年平均值增减百分率(%)	

表 C.4（续）

要求汇报时间:8 月 10 日以前

序号	编报内容	报表程序
14	三代幼虫龄期调查日期(月、日)	(M3MLA)
15	一龄幼虫比率(%)	
16	二龄幼虫比率(%)	
17	三龄幼虫比率(%)	
18	四龄幼虫比率(%)	
19	五龄幼虫比率(%)	
20	六龄幼虫比率(%)	
21	预计三代棉铃虫成虫盛期(月、日～月、日)	
22	三代成虫高峰期比历年平均早晚(d)	
23	晚发迟衰棉田面积占棉田总面积比率(%)	
24	晚发迟衰棉田面积比历年平均值增减比率(%)	
25	预计四代棉铃虫发生程度	
26	预计四代应用药防治面积占棉田总面积比率(%)	
27	预计四代需要用药防治棉田平均用药次数(次)	
28	编报单位	

表 C.5 四代棉铃虫模式报表(M4MLA)

要求汇报时间:10 月 10 日以前

序号	编报内容	报表程序
1	编制代码	(M4MLA)
2	三代棉铃虫成虫盛期(月、日～月、日)	
3	三代成虫高峰期比历年平均早晚(d)	
4	四代平均百株累计卵量(粒)	
5	平均百株累计卵量比历年均值增减率(%)	
6	四代发生程度(级)	
7	四代需要用药防治面积占棉田总面积比率(%)	
8	四代实际用药防治面积占棉田总面积比率(%)	
9	四代用药防治棉田平均用药次数(次)	
10	四代棉田防治后平均百株残虫量(头)	
11	四代玉米田防治后平均百株残虫量(头)	
12	四代大豆田防治后平均百株残虫量(头)	
13	四代花生田防治后平均百穴残虫量(头)	
14	当年越冬田面积比历年平均值增减率(%)	
15	当年越冬田面积比 1992 年同期增减率(%)	
16	棉铃虫越冬蛹滞育率(%)	
17	当年实际越冬总虫量(万头)	
18	越冬总虫量比历年平均值增减率(%)	
19	越冬总虫量田比 1992 年同期增减率(%)	
20	编报单位	

表 C.6 越冬棉铃虫模式报表(M5MLA)

要求汇报时间:11 月 30 日以前

序号	编报内容	报表程序
1	编制代码	(M5MLA)
2	棉田平均每平方米越冬蛹量(头)	
3	玉米田平均每平方米越冬蛹量(头)	
4	大豆田平均每平方米越冬蛹量(头)	
5	花生田平均每平方米越冬蛹量(头)	
6	田间棉铃虫蛹滞育率(%)	
7	棉铃虫越冬总蛹量(万头)	
8	总蛹量比历年平均值增减率(%)	
9	总蛹量比 1992 年同期增减率(%)	
10	一类麦田面积比率比历年平均值增减率(%)	
11	预计翌年一代棉铃虫发生程度	
12	编报单位	

表 C.7 棉铃虫长期预报模式报表(MNMLA)

要求汇报时间:12 月 31 日前

序号	编报内容	报表程序
1	编制代码	(MNMLA)
2	耕地面积(hm^2)	
3	当年棉田面积(hm^2)	
4	棉田面积占耕地面积比率(%)	
5	预计次年棉田面积比前 3 年平均值增减比率(%)	
6	当年转基因抗虫棉种植面积(hm^2)	
7	转基因抗虫棉种植面积占棉田面积比率(%)	
8	预计次年转基因抗虫棉面积比当年增减比率(%)	
9	当年夏播棉面积(hm^2)	
10	夏播棉占耕地面积比率(%)	
11	预计次年夏播棉面积比前 3 年平均值增减比率(%)	
12	当年小麦面积(hm^2)	
13	小麦面积占耕地面积比率(%)	
14	小麦面积比前 3 年平均值增减比率(%)	
15	当年春播玉米面积(hm^2)	
16	春播玉米面积占耕地面积比率(%)	
17	预计次年春播玉米面积比前 3 年平均值增减比率(%)	
18	当年夏播玉米面积(hm^2)	
19	夏播玉米面积占耕地面积比率(%)	
20	预计次年夏播玉米面积比前 3 年平均值增减比率(%)	
21	当年花生面积(hm^2)	
22	花生面积占耕地面积比率(%)	
23	预计次年花生面积比前 3 年平均值增减比率(%)	
24	当年棉瓜(菜)间套面积(hm^2)	
25	棉瓜(菜)间套面积占耕地面积比率(%)	
26	预计次年棉瓜(菜)间套面积比前 3 年平均值增减比率(%)	
27	当年棉麦间套面积(hm^2)	
28	棉麦间套面积占棉田面积比率(%)	

表 C.7（续）

序号	编报内容	报表程序
29	预计次年棉麦间套面积比前3年平均值增减比率(%)	(MNMLA)
30	当年皮棉总产量(t)	
31	平均皮棉产量(kg/667 m^2)	
32	棉花平均种植密度(株/667 m^2)	
33	9月下旬10月上旬平均单灯累计诱蛾量(头)	
34	平均单灯累计诱蛾量比历年平均值增减比率(%)	
35	棉铃虫对当家农药的抗性倍数	
36	当年棉铃虫年发生程度	
37	预计次年棉铃虫年发生程度	
38	编报单位	

表 C.8 棉铃虫发生动态模式报表(MDMLA)

要求汇报时间:每7 d一次

序号	编报内容	报表程序
1	编制代码	(MDMLA)
2	调查日期(月、日)	
3	发生世代	
4	当代成虫始见期(月、日)	
5	当代累计诱蛾量(头)	
6	当代系统调查田百株累计卵量(粒)	
7	当代系统调查田百株虫量(头)	
8	大田普查平均百株卵量(粒)	
9	大田普查平均百株虫量(头)	
10	大田普查百株最高虫量(头)	
11	当代已防棉田面积比率(%)	
12	当代已防棉田平均防治次数(次)	
13	编报单位	

附 录 D
（资料性附录）
棉铃虫滞育蛹和非滞育蛹的区别

在 20 ℃～25 ℃气温条件下 5 d，头部后颊部眼点不消失者为滞育蛹[见图 D.1 中的 a)和 b)]。

a) 滞育蛹　　　　b) 非滞育蛹

图 D.1

附 录 E
（资料性附录）
棉铃虫性诱剂有效组分

棉铃虫性诱剂主要有效组分为顺-11-十六碳烯醛（*Z*11-16：Ald）和顺-9-十六碳烯醛（*Z*9-16：Ald），配比 97：3；每个诱芯有效成分为 2 mg。

ICS 19.100
J 04

中华人民共和国国家标准

GB/T 15823—2009
代替 GB/T 15823—1995

无损检测　氦泄漏检测方法

Non-destructive testing—Test methods for helium leak testing

2009-05-26 发布　　2009-12-01 实施

中华人民共和国国家质量监督检验检疫总局
中国国家标准化管理委员会　发布

前　言

本标准修改采用 ASME BPVC-Ⅴ-2007 的第 10 章《BPVC Section Ⅴ-Nondestructive Examination，Article 10-Leak Testing》(英文版)。

本标准根据 ASME BPVC-Ⅴ-2007 的第 10 章重新起草。

考虑到我国国情，在采用 ASME BPVC-Ⅴ-2007 的第 10 章时，本标准做了一些修改。有关技术性差异如下：

——部分章条内容做了合并和调整，章条号按 GB/T 1.1—2000 重新编排；

——增加"书面检测工艺规程要求"(见 A.2.1、B.2.1 和 C.2.1)；

——删除 ASME 标准中的"评定"内容；

——删除 ASME 标准中的部分规范性附录。

本标准代替 GB/T 15823—1995《氦泄漏检验》。

本标准与 GB/T 15823—1995 相比主要变化如下：

——增加"规范性引用文件"(见第 2 章)；

——增加"术语和定义"(见第 3 章)；

——合并"一般要求"(1995 年版的第 2 章和第 3 章；本版的第 4 章)；

——删除 1995 年版的第 4 章、A5 和 B5 的"评定"；

——增加"检测"(见第 5 章)；

——将"示踪探头和护罩"分为"示踪探头"和"护罩"(1995 年版的附录 B；本版的附录 B 和附录 C)；

——增加"书面检测工艺规程要求"(见 A.2.1、B.2.1 和 C.2.1)。

本标准的附录 A、附录 B 和附录 C 为规范性附录。

本标准由全国无损检测标准化技术委员会(SAC/TC 56)提出并归口。

本标准起草单位：上海锅炉厂有限公司、上海苏州美柯达探伤器材有限公司、上海材料研究所。

本标准主要起草人：吴根华、赵成、宓中玉。

本标准所代替标准的历次版本发布情况为：

——GB/T 15823—1995。

无损检测　氦泄漏检测方法

1　范围

本标准规定了氦泄漏检测的方法和要求。这些检测方法或技术可用来确定泄漏位置或测量泄漏率。具体的检测技术见附录A～附录C。

2　规范性引用文件

下列文件中的条款通过本标准的引用而成为本标准的条款。凡是注日期的引用文件，其随后所有的修改单(不包括勘误的内容)或修订版均不适用于本标准，然而，鼓励根据本标准达成协议的各方研究是否可使用这些文件的最新版本。凡是不注日期的引用文件，其最新版本适用于本标准。

GB/T 5616　无损检测　应用导则

GB/T 9445　无损检测　人员资格鉴定与认证(GB/T 9445—2008,ISO 9712:2005,IDT)

GB/T 12604.7　无损检测术语　泄漏检测

GB/T 20737　无损检测　通用术语和定义(GB/T 20737—2006,ISO/TS 18173:2005,IDT)

3　术语和定义

GB/T 12604.7和GB/T 20737确立的术语和定义适用于本标准。

4　一般要求

4.1　预泄漏检测

在采用更高灵敏度的检测方法之前，可先做一次预泄漏检测，以检出和排除一些大的泄漏。在这种检测过程中应注意不得封堵被检件上可能存在的泄漏。

4.2　具体要求

采用本标准的泄漏检测方法或技术，应考虑下列各项：

a)　检测人员资格和证书(见GB/T 9445)；

b)　技术标准；

c)　检测范围；

d)　可接受的检测灵敏度或泄漏率；

e)　报告要求；

f)　记录保存。

4.3　设备和器材

4.3.1　压力表/真空表

4.3.1.1　量程

在泄漏检测中使用刻度指示式或记录式压力表时，它的量程范围宜是预期最大压力的2倍。但其量程不得小于最大压力的1.5倍，也不大于4倍。

这些量程的限度不限于刻度指示式或记录式真空表。

附录A～附录C中所列其他类型压力表的量程要求，应按相应附录的规定。

4.3.1.2　检定

在使用前，所用的指示式和记录式压力表/真空表应检定合格。

在使用中,每年至少应检定一次。若在使用中发现异常,应重新进行检定。

4.3.1.3 位置

进行压力/真空泄漏检测时,指示式压力表应与被检件直接相连,或从远端与被检件相连接,使检测人员在检测的全过程中易于观察到这些压力表/真空表。

对规定需用一个或多个压力表/真空表的大型容器或被检系统,推荐采用一种记录式压力表/真空表,以替代两个或多个指示式压力表/真空表中的某一个。

4.3.1.4 应用

当附录A～附录C要求使用其他类型压力表/真空表时,它们可以替代相应数量的指示式或记录式压力表而单独使用,亦可联合使用。

4.3.2 温度测量装置

当附录A～附录C要求温度测量时,温度测量装置应检定合格。

4.3.3 泄漏标准漏孔

用于氦质谱仪检漏的标准漏孔可分为如下两类:

a) 渗透型标准漏孔——渗透型标准漏孔应是经过熔制并已校准的玻璃或石英的渗透型漏孔,它具有 1×10^{-11} Pa·m³/s～1×10^{-7} Pa·m³/s 的氦气泄漏率,并应检定合格。

b) 通道型标准漏孔——通道型标准漏孔应是使示踪气体透过一个管子用氦气校准的通道型漏孔,它应具有与所要求的检测灵敏度和示踪气体的实际百分比浓度的乘积相等或更小的泄漏率,并应检定合格。

5 检测

5.1 检测准备

5.1.1 表面准备

被检部位表面应无油、油脂、油漆以及其他可能妨碍检测的污物。当采用液体来清洁部件或是在泄漏检测前进行水压试验或液压气动试验时,则被检件在检测前应充分干燥。

5.1.2 密封

检测前,应使用塞子、盖板、密封脂、胶合剂或其他能在泄漏检测后易于全部去除的合适材料把所有的孔加以密封,密封用的材料不应含示踪气体。

5.1.3 检测温度

被检件在检测时的最低温度,应按各附录的要求,或符合相关产品设计文件和采购技术条件中对被检件作液压、液压气动或气压等试验时的规定。

检测时的最低或最高温度,不应超过所采用的泄漏检测方法或技术所允许的温度。

5.1.4 压力/真空(压力极限)

除非相关设计文件和采购技术条件另有规定,需做压力泄漏检测的部件,不能在超过设计压力25%的压力情况下做检测。

5.2 检测时机

宜在液压或液压气动检测之前进行泄漏检测。若验收方认为必要,可在液压或液压气动检测之后再进行一次泄漏检测。压力容器未经设计计算确认不应抽真空。

5.3 检测方法和技术

常见的氦气检漏方法和技术见表1。

表1所列各种氦气泄漏检测方法和技术的具体要求见附录A～附录C。

表 1 氦泄漏检测方法和技术

序号	技术名称	方法简介	不适合场合	灵敏度/($Pa \cdot m^3/s$)	应用特点	对应附录
1	吸枪	使用示踪气体或含一定比例示踪气体的混合气体对被检件加压,然后用吸枪扫查	不能承压的部件	10^{-7}	定性,定位	附录 A
2	示踪探头	被检件抽真空,与氦质谱检漏仪相连,然后在需检测的区域喷氦气	不能承受真空的部件	—	定性,定位	附录 B
3	护罩	被检件抽真空,与氦质谱检漏仪相连,然后将被检件置于充有氦气的护罩内	不能承受真空的部件	10^{-7}	定量	附录 C

6 文件编制

需要编写检测工艺规程时,该规程至少应包括下列内容(见 GB/T 5616):

a) 检测范围;

b) 用于检测泄漏或测量泄漏率的设备型号;

c) 表面清洁状况和所用设备的型号;

d) 所采用的检测方法或技术;

e) 规定的温度、压力、气体和浓度百分数。

7 报告

7.1 检测报告

检测报告至少应包括所用方法或技术的下述内容:

a) 检测日期;

b) 操作者的证书等级和姓名;

c) 检测工艺规程编号或修订号;

d) 检测的方法或技术;

e) 检测结果;

f) 部件标记;

g) 检测仪器、标准漏孔和材料标记;

h) 检测条件、检测压力和气体浓度;

i) 压力表/真空表,包括制造商、型号、量程和编号;

j) 所用方法或技术装备的草图。

7.2 资料保存

检测记录和报告应按有关的要求保存。

附 录 A
（规范性附录）
吸枪技术

A.1 概述

本技术叙述用氦质谱仪检测加压部件的微量示踪氦气，检漏仪有高的灵敏度，能探测出一个密闭体或分隔两个压力不同区域的隔板上的一个小开口处，从较低压力一侧漏出的氦气流，或者测出存在于混合气体中的氦气。吸枪技术是一种半定量的方法，用以探测泄漏并确定其位置，不能作定量用。

A.2 一般要求

A.2.1 书面检测工艺规程要求

应采用本标准和下列规定中的要求：

a） 检漏仪型号；
b） 探测器型号；
c） 表面温度；
d） 表面状态；
e） 标准漏孔型号；
f） 示踪气体及浓度；
g） 压力表；
h） 试验压力；
i） 保压时间；
j） 系统灵敏度；
k） 扫查距离、速度及方式；
l） 验收准则；
m） 后清洗方式；
n） 人员资格。

A.2.2 设备和器材

A.2.2.1 仪器

应采用能传感和测量微量氦气的氦质谱仪，并采用下述一种或几种信号装置来指示泄漏：

a） 仪表——仪器上的或附接于仪器上的仪表；
b） 音响装置——能发出可听信号的扬声器或耳机；
c） 指示灯——能发出可见光的指示灯。

A.2.2.2 辅助设备

当需要时，可以使用以下辅助设备：

a） 稳压器——当供电线路有电压波动时，应在仪器上接一个稳压器；
b） 吸枪——所有需检查的部位都应以吸枪扫查，吸枪用一段波纹管与仪器相连接，为了缩短响应时间和净化时间，除非检测装置是特殊设计能用较长的软管获得短的响应时间和净化时间，否则软管的长度应约为 4 570 mm。

A.2.2.3 校准泄漏标准漏孔

校准泄漏标准漏孔可以是按本标准 4.3.3 的渗透型或通道型标准漏孔。采用标准漏孔的类型应根据仪器或设备灵敏度要求而定，或者按有关设计规范。

A.3 校准

A.3.1 仪器校准

A.3.1.1 预热

在用已经检定的标准漏孔进行校准之前，仪器应先通电预热，预热的最少时间应按照仪器制造厂的规定。

A.3.1.2 校准

仪器应按照仪器制造厂的操作和维修手册，用4.3.3 a)所述的渗透型标准漏孔进行校准，使设备处于最佳或最合适灵敏度下，设备对氦的最小灵敏度为 1×10^{-10} Pa·m³/s。

A.3.2 系统校准

A.3.2.1 泄漏标准漏孔大小

用于系统校准的，含有100%氦浓度的毛细管型标准漏孔，其最大泄漏率 Q 应按下式计算：

$$Q = Q_S \times C \quad \text{(A.1)}$$

式中：

Q——毛细管型标准漏孔的漏率，单位为帕立方米每秒(Pa·m³/s)；

Q_S——所要求的被检系统灵敏度，单位为帕立方米每秒(Pa·m³/s)；

C——检测时被检系统内的实际氦浓度，%。

A.3.2.2 扫查速率

在将检漏仪吸枪与仪器连接后，进行检测前的系统校准时，应将吸枪嘴在校准漏孔上扫查。扫查时，吸枪嘴与标准漏孔应保持在3 mm以内，对被检系统的扫查速率不应超过能检出标准漏孔泄漏的速率。

A.3.2.3 响应时间

在系统校准时，应观察出现一个指示信号以及使仪器输出达到稳定所需要的时间，通常希望这个时间尽可能短，以减少确定泄漏位置所需的时间。

A.3.2.4 校准频度和灵敏度

除非设计规范另有规定，检测系统的灵敏度应在检测前和检测后，以及中间每间隔不超过2 h均做一次测定。在任何一次校准中，如果仪器偏转，音响报警或指示灯表明系统不能检出A.3.2.2所述的泄漏，则仪器应重新校准，并且从上一次合格的校准核查以后所有的检测部位均应重新检测。

A.4 检测

A.4.1 检测场所

需检测的部件，如有可能，应避免通风，或者处于不会因通风而使检测所要求的灵敏度降低的场所。

A.4.2 示踪气体浓度

除非设计规范另有规定，氦示踪气体的浓度在检测压力下，应至少为10%体积浓度。

A.4.3 保压时间

检测之前，检测压力应至少先保持30 min。如果在下述情况下氦气会立刻扩散，则最小的允许保压时间也可短于上述规定：

a) 对于开口的部件，采用特殊的临时性装置(如：抽气罩)试验短的部分。

b) 在用氦气进行首次加压以前，已经部分抽空的部件。

A.4.4 扫查距离

在A.4.3要求的保压时间以后，吸枪嘴应在被检表面上方通过。扫查时吸枪嘴与被检表面的距离应保持在3 mm以内。如果系统校准时采用较此更小的距离，则检测扫查时的距离不应超过该距离。

A.4.5 扫查速率

最大扫查速率应按A.3.2.2确定。

A.4.6 扫查方向

检测时，扫查应从被检部件的最下部开始，然后渐次向上。

A.4.7 泄漏检出

泄漏的显示或检出应按A.2.2.1所述的方式实现。

A.5 应用实例

A.5.1 传热管检测

当检测热交换器传热管管壁的泄漏时，吸枪应插入每一管端，并保持在经过验证而确定的一段时间，检测扫查应从管板管列的最低部分开始，然后渐次向上扫查。

A.5.2 传热管-管板接头检测

传热管-管板接头检测可采用胶囊包的方法，胶囊包可为漏斗式，小端与吸枪嘴相连，大端置于传热管-管板的接头之上。如果采用胶囊包，探测时间应这样确定：将胶囊包置于毛细管型标准漏孔的针孔上部，并记录出现仪器响应所需的时间。

附　录　B
（规范性附录）
示踪探头技术

B.1　概述

本技术叙述使用氦质谱仪检测抽空部件中的微量示踪氦气。

当使用示踪探头检测时，检漏仪要有高的灵敏度，能探测出从一些微小开口的较高压力一侧，流经抽空的密封体或分隔两个压力不同区域隔板的氦气流，并确定泄漏的位置，这是一种半定量的技术，不能作定量用。

B.2　一般要求

B.2.1　书面检测工艺规程要求

应采用本标准和下列规定中的要求：

a）检漏仪型号；
b）示踪探头型号；
c）表面温度；
d）表面状态；
e）泄漏标准漏孔型号；
f）示踪气体及浓度；
g）真空源；
h）真空表；
i）试验压力；
j）保压时间；
k）系统灵敏度；
l）扫查距离、速度及方式；
m）验收准则；
n）人员资格。

B.2.2　设备和器材

B.2.2.1　仪器

应采用能传感和测量微量示踪氦气的氦质谱仪，并采用下述一种或几种信号装置来指示泄漏：

a）仪表——仪器上的或附接于仪器上的仪表；
b）音响装置——能发出可听信号的扬声器或耳机；
c）指示灯——能发出可见光的指示灯。

B.2.2.2　辅助设备

当需要时，可以使用以下辅助设备：

a）稳压器——当供电线路有电压波动时，应在仪器上接一个稳压器；
b）辅助泵系统——当检测设备需要使用辅助真空泵系统时，系统的绝对压力和泵速应能使检测灵敏度和响应时间达到要求；
c）多向接头——能正确连接仪器真空计、辅助泵、标准漏孔和被检部件的管子和阀门；
d）示踪探头——与100%氦气源连接，在另一端使用一个有细小开口的阀门，用以调节氦气流；
e）真空表——真空表的量程应能测量被抽空系统进行检测时的绝对压力，用于大系统的真空表的位置应尽可能远离泵系统的进气口。

B.2.2.3 校准泄漏标准漏孔

校准泄漏标准漏孔可以是渗透型或通道型标准漏孔，按仪器或灵敏度要求或按设计规范规定选用泄漏标准漏孔的类型。

B.3 校准

B.3.1 仪器校准

B.3.1.1 预热

用已经检定的标准漏孔进行校准之前，仪器应先通电预热，预热的最少时间应按照仪器制造厂的规定。

B.3.1.2 校准

仪器应按照仪器制造厂的操作和维修手册用本标准4.3.3 a)所述的渗透型标准漏孔建立仪器的最佳或足够的灵敏度。仪器灵敏度至少为 1×10^{-10} Pa·m^3/s。

B.3.2 系统校准

B.3.2.1 泄漏标准漏孔大小

将B.2.2.3所述的经检定的通道型泄漏标准漏孔与部件相连接，并尽可能远离检漏仪与部件的连接处。在校准检测系统时，经检定的泄漏标准漏孔应打开。

B.3.2.2 扫查速率

抽空后的部件达到足够的真空度时，将氦质谱仪连接到系统。通过示踪探头嘴横过泄漏标准漏孔对该系统进行校准，探头嘴应离泄漏标准漏孔6 mm以内。对于100%氦示踪探头的已知流速，对检测系统的扫查速率不应超过能检出标准漏孔泄漏的速率。

B.3.2.3 响应时间

在系统校准时，应观察出现一个指示信号以及使仪器输出达到稳定所需要的时间，通常希望这个时间尽可能短，以减少确定泄漏位置所需的时间。

B.3.2.4 校准频度和灵敏度

除非设计规范另有规定，检测系统的灵敏度应在检测前和检测后，以及中间每间隔不超过4 h均做一次测定。在任何一次校准中，如果仪器偏转，音响报警或指示灯表明系统不能检出B.3.2.2所述的泄漏，则仪器应重新校准，并且从上一次合格的校准以后所有的检测部位均应重新检测。

B.4 检测

B.4.1 扫查速率

最大的扫查速率应按B.3.2.2确定。

B.4.2 扫查方向

检测扫查应从被检部件的最上部分开始，渐次向下扫查。

B.4.3 扫查距离

示踪探头应在被检表面上扫过，扫查时探头嘴与被检表面的距离应保持在6 mm以内。如果在校准系统时采用较短的距离，则检测扫查时应不超过该距离。

B.4.4 泄漏检出

泄漏的显示或检出应按B.2.2.1所述。

B.4.5 流率

最小流率应按B.3.2.2设置。

附 录 C
（规范性附录）
护罩技术

C.1 概述

本技术叙述使用氦质谱仪检测抽空部件内的微量氦气。

当使用护罩法时，检漏仪应具有高灵敏度，能检出并测量从一些微小开口的较高压力一侧，流经抽空的密封体或分隔两个压力不同区域隔板的氦气流。这是一种定量的测量方法。

C.2 一般要求

C.2.1 书面检测工艺规程要求

应采用本标准和下列规定中的要求：

a) 检漏仪型号；
b) 表面温度；
c) 表面状态；
d) 泄漏标准漏孔型号；
e) 示踪气体及浓度；
f) 真空源；
g) 真空表；
h) 试验压力；
i) 保压时间；
j) 系统灵敏度；
k) 扫查距离、速度及方式；
l) 验收准则；
m) 人员资格。

C.2.2 设备和器材

C.2.2.1 仪器

应采用能传感和测量微量示踪氦气的氦质谱仪，应通过检测仪器上的或附接于仪器上的仪表来指示泄漏。

C.2.2.2 辅助设备

当需要时，可使用以下辅助设备：

a) 稳压器——当供电线路有电压波动时，应在仪器上接一个稳压器；
b) 辅助泵系统——当检测设备需要使用辅助真空泵系统时，系统的绝对压力和泵速应能使检测灵敏度和响应时间达到要求；
c) 多向接头——能正确连接仪器真空计、辅助泵、标准漏孔和被检部件的管线和阀门；
d) 护罩——任何适当的罩或容器，诸如一个塑料袋，带有一个用作多个接管的进气管；
e) 真空计——真空计的量程应能测量被抽空系统进行检测时的绝对压力，用于大系统的真空计的位置应尽可能远离泵系统的进气口。

C.2.2.3 校准泄漏标准漏孔

应采用本标准 4.3.3 所述的渗透型标准漏孔，除非有关设计规范另有规定，它的最大氦泄漏率为$1\times10^{-7}\mathrm{Pa}\cdot\mathrm{m}^3/\mathrm{s}$。

C.3 校准

C.3.1 仪器校准

C.3.1.1 预热

用已经检定的标准漏孔进行校准之前，仪器应先通电预热，预热的最少时间应按照仪器制造厂的规定。

C.3.1.2 校准

按仪器制造厂的操作和维修手册，采用本标准 4.3.3 a)所述的渗透型标准漏孔，来确认仪器是否处在最佳状态或有足够的灵敏度。仪器对氦的灵敏度至少为 1×10^{-10} Pa·m³/s。

C.3.2 系统校准

C.3.2.1 泄漏标准漏孔大小

将 4.3.3 所述的具有 100%氦气的经校准的泄漏标准漏孔与部件相连接，并尽可能远离检漏仪与部件的连接处。

C.3.2.2 响应时间

将部件抽空至足以允许氦质谱仪与系统相连接的绝对压力，已检定的泄漏标准漏孔应向系统打开。泄漏标准漏孔应保持开启，直至仪器信号变得稳定。

经检定的泄漏标准漏孔向部件开启的时间，以及输出信号的增大到稳定的时间应予以记录，两个读数之间所经历的时间即为响应时间，记录稳定的仪器读数 M_1。

C.3.2.3 背景读数

背景读数 M_2 是在测定响应时间后确定的。校准泄漏标准漏孔将检测系统关闭，当仪器读数达到稳定时，记录仪器的读数 M_2。

C.3.2.4 初始校准

初始的系统灵敏度 S_1 应按公式(C.1)计算：

$$S_1 = Q/(M_1 - M_2) \qquad \cdots\cdots (C.1)$$

式中：

S_1——初始被检系统灵敏度，单位为帕立方米每秒(Pa·m³/s)；

Q——校准漏孔漏率，单位为帕立方米每秒(Pa·m³/s)；

M_1——校准漏孔向被检系统开启后的读数；

M_2——背景读数。

当泄漏检测装置的布置改变(即采用辅助泵而旁路至辅助泵的氦气流分配有所变化时)或经校准的泄漏有变动，就应重新进行校准。在完成初始的系统灵敏度校准后，经检定的泄漏标准漏孔应与系统隔离。

C.3.2.5 最终校准

当系统检测完成以后，并且部件仍然处于护罩之中，在经检定的泄漏标准漏孔关闭的情况下，测定仪器输出读数 M_3。然后应再次将经检定的泄漏标准漏孔向被检系统开启，仪器输出增大至 M_4。按公式(C.2)计算最终的系统灵敏度 S_2：

$$S_2 = Q/(M_4 - M_3) \qquad \cdots\cdots (C.2)$$

式中：

S_2——最终被检系统灵敏度，单位为帕立方米每秒(Pa·m³/s)；

Q——校准漏孔漏率，单位为帕立方米每秒(Pa·m³/s)；

M_3——检测完成后的背景读数；

M_4——检测完成后，校准漏孔再次向被检系统开启后的读数。

如果最终灵敏度 S_2 减小到初始灵敏度 S_1 的 35%以下，仪器应进行清洗或修理、重新校准，然后部件重新检测。

C.4 检测

C.4.1 护罩

对于单壁部件或零件，护罩（套袋）容器可用如塑料等材料制成。

C.4.2 护罩中充以示踪气体

在按 C.3.2.4 完成初始校准以后，部件外表面与护罩之间的空间，在部件被抽空以后应充以氦气。

C.4.3 估计或测定护罩内示踪气体浓度

测定或估计出充在护罩中的示踪气体浓度。

C.4.4 检测持续时间

护罩充入氦气，在经过由 C.3.2.2 确定的响应时间以后，记录仪器输出读数 M_5，或者如果输出信号不稳定，检测持续时间要保持到输出信号稳定。

C.4.5 系统测得泄漏率

按照 C.3.2.5 对部件最后校准以后，系统泄漏率按下述确定：

a) 对于输出信号不发生改变的场合（即 $M_2=M_5$），系统泄漏率应记录为“低得可探测系统范围”和检测合格；

b) 对于输出信号（M_5）发生改变得场合（但输出信号尚在可检范围内），泄漏率 Q 应按公式（C.3）确定：

$$Q_S = S_2(M_5 - M_2)/C \qquad \text{(C.3)}$$

式中：

Q_S——最终被检系统灵敏度，单位为帕立方米每秒（$Pa \cdot m^3/s$）；

S_2——校准漏孔漏率，单位为帕立方米每秒（$Pa \cdot m^3/s$）；

M_2——检测完成后的背景读数；

M_5——检测时的读数；

C——检测时被检系统内的实际氦浓度，%。

c) 对于输出信号（M_5）超过系统可探测范围的场合，系统泄漏率应记录为“大于系统可探测范围”和检测不合格。

ICS 13.280
F 73

中华人民共和国国家标准

GB 15848—2009
代替 GB 15848—1995

铀矿地质勘查辐射防护和环境保护规定

Regulations for radiation and environment protection in uranium exploration

2009-05-06 发布　　2010-02-01 实施

中华人民共和国国家质量监督检验检疫总局
中国国家标准化管理委员会　发布

前言

本标准的全部技术内容为强制性。

本标准代替 GB 15848—1995《铀矿地质辐射防护和环境保护规定》。

本标准与 GB 15848—1995 相比主要有以下变化：

a） 根据现行相关法律、法规标准修订了原标准中与之不相一致的条款内容；

b） 增加了培训和事故应急响应内容；

c） 对原标准的章节进行了合理的合并和调整。

本标准的附录 A 和附录 B 为规范性附录，附录 C 为资料性附录。

本标准由中国核工业集团公司提出。

本标准由全国核能标准化技术委员会(SAC/TC 58)归口。

本标准起草单位：中国核工业地质局、核工业二〇八大队。

本标准主要起草人：谷华、丁忙生、张军义、沈代明、谢开敬。

本标准所代替标准的历次版本发布情况为：

——GB 15848—1995。

铀矿地质勘查辐射防护和环境保护规定

1 范围

本标准规定了对铀矿地质勘查工作中辐射工作人员和公众的剂量约束值、工作场所辐射防护、职业照射管理、环境保护和事故应急方面的要求。

本标准适用于铀矿地质的生产、科研和教育部门，从事含天然放射性物质的其他地质部门也可参照执行。

2 规范性引用文件

下列文件中的条款通过本标准的引用而成为本标准的条款。凡是注日期的引用文件，其随后所有的修改单(不包括勘误的内容)或修订版均不适用于本标准，然而，鼓励根据本标准达成协议的各方研究是否可使用这些文件的最新版本。凡是不注日期的引用文件，其最新版本适用于本标准。

GB 11215 核辐射环境质量评价的一般规定

GB 11806 放射性物质安全运输规程

GB 16297 大气污染物综合排放标准

GB 18871—2002 电离辐射防护与辐射源安全基本标准

3 术语

下列术语和定义适用于本标准。

3.1

铀矿地质勘查 uranium geological prospecting

为了寻找和查明铀矿资源，而利用各种勘查手段了解地下的地质状况，认识铀成矿条件和环境，综合评价铀成矿远景，确定有利地区，找到铀矿带，探明铀矿规模，搞清含铀层情况和产出能力的过程。

3.2

铀矿坑探 uranium tunneling exploration

为探查铀矿地质资源而进行的井下探矿作业。

3.3

副产矿石 by product ore

铀矿地质勘查过程中产生的铀含量在万分之一以上的铀矿石。

3.4

铀矿地质废石(渣) uranium geological waste ore

铀矿地质勘查过程中所产生的废石(铀品位小于万分之一)和其他固体废物的总称。

3.5

氡子体的暴露量 radon exposure content of radon daughter

氡子体在空气中浓度的时间积分。依氡子体浓度所用单位的不同，暴露量单位的表示也不一样。当氡子体浓度以 J/m^3 为单位时，暴露量用 $J \cdot h/m^3$ 表示。

3.6

(氡子体和钍子体)α 潜能 α potential(radon daughter)

氡(^{222}Rn)的子体完全衰变为 ^{210}Pb(但不包括 ^{210}Pb 的衰变)和钍(^{220}Rn)的子体完全衰变到稳定的 ^{208}Pb 时，所发射的 α 粒子能量的总和，单位为焦耳(J)。

3.7

氡(钍)子体α潜能浓度　α potential content of radon daughter

单位体积空气中存在的所有氡或钍的短寿命衰变产物的任何混合物的全部子体原子按衰变链分别衰变到^{210}Pb(RaD)或^{208}Pb的过程中所发射的总α粒子能量，单位为焦耳每立方米(J/m^3)。

3.8

空气中长寿命α气溶胶浓度　long term α aerosol content in the air

单位体积空气中所含长寿命核素α放射性气溶胶的总α活度，单位为贝可[勒尔]每立方米(Bq/m^3)。通常在氡短寿命子体衰变完以后由分析单位体积中的总α活度而得到。

4　一般规定

4.1　辐射防护应遵守实践的正当性、剂量限制和潜在照射危险限制、防护与安全的最优化、剂量约束和潜在照射危险约束的原则；环境保护应执行国家颁布的环境法规、标准，坚持"谁污染谁治理"的原则。

4.2　铀矿地质勘查工程施工前应依法进行环境影响评价。

4.3　铀矿地质勘探工程中的辐射防护和环境保护设施应与主体工程同时设计、同时施工、同时投入使用。

4.4　铀矿地质勘查单位应设立辐射防护和环境保护的管理机构，制定本单位辐射防护和环境保护的管理规定及应急预案，进行辐射防护监测。对从事铀矿地质勘查人员进行辐射安全、防护和环境保护知识的培训，并定期进行复审考核。

4.5　铀矿地质勘查工作单位应制定防护与安全大纲，其内容应包括：

a)　确定实现防护与安全目标所需要的措施和资源，并保证正确地实施这些措施和提供这些资源；

b)　保持对这些措施和资源的经常性审查，并定期核实防护与安全目标是否得以实现；

c)　鉴别防护与安全措施和资源的任何失效或缺陷，并采取步骤加以纠正和防止其再次发生；

d)　根据防护与安全需要，做出便于在有关各方间进行咨询和合作的各种安排；

e)　保存履行责任的有关记录。

5　剂量限制

5.1　遵守GB 18871—2002附录B的B.1中有关工作人员和公众剂量约束值的规定。

5.2　从事铀矿地质勘查职业工作人员年有效剂量约束值不高于15 mSv。

5.3　孕妇、授乳妇不得从事铀矿地质坑井探作业，从事铀矿地质其他工作时年有效剂量约束值不高于1 mSv。

5.4　对于年龄小于18岁接受涉及辐射照射就业培训的徒工和年龄小于18岁的学习过程中需要使用放射源的学生，应控制其职业照射年有效剂量不超过6 mSv。

5.5　伴有辐射照射的实践使公众中有关关键人群组的成员所受到的剂量估计值不应超过下述限值：

a)　年有效剂量，1 mSv；

b)　特殊情况下，如果5个连续年的年平均剂量不超过1 mSv，则某一单一年份的有效剂量可提高到5 mSv。

5.6　铀矿地质坑、井探使公众中有关关键人群组的成员所受到的年有效剂量约束值不应超过0.5 mSv。

5.7　从事放射性工作人员既受到外照射又受到多种放射性核素内照射时，应同时满足5.1和式(1)的规定：

$$\frac{H_P}{DL}+\sum_j\frac{I_{j,\mathrm{ing}}}{I_{j,\mathrm{ing,L}}}+\sum_j\frac{I_{j,\mathrm{inh}}}{I_{j,\mathrm{inh,L}}}\leqslant 1 \qquad \cdots\cdots(1)$$

式中：

H_P——该年度贯穿辐射照射所致的个人剂量当量，单位为毫希[沃特](mSv)；

DL——相应的有效剂量的年剂量约束值，单位为毫希[沃特](mSv)；

$I_{j,ing}$和$I_{j,inh}$——同一年内食入或吸入放射性核素 j 的摄入量，单位为贝可[勒尔](Bq)；

$I_{j,ing,L}$和$I_{j,inh,L}$——食入或吸入放射性核素 j 的年摄入量约束值(ALI)，单位为贝可[勒尔](Bq)。

5.8 铀矿地质勘查工作人员常见核素的年摄入量约束值见附录 A 中的表 A.1，其他核素的年摄入量约束值(ALI)按附录 A A.2 中式(A.1)计算得出。

5.9 对以^{222}Rn 或^{220}Rn 的短寿命子体为主要危害的工作场所，它们的短寿命子体 α 潜能年摄入量及照射量限值见附录 A 表 A.2。

6 工作场所的辐射防护

6.1 工作场所的主要防护要求

6.1.1 辐射工作场所的分区应按 GB 18871—2002 中 6.4 的要求划分，在实地划分时应尽量按建构筑物边界划定；铀矿地质勘查坑道、探井、碎样等放射性粉尘作业场所划为控制区，其他非粉尘作业场所划为监督区。

6.1.2 新建的辐射工作场所应选择多个候选场址，进行综合评价，择优选定。

6.1.3 新建的辐射工作场所，应选择人口密度较低、放射性废气稀释扩散条件较好的地点，并应尽量集中在一个区内，按当地最小频率的风向，布置在居民区或其他工作场所的上风侧。

6.1.4 辐射工作场所与居民区和饮用水源应有一定的防护距离，其限制距离见表 1。这个距离以内的区域划定为限制区，应对该区内的放射性物质定期进行监测。

6.1.5 凡产生放射性粉尘、气溶胶的工作场所，其地面、墙壁和天花板等均应采用不易被沾污的建筑材料装修，力求光滑；室内结构应简单，减少积尘面并便于清洗。矿物分析室、碎样间等应设置地漏通往污水处理池。

6.1.6 铀矿样品应存放于专门的样品库内，并设专人管理。

6.1.7 铀矿石加工室、熔矿室等应配备废气处理设施，使废气达到 GB 16297 的要求后排放。

表 1 铀矿地质放射性工作场所的限制距离 单位为米

其他场所	矿石标本和模型陈列室	碎样室、熔矿室、矿石加工室	坑道排风口、废渣堆放场、水冶车间
居民区	30	50	500
饮用水源	30	100	500

6.2 防尘降氡

6.2.1 井下作业场所，应采取“加强机械通风和湿式作业、密闭氡尘源、做好个人防护、加强防护设施管理和经常检查”等综合措施，使井下工作场所空气中 Rn-222 浓度不大于 2.7 kBq/m^3，Rn-222 子体 α 潜能浓度不宜大于 5.4 μJ/m^3，粉尘浓度不大于 2 mg/m^3。

6.2.2 凡产生放射性粉尘和有害气体的地面作业场所，应有通风装置，通风系统应防止污染物的回流。

6.2.3 井下通风要求

6.2.3.1 平巷和斜井深度超过 20 m、竖井或浅井超过 10 m、天井超过 5 m，均应采用机械通风。工作面应采用压入式通风，压入风筒末端距工作面不得超过 10 m，开支巷或巷道转弯掘进，深度超过 5 m 时，应有专门的通风。

6.2.3.2 进入坑道工作时，应先通风，使坑道内氡及其子体浓度满足 6.2.1 的要求，且通风时间不得少于 15 min。坑内有人时均不得停止通风。

6.2.3.3 通风量的确定，应首先满足使巷道内的氡及其子体降到限制浓度以下所需的风量。

6.2.3.4 坑道的排气风口应位于进风口最小风频的上风侧,出风口与进风口之间应保持一定的距离。

6.2.4 井下密封降氡措施

6.2.4.1 已完工的巷道应及时封闭。封闭要严密牢固。如因工作需要进入封闭坑道,应经防护管理部门同意,戴好防毒呼吸器和个人剂量计,事后应立即重新封好。

6.2.4.2 主巷道的见矿和裂隙发育地段,应砌碹或喷涂防氡覆盖层,以减少氡的析出。并尽可能减少矿石在未封闭巷道内的存留时间。

6.2.4.3 坑道排水沟应经常清理,保持水流畅通,对氡浓度高的井下水,应设专用管将水直接排入坑外废水处理设施中。

6.2.4.4 沿脉坑道应尽量设计在矿脉外。施工中副产矿石和废石应分开堆放。

6.2.5 坑道掘进中的废石及副产矿石处理

6.2.5.1 坑道掘进中产生的废石应集中堆放并在下方设置挡墙,防止废石经雨水冲刷流失。

6.2.5.2 副产矿石和废石应分开堆放,坑道掘进结束后将副产矿石及时回填到坑道内。

6.3 表面污染的控制

6.3.1 工作场所(但不包括井下工作场所)的工作台、设备、墙壁、地面、屋面以及工作人员体表、工作服、内衣等表面放射性污染控制水平见附录B表B.1。

工作场所设备、墙壁、地面、屋面采取适当的去污措施后,仍超过附录B表B.1中所列数值时,可视为固定性污染。经审管部门或审管部门授权的部门检查同意后,可以适当提高控制水平,但不得超过附录B表B.1中所列数值的5倍。

6.3.2 工作场所的设备、用品经去污处理后,其污染水平降低到附录B表B.1中所列数值的五十分之一以下时,经审管部门或审管部门授权的部门确认同意后,可当作普通物品使用。

6.4 放射源管理

6.4.1 应按照辐射安全许可证的规定从事放射性同位素和射线装置的使用活动。禁止无许可证或不按照许可证规定的种类和范围从事放射性同位素和射线装置的使用活动。

6.4.2 使用放射源的单位应当与生产、进口放射源的单位签订废旧放射源的返回合同。

6.4.3 使用放射源的单位应当按照废旧放射源返回合同规定,在放射源闲置或者废弃后3个月内将旧放射源交回生产单位或者返回原出口方。确实无法交回生产单位或者返回原出口方的,送交有相应资质的放射性废物集中贮存单位贮存。

6.4.4 使用放射源的单位应当在废旧放射源交回活动完成之日起20日内,向其所在地省级环境保护行政管理部门备案。

6.4.5 辐射工作单位应按国家标准要求建立专用放射源暂存库,放射源暂存库应满足相关规定要求,设专人管理,并定期检查、监测。

6.4.6 辐射工作单位应当建立放射源使用管理制度,内容包括:放射源的采购、储存、转移、领用、归还、报废等。

6.4.7 辐射工作单位应当建立放射性同位素与射线装置台账,记载放射性同位素的核素名称、出厂时间和活度、标号、编码、来源和去向,及射线装置的名称、型号、射线种类、类别、用途、来源和去向等事项。

放射性同位素与射线装置台账应当长期保存。

6.4.8 固体密封放射源应装在铅罐中,一起放入加锁的牢固容器里,距容器表面5 cm处任何一点的剂量当量率应不大于2.5 μSv/h,并放置于安全可靠的源库里。

6.4.9 应定期检查放射源是否泄漏。

6.4.10 转移放射源时,应把放射源装在符合防护要求的容器中,并严禁随身携带乘坐公共交通工具。

6.4.11 放射源如有丢失、破损,应立即启动本单位事故应急方案,采取措施并及时向当地环保部门报告。

6.4.12 使用密封放射源时,应尽量缩短接触时间和扩大操作距离,并采取屏蔽措施。

6.5 安全运输

6.5.1 运送矿石、矿样和岩矿心等,必须有防撒漏、防扬尘的措施。装运矿石、矿样和岩矿心的车辆,用后应仔细清洗除污。

6.5.2 铁路运输按 GB 11806 相关规定执行。

6.5.3 工作人员在运输中的剂量要求

a) 一年中有效剂量不可能超过 1 mSv 时,不必采用特殊的工作方式,也不必细致监测、制定剂量评定计划和保存个人记录;

b) 一年中有效剂量预计可能处于 1 mSv~5 mSv 之间时,应通过工作场所监测或个人监测制定剂量评定计划并保存相关记录;

c) 一年中有效剂量预计可能超过 5 mSv 时,应进行个人监测。在进行个人监测或工作场所监测时,应保存相关记录。

7 职业照射管理

7.1 一般要求

7.1.1 铀矿地质勘查单位应设置辐射安全管理部门和配备技术管理人员。

7.1.2 铀矿地质勘查单位应当制定和实施用以控制和管理本单位职业照射的规章制度和程序,确保工作人员和其他人员的的防护与安全水平符合 GB 18871 的要求。

7.1.3 应加强防护与安全培训和安全文化素养的培植,提高工作人员和有关人员对所制定的规则、程序和防护与安全规定的理解和执行的自觉性。应将所有培训记录妥善存档保管。

7.1.4 应建立监督制度和按照审管部门的要求聘任辐射防护负责人,对所有涉及职业照射的工作进行充分监督,并采取合理步骤,保证各种规则、程序、防护与安全规定等得到遵守。

7.1.5 应向所有工作人员提供:

a) 他们所受职业照射(包括正常照射和潜在照射)的情况及可能产生的健康影响;

b) 适当的防护与安全培训与指导;

c) 他们的行动对防护与安全的意义的信息。

7.1.6 应向可能进入控制区和监督区工作的女性工作人员提供下列信息:

a) 孕妇受到照射对胚胎和胎儿的危险;

b) 女性工作人员怀孕后尽快通知单位辐射管理部门的重要性;

c) 婴儿经哺乳食入放射性物质的危险。

7.2 个人防护和卫生设施

7.2.1 控制区应建立淋浴、更衣室和配备保健箱。

7.2.2 根据实际需要为工作人员提供适用、足够和符合有关标准的个人防护用具,如各类防护服、防护围裙、防护手套、防护面罩及呼吸防护用具等,并应使他们了解其所使用的防护用具的性能和使用方法,进入辐射工作场所,应穿戴好防护用品。

7.2.3 在辐射作业场所内不得进食、饮水、吸烟和存放食品;辐射作业人员饮食前应洗手、漱口。所用的防护用品,应经常清洗,不得带回生活区。

7.3 职业照射监测和评价

7.3.1 个人剂量监测和评价

7.3.1.1 个人剂量监测和评价按 GB 18871—2002 中 6.6.2 的规定执行。

7.3.1.2 铀矿地质井下作业、矿石破碎、高品位矿石模型制作及其他年摄入量可能超过年剂量限值 5 mSv/a 的辐射工作人员,应进行个人内照射剂量监测和皮肤、衣服的污染监测。

7.3.1.3 从事放射源校准检漏的人员,在铀矿石品位大于千分之五地段从事坑探作业的人员及其他外照射年剂量可能超过年剂量限值 5 mSv/a 的辐射工作人员应进行外照射个人剂量监测。

7.3.1.4 发生放射源丢失事故，应对受照人员进行剂量追踪监测；受破碎放射源污染时，应对受害者的衣物和暴露的人体表面进行 α、β 表面污染监测和内照射监测。

7.3.1.5 个人内外照射剂量大于年限值 1 mSv/a，但不太可能超过年剂量限值 5 mSv/a 的人员，可通过工作场所氡、氡子体和 γ 外照射的常规监测和工作时间调查进行估算，对部分有代表性的工作人员可进行氡子体和 γ 辐射的个人剂量监测。

7.3.1.6 当辐射工作人员每年内、外照射剂量等于或高于年剂量限值 5 mSv/a 时，要查明原因，作出相应的辐射防护评价。

7.3.1.7 辐射工作人员进行辐射损伤诊断时，应以个人剂量监测资料作依据。

7.3.1.8 辐射工作人员调离时其个人剂量档案资料应转入新单位的辐射管理机构。个人剂量档案应保存到辐射工作人员脱离辐射工作后 30 a。

7.3.2 工作场所的监测和评价

7.3.2.1 辐射工作场所均应按 GB 18871—2002 中 6.6.3 的规定开展常规监测。

7.3.2.2 铀矿地质工作场所的监测项目应包括：

a) 空气中氡、氡子体的 α 潜能浓度，粉尘浓度和空气中长寿命 α 气溶胶浓度。

b) γ 辐射水平。

c) 排出废水中的铀、镭、钍含量、总 α 和总 β。

d) 通风系统、"三废"处理系统和有关防护设施效果的检测。

7.3.2.3 各类辐射作业场所的监测周期见表 2。

表 2 各类辐射工作场所的监测周期 单位为次/月

监测项目	机掘坑道	手掘坑道	碎样间	分析室	镭标准源库	矿石模型制作室	备注
氡、氡子体浓度	2/1	1/1	1/6	1/6	1/12	2/1	
粉尘浓度	2/1	1/1	2/1			2/1	
γ 外照射	2/1	1/1	1/1		1/12	2/1	
废水	1/1						
空气中长寿命 α 气溶胶浓度	1/3		1/3			1/3	
风速、风量	1/1	1/1	1/6	1/6			

7.3.3 辐射工作场所的辐射防护评价按 GB 18871 标准执行。

7.3.4 个人剂量监测和辐射监测结果按附录 C 中表格格式填报上报主管部门和监督管理部门并存档。

7.4 健康监护

7.4.1 凡从事铀矿地质辐射作业的人员，应按有关法规的规定进行健康监护。

7.4.2 粉尘作业人员每年体检一次，其他工作人员每二年体检一次；对放射源事故受到照射的人员或放射性核素摄入量超过年摄入量约束值二倍的，应及时进行血象检查和做必要的处理。

7.4.3 对矽肺病等职业病的诊断应由主管部门指定的职业病专科医院进行。

7.4.4 从事铀矿地质工作的单位，应有专（兼）职劳动卫生医生负责职业性健康管理工作，并按 GB 18871—2002 中 6.9 的要求建立辐射工作人员健康档案。健康档案保存时间不少于停止该工作后 30 a。

7.4.5 刻槽取样工在防尘措施未彻底解决之前，除应积极采取防护措施外，累计作业时间不得超过2 a。

7.5 培训

7.5.1 从事铀矿地质辐射工作人员，应接受相关辐射防护工作技术和安全责任内容的培训。

7.5.2 涉及放射性物质运输的人员，应接受培训。培训内容参照 GB 11806 相关条款执行。

8 环境保护

8.1 废物的排放与治理

8.1.1 副产矿石、实验渣应回填处置。其他的废石应集中堆放并建挡渣墙稳定存放或就地浅埋，然后覆盖黄土，植被绿化；埋存地应选择在距居民生活区和水源较远，满足表 1 的辐射防护距离要求，不易被雨水冲刷和地下水系不发育的地方。

8.1.2 禁止利用渗井、渗坑、天然裂隙、溶洞或国家禁止的其他地点排放放射性废液。

8.1.3 使用堆浸法处理副产矿石时，要采取措施防止对环境造成二次污染，堆浸所产生的废渣应按 8.1.1 处置。堆浸场应采取防渗措施，防止对地下水的污染。

8.1.4 不能回收利用的劳保用品、纸张等应同其他固体废物一起处置。

8.1.5 铀矿分析室的废液应倒入专用的废液池内，定期处理、禁止任意排放。碎样间应设置专用尾渣池并定期处理。

8.1.6 堆浸、小规模水冶试验或钻探过程中排出的废水，应设置沉淀池进行处理，不得直接排入农田或经济水域。坑井探、钻探工程结束后，应采取妥善可靠的封口、封孔措施。

8.1.7 废水向江河排放时，应根据江河稀释能力控制废水排放量和排放浓度，保证在最不利的条件下，距排放口下游最近饮用水取水点水中天然铀浓度小于 0.05 mg/L，水中 Ra-226 浓度小于 1.1 Bq/L。

8.2 辐射环境监测

8.2.1 辐射工作场所开工前的本底调查

a) 铀矿地质勘查的坑道、水冶车间、铀矿床、丙级以上的矿物碎样间、加工室和分析室，施工前均应进行本底调查。

b) 本底调查的范围：坑道、水冶厂和铀矿床，其监测半径为 1 000 m，其他放射性工作场所为 500 m；以污染源为中心，在监测区内分别按 50 m、100 m、500 m、1 000 m 为半径划同心圆，按 16 个方位分成 64 个子区，对其中居民居住的和与居民关系比较密切的子区及主导风向下风侧子区进行重点调查。对河流应沿其流向调查，监测到本底为止，影响较大的，应扩大调查范围。

c) 调查对象：地表水、大气、底质、土壤及食用生物。

d) 调查核素：大气中氡及其子体，贯穿辐射剂量率；土壤底质中天然铀，^{226}Ra，天然钍、氡析出率、水及食用生物中的天然铀、^{226}Ra、天然钍、总 α，样品中总 α 高时要进一步分析 ^{210}Pb、^{210}Po。

e) 调查时间：丰水期和干涸期各进行一次。

8.2.2 正常生产中的环境常规监测

监测项目、频率、核素和位置见表 3。监测范围与 8.2.1 中的 b)相同。

8.2.3 监测分析方法和质量保证

8.2.3.1 监测分析方法应采用国家规定或推荐的标准分析测量方法。

8.2.3.2 监测质量保证应贯穿于监测方案制定、样品采集、贮存、运输、分析和监测结果评价等各个阶段，具体质量保证措施参见有关规定。

8.2.3.3 辐射环境质量评价按 GB 18871 和 GB 11215 等有关标准执行。

表 3 辐射环境常规监测项目、频度、核素和位置

项目		采样频率（次/年）	监测核素	采样位置
流出物监测	废气	12	氡、氡子体、总 α	排放口
	废渣石	2	比活度、氡析出率、γ 照射剂量率	废渣石堆放场
	废水	12	天然 U、Th、^{226}Ra、^{210}Po、^{210}Pb	排放口
环境监测	大气	4	氡、氡子体、总 α、贯穿辐射剂量率	主导风向下风侧居民区
	其他水体	4	天然 U、Th、^{226}Ra、^{210}Po、^{210}Pb	排放口下游
	生物	1	天然 U、Th、^{226}Ra、总 α、总 β	废水流经区
	土壤	1	天然 U、Th、^{226}Ra、总 α、总 β	废水流经区
	底质	1	天然 U、Th、^{226}Ra、总 α、总 β	排放口下游

8.3 辐射工作场所的退役处理

8.3.1 坑道排出水中放射性核素含量超过规定标准的应进行妥善处理。

8.3.2 辐射工作场所废弃前应进行处理，废渣石堆放场经处理后要设置坚固、明显的标记，防止破坏。退役工程公众剂量约束值不超过 0.25 mSv/a。

8.3.3 在退役治理过程中，应采取措施防止放射性废物对环境造成的二次污染。

8.3.4 辐射工作场所退役时，要进行全面监测，并做出辐射环境质量评价。

8.3.5 放射性废石不得用作建筑材料，不得在废石堆放场上种植可食用植物，不得放牧，严禁在废石堆上建房居住。

9 事故应急

9.1 铀矿地质辐射工作单位应按国家有关规定，制定切实可行的事故应急预案，规定应急组织和应急程序，并进行相应的应急演练与评审，针对实际情况以及预案中暴露的缺陷，不断进行更新、完善和改进。

9.2 应急程序应考虑在发生事故或事件时，能够尽快处理，最大限度降低损失和公众影响。

9.3 放射性物质在使用期间发生事故或事件，应按照事故应急预案所规定的程序和内容，采取必要的应急措施，以保护人员、财产和公众环境。

附 录 A
（规范性附录）
铀矿地质勘查常见核素的年摄入量约束值

A.1 铀矿地质勘查工作人员常见核素的年摄入量约束值见表 A.1。

表 A.1 工作人员年摄入量约束值

核 素	年摄入量约束值		
	吸入		食入
	吸入类型	$I_{j,\text{inh},L}$/Bq	$I_{j,\text{ing},L}$/Bq
Pb-210	F	1.36×10^{4}	2.21×10^{4}
Pb-214	F	3.13×10^{6}	1.07×10^{8}
Bi-210	F	8.85×10^{6}	1.16×10^{7}
	M	2.50×10^{5}	
Bi-214	F	1.25×10^{6}	1.37×10^{8}
	M	7.14×10^{5}	
Po-210	F	2.12×10^{4}	6.25×10^{4}
	M	6.82×10^{3}	
Ra-224	M	6.25×10^{3}	2.31×10^{5}
Ra-226	M	6.82×10^{3}	5.36×10^{4}
Ra-228	M	8.85×10^{3}	2.24×10^{4}
Th-230	M	5.36×10^{2}	7.14×10^{4}
	S	2.09×10^{3}	1.73×10^{5}
Th-232	M	5.18×10^{2}	6.82×10^{4}
	S	1.25×10^{3}	1.63×10^{5}
Th-234	M	2.83×10^{6}	4.41×10^{6}
	S	2.59×10^{6}	4.41×10^{6}
U-234	F	2.35×10^{4}	3.06×10^{5}
	M	7.14×10^{3}	1.81×10^{6}
	S	2.21×10^{3}	
U-238	F	2.59×10^{4}	3.41×10^{5}
	M	9.38×10^{3}	1.97×10^{6}
	S	2.63×10^{3}	
注：表中吸入粒径为 5 μm。			

A.2 核素 j 的年摄入量约束值按式(A.1)计算：

$$I_{jL}=\frac{DL}{e_j} \qquad \text{(A.1)}$$

式中：

DL——有效剂量的年剂量约束值，单位为希[沃特]Sv；

e_j——GB 18871—2002 中表 B.3 给出的放射性核素 j 的单位摄入量所致的待积有效剂量的相应值，单位为希[沃特]每贝可[勒尔](Sv/Bq)。

氡子体和钍子体的摄入量及照射量限值见表 A.2。

表 A.2　氡子体和钍子体的摄入量及照射量限值

量	单　位	氡子体值[a]	钍子体值[b]
5 年以上的年平均值：			
α 潜能摄入量	J	0.017	0.051
α 潜能照射量	$J \cdot h \cdot m^{-3}$ [d]	0.014	0.042
	WLM[c,d]	4.0	12
单一年份内的最大值：			
α 潜能摄入量	J	0.042	0.127
α 潜能照射量	$J \cdot h \cdot m^{-3}$ [d]	0.035	0.105
	WLM	10.0	30

[a] 氡子体：^{222}Rn 的短寿命衰变产物：^{218}Po(RaA)，^{214}Bi(RaC)，^{214}Pb(RaB)和^{214}Po(RaC′)。

[b] 钍子体：^{220}Rn 的短寿命衰变产物：^{216}Po(ThA)，^{212}Pb(ThB)，^{212}Bi (ThC)，^{212}Po(ThC′)和^{208}Tl(ThC″)。

[c] 工作水平月(WLM)：氡子体或钍子体的照射量单位，一个工作水平月是 3.54 $mJ \cdot h \cdot m^{-3}$ 或 170 $WL \cdot h$，这里一个工作水平(WL)是一升空气中氡子体或钍子体的任意组合，它们将最终发射出 1.3×10^5 MeV 的 α 能量。在 SI 单位中，WL 等于 2.1×10^{-5} $J \cdot m^{-3}$。

[d] 表 A.3 中给出转换系数。

表 A.3　表 A.2 中氡和氡子体用单位的转换系数

量	单　位	值
氡子体转换	$(mJ \cdot h \cdot m^{-3})$ / WLM	3.54
氡子体/氡照射量转换	$(mJ \cdot h \cdot m^{-3})$ / $(Bq \cdot h \cdot m^{-3})$	2.22×10^{-6}
(平衡因子 0.4)	WLM / $(Bq \cdot h \cdot m^{-3})$	6.28×10^{-7}
单位氡浓度的氡子体年照射量[a]：		
在住宅中	$(mJ \cdot h \cdot m^{-3})/(Bq \cdot m^{-3})$	1.56×10^{-2}
在工作场所	$(mJ \cdot h \cdot m^{-3})/(Bq \cdot m^{-3})$	4.45×10^{-3}
在住宅中	WLM/$(Bq \cdot m^{-3})$	4.40×10^{-3}
在工作场所	WLM/$(Bq \cdot m^{-3})$	1.26×10^{-3}
剂量转换惯例，单位氡子体照射量的有效剂量：		
在住宅中	mSv/$(mJ \cdot h \cdot m^{-3})$	1.1
在工作场所	mSv/$(mJ \cdot h \cdot m^{-3})$	1.4
剂量转换惯例，单位氡子体照射量的有效剂量：		
在住宅中	mSv/WLM	4
在工作场所	mSv/WLM	5
氡子体/氡浓度转换：		
平衡因子 0.4	WL/$(Bq \cdot m^{-3})$	1.07×10^{-4}
一般情况下	WL/$(Bq \cdot m^{-3})$	2.67×10^{-4}

[a] 假设每年在工作场所 2 000 h 和平衡因子为 0.4。

附 录 B
（规范性附录）
表面污染控制水平

铀矿地质勘查工作场所的表面污染控制水平如表 B.1 所列。

表 B.1 工作场所的放射性表面污染控制水平

单位为贝可[勒尔]每平方厘米（Bq/cm^2）

污染表面类型		α 放射性物质	β 放射性物质
工作台、设备、地面、墙壁	控制区	4	40
	监督区	0.4	4
工作服、手套、工作鞋	控制区 监督区	0.4	4
手、皮肤、内衣、工作袜		0.04	0.4

注 1：该区内的高污染子区除外。

注 2：表内所列数值系指固定污染和松散污染的总和。

注 3：手、皮肤、内衣、工作袜受污染时，应及时清洗，尽可能清洗到本底水平。其他表面污染水平超过表中所列数值时，应采取去污措施。

注 4：表面污染控制水平按一定面积上的平均值计算：皮肤、工作服等取 100 cm^2，设备取 300 cm^2，地面取 1 000 cm^2。

注 5：β 粒子最大能量小于 0.3 MeV，放射性物质表面污染控制水平为表中所列数值的 5 倍。

附 录 C
（资料性附录）
辐射监测数据综合年报表

表 C.1 辐射工作人员个人剂量年报表

工种名称	工种人数	监测人数	氡子体剂量/mSv	γ辐射剂量/mSv	α气溶胶剂量/mSv	年总剂量/mSv	集体剂量/（人·mSv）	备注

单位名称：　　　　　　　单位负责人：

安防部门负责人：　　　　填 表 人：

填报日期：　　　　　　　年 月 日

表 C.2　辐射工作场所主要监测数据综合统计表

监测地点	粉尘浓度/(mg/m³)						空气中长寿命 α 气溶胶浓度/(Bq/m³)						氡子体 α 潜能浓度/(J/m³)						γ 辐射水平/(Gy/h)			
	样品总数/个	最高	最低	平均	2 mg 以下的		样品总数/个	最高	最低	平均	其中国家标准以下的		样品总数/个	最高	最低	平均	其中国家标准以下的		样品总数/个	最高	最低	平均
					个数	合格率%					个数	合格率%					个数	合格率%				

单位名称：　　　　单位负责人：　　　　安防机构负责人：　　　　填表人：　　　　填表日期：

表 C.3 放射性废水、废气、废渣监测情况表

放射性废水								放射性废气								放射性废渣石							
主要生产工艺	核素种类	浓度范围/(Bq/L)	平均浓度/(Bq/L)	年产生总量		年处理后排放总量		主要生产工艺	核素种类	浓度范围/(Bq/L)	平均浓度/(Bq/L)	年产生总量		年处理后排放总量		主要生产工艺	核素种类	放射性总比活度范围/(Bq/kg)	铀含量范围/(g/g)	年产生总量		年处理后排放总量	
				m^3	Bq	m^3	Bq					m^3	Bq	m^3	Bq					t	Bq	t	Bq

单位名称：　　主管局：　　单位负责人：　　环保部门负责人：　　填表人：　　填表日期：　年　月　日

ICS 71.100.80
G 77

中华人民共和国国家标准

GB 15892—2009
代替 GB 15892—2003

生活饮用水用聚氯化铝

Poly aluminium chloride for treatment of drinking water

2009-04-08 发布　　　　2009-09-01 实施

中华人民共和国国家质量监督检验检疫总局
中国国家标准化管理委员会　发布

前　言

本标准表1中产品指标均为强制性，其他内容为推荐性。

本标准对应于日本工业标准JIS K 1475:2006《给水用聚氯化铝》(日文版)和美国给水工程协会标准ANSI/AWWA B 408:2003《液体　聚氯化铝》(英文版)，与JIS K 1475:2006、ANSI/AWWA B 408:2003的一致性程度为非等效。

本标准与JIS K 1475:2006和ANSI/AWWA B 408:2003的主要差异为：

——本标准包括液体聚氯化铝和固体聚氯化铝。

——根据聚氯化铝技术进展和我国聚铝行业的生产工艺及原料来源提高了盐基度的技术指标。

——有关重金属指标的检验方法有变动。

——删去了“氨态氮(N)的测定”。

本标准代替GB 15892—2003《水处理剂　聚氯化铝》。本标准与GB 15892—2003的主要差异为：

——标准名称改为“生活饮用水用聚氯化铝”。

——表1中的技术指标有变动。

——增加了$CuSO_4$标准滴定溶液检验氧化铝的方法。

——修改了一些技术指标的测定方法。

——删去了“氨氮的测定”。

本标准中的附录A为资料性附录。

本标准由中国石油和化学工业协会提出。

本标准由全国化学标准化技术委员会水处理剂分会(SAC/TC 63/SC 5)归口。

本标准负责起草单位：深圳中润水工业技术发展有限公司、同济大学、江苏太仓市新星轻工助剂厂、深圳市清源净水器材有限公司、山东鲁净化工有限公司、凯米拉水处理技术(重庆)有限公司、东莞市华清净水材料有限公司、焦作市爱尔福克有限公司、河南省华泉自来水材料总厂、河南新世纪净化材料有限公司。

本标准参加起草单位：中海油天津化工研究设计院、无锡市必盛水处理剂有限公司、武汉市中润精细化学品有限公司、巩义市芝田净化剂厂、巩义市宇清净水材料有限公司、巩义市富源净水材料有限公司、重庆大学、宁波市华光净水剂实业公司。

本标准主要起草人：李润生、李风亭、陶福棠、张民权、贾久顺、邹鹏、王龙庆、许志远、袁孟斌、铁贵波。

本标准所代替标准的历次版本发布情况为：

——GB 15892—1995、GB 15892—2003。

生活饮用水用聚氯化铝

1 范围

本标准规定了生活饮用水用聚氯化铝的要求、试验方法、检验规则、包装、标志、运输和贮存。

本标准适用于生活饮用水用聚氯化铝。该产品主要用于生活饮用水的净化。生产聚氯化铝的原料盐酸，应采用工业合成盐酸；含铝原料，应采用工业氢氧化铝、高岭土、一水软铝石、三水铝石和水处理剂用铝酸钙。

示性式：$Al_n(OH)_mCl_{(3n-m)}$　$0<m<3n$

2 规范性引用文件

下列文件中的条款通过本标准的引用而成为本标准的条款。凡是注日期的引用文件，其随后所有的修改单(不包括勘误的内容)或修订版均不适用于本标准，然而，鼓励根据本标准达成协议的各方研究是否可使用这些文件的最新版本。凡是不注日期的引用文件，其最新版本适用于本标准。

GB/T 191　包装储运图示标志

GB/T 601　化学试剂　标准滴定溶液的制备

GB/T 602　化学试剂　杂质测定用标准溶液的制备(GB/T 602—2002,ISO 6353-1:1982,NEQ)

GB/T 603　化学试剂　试验方法中所用制剂及制品的制备(GB/T 603—2002,ISO 6353-1:1982,NEQ)

GB/T 610　化学试剂　砷测定通用方法(GB/T 610—2008,ISO 6353-1:1982,NEQ)

GB/T 6678　化工产品采样总则

GB/T 6682　分析实验室用水规格和试验方法(GB/T 6682—2008,ISO 3696:1987,MOD)

GB/T 8946　塑料编织袋

3 产品分类

聚氯化铝按型态分为液体和固体两类。

4 要求

4.1 外观

液体：无色至黄褐色液体。

固体：白色至黄褐色颗粒或粉末。

4.2 生活饮用水用聚氯化铝指标应符合表1要求。

表 1

指标名称		指标	
		液体	固体
氧化铝(Al_2O_3)的质量分数/%	≥	10.0	29.0
盐基度/%		40.0～90.0	
密度(20 ℃)/(g/cm^3)	≥	1.12	—
不溶物的质量分数/%	≤	0.2	0.6

表 1（续）

指标名称	指　标	
	液体	固体
pH 值(10 g/L 水溶液)	3.5～5.0	
砷(As)的质量分数/%　　≤	0.000 2	
铅(Pb)的质量分数/%　　≤	0.001	
镉(Cd)的质量分数/%　　≤	0.000 2	
汞(Hg)的质量分数/%　　≤	0.000 01	
六价铬(Cr^{+6})的质量分数/%　　≤	0.000 5	
注：表中液体产品所列 As、Pb、Cd、Hg、Cr^{+6}、不溶物指标均按 Al_2O_3 10%计算，Al_2O_3 含量≥10%时，应按实际含量折算成 Al_2O_3 10%产品比例计算各项杂质指标。		

5　试验方法

本标准所用试剂，除非另有规定，应使用分析纯试剂和符合 GB/T 6682 中三级水的规定。

试验中所需标准滴定溶液、杂质标准溶液、制剂及制品，在没有注明其他要求时，均按 GB/T 601、GB/T 602、GB/T 603 的规定制备。

安全提示：本标准使用的强酸、强碱具有腐蚀性，使用时应注意。溅到身上时，用大量水冲洗。

5.1　氧化铝(Al_2O_3)含量的测定(仲裁法)

5.1.1　氯化锌标准溶液滴定法

5.1.1.1　方法提要

用硝酸将试样解聚，在 pH=3 时加过量的乙二胺四乙酸二钠溶液使 EDTA 与铝离子络合，然后用氯化锌标准滴定溶液回滴过量 EDTA 溶液。

5.1.1.2　试剂和材料

5.1.1.2.1　硝酸溶液：1+12。

5.1.1.2.2　氨水溶液：1+1。

5.1.1.2.3　乙二胺四乙酸二钠(EDTA)溶液：c(EDTA)约为 0.05 mol/L。

5.1.1.2.4　乙酸-乙酸钠缓冲溶液(pH=5.5)：称取乙酸钠(三水)272 g 溶于水中，加冰乙酸 19 mL，稀释至 1 000 mL。

5.1.1.2.5　氧化铝标准溶液：1 mL 含 0.001 g Al_2O_3。

称取 0.529 3 g 高纯铝(≥99.99%)，精确至 0.2 mg，置于 200 mL 聚乙烯杯中，加水 20 mL，加氢氧化钠约 3 g，使其全部溶解透明(必要时在水浴上加热)，用盐酸溶液(1+1)调节至酸性后再加 10 mL，使其透明，冷却，移入 1 000 mL 容量瓶，稀至刻度，摇匀。

5.1.1.2.6　百里酚蓝溶液：1 g/L 乙醇溶液。

5.1.1.2.7　二甲酚橙指示液：5 g/L。

5.1.1.2.8　氯化锌标准滴定溶液：$c(ZnCl_2)$约 0.025 mol/L。

5.1.1.2.8.1　配制：

称取 3.5 g 氯化锌($ZnCl_2$)，溶于盐酸溶液〔0.05%(体积分数)〕中，稀释至 1 L，摇匀。

5.1.1.2.8.2　标定

移取 20.00 mL EDTA 溶液，置于 250 mL 锥形瓶中，以下按 5.1.1.3 步骤进行操作，读出氯化锌标准滴定溶液的消耗量 V_0，mL。

移取 20.00 mL EDTA 溶液和 40 mL 氧化铝标准溶液，置于 250 mL 锥形瓶中，以下按 5.1.1.3 步骤进行操作，读出氯化锌标准滴定溶液的消耗量 V，mL。

5.1.1.2.8.3　结果计算

氯化锌标准滴定溶液浓度 $c(ZnCl_2)$，数值以摩尔每升(mol/L)表示，按式(1)计算：

$$c(ZnCl_2)=\frac{V_1c_1\times10^3}{M/2(V_0-V)} \quad\cdots\cdots(1)$$

式中：

V_1——氧化铝标准溶液的体积的数值，单位为毫升(mL)；

c_1——氧化铝标准溶液的浓度的数值，单位为克每毫升(g/mL)；

M——氧化铝的摩尔质量的数值，单位为克每摩尔(g/mol)(M=101.96)；

V_0——空白消耗氯化锌标准滴定溶液的体积的数值，单位为毫升(mL)；

V——返滴定时消耗氯化锌标准滴定溶液的体积的数值，单位为毫升(mL)。

5.1.1.3　**分析步骤**

称取约 8 g 液体试样或 2.5 g 固体试样，精确至 0.2 mg。用不含二氧化碳的水溶解，移入 250 mL 容量瓶中，稀释至刻度，摇匀。若稀释液浑浊，用中速滤纸干过滤，此为试液 A。

用移液管移取 10 mL 试液 A，置于 250 mL 锥形瓶中，加 10 mL 硝酸溶液，煮沸 1 min，冷却至室温后加 20.00 mL 乙二胺四乙酸二钠溶液，加百里酚蓝溶液 3～4 滴，用氨水溶液中和至试液从红色到黄色，煮沸 2 min。冷却后加入 10 mL 乙酸-乙酸钠缓冲溶液和 2 滴二甲酚橙指示液，加水 50 mL，用氯化锌标准滴定溶液滴定至溶液由淡黄色变为微红色即为终点，同时做空白试验。

5.1.1.4　**结果计算**

氧化铝(Al_2O_3)含量以质量分数 w_1 计，数值以%表示，按式(2)计算：

$$w_1=\frac{(V_0/1\,000-V/1\,000)cM/2}{m\times10/250}\times100 \quad\cdots\cdots(2)$$

式中：

V_0——空白试验消耗氯化锌标准滴定溶液的体积的数值，单位为毫升(mL)；

V——试样消耗氯化锌标准滴定溶液的体积的数值，单位为毫升(mL)；

c——氯化锌标准滴定溶液的实际浓度的准确数值，单位为摩尔每升(mol/L)；

m——试料的质量的数值，单位为克(g)；

M——氧化铝的摩尔质量的数值，单位为克每摩尔(g/mol)(M=101.96)。

5.1.1.5　**允许差**

取平行测定结果的算术平均值为测定结果，平行测定结果的绝对差值：液体产品不大于 0.1%；固体产品不大于 0.2%。

5.1.2　**硫酸铜标准溶液滴定法**

5.1.2.1　**方法提要**

在 pH4.3 时使 EDTA 与铝离子络合，以 PAN 为指示剂，用硫酸铜标准滴定溶液回滴过量 EDTA 溶液。

5.1.2.2　**试剂和材料**

5.1.2.2.1　盐酸溶液：1+1。

5.1.2.2.2　氨水溶液：1+1。

5.1.2.2.3　缓冲溶液(pH 约 4.3)：将 42.3 g 无水乙酸钠溶于水中，加 80 mL 冰乙酸，用水稀释至 1 L，摇匀。

5.1.2.2.4　乙二胺四乙酸二钠(EDTA)溶液：c(EDTA)约 0.05 mol/L。

5.1.2.2.5　氧化铝标准溶液：1 mL 含 0.001 g Al_2O_3。

同 5.1.1.2.5。

5.1.2.2.6　1-(2-吡啶偶氮)-2-萘酚(PAN)指示溶液:将 0.3 g PAN 溶于 100 mL 95%乙醇中。

5.1.2.2.7　硫酸铜标准滴定溶液:$c(CuSO_4)$约 0.025 mol/L。

5.1.2.2.7.1　配制

称取 6.3 g 硫酸铜($CuSO_4 \cdot 5H_2O$)溶于水,加 2 滴硫酸溶液(1+1),用水稀释至 1 L,摇匀。

5.1.2.2.7.2　标定

移取 20.00 mL EDTA 溶液,置于 250 mL 锥形瓶中,以下按 5.1.2.3 步骤进行操作,读出硫酸铜标准滴定溶液的消耗量 V_0,mL。

移取 20.00 mL EDTA 溶液和 20 mL 氧化铝标准溶液,置于 250 mL 锥形瓶中,以下按 5.1.2.3 步骤进行操作,读出硫酸铜标准滴定溶液的消耗量 V,mL。

5.1.2.2.7.3　结果计算

硫酸铜标准滴定溶液浓度 $c(CuSO_4)$,数值以摩尔每升(mol/L)表示,按式(3)计算:

$$c(CuSO_4) = \frac{V_1 c_1 \times 10^3}{M/2(V_0 - V)} \qquad \cdots\cdots(3)$$

式中:

V_1——氧化铝标准溶液的体积的数值,单位为毫升(mL);

c_1——氧化铝标准溶液的浓度的数值,单位为克每毫升(g/mL);

M——氧化铝的摩尔质量的数值,单位为克每摩尔(g/mol)(M=101.96);

V_0——空白消耗硫酸铜标准滴定溶液的体积的数值,单位为毫升(mL);

V——返滴定时消耗硫酸铜标准滴定溶液的体积的数值,单位为毫升(mL)。

5.1.2.3　分析步骤

用移液管移取 10 mL 试液 A,置于 250 mL 稚形瓶中,加盐酸溶液(1+1)2 mL,煮沸 1 min,加 20.00 mL EDTA 溶液,加水至约 100 mL,加热至约 70 ℃～80 ℃,用氨水溶液(1+1)调节 pH 值至 3.5～4.0(用 0.5～5 精密 pH 试纸检查),加 15.00 mL pH4.3 缓冲溶液,煮沸 2 min,加 4～5 滴 PAN 指示剂,稍冷(约 95 ℃)以硫酸铜标准滴定溶液滴定至蓝紫色。同时做空白试验。

5.1.2.4　结果计算

氧化铝(Al_2O_3)含量以质量分数 w_2 计,数值以%表示,按式(4)计算:

$$w_2 = \frac{(V_0/1\,000 - V/1\,000)cM/2}{m \times (10/250)} \times 100 \qquad \cdots\cdots(4)$$

式中:

V_0——空白消耗硫酸铜标准滴定溶液的体积的数值,单位为毫升(mL);

V——试样消耗硫酸铜标准滴定溶液的体积的数值,单位为毫升(mL);

c——硫酸铜标准滴定溶液浓度的准确数值,单位为摩尔每升(mol/L);

m——试料的质量的数值,单位为克(g);

M——氧化铝的摩尔质量的数值,单位为克每摩尔(g/moL),(M=101.96)。

5.1.2.5　允许差

取平行测定结果的算术平均值为测定结果,平行测定结果的绝对差值:液体产品不大于 0.1%;固体产品不大于 0.2%。

5.2　盐基度的测定

5.2.1　方法提要

在试样中加入定量盐酸溶液,以氟化钾掩蔽铝离子,以氢氧化钠标准滴定溶液滴定。

5.2.2　试剂和材料

5.2.2.1　盐酸标准溶液:$c(HCl)$约 0.5 mol/L。

5.2.2.2　氢氧化钠标准滴定溶液:$c(NaOH)$约 0.5 mol/L。

5.2.2.3 酚酞指示液：10 g/L 乙醇溶液。

5.2.2.4 氟化钾溶液：500 g/L。

称取 500 g 氟化钾，以 200 mL 不含二氧化碳的蒸馏水溶解后，稀释至 1 000 mL。加入 2 滴酚酞指示液并用氢氧化钠溶液或盐酸溶液调节溶液呈微红色，滤去不溶物后贮于塑料瓶中。

5.2.3 分析步骤

移取 25.00 mL 试液 A，置于 250 mL 磨口瓶中，加 20.00 mL 盐酸标准溶液，接上磨口玻璃冷凝管，煮沸回流 2 min，冷却至室温。转移至聚乙烯杯中，加入 20 mL 氟化钾溶液，摇匀。加入 5 滴酚酞指示液，立即用氢氧化钠标准滴定溶液滴定至溶液呈现微红色即为终点。同时用不含二氧化碳的蒸馏水做空白试验。

5.2.4 结果计算

盐基度以质量分数 w_3 计，数值以%表示，按式(5)计算：

$$w_3 = \frac{\dfrac{(V_0/1\,000 - V/1\,000)cM}{M}}{\dfrac{mw_1}{100} \times \dfrac{25}{250} \times \dfrac{0.529\,3}{8.994}} \times 100 \quad \cdots\cdots (5)$$

式中：

V_0——空白试验消耗氢氧化钠标准滴定溶液的体积的数值，单位为毫升(mL)；

V——测定试样消耗氢氧化钠标准滴定溶液的体积的数值，单位为毫升(mL)；

c——氢氧化钠标准滴定溶液的实际浓度的准确数值，单位为摩尔每升(mol/L)；

m——试料的质量的数值，单位为克(g)；

w_1——5.1.1 测得的氧化铝的质量分数，%；

M——氢氧根[OH^-]的摩尔质量的数值，单位为克每摩尔(g/mol)(M=16.99)；

0.529 3——Al_2O_3 折算成 Al 的系数；

8.994——$\left[\frac{1}{3}Al\right]$的摩尔质量，单位为克每摩尔(g/mol)。

5.2.5 允许差

取平行测定结果的算术平均值为测定结果，平行测定结果的绝对差值不大于 2.0%。

5.3 密度的测定

5.3.1 方法提要

由密度计在被测液体中达到平衡状态时所浸没的深度。

5.3.2 仪器、设备

5.3.2.1 密度计：分度值为 0.001。

5.3.2.2 恒温水浴：可控温度(20±1)℃。

5.3.2.3 温度计：分度值为 1 ℃。

5.3.2.4 量筒：250 mL 或 500 mL。

5.3.3 分析步骤

将液体聚氯化铝试样注入清洁、干燥的量筒内，不得有气泡。将量筒置于(20±1)℃的恒温水浴中。待温度恒定后，将密度计缓缓地放入试样中。待密度计在试样中稳定后，读出密度计弯月面下缘的刻度(标有弯月面上缘刻度的密度计除外)，即为 20 ℃时试样的密度。

5.4 不溶物含量的测定

5.4.1 方法提要

试样用 pH 值 2～3 的水溶解后，经过滤、洗涤、烘干至恒量，求出不溶物含量。

5.4.2 试剂和材料

稀释用水(pH 值 2.0～2.5)的配制：取 1 L 水，边搅拌边加入约 22 mL 0.5 mol/L 盐酸溶液，调节

pH 至 2.0～2.5(用酸度计测量)。

5.4.3 仪器、设备

5.4.3.1 电热恒温干燥箱:10 ℃～200 ℃。

5.4.3.2 布氏漏斗:d=100 mm。

5.4.4 分析步骤

称取约 10 g 液体试样或约 3 g 固体试样,精确至 0.001 g。置于 250 mL 烧杯中,加入约 150 mL 稀释用水,充分搅拌,使试样溶解。然后,在布氏漏斗中,用恒量的中速定量滤纸抽滤。

用水洗至无 Cl^- 时(用硝酸银溶液检验),将滤纸连同滤渣于 100 ℃～105 ℃干燥至恒量。

5.4.5 结果计算

不溶物含量以质量分数 w_4 计,数值以%表示,按式(6)计算:

$$w_4 = \frac{m_1 - m_0}{m} \times 100 \qquad \cdots\cdots(6)$$

式中:

m_1——滤纸和滤渣的质量的数值,单位为克(g);

m_0——滤纸的质量的数值,单位为克(g);

m——试料的质量的数值,单位为克(g)。

5.4.6 允许差

取平行测定结果的算术平均值为测定结果,平行测定结果的绝对差值,液体样品不大于 0.03%,固体样品不大于 0.1%。

5.5 pH 值的测定

5.5.1 仪器、设备

酸度计:精度 0.02pH 单位,配有饱和甘汞参比电极、玻璃测量电极或复合电极。

5.5.2 分析步骤

5.5.2.1 试液的制备

称取 1.0 g 试样,精确至 0.01 g,用水溶解后,移入 100 mL 容量瓶中,稀释至刻度,摇匀。

5.5.2.2 测定

将试样溶液倒入烧杯中,置于磁力搅拌器上,将电极浸入被测溶液中,开动搅拌,在已定位的酸度计上读出 pH 值。

5.6 砷含量的测定

5.6.1 DDTC 银法(仲裁法)

5.6.1.1 方法提要

在酸性介质中,将砷还原成砷化氢气体,用二乙基二硫代氨基甲酸银-三乙基胺三氯甲烷吸收液吸收砷化氢气体,形成紫红色物质,在 510 nm 处测其吸光度。

5.6.1.2 试剂和材料

5.6.1.2.1 无砷锌粒。

5.6.1.2.2 三氯甲烷。

5.6.1.2.3 硫酸铜($CuSO_4 \cdot 5H_2O$)溶液:20 g/L。

5.6.1.2.4 碘化钾溶液:150 g/L。

5.6.1.2.5 氯化亚锡盐酸溶液。

5.6.1.2.6 二乙基二硫代氨基甲酸银-三乙基胺三氯甲烷吸收液:

称取 1.0 g 二乙基二硫代氨基甲酸银,研碎后,边研磨边加入 100 mL 三氯甲烷。然后加入 18 mL 三乙基胺,再用三氯甲烷稀释至 1 000 mL,摇匀。静置过夜。用脱脂棉过滤,保存于棕色瓶中,置冰箱中保存。

5.6.1.2.7 砷标准贮备液：1.00 mL 含 0.1 mgAs。

5.6.1.2.8 砷标准溶液：1.00 mL 含 0.001 mgAs。

移取 10.00 mL 砷标准贮备液于 100 mL 容量瓶中，加 1 mL 盐酸溶液，用水稀释至刻度，混匀。临用时移取此溶液 10.00 mL 置于 100 mL 容量瓶中，用水稀释至刻度，混匀。

5.6.1.2.9 乙酸铅脱脂棉。

5.6.1.3 仪器、设备

5.6.1.3.1 分光光度计。

5.6.1.3.2 定砷器：符合 GB/T 610 中 4.2.2.3 的规定。

5.6.1.4 分析步骤

5.6.1.4.1 校准曲线的绘制

a) 在 6 个干燥的定砷瓶中，依次加入 0 mL、1.00 mL、2.00 mL、3.00 mL、4.00 mL、5.00 mL 砷标准溶液，再依次加入 30 mL、29 mL、28 mL、27 mL、26 mL、25 mL 水使溶液总体积为 30 mL；

b) 在各定砷瓶中加入 20 mL 氯化亚锡盐酸溶液、5 mL 碘化钾溶液和 1 mL 硫酸铜溶液，摇匀。此时溶液中的酸度 c(以 H^+ 计)应在 1.8 mol/L～2.6 mol/L 之间。于暗处放置 30 min～40 min，加 5 g 无砷锌粒于定砷器中，立即将塞有乙酸铅脱脂棉、盛有 5.0 mL 二乙基二硫代氨基甲酸银-三乙基胺三氯甲烷溶液（吸收液）的吸收管装在定砷瓶上，反应 25 min～35 min（避免阳光直射。如果吸收液挥发太快，应注意补充三氯甲烷）。取下吸收管（勿使吸收液倒吸），用三氯甲烷将吸收液补充至 5.0 mL，混匀；

c) 在波长 510 nm 处，用 1 cm 吸收池，以试剂空白为参比，测定吸光度；

d) 以砷含量(mg)为横坐标，对应的吸光度为纵坐标，绘制校准曲线。

5.6.1.4.2 测定

称取约 10 g 液体试样或 3.3 g 固体试样，精确至 0.01 g，置于 100 mL 蒸发皿中。加入 10 mL 硫酸溶液(1+1)，在沸水浴上蒸至近干。冷却，以热水溶解（如有不溶物应过滤除去），再移入 100 mL 容量瓶中，用水稀释至刻度，摇匀。此溶液为试液 B。

移取 10 mL 试液 B 于定砷瓶中，加入 20 mL 水。然后按校准曲线的绘制中的 b)、c)步骤操作，测定吸光度。

5.6.1.5 结果计算

砷的含量以质量分数 w_6 计，数值以%表示，按式(7)计算：

$$w_6 = \frac{m \times 10^{-3}}{m_0 \times \frac{10}{100}} \times 100 \qquad \cdots\cdots(7)$$

式中：

m——从校准曲线上查得的砷含量的数值，单位为毫克(mg)；

m_0——试料的质量的数值，单位为克(g)。

5.6.1.6 允许差

取平行测定结果的算术平均值为测定结果，平行测定结果的绝对差值不大于 0.000 05%。

5.6.2 砷斑法

5.6.2.1 方法提要

在酸性溶液中，用碘化钾和氯化亚锡将 As(Ⅴ)还原为 As(Ⅲ)，加锌粒与酸作用，产生新生态氢，使 As(Ⅲ)进一步还原为砷化氢，砷化氢气体与溴化汞试纸作用时，产生棕黄色的汞砷化合物，可用于砷的目视比色法测定。

5.6.2.2 试剂和材料

5.6.2.2.1 盐酸。

5.6.2.2.2 碘化钾。

5.6.2.2.3 硫酸溶液:1+1。

5.6.2.2.4 氯化亚锡溶液:400 g/L。

5.6.2.2.5 氢氧化钠溶液:100 g/L。

5.6.2.2.6 无砷锌粒。

5.6.2.2.7 乙酸铅棉花。

5.6.2.2.8 溴化汞试纸。

5.6.2.2.9 砷标准贮备液:1 mL 含 0.1 mg As。

5.6.2.2.10 砷标准溶液:1 mL 含 0.001 mg As。

5.6.2.3 仪器、设备

定砷器:同 GB/T 610 中 4.1.2.2 规定。

5.6.2.4 分析步骤

移取 10.00 mL 试液 B,置于定砷器的广口瓶中,在另一定砷器的广口瓶中,准确加入 2.00 mL 砷标准溶液。分别稀释至 70 mL。加 6 mL 盐酸,摇匀,加 1 g 碘化钾和 0.2 mL 氯化亚锡溶液,摇匀后放置 10 min。加 2.5 g 无砷锌粒,立即按 GB/T 610 中的图 1 装好装置,于暗处在 25 ℃～30 ℃放置 1 h～1.5 h。比较溴化汞试纸的颜色,即可判定。

5.7 铅含量的测定

5.7.1 方法提要

用电加热原子吸收光谱法,在波长 283.3 nm 处测定吸光度。

5.7.2 试剂和材料

5.7.2.1 硝酸溶液:1+1。

5.7.2.2 铅标准贮备液:1 mL 含 0.1 mg Pb。

称取 0.100 g 铅(99.9%以上),精确至 0.2 mg,加 20 mL 硝酸溶液溶解,加热驱除氮氧化物,冷却后移入 1 000 mL 容量瓶中,加水至刻度,摇匀。

5.7.2.3 铅标准溶液:1 mL 含 0.001 mg Pb。

移取 10.00 mL 铅标准贮备液放入 1 000 mL 容量瓶中,加 20 mL 硝酸溶液,并用水稀释至刻度,摇匀。

5.7.3 仪器、设备

5.7.3.1 微量进液装置:装有按钮式 5 μL～500 μL 微量液体流量计或自动进样器。

5.7.3.2 电加热原子吸收分析装置:带电加热方式,可进行反向接地补偿。

5.7.3.3 发热炉:石墨或耐高温金属制。

5.7.3.4 铅空心阴极灯。

5.7.4 分析步骤

5.7.4.1 称取约 10 g 液体试样或 3.3 g 固体试样,精确至 0.2 mg,置于 250 mL 烧杯中,加水 30 mL、硝酸溶液 10 mL,盖上表面皿煮沸约 1 min,冷至室温后转移至 1 000 mL 容量瓶中,稀释至刻度,摇匀。此为试液 C,供测 Pb、Cd 使用。

5.7.4.2 分别移取 5.00 mL 试液 C,置于四个 50 mL 容量瓶中,并依次加入 0.00 mL、0.50 mL、1.00 mL、1.50 mL 铅标准溶液,用水稀释至刻度,摇匀。用微量进液装置将配好的试样注入发热炉,经干燥、灰化、原子化后,在 283.3 nm 处测其吸光度。以加入标准溶液的铅浓度为横坐标,相应的吸光度为纵坐标,绘制曲线,将曲线反向延长与横坐标相交,交点即为所测试样中铅的含量。

5.7.5 结果计算

铅的含量以质量分数 w_7 计,数值以%表示,按式(8)计算:

$$w_7 = \frac{m \times 10^{-3}}{m_0 \times \frac{5}{1\,000}} \times 100 \quad \cdots\cdots\cdots\cdots (8)$$

式中：

m——试样中铅的质量的数值，单位为毫克(mg)；

m_0——试料的质量的数值，单位为克(g)。

5.7.6 允许差

取平行测定结果的算术平均值为测定结果，平行测定结果的绝对差值不大于0.000 2%。

5.8 镉含量的测定

5.8.1 方法提要

用电加热原子吸收光谱法，在波长228.8 nm处测定吸光度，求出镉含量。

5.8.2 试剂和材料

5.8.2.1 硝酸溶液：1+1。

5.8.2.2 镉标准贮备液：1 mL含0.1 mgCd。

称取0.100 g金属镉(99.9%以上)，精确至0.2 mg，置于100 mL烧杯中，加20 mL硝酸溶液溶解，加热驱除氮氧化物，冷却后移入1 000 mL容量瓶中，加水至刻度，摇匀。

5.8.2.3 镉标准溶液：1 mL含0.000 1 mg Cd。

移取10.00 mL镉标准贮备液放入1 000 mL容量瓶中，加20 mL硝酸溶液，并用水稀释至刻度，摇匀。再取10.00 mL该溶液于100 mL容量瓶中，加入2 mL硝酸溶液，并用水稀释至刻度，摇匀。此溶液用时现配。

5.8.3 仪器、设备

5.8.3.1 微量进液装置：装有按钮式5 μL～500 μL微量液体流量计或自动进样器。

5.8.3.2 电加热原子吸收分析装置：带电加热方式，可进行反向接地补偿。

5.8.3.3 发热炉：石墨或耐高温金属制。

5.8.3.4 镉空心阴极灯。

5.8.4 分析步骤

分别移取5.00 mL试液C，置于四个50 mL容量瓶中，并依次加入0.00 mL、0.5 mL、1.0 mL、1.50 mL镉标准溶液，用水稀释至刻度，摇匀。用微量进液装置将配好的试样注入发热炉，经干燥、灰化、原子化后，在228.8 nm处测其吸光度。以加入标准溶液的镉浓度为横坐标，相应的吸光度为纵坐标，绘制曲线，将曲线反向延长与横坐标相交，交点即为所测试样中镉的含量。

5.8.5 结果计算

镉的含量以质量分数w_8计，数值以%表示，按式(9)计算：

$$w_8 = \frac{m \times 10^{-3}}{m_0 \times \frac{5}{1\,000}} \times 100 \quad \cdots\cdots\cdots\cdots (9)$$

式中：

m——试样中镉的质量的数值，单位为毫克(mg)；

m_0——试料的质量的数值，单位为克(g)。

5.8.6 允许差

取平行测定结果的算术平均值为测定结果，平行测定结果的绝对差值不大于0.000 05%。

5.9 汞含量的测定

5.9.1 分光光度法

5.9.1.1 方法提要

将试样中的汞用高锰酸钾氧化成二价汞离子，过量的高锰酸钾用盐酸羟胺还原后，在硫酸酸性溶液中用双硫腙四氯化碳溶液来萃取。在萃取液中加盐酸进行反萃取。然后将水层 pH 值调节为 4.8～5.5，再用双硫腙四氯化碳溶液萃取汞离子，过量的双硫腙用氨水洗净后，由分光光度法求出汞的含量。

5.9.1.2 试剂和材料

5.9.1.2.1 硫酸溶液：1+1。

5.9.1.2.2 盐酸溶液：1+1。

5.9.1.2.3 硝酸。

5.9.1.2.4 乙酸溶液：1+2。

5.9.1.2.5 氨水溶液：1+2。

5.9.1.2.6 氨水溶液：1+3。

5.9.1.2.7 氨性洗液：取氨水 1 mL，加水稀释到 100 mL，加 EDTA 溶液 5 mL。

5.9.1.2.8 高锰酸钾。

5.9.1.2.9 盐酸羟胺溶液：200 g/L。

称取盐酸羟胺 20 g 溶于水中，并稀释至 100 mL。将此溶液移入 200 mL 分液漏斗，加双硫腙四氯化碳浓溶液 10 mL，振摇后静置，弃去四氯化碳层。重复这项操作，直到双硫腙溶液颜色成为固有的绿色为止。

5.9.1.2.10 尿素溶液：200 g/L。

称取尿素 20 g 溶于水中，并稀释至 100 mL。将此溶液移入 200 mL 分液漏斗，加双硫腙四氯化碳浓溶液 10 mL，振摇后静置，弃去四氯化碳层。重复这项操作，直到双硫腙溶液颜色成为固有的绿色为止。

5.9.1.2.11 乙二胺四乙酸二钠溶液：38 g/L。

称取乙二胺四乙酸二钠（二水盐）3.8 g 溶于水中，并稀释至 100 mL。将此溶液移入 200 mL 分液漏斗，加双硫腙四氯化碳浓溶液 10 mL，振摇后静置，弃去四氯化碳层。重复这项操作。直到双硫腙溶液颜色成为固有的绿色为止。

5.9.1.2.12 精制四氯化碳：在四氯化碳中，加入约占其容量 5% 的硫酸摇混，静置后弃去硫酸层。重复操作到硫酸层无色为止。然后水洗，加块状氧化钙摇混，将混有氧化钙的四氯化碳进行蒸馏，收集 77 ℃的馏分。

5.9.1.2.13 双硫腙四氯化碳贮备溶液：0.1 g/L。

取双硫腙（二苯基硫卡巴腙）放入玛瑙研钵，研成细粉。取其 100 mg，加 1 L 精制四氯化碳，不时地搅拌，静置 24 h 以上使双硫腙完全溶解。

5.9.1.2.14 双硫腙四氯化碳浓溶液：0.05 g/L。

移取双硫腙四氯化碳贮备溶液 100.00 mL 于 200 mL 容量瓶中，加精制四氯化碳至刻度。

5.9.1.2.15 双硫腙四氯化碳溶液：0.005 g/L。

移取双硫腙四氯化碳浓溶液 50.00 mL 于 500 mL 容量瓶中，加精制四氯化碳至刻度。

5.9.1.2.16 酚红的乙醇溶液：1 g/L。

称取酚红 0.1 g，溶于 20 mL 95% 乙醇，用水稀释成 100 mL。

5.9.1.2.17 汞标准贮备液：1 mL 溶液含有 0.1 mg Hg。

5.9.1.2.18 汞标准溶液：1 mL 溶液含有 0.001 mg Hg。

移取汞标准贮备液 10.00 mL 于 100 mL 容量瓶中，并稀释至刻度。再取 10.00 mL 此溶液于 100 mL 容量瓶中，并稀释至刻度，此溶液现用现配。

5.9.1.3 仪器、设备

5.9.1.3.1 分液漏斗：50 mL、100 mL、1 000 mL。

5.9.1.3.2 回流冷凝装置：1 000 mL 圆底磨口烧瓶，冷凝管长 30 cm 以上。

5.9.1.3.3 玻璃珠：d=2 mm～4 mm。

5.9.1.3.4 分光光度计。

5.9.1.4 分析步骤

5.9.1.4.1 称取液体试样约 25 g,固体试样约 8.5 g,精确到 0.01 g。放入回流冷凝装置的烧瓶中,加水约 300 mL、硝酸 30 mL 和高锰酸钾 1 g,轻轻地摇匀,放入几粒玻璃珠后,装上回流冷凝管,缓缓加热,煮沸 1 h。

5.9.1.4.2 如果煮沸过程中高锰酸钾的颜色消失,可停止加热,待液温下降到约 40 ℃时加 1 g 高锰酸钾,继续加热煮沸。重复这项操作,直到高锰酸钾的颜色保持 10 min 以上不褪色为止。

5.9.1.4.3 煮沸 1 h 后放冷到液温约 40 ℃,取下烧瓶,滴加盐酸羟胺溶液直到高锰酸钾颜色消失为止。加几滴酚红的乙醇溶液,边冷却边加氨水溶液,直到溶液颜色变红为止。

5.9.1.4.4 加硫酸溶液 15 mL,盐酸羟胺溶液 5 mL 和尿素溶液 5 mL 后,移入 500 mL 分液漏斗。在其中加入双硫腙四氯化碳浓溶液 20 mL,剧烈振摇 2 min。静置后,将四氯化碳层移入另一 100 mL 分液漏斗。

5.9.1.4.5 在水层中再加双硫腙四氯化碳浓溶液 20 mL,剧烈振摇 2 min。静置后将四氯化碳层合并到刚才分离出来的四氯化碳层中,弃去水层。

5.9.1.4.6 给四氯化碳层加水 20 mL,通过振摇 30 s 来洗涤四氯化碳层,静置后,将四氯化碳层移入另一 100 mL 分液漏斗,弃去水层。

5.9.1.4.7 给四氯化碳层加盐酸溶液 10 mL,振摇 30 s,静置后将四氯化碳层移入另一 100 mL 分液漏斗,保留水层。

5.9.1.4.8 给四氯化碳层加盐酸溶液 5 mL,振摇后静置,弃去四氯化碳层,水层则合并到前项保留的水层中。

5.9.1.4.9 水层用水稀释到约 50 mL,加盐酸羟胺溶液 0.5 mL,乙酸溶液 2 mL,EDTA 溶液 1 mL 和氨水溶液(1+2)10 mL。

5.9.1.4.10 使用溴甲酚绿 pH 试纸,小心滴加氨水溶液(1+3)调节 pH 值到 4.8~5.5(当 pH 值超过 5.5 时,整个方法报废),准确加入双硫腙四氯化碳溶液 10 mL,剧烈振摇 2 min。静置后,将四氯化碳移入 50 mL 分液漏斗,弃去水层。

5.9.1.4.11 给四氯化碳层加氨性洗液 10 mL,剧烈振摇 30 s,静置后只将水层用移液管或滴液管吸出。重复这项操作,直到氨性洗液成为无色为止。

5.9.1.4.12 将四氯化碳注入 10 mm 吸收池,测在波长 490 nm 处的吸光度。

5.9.1.4.13 标准曲线的绘制:依次移取汞标准溶液 1.00 mL~15.00 mL,放入 100 mL 分液漏斗,加盐酸溶液 15 mL,用水稀释至大约 50 mL。加盐酸羟胺溶液 0.5 mL,乙酸溶液 2 mL,EDTA 溶液 1 mL 和氨水(1+2)10 mL。然后按照 5.9.1.4.10~5.9.1.4.12 同样操作,以汞含量为横坐标,吸光度为纵坐标,绘制标准曲线。同时做空白试验。

5.9.1.5 结果计算:

汞的含量以质量分数 w_9 计,数值以%表示,按式(10)计算:

$$w_9 = \frac{m \times 10^{-3}}{m_0} \times 100 \qquad (10)$$

式中:

m——从校准曲线查出的汞的质量的数值,单位为毫克(mg);

m_0——试料的质量的数值,单位为克(g)。

5.9.1.6 允许差

取平行测定结果的算术平均值为测定结果,平行测定结果的绝对差值不大于 0.000 005%。

5.9.2 冷原子吸收法

5.9.2.1 方法提要

在酸性介质中,将试样中的汞氧化成二价汞离子,用氯化亚锡将汞离子还原成汞原子,用冷原子吸收法测定汞。

5.9.2.2 **试剂和材料**

5.9.2.2.1 硫酸-硝酸混合液：

将200 mL硫酸(优级纯)缓慢加入300 mL水中，同时不断搅拌。冷却后加入100 mL硝酸(优级纯)，混匀。

5.9.2.2.2 硫酸(优级纯)溶液：1+71。

5.9.2.2.3 盐酸(优级纯)溶液：1+11。

5.9.2.2.4 高锰酸钾(优级纯)溶液：10 g/L。

5.9.2.2.5 盐酸羟胺溶液：100 g/L。

5.9.2.2.6 氯化亚锡溶液：50 g/L。

称取5.0 g氯化亚锡，置于200 mL烧杯中。加入10 mL盐酸溶液及适量水使其溶解，稀释至100 mL，混匀。

5.9.2.2.7 汞标准贮备液：1 mL溶液含0.1 mg Hg。

5.9.2.2.8 汞标准溶液：1 mL含0.001 mg Hg。

5.9.2.3 **仪器、设备**

5.9.2.3.1 原子吸收分光光度计或测汞仪。

5.9.2.3.2 汞空心阴极灯。

5.9.2.4 **分析步骤**

5.9.2.4.1 **校准曲线的绘制**

在6个50 mL容量瓶中，依次加入汞标准溶液0 mL、1.00 mL、2.00 mL、3.00 mL、4.00 mL、5.00 mL，加水至40 mL。加入3 mL硫酸-硝酸混合液和1 mL高锰酸钾溶液，摇匀，静置15 min。再滴加盐酸羟胺溶液至试液红色恰好消失，用水稀释至刻度，摇匀。

在波长253.7 nm处，以氯化亚锡溶液还原后的试剂空白所产生的汞蒸气为参比，测出以氯化亚锡溶液还原后各标准试液所产生汞蒸气的吸光度。

以汞含量(mg)为横坐标，对应的吸光度为纵坐标，绘制校准曲线。

5.9.2.4.2 **测定**

移取10 mL由测定砷得到的试液B移入50 mL容量瓶中。以下按校准曲线的绘制中加入汞标准溶液以后的步骤进行操作，测出以氯化亚锡还原后试样溶液所产生汞蒸气的吸光度。

5.9.2.5 **结果计算**

汞的含量以质量分数w_{10}计，数值以%表示，按式(11)计算：

$$w_{10}=\frac{m\times10^{-3}}{m_0\times\frac{10}{100}}\times100 \qquad \cdots\cdots(11)$$

式中：

m——从校准曲线上查得的汞含量的数值，单位为毫克(mg)；

m_0——试料的质量的数值，单位为克(g)。

5.9.2.6 **允许差**

取平行测定结果的算术平均值为测定结果，平行测定结果的绝对差值不大于0.000 002%。

5.10 **六价铬含量的测定**

5.10.1 **方法提要**

用氨水将Al^{3+}、Cr^{3+}生成氢氧化物或碱式盐，沉淀弃去。用原子吸收光谱法测定铬。

5.10.2 **试剂与材料**

5.10.2.1 氨水溶液：1+1。

5.10.2.2 甲基红指示剂：1 g/L 乙醇溶液。

5.10.3 **仪器、设备**

5.10.3.1 原子吸收分光光度计。

5.10.3.2 铬空心阴极灯。

5.10.3.3 铬标准贮备溶液：1 mL 溶液含有 0.1 mg Cr。

5.10.3.4 铬标准溶液：1 mL 溶液含有 0.01 mg Cr。

5.10.4 **分析步骤**

5.10.4.1 **试样的制备**

称取约 10 g 液体试样或 3.3 g 固体试样，精确至 0.2 mg，置于 250 mL 烧杯中，加水 50 mL 水溶解，加入 2 滴甲基红指示剂，在搅拌下用氨水溶液调节至溶液由红色变为黄色为止，加热至微沸，使沉淀凝聚。冷却后，转移至 100 mL 容量瓶中，稀释至刻度，摇匀。用快速定性滤纸干过滤，滤液留作测定用。

5.10.4.2 **校准曲线的绘制**

移取 0.00 mL、1.00 mL、2.00 mL、3.00 mL、4.00 mL 铬标准溶液置于 100 mL 容量瓶中，用水稀释至刻度，摇匀。此标准系列含铬量为 0.00 mg、0.01 mg、0.02 mg、0.03 mg、0.04 mg，在仪器的最佳工作条件下，于波长 357.9 nm 处，以空白调零，测其吸光度。以测定的吸光度为纵坐标，相对应的铬含量为横坐标，绘制校准曲线。

5.10.4.3 **试样的测定**

按校准曲线的同等仪器条件，以空白调零，测定其吸光度，从校准曲线中求得相应的铬含量。

5.10.5 **结果计算**

铬的含量以质量分数 w_{11} 计，数值以%表示，按式(12)计算：

$$w_{11}=\frac{m\times10^{-3}}{m_0}\times100 \qquad\qquad (12)$$

式中：

m——从校准曲线中查得的铬的质量的数值，单位为毫克(mg)；

m_0——试料的质量的数值，单位为克(g)。

5.10.6 **允许差**

取平行测定结果的算术平均值为测定结果，平行测定结果的绝对差值不大于 0.000 1%。

6 检验规则

6.1 本标准规定的全部指标项目为型式检验项目，在正常生产情况下，每 3 个月至少进行一次型式检验。其中密度、氧化铝、盐基度、不溶物、pH 值等指标项目应逐批检验。若需判定每批聚氯化铝的混凝性能，参见附录 A。

6.2 生活饮用水用聚氯化铝应由生产厂的质量监督检验部门按本标准的规定进行检验，生产厂应保证所有出厂的产品都应符合本标准要求。每批出厂的产品都应附有质量证明书，内容包括：生产厂名、产品名称、类别、净质量、批号和生产日期、产品质量符合本标准的证明和本标准编号。

6.3 使用单位有权按照本标准的规定对所收到的产品进行验收。

6.4 每批产品液体应不超过 200 t，固体应不超过 60 t。

6.5 按 GB/T 6678 规定确定采样单元数。

对于桶装液体产品，采样时应将采样器深入桶内，从上、中、下部位采样量不少于 100 mL。将所采样品混匀，从中取出约 800 mL，分装于两个清洁、干燥的玻璃瓶中，密封。

对于袋装固体产品，采样时应将采样器垂直插入到袋深的四分之三处采样，每袋所采样品不少于 100 g。将所采样品混匀，用四分法缩分至约 500 g，分装于两个清洁、干燥的塑料瓶中，密封。

对于用贮罐装运的液体产品，应用采样器从罐的上、中、下部位采样。每个部位采样量不少于250 mL。将所采样品混匀，取出约800 mL，分装于两个清洁、干燥的塑料瓶中，密封。

在密封的样品瓶上粘标签，注明：生产厂名、产品名称、批号、采样日期和采样者姓名。一瓶供检验用，另一瓶保存3个月备查。

6.6 检验结果中如果有一项指标不符合本标准要求时，应重新自两倍量的包装单元中采样核验。核验结果有一项不符合本标准要求时，整批产品为不合格。

6.7 当供需双方对产品质量发生异议时，按照《中华人民共和国产品质量法》的规定办理。

7 标志、包装、运输和贮存

7.1 生活饮用水用聚氯化铝(固体)的外包装上应有涂刷牢固清晰的标志，内容包括：生产厂名、产品名称、商标、净质量、批号和生产日期、标准编号以及GB/T 191规定的"标志7 怕湿"。

7.2 生活饮用水用聚氯化铝(固体)采用双层包装，内包装采用聚乙烯薄膜袋，厚度不小于0.05 mm，包装容积应大于外包装，外包装的性能和检验方法应符合GB/T 8946的规定。每袋净质量25 kg、50 kg(或依顾客要求而定)。

7.3 生活饮用水用聚氯化铝(液体)采用聚乙烯塑料桶包装。用户需要时，生活饮用水用聚氯化铝(液体)也可用贮罐装运。

7.4 生活饮用水用聚氯化铝在运输过程中应有遮盖物，避免雨淋、受潮；并保持包装完整、标志清晰。

7.5 生活饮用水用聚氯化铝应贮存在通风干燥的库房内。液体产品保质期6个月，固体产品保质期12个月。

附　录　A
（资料性附录）
混凝性能的判定

A.1　方法提要

用自然原水（江河、湖泊、水库等地面水源水），用混凝沉淀试验搅拌机进行混凝沉淀试验，根据试验结果判断混凝性能。

A.2　仪器、设备

A.2.1　混凝沉淀试验搅拌机。

A.2.2　散射光浊度仪。

A.3　混凝沉淀试验

A.3.1　聚氯化铝稀释液的配置

称取聚氯化铝试样，放入 100 mL 容量瓶中，加水稀释至刻度，摇匀，使稀释液 Al_2O_3 含量为 1.0 mg/mL～10 mg/mL。该液应在使用当天配制。

A.3.2　设置试验程序

混合	500 r/min～1 000 r/min	30 s～60 s
絮凝	20 r/min～200 r/min	10 min～30 min
沉淀		10 min～30 min

A.3.3　将原水注入 6 个完全相同的烧杯中，加至 1 000 mL 刻度处。将聚氯化铝稀释液用刻度吸管依大小顺序，依次放入加药试管中。

A.3.4　启动混凝沉淀试验搅拌器，试验参照程序 A.3.2 进行。沉淀时间到，取澄清水样，测定剩余浊度等水质指标。

A.3.5　试验期间，同时观测絮凝体形成时间、形状、大小和沉降状况，并作记录。

A.4　混凝沉淀效果的评价

根据混凝剂投加量、澄清水剩余浊度和其他水质指标以及观测状况，绘制曲线或作表，评价混凝沉淀效果。

ICS 53.040.20
G 42

中华人民共和国国家标准

GB/T 15902—2009/ISO 9856:2003
代替 GB/T 15902—1995

输送带 弹性伸长率和永久伸长率的测定及弹性模量的计算

Conveyor belts—Determination of elastic and permanent elongation and calculation of elastic modulus

(ISO 9856:2003,IDT)

2009-04-24 发布 2009-12-01 实施

中华人民共和国国家质量监督检验检疫总局
中国国家标准化管理委员会 发布

前 言

本标准等同采用 ISO 9856:2003《输送带——弹性伸长率和永久伸长率的测定及弹性模量的计算》(英文版)。

本标准代替 GB/T 15902—1995《织物芯输送带弹性模量试验方法》,因为国际上的发展,原标准在技术上已过时。

本标准等同翻译 ISO 9856:2003。

为便于使用,本标准作了下列编辑性修改:

a) “本国际标准”一词改为“本标准”;

b) 用小数点“.”代替作为小数点的逗号“,”;

c) 删除国际标准的前言和引言;

d) ISO 21183-1 代替 EN 873。

本标准与 GB/T 15902—1995 相比主要变化如下:

——范围发生了变化(见第 1 章);

——修改了规范性引用文件(见第 2 章);

——增加了术语、定义和符号(见第 3 章);

——增加了永久伸长率的计算式(见 10.1);

——增加了参考文献;

——删除了附录 A“钢丝绳芯输送带弹性模量测定方法”(参考件)。

本标准由中国石油和化学工业协会提出。

本标准由全国带轮与带标准化技术委员会输送带分技术委员会(SAC/TC 428/SC 1)归口。

本标准起草单位:阜新环宇橡胶(集团)有限公司、青岛科技大学。

本标准主要起草人:李平、辛永录、曲成东、张春蕾、赵大敏、屈柏峰。

本标准所代替标准的历次版本发布情况为:

——GB/T 15902—1995。

输送带　弹性伸长率和永久伸长率的测定及弹性模量的计算

1　范围

本标准规定了输送带弹性伸长率和永久伸长率的测定方法及弹性模量的计算方法。

本标准不适用于 ISO 21183-1 规定的轻型输送带。

2　规范性引用文件

下列文件中的条款通过本标准的引用而成为本标准的条款。凡是注日期的引用文件，其随后所有的修改单(不包括勘误的内容)或修订版均不适用于本标准，然而，鼓励根据本标准达成协议的各方研究是否可使用这些文件的最新版本。凡是不注日期的引用文件，其最新版本适用于本标准。

GB/T 3690　织物芯输送带　全厚度拉伸强度、拉断伸长率和参考力伸长率　试验方法(GB/T 3690—2009,ISO 283:2007,IDT)

HG/T 2410　输送带　取样(HG/T 2410—2006,ISO 282:1992,IDT)

ISO 7500-1　金属材料——静态单轴试验机的检定——第1部分:拉伸/压缩试验机——测力系统的检验和校准

ISO 18573　输送带　试验环境和状态调节时间

3　术语、定义和符号

下列术语、定义和符号适用于本标准。

3.1

拉伸强度　tensile strength

拉伸试验(见 GB/T 3690)的最大测量力除以试样的宽度，以牛顿每毫米(N/mm)表示。

3.2

公称拉伸强度　nominal tensile strength

T

拉伸强度的最小规定值，以牛顿每毫米(N/mm)表示。

3.3

高参考力　upper reference force

F_U

公称拉伸强度(T)的 10%乘以试样宽度，以牛顿(N)表示。

3.4

低参考力　lower reference force

F_L

公称拉伸强度(T)的 2%乘以试样宽度，以牛顿(N)表示。

3.5

特定力范围参数　specific force range factor

ΔF

试验期间应用的特定力范围值。即:高参考力减去低参考力除以试样宽度，以牛顿每毫米(N/mm)表示。

3.6

永久伸长率　permanent elongation

Δl_p

规定了载荷循环后试样长度不再恢复的变化，以毫米(mm)表示。

3.7

弹性伸长率　elastic elongation

Δl_e

规定了载荷循环后试样长度可恢复的变化，以毫米(mm)表示。

注：试样伸长后的恢复可能瞬时或有时间间隔，或许两种情况都发生。

3.8

参考长度　reference length

l_0

试样的原始长度，以毫米(mm)表示。

3.9

永久应变　permanent strain

ε_{perm}

永久伸长率(Δl_p)用参考长度(l_0)的百分数表示。

注：该术语在输送带工艺中常称作“永久伸长”。

3.10

弹性应变　elastic strain

ε_{elast}

弹性伸长率(Δl_e)用参考长度(l_0)的百分数表示。

注：该术语在输送带工艺中常称作“弹性伸长”。

3.11

弹性模量　elastic modulus

M

ΔF 除以在达到规定循环数时弹性伸长率的分数，以牛顿每毫米表示(N/mm)。

注：该术语定义违背工程上通用的定义，在工程上，模量是每单位截面所受的力，用字母 E 表示。

4　原理

沿输送带纵向切取的全厚度试样，在规定范围之间受到的正弦曲线力。200 次循环后，从力-伸长率曲线记录由不同的力产生的试样的永久伸长率总和和弹性伸长率总和。

5　装置

5.1　动态拉伸试验机

该机应能对试样施加相当于输送带的标称拉断力至少 10% 的负荷，并且带有的测力系统按 ISO 7500-1 机械的 3 级或更高级(例如 2 级)规定。

5.2　伸长测定仪

该仪器的测量长度至少为 100 mm，测量精度为 0.1 mm 或更高。

5.3　记录仪

该仪器能记录施加的拉伸应力对实际伸长率的函数曲线。

6　取样

在按 HG/T 2410 所取的每一样品上切取 3 块符合 7.1 要求的试样，其中从带的两边各取一块试样，从带的中部取一块试样。试样应在输送带制成后至少5天切取。

7 试样

7.1 数量、形状与尺寸

沿输送带的纵向切取3块全厚度矩形试样，试样宽度为50 mm，长度至少为300 mm（加上两端夹持所需长度）。

7.2 试样制备

将试样覆盖层在厚度上除掉一部分，使覆盖层剩余厚度为0.5 mm～1 mm。

8 状态调节

试样状态调节按ISO 18573规定。

9 程序

对5.2所述的每一试样进行试验。将试样两端夹入动态拉伸试验机（见5.1）的夹持器内。夹持器之间的试样自由长度至少为300 mm。

对试样施加初始力，该力等于带的标称拉伸强度（T）的0.5％乘以试样宽度（mm）。

将伸长测定仪（见5.2）的两个测头置于试样中心线上相距至少100 mm的两点处。

将记录仪（见5.3）的伸长率指示调为零。

对试样施加以0.1 Hz的频率在3.3和3.4定义的高参考力及低参考力之间近似正弦曲线的拉伸力。

至少记录拉力变化的第1次和第200次循环的曲线（见图1）。

从所得到的曲线（见图1）记录以牛顿每毫米试样宽度为单位的ΔF值，并从该曲线记录在第200次循环时的Δl_e和Δl_p值。

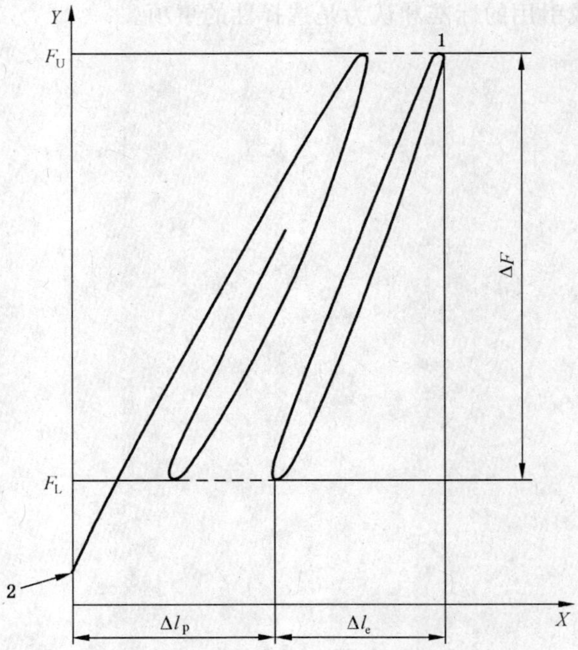

1——第200次循环；

2——初始力；

X——实际伸长率；

Y——施加的力，N。

图1 循环负荷作用下试样伸长变化曲线图

10 计算和结果表示

10.1 按下式计算带的永久伸长率的百分数：

$$\varepsilon_{perm} = \frac{\Delta l_p}{l_0} \times 100$$

10.2 按下式计算带的弹性伸长率的百分数：

$$\varepsilon_{elast} = \frac{\Delta l_e}{l_0} \times 100$$

10.3 按下式计算带的弹性模量(M)，以牛顿每毫米试样宽度为单位表示：

$$M = \frac{\Delta F}{\varepsilon_{elast}} \times 100$$

或者

$$M = \frac{\Delta F \times l_0}{\Delta l_e}$$

10.4 计算3个试样的算术平均值，分别获得 ε_{perm}，ε_{elast} 和 M 的值，圆整至小数点后第一位作为试验结果。

11 试验报告

试验报告应包含下列内容：

a) 试验带的标记；
b) 按本标准进行试验；
c) 试验结果：单值和算术平均值；
d) 状态调节时间和状态调节环境；
e) 试验过程中实验室的温度和相对湿度；
f) 任何偏离本标准或引用的标准和认为是选择性的事项。

参 考 文 献

[1] ISO 583 织物芯输送带——总厚度和覆盖层厚度——试验方法
[2] ISO 3870 远距 300 m 以内的松散物料用输送带(织物骨架)——拉紧装置的调节
[3] ISO 5293 输送带——三托辊最小传动距离的测定
[4] ISO 21183-1 轻型输送带——第1部分:基本性能和应用

ICS 23.100.40;83.140.40
G 42

中华人民共和国国家标准

GB/T 15908—2009/ISO 3949:2004
代替 GB/T 15908—1995

塑料软管及软管组合件 液压用织物增强型 规范

Plastics hoses and hose assemblies—Textile-reinforced types for hydraulic applications—Specification

(ISO 3949:2004,IDT)

2009-06-15 发布 2010-02-01 实施

中华人民共和国国家质量监督检验检疫总局
中国国家标准化管理委员会 发布

前　言

本标准等同采用国际标准 ISO 3949:2004《塑料软管及软管组合件　液压用织物增强型　规范》(英文版)。

本标准等同翻译 ISO 3949:2004。

本标准第 2 章引用的 GB/T 7528 是修改采用国际标准 ISO 8330:1998,本标准所涉及的术语与国际标准一致。

本标准第 2 章引用的 GB/T 1690 是修改采用国际标准 ISO 1817:2005,本标准所使用的 IRM 903 油与国际标准一致,同时,本标准所引用的 GB/T 1690—2006 中测定质量变化、体积变化的试样规定为 25 mm×50 mm×2 mm,进行计算和单位转化后试样体积为 2.5 cm^3,符合 ISO 1817:2005 规定的 1 cm^3～3 cm^3 范围,因此试样的规定也与国际标准相同。

为便于使用,本标准做了下列编辑性修改:

a) "本国际标准"一词改为"本标准";

b) 用小数点"."代替作为小数点的逗号",";

c) 删除国际标准的前言。

本标准代替 GB/T 15908—1995《织物增强液压型热塑性塑料软管和软管组合件》。

本标准与 GB/T 15908—1995 的主要区别是:

——对软管的类型进行了重新规定,增加了根据导电性要求分为无导电性要求和非导电两个等级(本版的 4.2);

——增加了对软管组合件接头的功能要求(本版的 5.2);

——对软管的压力参数作了不同程度的调整,其最大工作压力均比原标准略有提高(1995 版的 4.1,本版的 7.1);

——耐流体性能中增加了耐水基流体性能和耐水性能(本版的 7.9.3、7.9.4)。且耐油性能的体积变化率范围比原标准略有缩小(1995 版的 4.4,本版的 7.9);

——试验频率及附录 A、附录 B 规定的型式试验、例行试验和验收试验项目比原标准更详细(1995 版的第 6 章,本版的第 8 章、附录 A、附录 B);

——增加了软管及软管组合件供货长度的建议(本版的附录 C)。

本标准附录 A、附录 D 为规范性附录;附录 B、附录 C 为资料性附录。

本标准由中国石油和化学工业协会提出。

本标准由全国橡胶与橡胶制品标准化技术委员会软管分技术委员会(SAC/TC 35/SC 1)归口。

本标准起草单位:泰州长力树脂管有限公司。

本标准主要起草人:彭微香、宋增皓、韦安太、卢文荣、王玲。

本标准所代替标准的历次版本发布情况为:

——GB/T 15908—1995。

塑料软管及软管组合件　液压用织物增强型　规范

1　范围

本标准规定了公称内径 5 mm～25 mm 范围内的两种型别的液压用织物增强型热塑性塑料软管及软管组合件的要求。根据导电性要求，每种型别分成两个等级。它们适用于：

——液压流体 HH、HL、HM、HR 和 HV(如 GB/T 7631.2 所定义)，温度范围为 －40 ℃～100 ℃。

——水基液压流体 HFC、HFAE、HFAS 和 HFB，温度范围为 0 ℃～60 ℃。

本标准不包括对管接头的要求，仅限于对软管及软管组合件的性能要求。

注：工作温度超过 100 ℃时可降低软管的使用寿命。

2　规范性引用文件

下列文件中的条款通过本标准的引用而成为本标准的条款。凡是注日期的引用文件，其随后所有的修改单(不包括勘误的内容)或修订版均不适用于本标准，然而，鼓励根据本标准达成协议的各方研究是否可使用这些文件的最新版本。凡是不注日期的引用文件，其最新版本适用于本标准。

GB/T 1690　硫化橡胶或热塑性橡胶耐液体试验方法(GB/T 1690—2006，ISO 1817:2005，MOD)

GB/T 5563　橡胶和塑料软管及软管组合件　静液压试验方法(GB/T 5563—2006，ISO 1402:1994，IDT)

GB/T 5564—2006　橡胶和塑料软管　低温曲挠试验(ISO 4672:1997，IDT)

GB/T 5568　橡胶或塑料软管及软管组合件　无挠曲液压脉冲试验(GB/T 5568—2006，ISO 6803:1994，IDT)

GB/T 7528　橡胶和塑料软管及软管组合件　术语(GB/T 7528—2002，ISO 8330:1998，MOD)

GB/T 9573　橡胶、塑料软管及软管组合件尺寸测量方法(GB/T 9573—2003，ISO 4671:1999，IDT)

GB/T 9576　橡胶和塑料软管及软管组合件　选择、贮存、使用和维护指南(GB/T 9576—2001，idt ISO 8331:1991)

GB/T 24134—2009　橡胶和塑料软管　静态条件下耐臭氧性能的评价(GB/T 24134—2009，ISO 7326:2006，IDT)

3　术语和定义

GB/T 7528 中确立的术语和定义适用于本标准。

4　分类

根据最大工作压力不同，软管分为两种型别：

a)　R7 型：具有一层或多层增强层的软管；

b)　R8 型：用于在较高工作压力下工作、具有一层或多层增强层的软管。

根据导电性能不同，每种型别的软管又分为两个等级：

a)　1 级，没有电性能要求；

b)　2 级，“非导电”(见 7.8)。

5 材料和结构

5.1 软管

软管应由一层耐液压流体的无缝隙的热塑性塑料内衬层、适宜的纺织物增强层和一层耐液压流体、水和耐天候的热塑性塑料外覆层组成。

2 级软管外覆层不应刺孔，颜色应为橙色(颜色代码 RAL2004)。

5.2 软管组合件

软管组合件仅由功能符合 7.1、7.4、7.5、7.6 要求的管接头制造，2 级软管应由功能符合 7.8 要求的管接头制造。

注：应遵照制造商的说明，正确的准备和总成软管组合件。

6 尺寸和公差

6.1 直径

当按照 GB/T 9573 进行测量时，软管的直径应符合表 1 给出的值。

表 1 软管的尺寸

公称内径	内径/mm				最大外径/mm	
	R7 型		R8 型		R7 型	R8 型
	最小	最大	最小	最大		
5	4.6	5.4	4.6	5.4	11.4	14.6
6.3	6.2	7.0	6.2	7.0	13.7	16.8
8	7.7	8.5	7.7	8.5	15.6	18.6
10	9.3	10.3	9.3	10.3	18.4	20.3
12.5	12.3	13.5	12.3	13.5	22.5	24.6
16	15.6	16.7	15.6	16.7	25.8	29.8
19	18.6	19.8	18.6	19.8	28.6	33.0
25	25.0	26.4	25.0	26.4	34.7	38.6
注：内径与 GB/T 2351 一致。						

6.2 同心度

当按照 GB/T 9573 进行测量时，软管的同心度应符合表 2 给出的值。

表 2 软管的同心度

公称内径	内径与外径之间壁厚最大变化/mm
≤6.3	0.8
>6.3～≤19	1.0
>19	1.3

7 性能要求

7.1 静液压要求

当按 GB/T 5563 进行试验时，软管和软管组合件的最大工作压力、验证压力和最小爆破压力应符合表 3 给出的值。

表 3　最大工作压力、验证压力和最小爆破压力

公称内径	最大工作压力/MPa		验证压力/MPa		最小爆破压力/MPa	
	R7 型	R8 型	R7 型	R8 型	R7 型	R8 型
5	21.0	35.0	42.0	70.0	84.0	140.0
6.3	19.2	35.0	38.5	70.0	77.0	140.0
8	17.5	—	35.0	—	70.0	—
10	15.8	28.0	31.5	56.0	63.0	112.0
12.5	14.0	24.5	28.0	49.0	56.0	98.0
16	10.5	19.2	21.0	38.5	42.0	77.0
19	8.8	15.8	17.5	31.5	35.0	63.0
25	7.0	14.0	14.0	28.0	28.0	56.0

7.2　长度变化

当按 GB/T 5563 进行试验时，软管和软管组合件在最大工作压力下的长度变化不应超过±3%。

7.3　最小弯曲半径

使用长度至少为最小弯曲半径四倍的试样。在弯曲软管之前以平直放置状态用游标卡尺测量软管的外径，将软管弯曲 180°达到最小弯曲半径，用游标卡尺测量扁度。

当弯曲软管至表 4 给出的最小弯曲半径时，弯曲半径在弯曲部位的内侧测量，扁平度不应超过原外径的 10%。

表 4　最小弯曲半径

公称内径	最小弯曲半径/mm
5	90
6.3	100
8	115
10	125
12.5	180
16	205
19	240
25	300

7.4　脉冲性能

7.4.1　脉冲试验应按 GB/T 5568 进行。试验流体温度应为 100 ℃。

7.4.2　对于 R7 型软管，在等于 125%最大工作压力的脉冲压力下进行试验时，软管应承受至少 150 000 次脉冲。

对于 R8 型软管，在等于 133%最大工作压力的脉冲压力下进行试验时，软管应承受至少 200 000 次脉冲。

7.4.3　在达到规定的脉冲试验次数之前，软管不应出现泄漏或其他故障。

7.4.4　本试验应被视为破坏性试验，试验后的试样应废弃。

7.5　软管组合件的泄漏试验

当按 GB/T 5563 进行试验时，试样应无泄漏或其他失效迹象。本试验应视为破坏性试验，试验后试样应废弃。

7.6 低温曲挠性

当按 GB/T 5564—2006 方法 B 在 -40 ℃下进行试验时，试样的内衬层或外覆层不应出现龟裂。在恢复到室温后，按 GB/T 5564—2006 进行验证压力试验，试样应无泄漏或裂纹。

7.7 抗臭氧性

当根据软管的公称内径按 GB/T 24134—2009 中的方法 1 或方法 2 进行试验时，在 2 倍放大下观察，外覆层应无可见的裂纹或损坏。

7.8 导电性

试验应按附录 D 进行，仅适用于 2 级软管(本试验不适用于外覆层有刺孔的软管)。

试验过程测量的电流不应大于 50 μA。

7.9 耐流体性能

7.9.1 试样

7.9.2～7.9.4 中规定的耐流体性能试验其内衬层和外覆层材料应使用最小厚度为 2 mm 的模压试片进行。

7.9.2 耐油性能

当在 100 ℃±3 ℃下浸渍于 IRM 903 油中 72 h_{-2}^{0} h 后，按 GB/T 1690 进行试验时，内衬层和外覆层的体积变化率应在 0%～+35%之间。

7.9.3 耐水基流体性能

当在 70 ℃±1 ℃下浸渍于由等体积的 1,2-乙二醇和蒸馏水组成的试验液体中 168 h_{-2}^{0} h 后，按照 GB/T 1690 进行试验时，内衬层和外覆层的体积变化率应在 0%～25%之间。

7.9.4 耐水性能

当在 70 ℃±1 ℃下浸渍于蒸馏水中 168 h_{-2}^{0} h 后，按照 GB/T 1690 进行试验时，内衬层和外覆层的体积变化率不应超过 25%。

8 试验频率

型式试验和例行试验项目应符合附录 A 规定。

型式试验是指为证实采用特殊方法设计、特殊工艺制造的软管满足本标准所有要求的试验。该试验重复的最长时间间隔应为 5 年，或当生产工艺或使用的原材料发生变化时进行。该试验应在制造商的每种设计和每种型别的软管中选择直径最大的软管进行。

例行试验是指在发货前对每根成品软管进行的试验。

验收试验是指附录 B 中规定的为控制产品质量适宜进行的试验。附录 B 给出的试验频率规定仅供参考。

9 标识

软管应以下列 R7 型公称直径为 10 的 1 级织物增强液压型热塑性塑料软管为例进行标注：

示例：GB/T 15908/R7-1/10

10 标志

10.1 软管

软管应至少标志以下内容，标志应至少每 760 mm 重复一次。

a) 制造厂名称或商标，例如：Man；

b) 本标准的编号，例如：GB/T 15908；

c) 型别和等级，例如：R7-1；

d) 对于 2 级软管应有“非导电”字样；

e) 公称内径,例如:16;

f) 制造的季和年的后两位数,例如:3Q04。

示例:

例 1:Man/GB/T 15908/R7-1/16/3Q04;

例 2:Man/GB/T 15908/R7-2“非导电”/16/3Q04。

10.2 软管组合件

软管组合件应至少标志以下内容:

a) 制造厂名称或商标,例如:Man;

b) 组合件的最大工作压力,单位:MPa,例如 7.0 MPa;

c) 装配的月和年的后两位数字,例如:09/04。

示例:Man/7.0/09/04.

11 包装和贮存

应符合 GB/T 9576 的要求。

12 试验报告

当采购方需要时,生产方或供货方应向采购方提供每批软管的试验报告。

附　录　A
（规范性附录）
型式试验和例行试验的项目

表 A.1 中给出了型式试验和例行试验的项目（这些检验的定义见第 8 章）。

表 A.1

性　　能	型式试验	例行试验
软管/软管组合件（视情况采用）		
目视检查（内侧和外侧）	×	×
内径的测量	×	×
外径的测量	×	×
同心度的测量	×	×
验证压力试验	×	×
爆破压力试验	×	×
长度变化试验	×	×
最小弯曲半径	×	NA
脉冲试验	×	NA
泄漏试验	×	×
低温曲挠性能试验	×	NA
耐臭氧性能试验	×	NA
导电性（仅 2 级软管适用）	×	NA
耐流体性能		
外覆层耐油性能试验	×	NA
内衬层耐油性能试验	×	NA
外覆层耐水基流体性能试验	×	NA
内衬层耐水基流体性能试验	×	NA
外覆层耐水性试验	×	NA
内衬层耐水试验	×	NA
注：NA＝不适用的试验；×＝应执行的试验。		

附　录　B
（资料性附录）
推荐的生产验收试验的项目

表B.1给出了推荐的生产验收试验（见第8章）的项目，可对表中规定的每一批或每十批软管进行试验，每500 m的软管为一批。

表 B.1

性　能	每批	每十批
软管/软管组合件（视情况采用）		
目视检查（内侧和外侧）	×	×
内径的测量	×	×
外径的测量	×	×
同心度的测量	×	×
验证压力试验	×	×
爆破压力试验	×	×
长度变化试验	×	×
最小弯曲半径	×	×
脉冲试验	NA	NA
泄漏试验	×	×
低温曲挠性能试验	NA	NA
耐臭氧性能试验	NA	NA
导电性（仅2级软管适用）	NA	NA
耐流体性能		
外覆层耐油性能试验	NA	NA
内衬层耐油性能试验	NA	NA
外覆层耐水基流体性能试验	NA	NA
内衬层耐水基流体性能试验	NA	NA
外覆层耐水性试验	NA	NA
内衬层耐水试验	NA	NA
注：NA=不适用的试验；×=应执行的试验。		

附 录 C
（资料性附录）
软管及软管组合件供货长度的建议

C.1 软管

软管的供货长度应由采购方规定，公差为±2%。

当采购方未明确软管长度时，任一批不同长度软管的长度应符合以下规定：

——大于 20 m 的，不少于总长度的 80%；

——10 m 至 20 m 的，不多于总长度的 20%；

——1 m 至 10 m 的，不多于总长度的 3%。

C.2 软管组合件

软管组合件的长度公差应符合表 C.1 的要求。

表 C.1 软管组合件的长度公差

软管组合件长度/mm	公 差
≤630	+7 mm～−3 mm
>630～1 250	+12 mm～−4 mm
>1 250～2 500	+20 mm～−6 mm
>2 500～8 000	+1.5%～−0.5%
>8 000	+3%～−1%

附 录 D
（规范性附录）
导电性能试验方法

警告：因试样上施加很高的电压，所以应当小心地进行此项试验。

选取自由长度为(150±10)mm、管内无液压流体的软管组合件。将试样端部封闭以防止湿气进入。并用干布将软管表面潮湿处擦干。然后将软管组合件置于(23±3)℃、相对湿度不大于80%的环境中168 h。

将调节后的软管组合件的一端管接头连接到正弦波频率为(50～60)Hz、电压为37.5 kV(r.m.s)的交流电源导线上。该导线用干燥的线绳悬挂，从而使软管组合件悬空，距离附近任何物体至少600 mm。软管下端通过一电阻值为 1×10^{3} Ω至 1×10^{6} Ω的电阻器接地，电阻器应放置在软管端部附近。

将一适当的交流电压表用全屏蔽电缆与电阻器并联，电缆的屏蔽层要接地。向试样施加(37.5±0.5)kV的电压，保持5 min±15 s，并测量电流。

参 考 文 献

[1] GB/T 2351—2005 液压气动系统用硬管外径和软管内径(ISO 4397:1993,IDT)

[2] GB/T 7631.2—2003 润滑剂 工业用油和相关产品(L类)的分类 第2部分:H组(液压系统)(ISO 6743-4:1999,IDT)

ICS 71.100.20
G 86

中华人民共和国国家标准

GB/T 15909—2009
代替 GB/T 15909—1995

电子工业用气体 硅烷(SiH_4)

Gas for electronic industry—Silane

2009-10-30 发布 2010-05-01 实施

中华人民共和国国家质量监督检验检疫总局
中国国家标准化管理委员会 发布

前言

本标准代替 GB/T 15909—1995《电子工业用气体　硅烷》。

本标准与 GB/T 15909—1995 相比主要变化如下：

——修改规范性引用文件(GB/T 15909—1995 的第 2 章,本版的第 2 章)；

——修改技术指标内容:增加一类产品纯度和杂质含量,用 Cl^- 表示氯化物总量(GB/T 15909—1995 的 3.1,本版的 3.1)；

——修改电性能规格(GB/T 15909—1995 的 3.2,本版的 3.3)；

——增加硅烷的采样安全要求(见 4.1.2)；

——增加对硅烷尾气处理的要求(见 4.3)；

——修改一氧化碳、二氧化碳、氧和氮含量的测定(GB/T 15909—1995 的 4.2、4.6,本版的 4.4)；

——修改测定氯化物含量所用试剂和溶液的内容(GB/T 15909—1995 的 4.3.4,本版的 4.5.4)；

——修改测定氯化物含量结果处理公式(GB/T 15909—1995 的 4.3.6,本版的 4.5.6)；

——增加其他方法测定氯化物含量(见 4.5.7)；

——修改烃(C_1～C_3)含量的测定(GB/T 15909—1995 的 4.4,本版的 4.6)；

——增加其他方法测定氢含量(见 4.7.6)；

——增加其他方法测定水含量(见 4.8)；

——增加微量甲硅醚,乙硅烷和甲基硅烷含量的测定(见 4.9)；

——增加金属离子含量的测定(见 4.10)；

——修改标志、包装、贮运及安全(GB/T 15909—1995 的第 5 章,本版的第 5 章)。

本标准由全国半导体设备和材料标准化技术委员会提出。

本标准由全国半导体设备和材料标准化技术委员会气体分会归口。

本标准起草单位:浙江大学材化学院半导体材料研究所、西南化工研究设计院。

本标准主要起草人:余京松、周鹏云。

本标准所代替标准的历次版本发布情况为:

——GB/T 15909—1995。

电子工业用气体　硅烷(SiH_4)

1　范围

本标准规定了硅烷气体的技术要求、试验方法以及包装、标志、贮运及安全。

本标准适用于电子工业中多晶硅和单晶硅外延淀积、二氧化硅的低温化学汽相淀积、非晶硅薄膜淀积等。

分子式:SiH_4。

相对分子质量:32.117(按2005年国际相对原子质量)。

2　规范性引用文件

下列文件中的条款通过本标准的引用而成为本标准的条款。凡是注日期的引用文件,其随后所有的修改单(不包括勘误的内容)或修订版均不适用于本标准,然而,鼓励根据本标准达成协议的各方研究是否可使用这些文件的最新版本。凡是不注日期的引用文件,其最新版本适用于本标准。

GB 190—2009　危险货物包装标志

GB/T 3723　工业用化学产品采样安全通则

GB 5099　钢质无缝气瓶

GB/T 5832.1　气体中湿度的测定　电解法

GB 7144　气瓶颜色标志

GB/T 8984　气体中一氧化碳、二氧化碳和碳氢化合物的测定　气相色谱法

GB 11640　铝合金无缝气瓶

GB 14193　液化气体气瓶充装规定

气瓶安全监察规程

压力容器安全技术监察规程

3　技术要求

3.1　技术指标

硅烷的质量应符合表1的要求。重金属含量符合表2的要求。

表1　技术指标

项　目		指　标	
硅烷(SiH_4)纯度(摩尔分数)/10^{-2}	≥	99.994	99.95
一氧化碳(CO)和二氧化碳(CO_2)总含量(摩尔分数)/10^{-6}	<	0.2	5
氯化物总量(摩尔分数)(包括氯硅烷,HCl等可离子化的氯化物,用Cl^-表示)/10^{-6}	<	1	5
烃(C_1～C_3)含量(摩尔分数)/10^{-6}	<	0.2	10
氢(H_2)含量(摩尔分数)/10^{-6}	<	50	400
氮(N_2)含量(摩尔分数)/10^{-6}	<	1	5
氧(氩)含量(摩尔分数)/10^{-6}	<	1	1
水(H_2O)含量(摩尔分数)/10^{-6}	<	1	2

表 1（续）

项　　目		指　　标	
甲硅醚含量(摩尔分数)/10^{-6}	<	1	—
甲基硅烷含量(摩尔分数)/10^{-6}	≤	1	—
乙硅烷含量(摩尔分数)/10^{-6}	<	1	—
杂质总含量(体积分数)/10^{-6}	≤	57.4	428
颗粒		供需双方商定	供需双方商定

表 2　重金属技术指标

重金属含量,(每 10^9 个硅原子中含有杂质的原子数)		溶解层
铝 (Al)	<	0.2
锑 (Sb)	<	0.2
砷(As)	<	0.2
硼(B)	<	0.2
镓 (Ga)	<	0.2
磷(P)	<	0.2
铬(Cr)＋铜(Cu)＋铁(Fe)＋镍(Ni)＋锌(Zn)	<	1.0

3.2　多晶硅或二氧化硅用途不规定氮含量。

3.3　电性能规格

电性能规格应符合表 3 的要求。

表 3　电性能规格

项　　目		99.95×10^{-2}(摩尔分数)	99.994×10^{-2}(摩尔分数)
电阻率(N 型)/(Ω·cm)	>	1 000	2 000

电阻率的测定方式由供方与用户商定。

4　试验方法

4.1　抽样、判定和复验

4.1.1　硅烷产品应逐一检验并验收。当检验结果有任何一项指标不符合本标准技术要求时,则判该批产品不合格。生产企业应确保每一包装硅烷产品符合本标准技术要求。

4.1.2　硅烷采样安全应符合 GB/T 3723 的相关规定。

4.2　硅烷纯度

硅烷纯度按式(1)计算,对于多晶硅或二氧化硅用途,不计入 ϕ_5(氮含量)。

$$\phi = 100 - (\phi_1 + \phi_2 + \phi_3 + \phi_4 + \phi_5 + \phi_6 + \phi_7 + \phi_8 + \phi_9 + \phi_{10}) \times 10^{-4} \quad \cdots\cdots\cdots\cdots\cdots(1)$$

式中:

ϕ——硅烷纯度(摩尔分数)/10^{-2};

ϕ_1——一氧化碳和二氧化碳含量(摩尔分数)/10^{-6};

ϕ_2——氯化物总量(摩尔分数)/10^{-6};

ϕ_3——烃(C_1～C_3)含量(摩尔分数)/10^{-6};

ϕ_4——氢含量(摩尔分数)/10^{-6};

ϕ_5——氮含量(摩尔分数)/10^{-6}；

ϕ_6——氧(氩)含量(摩尔分数)/10^{-6}；

ϕ_7——水含量(摩尔分数)/10^{-6}；

ϕ_8——甲硅醚含量(摩尔分数)/10^{-6}；

ϕ_9——甲基硅烷含量(摩尔分数)/10^{-6}；

ϕ_{10}——乙硅烷含量(摩尔分数)/10^{-6}。

4.3 测定硅烷中的杂质含量时，应有硅烷尾气处理措施，以防止硅烷对环境的污染。

4.4 一氧化碳和二氧化碳、氮和氧(氩)含量的测定

4.4.1 仪器

采用带有氦放电离子化检测器的气相色谱仪。

检测限：0.03×10^{-6}(摩尔分数)。

4.4.2 参考测定条件

色谱柱：长约 6.5 m，内径约 3 mm 的不锈钢管，内装 HAYESEP D60/80，或其他等效色谱柱。

载气：高纯氦，流量参照相应的仪器说明书。

其他条件：载气净化器温度、色谱柱温度、检测器温度、样气流量等其他条件参考仪器说明书。

4.4.3 气体标准样品

气体标准样品中的组分含量(体积分数)为 5×10^{-6}，平衡气为氦。

4.4.4 操作步骤

开启仪器至稳定后按仪器说明书的操作步骤完成样品分析。

平行测定气体标准样品和样品气至少两次，记录色谱响应值，直至相邻两次测定的相对偏差不大于 5×10^{-2}，取其平均值。出峰顺序是氮、氧(氩)、一氧化碳、甲烷和二氧化碳。

4.4.5 结果计算

采用峰面积(或峰高)定量，用外标法计算结果。

硅烷中一氧化碳和二氧化碳、氮和氧(氩)的含量按式(2)计算：

$$\phi_i = \frac{A_i(h_i)}{A_s(h_s)} \times \phi_s \qquad \cdots\cdots(2)$$

式中：

ϕ_i——样品中被测组分含量(摩尔分数)，10^{-6}；

ϕ_s——标样中被测组分含量(摩尔分数)，10^{-6}；

$h_i(A_i)$——样品气中被测组分的峰高(峰面积)，单位为毫米(平方毫米)[mm(mm^2)]；

$h_s(A_s)$——标样中被测组分的峰高(峰面积)，单位为毫米(平方毫米)[mm(mm^2)]。

4.4.6 允许采用其他等效的方法测定硅烷中一氧化碳和二氧化碳、氮和氧(氩)含量。当测定结果有异议时，以本标准规定的方法为仲裁方法。

4.5 氯化物总量的测定

4.5.1 方法

采用滴定硅烷水解物的方法测定样品中氯化物总量。本方法检测极限：0.5×10^{-6}(摩尔分数)。

4.5.2 取样装置

取样装置如图1所示。硅烷易自燃，取样装置必须密封，在注入硅烷前应用氮气彻底吹洗。

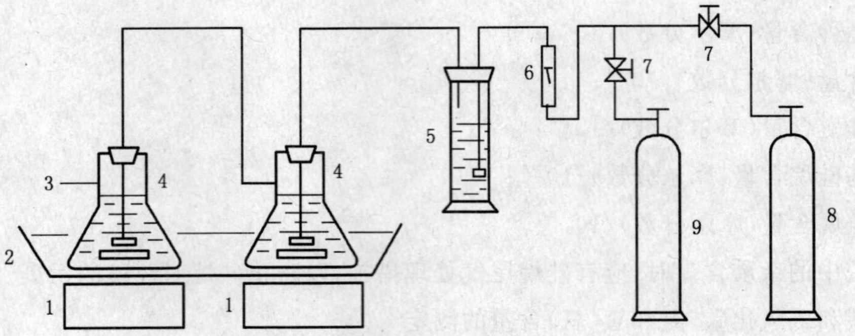

1——磁力搅拌器；
2——水浴；
3——出气口；
4——锥形瓶(2 000 mL)；
5——洗气瓶(125 mL)；
6——流量计；
7——压力调节器；
8——硅烷气瓶；
9——高纯氮气瓶。

图 1　氯化物总量测定装置

4.5.3　仪器、材料

微量滴定量，分度值为 0.01 mL 或 0.02 mL。

其他实验室常规仪器、材料，如三角瓶(250 mL)、滴定管架、各种夹子、支架、橡皮管、橡胶塞等。

4.5.4　试剂、溶液

氢氧化钾：分析纯，15×10^{-2}溶液(15 g KOH 溶于 100 mL 去离子水中)；

氯化钠：分析纯；

硝酸汞：分析纯，0.001 mol/L～0.005 mol/L 标准溶液，用 5.0 mL 氯化钠溶液(精确称量约 0.165 μg NaCl，溶解到 100 mL 去离子水中)标定；

硝酸：分析纯，0.2 mol/L 溶液；

去离子水；

指示液：把 5 g 二苯巴腙和 0.5 g 溴酚蓝溶于 750 mL 乙醇，再加入 250 mL 去离子水制备成指示剂溶液。

4.5.5　操作步骤

4.5.5.1　在锥形瓶(4)中注入 1 700 mL 15×10^{-2}KOH 溶液。

4.5.5.2　在洗气瓶(5)中注入 75 mL 去离子水。

4.5.5.3　按取样装置图将各部分连接。

4.5.5.4　整个系统用高纯氮气以平缓的流速吹洗约 30 min，将装置中的空气吹除完全。

4.5.5.5　在保持中速搅拌的情况下，以不高于 250 mL/min 流速通入约 30 L 的硅烷(SiH_4)气体。停止通入硅烷。再次用氮气吹洗系统约 30 min，将装置中的硅烷完全吹除、吸收。

4.5.5.6　取出洗气瓶，将瓶内溶液定量转移至 250 mL 锥形瓶中，并用 25 mL 去离子水洗涤 3 次。

4.5.5.7　加入数滴指示剂溶液，以线滴状滴加 0.2 mol/L 的 HNO_3 溶液至刚好使溶液颜色从紫色变成黄色。

4.5.5.8　用标定好的硝酸汞标准溶液进行滴定。

4.5.5.9　用硝酸汞标准溶液滴定 150 mL 去离子水作空白试验。

4.5.5.10　取两次平行测定的平均值为测定结果，其相对偏差不应大于 5×10^{-2}。

4.5.6 结果处理

氯化物总量按式(3)计算：

$$x=\frac{n_1}{n_2}=\frac{V_2-V_0}{V_1-V_0}\times\frac{m\times 60.66\%}{35.453}\times\frac{5}{100}\times\frac{(273.16+t)}{V_3\times 273.16}\times 22.4\times 10^6 \qquad\cdots\cdots\cdots\cdots(3)$$

式中：

x——硅烷中氯化物总含量(摩尔分数)(用 Cl^- 表示)，10^{-6}；

V_0——空白滴定耗用硝酸汞标准溶液的量，单位为毫升(mL)；

V_1——标定用硝酸汞标准溶液的量，单位为毫升(mL)；

V_2——样品测定用硝酸汞标准溶液的量，单位为毫升(mL)；

V_3——硅烷样品体积，单位为升(L)；

m——准确称取氯化钠的量，单位为克(g)；

t——室温，单位为摄氏度(℃)。

4.5.7 允许采用其他等效的方法测定硅烷中氯化物总含量。当测定结果有异议时，以本标准规定的方法为仲裁方法。

4.6 烃(C_1～C_3)的测定

4.6.1 按 GB/T 8984 规定的方法或其他等效的方法测定硅烷中的微量总烃含量。当以上测定结果有异议时，以 GB/T 8984 规定的方法为仲裁方法。

仪器检测限：0.02×10^{-6}(体积分数)。

4.6.2 气体标准样品

气体标准样品中的组分含量为 10×10^{-6}(体积分数)，平衡气为氦。

4.7 氢含量的测定

4.7.1 仪器

用带有热导检测器的气相色谱仪测定硅烷中的氢含量。

检测限：15×10^{-6}(摩尔分数)。

4.7.2 参考操作条件

色谱柱：内装 5A 分子筛，长约 2.4 m，内径约 4 mm 不锈钢柱，或其他等效色谱柱。

载气：高纯氩，流量参照相应的仪器说明书。

其他条件：载气净化器温度、色谱柱温度、检测器温度、样气流量等其他条件参考仪器说明书。

4.7.3 气体标准样品

分析硅烷中氢含量时，所采用的有证气体标准样品中的杂质含量应当与被测样品中的氢含量相接近。气体标准样品的平衡气为气态氩。

4.7.4 操作步骤

开启仪器至稳定后按仪器说明书的操作步骤完成样品分析。

平行测定气体标准样品和样品气至少两次，记录色谱响应值，直至相邻两次测定的相对偏差不大于 5×10^{-2}，取其平均值。

4.7.5 结果计算

硅烷中氢杂质含量按式(2)计算。

4.7.6 允许采用其他等效的方法测定硅烷氢含量。当测定结果有异议时，以本标准规定的方法为仲裁方法。

4.8 水含量的测定

按 GB/T 5832.1 执行。在导入硅烷产品前，可用干燥氮气完全吹除仪器系统中的空气。

允许采用其他等效的方法测定电子工业用硅烷气体中水分含量。当测定结果有异议时，以 GB/T 5832.1规定的方法为仲裁方法。

检测限：0.2×10^{-6}(摩尔分数)。

4.9 甲硅醚，乙硅烷和甲基硅烷含量的测定

4.9.1 按 GB/T 8984 规定的方法测定硅烷中的微量甲硅醚，乙硅烷和甲基硅烷含量。

色谱柱：长约 14 m 的不锈钢管，内装粒径为 0.25 mm～0.40 mm，28%DC-200DC 的 Chromosorb PAW，或者等效的色谱柱。

仪器检测限：0.1×10^{-6}(体积分数)。

4.9.2 允许采用其他等效的方法测定。当以上测定结果有异议时，以 GB/T 8984.3 规定的方法为仲裁方法。

4.10 金属离子含量的测定

推荐使用等离子发射光谱-质谱检测仪。检测方法与用户协商。

5 标志、包装、贮运及安全

5.1 硅烷气瓶应符合 GB 5099、GB 11640 的规定，气瓶瓶阀推荐使用 CGA350 或其他等效瓶阀。气瓶颜色标记应符合 GB 7144 的规定。运输时，硅烷气瓶上应附有 GB 190—2009 中第 3 章指定的标志。

5.2 推荐使用进行内表面处理的气瓶，气瓶内表面应满足本标准对于水分和颗粒的要求。

5.3 包装容器上应标明“电子硅烷”字样。

5.4 充装、贮运

5.4.1 硅烷应符合 GB 14193 和《压力容器安全监察规程》(2000 年)的相关规定。

5.4.2 硅烷最高充装压力应低于或等于 8.5 MPa。

5.4.3 硅烷充装量采用直接称量法计量。

5.5 用户返回的硅烷钢瓶的余压不应低于 0.2 MPa。余压不符合要求的气瓶、水压试验后的气瓶以及新气瓶等在充装前应按规定要求进行加热、抽空和置换。

5.6 硅烷气出厂时应附有质量合格证，其内容至少应包括：

——产品名称，生产厂名称，危险化学品生产许可证编号；

——生产日期或批号，成品充装量，产品技术指标；

——本标准标准号及产品等级，检验员号。

5.7 安全要求

5.7.1 硅烷的生产、使用以及贮运应符合《气瓶安全监察规程》(2000 年)、《压力容器安全技术监察规程》(1999 年)等相关规定。

5.7.2 硅烷极易燃，与空气接触时，可能自燃。加热或燃烧时，硅烷分解生成硅和氢气，有着火和爆炸危险。

5.7.3 硅烷是一种强还原性剂，与氧化剂反应。与水缓慢反应。与氢氧化钾溶液和卤素反应。

5.7.4 库房严禁存放强氧化性的气体，如氧、氯等。存放时，硅烷应与其他危险气体、腐蚀性物质隔离。库房应配备良好的灭火器材。不得使用卤素灭火剂。

5.7.5 与硅烷接触时，禁止明火、禁止火花和禁止吸烟。发生着火时，切断气源，如不可能并对周围环境无危险，让火自行燃烧完全。其他情况用干粉，二氧化碳灭火。

5.7.6 硅烷刺激眼睛和呼吸道，液体迅速蒸发可能引起冻伤。冻伤时，用大量水冲洗，不要脱去衣服，用大量水冲洗皮肤或淋浴。

5.7.7 硅烷生产企业应为用户提供安全技术说明书。

ICS 27.010
F 01

中华人民共和国国家标准

GB/T 15910—2009
代替 GB/T 15910—1995

热力输送系统节能监测

Monitoring and testing for energy saving of heat-transmission and distribution system

2009-10-30 发布　　2010-05-01 实施

中华人民共和国国家质量监督检验检疫总局
中国国家标准化管理委员会　发布

前言

本标准代替 GB/T 15910—1995《热力输送系统节能监测方法》。

本标准与 GB/T 15910—1995 相比，主要变化如下：

——修改了标准名称；

——增加了疏水阀漏汽率作为主要监测项目；

——细化了对保温材料和保温结构的要求；

——增加了疏水阀漏汽率计算与测试方法的规定；

——增加了对环境风速和环境温度的要求；

——增加了对节能监测结果的评价；

——增加了报告格式。

本标准附录 A 为规范性附录，附录 B 为资料性附录。

本标准由全国能源基础与管理标准化技术委员会提出。

本标准由全国能源基础与管理标准化技术委员会能源管理分委员会归口。

本标准起草单位：国家发改委能源研究所、中国标准化研究院、中国节能监察信息网。

本标准主要起草人：辛定国、陈海红、李爱仙、胡秀莲、陈晓萍、张管生。

本标准所代替标准的历次版本发布情况为：

——GB/T 15910—1995。

热力输送系统节能监测

1 范围

本标准规定了热力输送系统节能监测的监测项目、监测方法和考核指标。

本标准适用于供热、用热单位的蒸汽和热水输送系统。

2 规范性引用文件

下列文件中的条款通过本标准的引用而成为本标准的条款。凡是注日期的引用文件，其随后所有的修改单(不包括勘误的内容)或修订版均不适用于本标准，然而，鼓励根据本标准达成协议的各方研究是否可使用这些文件的最新版本。凡是不注日期的引用文件，其最新版本适用于本标准。

GB/T 4272 设备及管道绝热技术通则

3 术语和定义

下列术语和定义适用于本标准。

3.1

保温结构表面温升 surface temperature increase of insulation layer

管道及附件保温结构外表面温度与周围环境温度之差。

4 热力输送系统节能监测项目

4.1 热力输送系统节能监测检查项目

4.1.1 供热管网和用热设备及附件不得有可见的漏水或漏汽现象。

4.1.2 热力管道及附件的保温应符合下列要求：

a) 外表面温度大于或等于 50 ℃的管段及公称直径 $D_g \geqslant 80$ mm 的阀门、法兰等附件，除工艺生产上不宜或不需要保温的部分外，均应进行保温；

b) 保温材料的选用应符合 GB/T 4272 规定；

c) 保温结构不应有严重破损、脱落等缺陷；

d) 室外热力管道保温结构应有防雨、防湿及不易燃烧的保护层；

e) 地沟内敷设的热力管道不得受积水浸泡。

4.1.3 系统主要设备、管道等应采用固定式保温结构，法兰、阀门等应采用可拆式保温结构。

4.1.4 热力输送系统中产生凝结水处应安装疏水阀，并保持完好；不得用淘汰产品，也不得用阀门代替疏水阀。

4.2 热力输送系统节能监测测试项目

4.2.1 保温结构表面温升，包含对如下参数的测定：

a) 保温结构的外表面温度；

b) 测点周围的环境温度；

c) 测点周围的风速。

4.2.2 疏水阀漏汽率。

5 热力输送系统节能监测方法

5.1 测试工况

测试应在热力输送系统正常运行工况下进行。

5.2 测试时间

监测测试时间从热工况达到稳定状态开始，测试时间应不少于 1 h；除去需要化验分析的项目以外，测试项目参数每隔 15 min 一次，取算术平均值做为测试结果。

5.3 测试仪表

监测所用仪器仪表应能满足项目测试的要求，仪表应完好，在检定周期以内，准确度不低于 2.0 级。

5.4 保温结构表面温升的测试

5.4.1 保温结构表面温升测试参数包括：保温结构外表面温度、测点周围的环境温度和测点周围的风速。

5.4.2 测试应在供热管网和用热设备正常运行工况下进行。

5.4.3 测试应在供热管道和用热设备投入运行不少于 8 h 后，且供热管道和用热设备内介质参数基本保持稳定 1 h 后开始。

5.4.4 室外测试应避免在雨、雪天气下进行，应避免日光直接照射或周围其他热源的辐射影响，否则应加遮阳装置，且稳定 1 h 后再测试。

5.4.5 测试时测点周围风速不应大于 3.0 m/s。

5.4.6 在热力主干管道上选择具有代表性的管段作为测试区，每个测试区段其长度不得少于 20 m，沿测试区长度均匀布置 5 个测试截面，其中 1 个测试截面应布置在弯头处，否则应增加 1 个弯头测试截面；每个测试截面沿管道外表周长均匀布置 4 个温度测点，取其算术平均值。

5.4.7 环境温度测点布置：架空管道测试应在距离测试截面保温结构外表面 1 m 处；敷设在地沟中的管道测试应在测试截面的管道与沟壁之间中心处。

5.4.8 风速测点位置与环境温度测点相同。

5.5 疏水阀漏汽率的测试

5.5.1 把通过疏水阀的凝结水和泄漏蒸汽的混合物排入盛冷水的计量桶中，测出混合物的焓值，用热平衡法计算疏水阀漏汽率，见式(1)：

$$\Delta_l = \frac{D_q}{D_s} = \frac{i - i_s}{i_{bq} - i} \times 100 \qquad \cdots\cdots(1)$$

式中：

Δ_l——疏水阀漏汽率，用百分数表示(%)；

D_q——疏水阀在测试期内的漏汽量，单位为千克每秒(kg/s)；

D_s——疏水阀在测试期内的排水量，单位为千克每秒(kg/s)；

i——汽水混合物的焓值，单位为千焦每千克(kJ/kg)；

i_{bq}——疏水阀前压力下饱和蒸汽的焓值，单位为千焦每千克(kJ/kg)；

i_s——疏水阀内凝结水的焓值，单位为千焦每千克(kJ/kg)，由阀前蒸汽压力和凝结水的温度确定。

5.5.2 测试用温度计的最小刻度应为 0.5 ℃，测试压力表的准确度应为 1.5 级。

6 考核指标

6.1 保温结构允许最大表面温升，根据管内介质温度和测试环境下的风速范围用表 1 或表 2 数值线性内插确定。

表 1 常年运行的热力输送系统的保温结构表面温升的最大允许值

测点附近风速 m/s	管内介质温度 ℃						
	50	100	150	200	250	300	350
≤0.5	8.3	13.3	16.6	20.1	23.4	26.7	30.0
>0.5～1.0	6.1	9.8	12.3	14.8	17.3	19.7	22.1

表 1（续）

测点附近风速 m/s	管内介质温度 ℃						
	50	100	150	200	250	300	350
>1.0～1.5	5.5	8.9	11.1	13.4	15.6	17.8	20.0
>1.5～2.0	5.2	8.3	10.3	12.4	14.5	16.5	18.6
>2.0～3.0	4.9	7.8	9.7	11.8	13.7	15.6	17.5
注：在不能准确确定测试区管内介质温度时，管内介质温度可采用系统进口介质温度。							

表 2　季节运行的热力输送系统保温结构表面温升最大允许值

测点附近风速 m/s	管内介质温度 ℃					
	50	100	150	200	250	300
≤0.5	16.6	23.4	29.1	35.0	40.0	44.1
>0.5～1.0	12.3	17.3	21.5	25.8	29.5	32.6
>1.0～1.5	11.1	15.6	19.4	23.3	26.7	29.4
>1.5～2.0	10.3	14.5	18.0	21.7	24.8	27.4
>2.0～3.0	9.7	13.7	17.0	20.5	23.4	25.9

6.2　疏水阀漏汽率应小于 3%。

7　结果评价

7.1　本标准规定的热力输送系统监测检查项目和测试项目考核指标是监测合格的最低标准。监测机构应以此进行合格与不合格的评价。全部监测指标均合格方可认为节能监测结果合格。

7.2　对监测不合格者，监测机构应做出能源浪费程度的评价报告和提出改进建议，监测报告格式见附录 A。节能监测不合格超耗能源量计算方法见附录 B。

附　录　A
（规范性附录）
热力输送系统节能监测结果

表 A.1　热力输送系统节能监测结果　　　　节监字第______号

单位名称		监测日期		环境温度	
设备名称		设备编号			
规格型号		监测标准			

监测检查项目	检查结果	结果评价
供热管网和用热设备及附件不得有可见的漏水或漏汽现象		
热力管道及附件的保温情况		
系统主要设备、管道等应采用固定式保温结构，法兰、阀门、人孔等应采用可拆式保温结构		
热力输送系统中产生凝结水处应安装疏水阀，并保持完好；不得用淘汰产品，也不得用阀门代替疏水阀		

监测测试项目	测试结果	考核指标	结果评价
保温结构表面温升/℃			
疏水阀漏汽率/%			

监测结果评价：

单位名称（节能监测专用章）

年　　月　　日

编制：　　　　　　审核：　　　　　　批准：

附　录　B
（资料性附录）
热力输送系统超耗能源量计算方法

B.1　热力管网、设备表面温升超耗能源量计算方法

热力管网、设备表面温升超耗能源量按式(B.1)计算(表面温升超指标 10 ℃，每平方米每小时超耗能源量按 0.037 千克标准煤计算)：

$$B_{\mathrm{lf}} = \frac{0.037(t_{\mathrm{bz}} - t_{\mathrm{bz}})}{10ST} \quad \cdots\cdots\cdots\cdots (\mathrm{B.1})$$

式中：

B_{lf}——超耗能源量，单位为千克标准煤(kgce)；

t_{bs}——测试表面温升，单位为摄氏度(℃)；

t_{bz}——表面温升指标，单位为摄氏度(℃)；

S——散热表面积，单位为平方米(m^2)；

T——常年运行时间单位为小时每年(h/a)。常年运行蒸汽管网、设备一般取 8 000 h/a，采暖管网、设备一般取 3 000 h/a，其他按实际运行时间。

B.2　使用蒸汽设备冷凝水回用率超耗能源量计算方法

使用蒸汽设备冷凝水回用率超耗能源量按式(B.2)计算：

$$B_{\mathrm{lf}} = \frac{(\beta_{\mathrm{z}} - \beta_{\mathrm{s}})Qh}{29\ 260} \quad \cdots\cdots\cdots\cdots (\mathrm{B.2})$$

式中：

β_{z}——冷凝水回收率指标，用百分数表示(%)；

β_{s}——实测冷凝水回收率，用百分数表示(%)；

Q——密闭使用蒸汽设备年耗汽总量，单位为吨每年(t/a)；

h——蒸汽焓，单位为千焦每千克(kJ/kg)。

B.3　裸露管网、设备超耗能源量计算方法

裸露管网、设备超耗能源量按式(B.3)计算：

$$B_{\mathrm{lf}} = kST \quad \cdots\cdots\cdots\cdots (\mathrm{B.3})$$

式中：

k——修正系数，根据表 B.1 按照实测温度利用插值法进行计算。

表 B.1　修正系数

表面温度 ℃	50	60	70	80	90	100	150	200	250	300
k [kgce/(m^2·h)]	0.075	0.104	0.136	0.167	0.202	0.236	0.443	0.702	1.028	1.436

ICS 27.010
F 01

中华人民共和国国家标准

GB/T 15912.1—2009
代替 GB/T 15912—1995

制冷机组及供制冷系统节能测试
第1部分:冷库

Monitoring and testing method for energy conservation of refrigerating systems—Part 1:Cold storage systems

2009-10-30 发布　　2010-05-01 实施

中华人民共和国国家质量监督检验检疫总局
中国国家标准化管理委员会　发布

前言

GB/T 15912《制冷机组及供制冷系统节能测试》分为三个部分：

——第1部分：冷库；

——第2部分：公用建筑用多联式空调机组；

——第3部分：商场超市冷藏用制冷机组。

本部分为 GB/T 15912 的第1部分。

本部分代替 GB/T 15912—1995《活塞式单级制冷机组及其供冷系统节能监测方法》。

本部分与 GB/T 15912—1995 相比主要变化如下：

——名称修改为“制冷机组及供制冷系统节能测试　第1部分：冷库”；

——第3章增加了冷库、库房、部分性能系数等术语；

——增加制冷量计算方法（第6章）。

本部分的附录A为资料性附录。

本部分由全国能源基础与管理标准化技术委员会提出并归口。

本部分起草单位：北京工业大学、中国标准化研究院、北京制冷学会、北京市东方友谊食品配送公司、中国通用机械工程总公司、艾默生公司、国内贸易工程设计研究院、西克公司、北京金万众空调制冷设备有限责任公司、北京中铁快运物流科技公司。

本部分主要起草人：李红旗、成建宏、孙大琪、唐俊杰、聂美清、白滨、马进、徐庆磊、谢滢、丁卫列、李援朝。

本部分于1995年首次发布。

制冷机组及供制冷系统节能测试
第1部分:冷库

1 范围

GB/T 15912的本部分规定了采用制冷压缩机(机组)、冷凝器、蒸发器及附件、管路等独立零部件在用户现场安装的制冷系统的节能监测内容和节能测试方法。

本部分适用于储存空间大于500 m^3 的冷冻、冷藏库(以下简称冷库)。

本部分不适用于山洞冷库、石拱覆土冷库、地下、半地下冷库以及冷库的冷却间和冻结间。

2 规范性引用文件

下列文件中的条款通过GB/T 15912的本部分的引用而成为本部分的条款。凡是注日期的引用文件,其随后所有的修改单(不包括勘误的内容)或修订版均不适用于本部分,然而,鼓励根据本部分达成协议的各方研究是否可使用这些文件的最新版本。凡是不注日期的引用文件,其最新版本适用于本部分。

GB/T 18517 制冷术语

3 术语和定义

GB/T 18517确立的以及下列术语和定义适用于本部分。

3.1

冷库 cold store

在低温条件下保藏货物的建筑群。包括库房、制冷压缩机房、变配电室及其附属建(构)筑物。

3.2

库房 (main cold) storehouse

冷库建筑群中的主体建筑。包括冷加工间、冷藏间、冰库及直接为它服务的建筑(如楼梯间、电梯间、穿堂、附属小房等)。

3.3

制冷装置 refrigerating plant

制冷机和耗冷设备的整体。包括全部管路、附件、控制设备、耗冷设备,它们通常是与制冷剂及载冷剂相接触的。

3.4

制冷系统 refrigerating system

含有制冷剂的部件通过内部互相联接,组成一个封闭的制冷回路,制冷剂通过这个循环回路进行吸热和放热。

3.5

制冷系统的制冷量 cooling capacity of the refrigerating system

制冷系统的制冷能力。

3.6

输入功率 input power

制冷系统所消耗的电功率,包括压缩机、换热器风扇电机、制冷剂循环泵、电气系统、冷却水泵、冷却塔风机、载冷剂泵等制冷系统包含的所有用能设备所消耗的电功率。

3.7

性能系数　coefficient of performance

制冷系统的制冷量与制冷系统所消耗的电功率的比值。

4　监测内容

监测项目应包括：

a)　库温；

b)　库外环境空气的干球温度；

c)　围护结构外表面的表面温度；

d)　穿过围护结构的热流密度；

e)　输入功率；

f)　围护结构的外表面积；

g)　围护结构的冷量损失；

h)　制冷系统的性能系数。

5　测试条件与方法

5.1　总则

5.1.1　测试时冷库应处于稳定运行状态，即冷库的冷负荷应维持不变。判断冷库进入稳定运行的条件是最后一次进货后 24 h，在此期间冷库门予以封闭；或者在库门封闭后 4 h 内在无外界干扰因素的条件下库温的变化小于±1 ℃。

5.1.2　测试过程中严禁使用导致冷负荷变化的一些附加功能，如气调、通风换气、除霜、加湿或除湿、照明、人员出入、库门开启、改变货物储量等。

5.1.3　库温的测量应根据其温度不均匀性采用多点测量、算术平均的方式进行。

5.1.4　对于变温或多温冷库应针对不同的库温或温度分区按照规定方法分别进行测量和计算。

5.1.5　不应在恶劣天气如刮风、雨雪、低温等气候条件下进行测量，测量时室外空气的风速应小于 3 m/s，并且应避免辐射对温度测量结果的影响。

5.2　测试仪器

5.2.1　功率测试仪表精度不低于 1.5 级。仪表应保持完好，并在检定周期之内。

5.2.2　热流计精度不低于 1.5 级。仪表应保持完好，并在检定周期之内。

5.2.3　温度测量的误差不应大于±0.2 ℃。

5.3　输入功率的测量

5.3.1　输入功率应在用能设备的电源输入端测量，当无法在电源输入端测量而需要在配电柜处测量时应将线路损耗和无关设备的输入功率从测量结果中扣除。

5.3.2　输入功率应在用能设备正常运行时测量，在其一个运行周期按等时间间隔连续测量 4 次，取 4 次读数的算术平均值作为实测值。

5.3.3　各用能设备的实测输入功率之和视为制冷系统的实际输入功率。

5.3.4　对于变温或多温冷库如果耗能设备也是相互独立的，应针对不同的库温或温度分区分别进行输入功率的测量。

5.4　围护结构冷损失的测量与计算

5.4.1　采用热流计在围护结构的外表面测量其冷损失。对于变温和多温冷库应按照库温将各温区视作独立的冷库进行测量和计算，此时应对各温区间隔墙的冷损失进行测量。

5.4.2　围护结构的冷损失应按照围护结构的换热条件分区测量，测量分区至少应考虑冷库内温度、围护结构绝热能力、日照、风速等因素。

5.4.3 测量的围护结构应包括冷库的4个立面及顶面，且被测外表面积应大于围护结构总外表面积的80%。

5.4.4 库门应作为一个独立的测量分区进行测量，每扇门的测点应不少于5个。

5.4.5 在每一测量分区按照矩形或正方形网格进行多点测量，取各次读数的算术平均值作为该分区的实测值。测点的密度应不小于每平方米0.05个点，当测量分区的面积小于100 m^2 时(库门除外)测点的密度应不小于每平方米0.1个点。

5.4.6 在每一点测量热流密度的同时，测量库温、相应点维护结构的外表面温度以及维护结构外的空气干球温度。取各次读数的算术平均值作为每一区的实测值。

5.4.7 每一测量分区的实测值应按式(1)折算到30 ℃时的数值：

$$q_{i30} = q_i \frac{303.13 - T_{ki}}{T_{gi} - T_{ki}} \quad \cdots\cdots\cdots\cdots (1)$$

式中：

q_{i30}——30 ℃时第 i 测量分区的热流密度，单位为瓦每平方米(W/m^2)；

q_i——第 i 测量分区热流密度的实测值，单位为瓦每平方米(W/m^2)；

T_{gi}——第 i 测量分区维护结构外空气干球温度的实测值，单位为开(K)；

T_{ki}——第 i 测量分区冷库内温度的实测值，单位为开(K)。

5.4.8 在具备测试可能时，架空库的地面冷损失应采用同样的方法进行测量并计入制冷量。但除非这部分冷损失从制冷量中扣除，否则其性能系数与非架空库不具可比性。

5.4.9 围护结构的冷损失按式(2)计算：

$$Q_{01} = \sum_{i=1}^{n} A_i q_{i30} \quad \cdots\cdots\cdots\cdots (2)$$

式中：

Q_{01}——围护结构的冷损失，单位为瓦(W)；

A_i——第 i 测量分区围护结构的外表面积，单位为平方米(m^2)；

n——围护结构测量分区的总数目。

6 制冷量的计算

6.1 采用近似的方法确定制冷系统的制冷量，为实际制冷量的主要部分，包括用于平衡围护结构主要冷损失的制冷量和平衡货物呼吸热的制冷量。

6.2 货物的冷却热和冻结热不应计入制冷量中，但当货物为具有呼吸热的水果、蔬菜时，应按货物的储存量和附录A提供的不同水果、蔬菜呼吸热的平均值计算货物的呼吸热量，并将其计入制冷量中。

6.3 冷库各温区制冷系统的制冷量按式(3)计算：

$$Q_0 = \frac{Q_{01}}{1\,000} + \sum_{j=1}^{m} \frac{m_j q_j}{3\,600} \quad \cdots\cdots\cdots\cdots (3)$$

式中：

Q_0——制冷系统的制冷量，单位为千瓦(kW)；

m_j——第 j 种货物的质量，单位为千克(kg)；

q_j——第 j 种货物的单位质量呼吸热，由附录A给出，单位为千焦每千克时[kJ/(kg·h)]；

m——冷库中所储存的水果、蔬菜类货物的总数目。

7 制冷系统性能系数的计算

7.1 采用性能系数作为评价冷库能效的指标。

7.2 性能系数按式(4)计算：

$$\mathrm{COP}=\frac{Q_0}{\sum_{k=1}^{c}P_k} \qquad \cdots\cdots(4)$$

式中：

COP——部分冷量性能系数，单位为千瓦每千瓦(kW/kW)；

P_k——第 k 个用能设备输入功率的实测值，单位为千瓦(kW)；

c——用能设备的总数目。

8 复测与比对

8.1 当需要进行复测时，测试仪器、测试方法、测点的数量与位置、计算方法等影响测试结果的因素应与前一次测试时相同。

8.2 不同冷库间测试结果的比对基础是冷库内储存的货物种类相同或按照储存要求其储存温度接近的类似货物，但不以库温作为比对的基础。

9 监测报告

9.1 被测冷库的基本情况，至少应包括：

a) 冷库概况，如类别、库容、围护结构、运行状况、年度耗电量等；
b) 冷库制冷系统的流程图及技术特征；
c) 主要设备清单及技术参数。

9.2 对于冷库的每一温区，监测报告至少应包括以下内容：

a) 库温及储存货物的名称和质量，对于多温库应当分别加以说明；
b) 围护结构各测量分区的冷损失；
c) 各用能设备的输入功率；
d) 制冷系统的部分冷量性能系数；
e) 测点的布置图及仪器仪表的型号与技术参数；
f) 计算过程与计算结果。

9.3 原始数据应以附件的形式作为报告的有效组成部分。

9.4 监测报告应对测试误差进行分析。

9.5 监测报告应对测试、计算方案进行详细说明，保证在出现复测需要时可以根据监测报告中的说明进行复测。

9.6 当测试过程存在本部分未加规定的、且影响测试、计算和最终结果的因素时，应在监测报告中详细加以说明。

附　录　A
（资料性附录）
常见蔬菜、水果的呼吸热

表 A.1　常见蔬菜、水果的呼吸热

名　　称	温度 ℃	呼吸热 kJ/(kg·h)	名　　称	温度 ℃	呼吸热 kJ/(kg·h)
苹果	0	0.067 4	卷心菜	0	0.046 9
	4.4	0.124 8		4.44	0.164 1
	15.6	0.479 8		15.6	0.401 1
	29.4	0.957 9	芹菜	0	0.159 1
梨	0	0.067 4		4.44	0.238 6
	15.6	0.961 7		15.6	0.383 5
桃	1.7	0.152 4	玉米	0	0.640 6
	15.6	0.769 5		4.44	0.924 4
	26.7	1.628 7		15.6	3.784 9
桔子	1.7	0.038 5	黄瓜	0	0.166 6
	15.6	0.153 2		4.44	0.251 2
	26.7	0.288 1		15.6	1.398 4
土豆	0	0.067 4	番薯(熟)	0	0.100 5
	10	0.115 1		4.44	0.123 9
	21.1	0.249 5		15.6	0.555 2
洋葱	0	0.077 0	白薯	0	0.175 4
	10	0.164 5		4.44	0.282 2
	21.1	0.316 5		15.6	4.011 0
香蕉(青)	10.2	0.309 8	芜青	0	0.190 9
香蕉(熟)	20	0.700 9		4.44	0.211 9
已熟香蕉	20	0.806 4		15.6	0.519 2
豆类(青)	0	0.590 3	草莓	0	0.308 1
	4.44	1.011 9		4.44	0.552 7
	15.6	3.764 4		15.6	1.130 4
甜菜	0	0.262 1	柚	0	0.045 2
	4.44	0.366 8		4.44	0.105 5
	15.6	0.715 1		15.6	0.273 0
花菜	0	0.732 7	柠檬	0	0.056 9
	4.44	1.144 7		4.44	0.079 5
	15.6	3.335 2		15.6	0.293 1

表 A.1（续）

名　　称	温度 ℃	呼吸热 kJ/(kg·h)	名　　称	温度 ℃	呼吸热 kJ/(kg·h)
莴苣	0	1.113 7	菠菜	0	0.448 4
	4.44	1.574 2		4.44	0.939 9
	15.6	4.538 5		15.6	3.688 6
西瓜	0	0.129 8	蘑菇	0	0.607 1
	4.44	0.193 4		4.44	2.168 8
	15.6	0.837 4		15.6	5.635 4
胡萝卜	0	0.122 3	豌豆(青)	0	0.803 9
	4.44	0.122 3		4.44	1.297 9
	15.6	0.122 3		15.6	3.877 0
青椒	0	0.268 0	樱桃	0	0.151 6
	4.44	0.463 9		15.6	1.092 8
	15.6	0.834 0		—	—

ICS 27.010
F 01

中华人民共和国国家标准

GB/T 15913—2009
代替 GB/T 15913—1995

风机机组与管网系统节能监测

Monitoring and testing for energy saving of fan's unit and distribute tube system

2009-10-30 发布 2010-05-01 实施

中华人民共和国国家质量监督检验检疫总局
中国国家标准化管理委员会 发布

前 言

本标准代替 GB/T 15913—1995《风机机组与管网系统节能监测方法》。

本标准与 GB/T 15913—1995 相比，主要变化如下：

——更改了标准名称；

——测试项目增加了电动机负载率要求；

——将“介质重度”更改为“气体密度”，计算公式有所调整；

——增加了结果评价、报告格式、计算表格；

——对监测检察项目要求进行了调整和细化；

——规范了节能监测报告格式。

本标准附录 A 和附录 B 均为规范性附录。

本标准由全国能源基础与管理标准化技术委员会提出。

本标准由全国能源基础与管理标准化技术委员会能源管理分委员会归口。

本标准起草单位：国家发改委能源研究所、中国标准化研究院、中国节能监察信息网。

本标准主要起草人：辛定国、陈海红、李爱仙、胡秀莲、陈晓萍、张管生。

本标准所代替标准的历次版本发布情况为：

——GB/T 15913—1995。

风机机组与管网系统节能监测

1 范围

本标准规定了风机机组与供风管网系统节能监测项目、监测方法和考核指标。

本标准适用于11 kW以上的由电动机驱动的离心式、轴流式通风机及鼓风机机组与管网系统。

本标准不适用于输送物料的风机机组及系统。

2 规范性引用文件

下列文件中的条款通过本标准的引用而成为本标准的条款。凡是注日期的引用文件，其随后所有的修改单(不包括勘误的内容)或修订版均不适用于本标准，然而，鼓励根据本标准达成协议的各方研究是否可使用这些文件的最新版本。凡是不注日期的引用文件，其最新版本适用于本标准。

GB 17167 用能单位能源计量器具配备和管理通则

3 术语和定义

下列术语和定义适用于本标准。

3.1

风机机组 fan unit

由风机、电动机和传动机构所组成的总体。

4 节能监测项目

4.1 节能监测检查项目

4.1.1 风机机组运行状态正常，系统配置合理。检查项目如下：

a) 查看风机本体、驱动电动机、连接器等是否完好、清洁；是否是国家明令的淘汰产品；

b) 支承部分润滑脂是否正常，各部位轴承温度是否符合温升标准；

c) 平皮带与三角带松紧度是否符合要求，平皮带压轮压力是否符合要求；三角带是否配齐，是否全部工作正常。

4.1.2 管网布置和走向合理。应符合流体力学基本原理，减少阻力损失。

4.1.3 系统连接部位无明显泄漏，送、排风系统设计漏损率不超过10%，除尘系统不超过15%。对管网系统应作如下检查：

a) 通过听声、手感、涂肥皂水等办法，判断漏风位置和漏风程度；

b) 自身循环的空气调节系统，要检查是否在设计条件下运行。

4.1.4 功率为50 kW及以上的电动机应配备电流表、电压表和功率表，并应在安全允许条件下，采取就地无功补偿等节电措施；控制装置完好无损。

4.1.5 流量经常变化的风机应采取调速运行。

4.2 节能监测测试项目

a) 电动机负载率；

b) 风机机组电能利用率。

5 节能监测方法

5.1 测试应在风机机组正常运行状态下进行。正常运行状态指生产工艺流程的实际运行工况。风机长期在稳定的负荷下运行，则将该工况视为正常运行状态；风机负荷在一定范围内变化，应将最经常出现的负荷工况视为正常运行状态。

5.2 每次监测连续测试时间不少于 30 min，每一被测参数的测量次数应不少于 3 次，以各组读数的算术平均值作为计算值。

5.3 测量截面应分别选在距风机进口不少于 5 倍、出口不少于 10 倍管径(当量管径)的直管段上，矩形管道以截面长边的倍数计算。如风机无进口管路，出口管道又没有平直长管段时，可在风机进口安装一段直管进行测量。

5.4 若动压测量截面与静压测量截面不在同一截面时，动压测量值应按静压测量截面的条件进行折算。

5.5 通风管道测量截面测点应按照 5.5a)或 5.5b)的规定进行布置。

a) 对于矩形管道，将测量截面划分为若干相等的小截面，在每个小截面的中心测量，每个小截面的面积不得大于 0.05 m^2，每个测量截面所划分的小截面不得少于 9 个，见图 1。

图 1

b) 对于圆形管道，在管道截面上划分若干个同心圆，分别在圆心和同心圆与管道水平轴、垂直轴的交点上测量，见图 2。

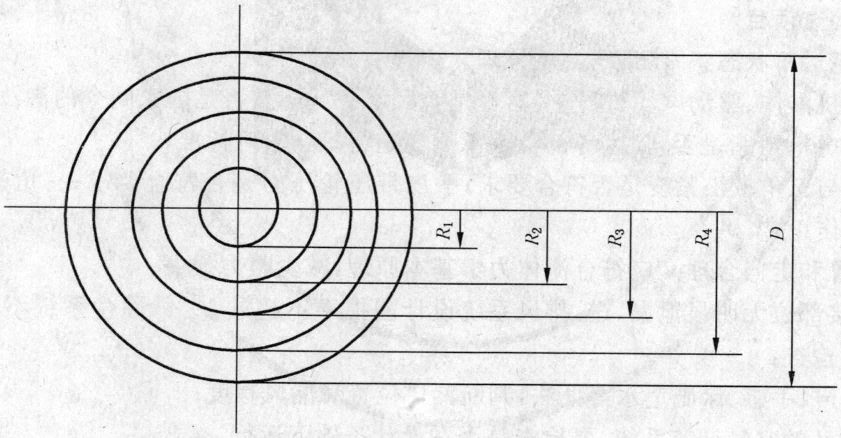

D——管道直径；
R_i——同心圆半径。

图 2

同心圆与圆心的距离(R_i)按式(1)计算：

$$R_i = R\sqrt{\frac{2i-1}{2n}} \qquad \cdots\cdots\cdots\cdots(1)$$

式中：

R——管道半径，单位为毫米(mm)；

i——同心圆序数；

n——根据管道直径，由表1确定同心圆数。

表 1

管道直径 D/mm	300	400	600	800	1 000	1 200	1 400	1 600	1 800
同心圆数 n	3	4	5	6	7	8	9	10	11

5.6 测试所用的仪器仪表应能满足测试项目的要求，仪器、仪表应完好，在检定周期内并应符合以下准确度要求：

a) 交流功率表准确度不应低于1.5级；

b) （高压电动机时）电能表准确度不应低于2.0级；

c) 微压计量小刻度应为10 Pa，精密度为1.0级；

d) 大气压力表度盘最小分度值不应低于1 hPa；

e) 温度表分辨率不应低于1 ℃。

5.7 风机全压的测量。用毕托管和微压计测量各测点的静压和动压。

a) 按式(2)计算测量截面的平均静压：

$$P_j = \frac{1}{m}\sum_{i=1}^{m} P_{ji} \quad \cdots\cdots(2)$$

式中：

P_j——测量截面的平均静压，单位为帕斯卡(Pa)；

P_{ji}——测量截面上各测点的静压，单位为帕斯卡(Pa)；

m——测量截面上的测点数目。

b) 按式(3)计算测量截面的平均动压：

$$P_d = \sqrt{\frac{1}{m}\sum_{i=1}^{m} (P_{di})^2} \quad \cdots\cdots(3)$$

式中：

P_d——测量截面的平均动压，单位为帕斯卡(Pa)；

P_{di}——测量截面上各测点的动压，单位为帕斯卡(Pa)；

m——测量截面上的测点数目。

c) 按式(4)计算风机全压：

$$P = (P_{j2} + P_{d2}) - (P_{j1} + P_{d1}) \quad \cdots\cdots(4)$$

式中：

P——风机的全压，单位为帕斯卡(Pa)；

P_{j2}——风机出口测量截面的平均静压，单位为帕斯卡(Pa)；

P_{d2}——风机出口测量截面的平均动压，单位为帕斯卡(Pa)；

P_{j1}——风机入口测量截面的平均静压，单位为帕斯卡(Pa)；

P_{d1}——风机入口测量截面的平均动压，单位为帕斯卡(Pa)。

5.8 流量测试点处气体密度(ρ)的测量。用大气压表和温度计测出大气压力和气体温度，按式(5)计算气体密度：

$$\rho = \rho_0 \frac{273}{273+t} \cdot \frac{P_h + P_j}{101\ 325} \quad \cdots\cdots(5)$$

式中：

ρ_0——标准状态下的气体密度，单位为千克每立方米(kg/m³)（空气取1.29；烟气取=1.30）；

t——测点截面处的气体温度，单位为摄氏度(℃)；

P_h——测量时当地大气压，单位为帕斯卡(Pa)；

P_j——流量测试点处的平均静压,单位为帕斯卡(Pa)。

5.9 风机流量测算。风机流量(Q)按式(6)计算:

$$Q = \mu F \sqrt{\frac{2P_d}{\rho}} \quad \cdots\cdots(6)$$

式中:

Q——风机实际流量,单位为立方米每秒(m^3/s);

μ——毕托管测压修正值,标准毕托管 $\mu=1$;

F——流量测点处测量的截面面积,单位为平方米(m^2);

P_d——流量测点处的平均动压,单位为帕斯卡(Pa);

ρ——流量测点处气体密度,单位为千克每立方米(kg/m^3)。

5.10 电动机负载率测算。电动机负载率(β)按式(7)计算:

$$\beta = \frac{P_2}{P_n} \quad \cdots\cdots(7)$$

式中:

P_2——电动机输出功率,单位为千瓦(kW);

P_n——电动机额定功率,单位为千瓦(kW)。

5.11 风机机组电能利用率测算。风机机组电能利用率(H_j)按式(8)计算,计算表见附录A。

$$H_j = \frac{P_{yP}}{P_1} \times 100 \quad \cdots\cdots(8)$$

式中:

H_j——风机机组电能利用率,以百分数表示%;

P_{yP}——风机机组有效输出功率,单位为千瓦(kW);$P_{yP}=Q \cdot P/1\,000$

P_1——电动机输入功率,单位为千瓦(kW)。

6 考核指标

6.1 电动机负载率应不小于45%。

6.2 电机容量在45 kW以下的风机机组电能利用率应不小于55%;电机容量在45 kW及以上的风机机组电能利用率应不小于65%。

7 结果评价

7.1 本标准规定的风机能源利用监测检查项目和测试项目考核指标是监测合格的最低标准。监测机构应以此进行合格与不合格的评价。全部监测指标均合格方可认为节能监测结果合格。

7.2 对监测不合格者,监测机构应做出能源浪费程度的评价报告和提出改进建议,监测报告格式见附录B。

附　录　A
（规范性附录）
风机机组能源利用率测试计算表

表 A.1　风机机组能源利用率测试计算表

地点		时间		风机编号	#
风机型号		出口压力	kPa	进口流量	m^3/min
电机型号		额定效率	%	额定功率	kW

序号	项目	符号	单位	数据来源	数值	备注
1	输入功率	P_1	kW	测试		
2	电机额定效率	η_e	%	查表		
3	空载损耗	P_0	kW	查表		
4	功率因数	$\cos\phi$		实测		
5	电机负载率	β	%	计算		
6	入口平均动压	P_{d1}	Pa	实测		
7	入口平均静压	P_{j1}	Pa	实测		
8	出口平均动压	P_{d2}	Pa	实测		
9	出口平均静压	P_{j2}	Pa	实测		
10	风机全压	P	Pa	计算		
11	测点平均风速	V	m/s	实测		
12	测点截面积	F	m^2	实测		
13	风机流量	Q	m^3/s	计算		
14	风机有效输出功率	P_{yP}	kW	计算		
15	机组电能利用率	H_j	%	计算		
16	年运行时间	t	h	统计		
17	年浪费量计算		kW·h	计算		不合格 有此项

监测人员：（签字）　　　　审核人员：（签字）

附　录　B
（规范性附录）
风机机组与管网系统节能监测结果

表 B.1　风机机组与管网系统节能监测结果　　节监字第＿＿＿＿＿号

单位名称		监测日期		环境温度	
设备名称		设备编号			
规格型号		监测标准			

监测检查项目	检查结果	结果评价
风机机组运行状态正常，系统配置合理		
管网布置和走向合理。应符合流体力学基本原理，减少阻力损失		
系统连接部位无明显泄漏，送、排风系统设计漏损率不超过10%，除尘系统不超过15%		
功率为50 kW及以上的电动机应配备电流表、电压表和功率表，并应在安全允许条件下，采取就地无功补偿等节电措施；控制装置完好无损		
流量经常变化的风机应采取调速运行		

监测测试项目	测试结果	考核指标	结果评价
电动机负载率/%			
风机机组电能利用率/%			

监测结果评价：

单位名称（节能监测专用章）

年　　月　　日

编制：　　　　　审核：　　　　　批准：

ICS 33.180.10
M 33

中华人民共和国国家标准

GB/T 15972.55—2009

光纤试验方法规范 第55部分：环境性能的测量方法和试验程序 氢老化

Specifications for optical fibre test methods—Part 55: Measurement methods and test procedures for environmental characteristics—Hydrogen aging

2009-09-30 发布　　2009-12-01 实施

中华人民共和国国家质量监督检验检疫总局
中国国家标准化管理委员会　发布

前言

GB/T 15972《光纤试验方法规范》由若干部分组成：

——第10部分～第19部分：测量方法和试验程序总则（对应IEC 60793-1-10～IEC 60793-1-19；代替GB/T 15972.1—1998）；

——第20部分～第29部分：尺寸参数的测量方法和试验程序（对应IEC 60793-1-20～IEC 60793-1-29；代替GB/T 15972.2—1998）；

——第30部分～第39部分：机械性能的测量方法和试验程序（对应IEC 60793-1-30～IEC 60793-1-39；代替GB/T 15972.3—1998）；

——第40部分～第49部分：传输特性和光学特性的测量方法和试验程序（对应IEC 60793-1-40～IEC 60793-1-49；代替GB/T 15972.4—1998）；

——第50部分～第59部分：环境性能的测量方法和试验程序（对应IEC 60793-1-50～IEC 60793-1-59；代替GB/T 15972.5—1998）。

其中GB/T 15972.5×由以下部分组成：

——第50部分：环境性能的测量方法和试验程序　恒定湿热；

——第51部分：环境性能的测量方法和试验程序　干热；

——第52部分：环境性能的测量方法和试验程序　温度循环；

——第53部分：环境性能的测量方法和试验程序　浸水；

——第54部分：环境性能的测量方法和试验程序　伽玛辐照；

——第55部分：环境性能的测量方法和试验程序　氢老化。

本部分为GB/T 15972的第55部分。本部分中基准试验方法主要参考了IEC 60793-2-50：2008《光纤　第2-50部分：产品规范　B类单模光纤分规范》（英文版），同时结合了国内试验的具体情况制定的。

本部分的附录A为资料性附录。

本部分由中华人民共和国工业和信息化部提出。

本部分由中国通信标准化协会归口。

本部分起草单位：武汉邮电科学研究院、长飞光纤光缆有限公司。

本部分主要起草人：陈永诗、李海清、李婧、刘骋、程淑玲。

光纤试验方法规范
第 55 部分：环境性能的测量方法和试验程序　氢老化

1　范围

GB/T 15972 的本部分规定了光纤在给定的含氢环境中进行氢老化试验的方法和试验程序。

本部分主要适用于评估 GB/T 15972.10—2008 中规定的 B1.3 类波长段扩展的非色散位移单模光纤的氢老化性能，也可用于评估 B4 类单模光纤的氢老化性能。

2　规范性引用文件

下列文件中的条款通过 GB/T 15972 的本部分的引用而成为本部分的条款。凡是注日期的引用文件，其随后所有的修改单(不包括勘误的内容)或修订版均不适用于本部分，然而，鼓励根据本部分达成协议的各方研究是否可使用这些文件的最新版本。凡是不注日期的引用文件，其最新版本适用于本部分。

GB/T 9771.3—2008　通信用单模光纤　第 3 部分：波长段扩展的非色散位移单模光纤特性

GB/T 15972.10—2008　光纤试验方法规范　第 10 部分：测量方法和试验程序　总则(IEC 60793-1-1：2002，Optical fibres—Part 1-1：Measurement methods and test procedures—General and guidline，MOD)

GB/T 15972.40—2008　光纤试验方法规范　第 40 部分：传输特性和光学特性的测量方法和试验程序　衰减(IEC 60793-1-40：2001，Optical fibres—Part 1-40：Measurement methods and test procedures—Attenuation，MOD)

3　试验装置

3.1　试验箱

试验装置包括一个环境试验箱。试验箱的大小应能够容纳试验样品，不得使试样受到直接辐射热，它能维持规定的温度在规定的容差内，可用空气循环维持试验箱内的均匀条件。

3.2　光纤容器

容器大小应能够容纳试验光纤样品，它能维持所需的含氢环境。容器应置于环境试验箱内，且容器材料传热性能能保证容器内的光纤样品与环境试验箱的设定温度达到一致。

3.3　其他装置

完成试验和测量所必须的其他装置，如装有(H_2-He)(氢气和氦气)或(H_2+N_2)(氢气和氮气)混合气体瓶等。

4　试样和试样制备

为达到所要求的衰减测量重复性，单模光纤试样长度应至少为 2 000 m。暴露在试验箱外面的光纤应尽可能短，如果暴露在外面的部分超过试样总长度的 10%，则宜记录说明。

在试样的准备过程中不应有在测量环境下给光纤造成危害的影响。除非在详细规范中另有规定，建议将光纤试样松绕，复绕和排线应对 1 310 nm 波长处衰减系数无影响，复绕张力宜不大于 0.3 N。将试样水平放置，为避免任何宏弯影响，绕圈直径应大于 150 mm。

5 试验程序

5.1 试验条件

试验环境氢分压、温度和试样放置时间见表1。

表1 试验氢分压、温度和试样放置时间

	氢分压	温度	试样放置典型时间
基准方法	1 kPa(0.01 atm)	+23 ℃±5 ℃	约(4～6)d
替代方法	1 kPa(0.01 atm)	+65 ℃±2 ℃	大于16 h

5.2 衰减系数的测量

5.2.1 基准方法

操作步骤如下：

a) 应按照GB/T 15972.40—2008规定的测量方法A、方法B或方法C，测量光纤在室温下1 310 nm波长和(1 240±3)nm、(1 383±3)nm范围峰值波长衰减系数，给出试样的基准衰减值。

注：若采用方法A(截断法)，则应注意记录一系列测量中截断的长度；若采用方法B(插入损耗法)，则应证明整个过程中连接的稳定性；若采用方法C(后向散射法)，则应注意确保结果的不漂移性。

b) 将光纤放入环境试验箱的容器中，盖好盖板，关上试验箱门。

c) 打开氢气和氦气或氢气和氮气混合气体瓶的总阀和管道上的手阀，给光纤容器充气。总阀气压表压力显示值应足够大，气瓶流量的设置应与容器的容量相适应，保证容器中氢气压为0.01个大气压。同时检查容器的密封性。

d) 将试验箱温度设置为(23±5)℃，开始氢老化试验，记录试验开始时间。

e) 试验期间，宜监测光纤1 240 nm附近峰值波长处的衰减系数，直至1 240 nm衰减值相对于基准衰减值变化大于等于0.03 dB/km时，可以认为1 383 nm波长衰减增加达到充分饱和，关闭气瓶总阀和手阀，关闭试验箱开关，将试样从氢气氛容器中取出；当无条件监测时，也可经过多于4 d试验以后取出光纤，测量光纤1 240 nm附近峰值波长处的衰减系数，直至1 240 nm衰减值相对于基准衰减值变化大于等于0.03 dB/km时，结束试验。

f) 试样应在标准大气环境条件下放置至少14 d后，采用GB/T 15972.40—2008方法A、方法B或方法C测量光纤在(1 383±3)nm范围峰值波长衰减系数。

5.2.2 替代方法

操作步骤如下：

a) 应按照GB/T 15972.40—2008的规定的测量方法，测量光纤在室温下1 310 nm波长和(1 240±3)nm、(1 383±3)nm范围峰值波长衰减系数，给出试样的基准衰减值。

b) 将光纤放入环境试验箱的容器中，盖好盖板，关上试验箱门。

c) 打开氢气和氦气或氢气和氮气混合气体瓶的总阀和管道上的手阀，给光纤容器充气。总阀气压表压力显示值应足够大，气瓶流量的设置应与容器的容量相适应，保证容器中氢气压为0.01个大气压。同时检查容器的密封性。

d) 调整试验箱温度，按规定的速度升温，待试验箱温度上升到65 ℃并稳定在(65±2)℃后，记录试验开始时间。

e) 试验期间，宜监测光纤1 240 nm附近峰值波长处的衰减系数，直至1 240 nm衰减值相对于基准衰减值变化大于等于0.03 dB/km时，可以认为1 383 nm波长衰减增加达到充分饱和，关闭氢气瓶总阀和手阀，关闭试验箱开关，让光纤冷却2 h后，将试样从氢气氛容器中取出；当无条件监测时，也可经过16 h以后取出光纤，测量光纤1 240 nm附近峰值波长处的衰减系数，直至 1 240 nm 衰减值相对于基准衰减值变化大于等于 0.03 dB/km 时，结束试验。

f）试样应在标准大气环境条件下放置至少 14 d 后，采用 GB/T 15972.40—2008 方法 A、方法 B 或方法 C 测量光纤在(1 383±3)nm 波长范围峰值衰减系数。

注：为避免测量系统误差对结果所造成的影响，1 383 nm 附近峰值波长的衰减系数变化值宜根据瑞利散射衰减曲线的拟合进行计算(见附录 A)。

5.3 预处理

如有要求，试样应按照详细规范进行预处理。

6 合格判定标准

试验后光纤在(1 383±3)nm 波长范围峰值衰减系数值的要求应符合 GB/T 9771.3—2008 中的规定。

7 结果

7.1 试验结果报告应包括下列内容：

——试验名称；

——试样识别号；

——试样长度；

——测量波长；

——试验后光纤在(1 383±3)nm 范围峰值波长衰减系数值；

——试验日期和操作人员。

7.2 根据要求报告中也可包括下列内容：

——对关键测量装置的描述；

——合格判据；

——应报告的信息；

——应用程序中出现的任何偏差。

附 录 A
（资料性附录）
氢损变化量的数据处理

在需要测量氢损变化量时，可参照以下数据处理的方法。

氢损试验过程中，1 240 nm 和 1 383 nm 波长处的衰减系数测量值会发生变化。这种衰减系数的变化可能并非全部由光纤的氢损本身所引起，光学测量设备的漂移和试验过程中光纤盘绕状态等因素都会对衰减系数测量值的变化产生影响。采用参考氢损前后衰减谱拟合曲线的方法，能够消除这种潜在的影响。

衰减谱拟合曲线基于下面的瑞利散射公式：

$$\alpha = A/\lambda^4$$

式中：

λ——波长，单位为微米（μm）；

α——相应波长 λ 处的衰减系数，单位为分贝每千米（dB/km）；

A——待定常数，单位为分贝每千米乘 4 次方微米（(dB/km)×μm^4）。

在氢损试验前后记录光纤的衰减谱。使用衰减谱曲线中一条稳定、线性区域中的衰减值计算常数 A。将计算得到的 A 值进行平均后代入上式中计算 α。分别作出实际 α 值和计算 α 值与波长 λ 的关系曲线。计算出 1 240 nm 和 1 383 nm 附近峰值波长处 α 实际测量值与计算值的差，以此作为计算氢损试验前后 1 240 nm 和 1 383 nm 衰减系数变化的基础。

例如，氢损试验前后，记录 1 260 nm 至 1 330 nm 处 α 和 λ 值（此波长范围可根据不同的衰减谱线而变化），计算 A 值并取其平均，根据 A 的平均值计算对应波长处 α 的计算值，绘出拟合曲线。将 1 383 nm 附近峰值波长处 α 的实际测量值减去瑞利散射拟合计算值，得到 α 的差值 Δi（i=1 或 2，1 表示试验前，2 表示试验后），（$\Delta2-\Delta1$）即为实际由氢损所引起的衰减系数变化值。

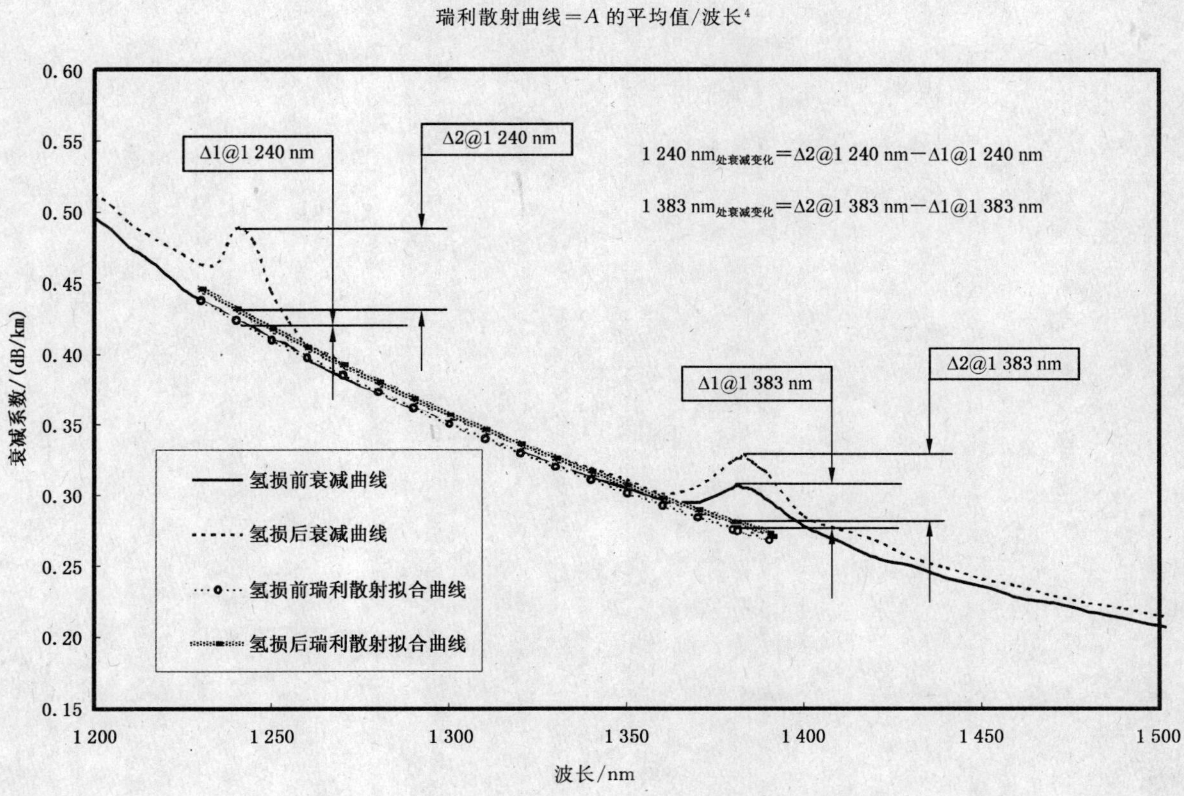

图 A.1　瑞利散射拟合曲线

ICS 11.020
C 61

中华人民共和国国家标准

GB 16005—2009
代替 GB 16005—1995

碘缺乏病病区划分

Delimitation for the endemic areas of iodine deficiency disorders(IDD)

2009-10-15 发布　　　　2009-11-01 实施

中华人民共和国国家质量监督检验检疫总局
中国国家标准化管理委员会　发布

前言

本标准第4章为推荐性,其余的为强制性。

本标准代替GB 16005—1995《碘缺乏病(IDD)病区划分标准》。

本标准与GB 16005—1995相比主要变化如下:

——增加了规范性引用文件;

——增加了抽样及调查方法;

——甲状腺肿大率和尿碘的两种检查人群只保留8~10岁儿童,去除了7~14岁儿童甲状腺肿大率指标;

——碘缺乏病病区划分标准表的内容有个别调整,增加了尿碘频数分布内容。

本标准由卫生部提出并归口。

本标准由中华人民共和国卫生部负责解释。

本标准起草单位:中国疾病预防控制中心地方病控制中心、吉林省地方病第二防治研究所、海南省疾病预防控制中心。

本标准主要起草人:申红梅、苏晓辉、葛旭光、魏海春、齐全。

本标准所代替标准的历次版本发布情况为:

——GB 16005—1995。

碘缺乏病病区划分

1 范围

本标准规定了我国碘缺乏病病区判定和碘缺乏病病区类型划分的标准。

本标准适用于碘缺乏病病区的判定和划分。

2 规范性引用文件

下列文件中的条款通过本标准的引用而成为本标准的条款。凡是注明日期的引用文件，随后所有的修改单(不包括勘误的内容)或修订版均不适用于本标准，然而，鼓励根据本标准达成协议的各方研究是否可使用这些文件的最新版本。凡是未注明日期的引用文件，其最新版本适用于本标准。

GB/T 5750(所有部分) 生活饮用水标准检验方法

WS 104 地方性克汀病和地方性亚临床克汀病诊断

WS/T 107 尿中碘的砷铈催化分光光度测定方法

WS 276 地方性甲状腺肿诊断标准

3 术语和定义

下列术语和定义适用于本标准。

3.1

碘缺乏病 iodine deficiency disorders，IDD

由于自然环境碘缺乏，导致碘摄入不足而造成机体碘营养不良所表现的一组疾病的总称。

4 碘缺乏病病区判定

以乡镇为单位，同时具备以下三项指标即可判定为碘缺乏病病区：

a) 水碘：饮用水中碘化物含量中位数小于 10 μg/L；

b) 尿碘：8～10 岁儿童尿碘中位数小于 100 μg/L，且小于 50 μg/L 的样品数占 20%以上；

c) 甲状腺肿大率：8～10 岁儿童甲状腺肿大率大于 5%。

在采取了碘盐或其他防治措施的地区，符合 a)和 c)两项指标即可判定为碘缺乏病病区。

5 碘缺乏病病区类型划分

碘缺乏病病区类型划分标准见表 1。

表 1 碘缺乏病病区类型划分标准

病区类型	8～10 岁儿童尿碘		8～10 岁儿童甲状腺肿大率(TGR) %	地方性克汀病
	中位数(MUI) μg/L	<50 μg/L 的百分数 %		
轻病区	50≤MUI<100	≥20	5<TGR<20	无
中等病区	20≤MUI<50	—	20≤TGR<30	有或无
重病区	MUI <20	—	≥30	有
注：当 3 项指标不一致时，以 8～10 岁儿童甲状腺肿大率为主。				

6 抽样调查及检测方法

6.1 水碘

6.1.1 抽样调查方法

以乡镇为单位，在东、西、南、北、中5个方位各随机抽取1个行政村，每个行政村按照东、西、南、北、中各随机抽取1个饮用水水源，采集水样，遇集中供水时，采集末梢水水样2份。

6.1.2 检测方法

按照GB/T 5750规定的方法，检测饮用水中碘化物含量。

以饮用水中碘化物含量中位数表示调查乡镇饮用水水碘水平。

6.2 尿碘

6.2.1 抽样调查方法

以乡镇为单位，在东、西、南、北、中5个方位各随机抽取1个行政村，在抽中村的村级或乡级小学，随机选取40名8～10岁儿童(人数不足时，从邻近村补足)，采集随意一次尿样。

6.2.2 检测方法

按照WS/T 107规定的方法，检测尿碘含量。

以尿碘中位数和频数分布评价调查乡镇8～10岁儿童尿碘水平。

6.3 甲状腺肿大率

对上述儿童，按照WS 276规定的方法，采用甲状腺B超法或触诊法，检测甲状腺容积或大小，计算甲状腺肿大率。

6.4 地方性克汀病病人诊断

以乡镇为单位，按照WS 104规定的方法，确诊地方性克汀病病人。

ICS 13.100
C 57

中华人民共和国国家标准

GB/T 16148—2009
代替 GB/T 16148—1995

放射性核素摄入量及内照射剂量估算规范

Specification for assessments of intakes and internal doses of radionuclides

2009-10-15 发布 2009-12-01 实施

中华人民共和国国家质量监督检验检疫总局
中国国家标准化管理委员会 发布

前　言

根据《中华人民共和国职业病防治法》制定本标准。

本标准在修订中，主要参考了国际原子能组织 IAEA 的 No. 37 安全标准《由于摄入放射性核素引起的职业辐射剂量的估算方法》(2004 年)。

本标准代替 GB/T 16148—1995《放射性核素摄入量及内照射剂量估算规范》。

本标准与 GB/T 16148—1995 相比，主要修改如下：

——在内照射呼吸道模型上，原标准是基于 ICRP 30 号出版物的模型，而本标准是基于 ICRP 66 号出版物的模型；

——在职业照射情况下，采用 GBZ 129—2002《职业性内照射个人监测规范》推荐的摄入量估算方法替代了摄入滞留函数值或摄入排泄函数值进行估算的方法；

——在用摄入量进行内照射剂量估算时，采用了 ICRP 的 67、69、71 和 72 出版物推荐的待积组织或器官剂量系数[$h_T(\tau)$]和待积有效剂量系数[$e(\tau)$]取代了原标准中的摄入量剂量转换因子[$(DCF)_{50,T}$，$(DCF)_{50,E}$]。

本标准的附录 A、附录 B、附录 C、附录 D 为资料性附录。

本标准由中华人民共和国卫生部提出并归口。

本标准由中华人民共和国卫生部负责解释。

本标准起草单位：中国医学科学院放射医学研究所。

本标准主要起草人：刘庆芬、刘强、武权、樊体强、张良安。

本标准所代替标准的历次版本发布情况为：

——GB/T 16148—1995。

放射性核素摄入量及内照射剂量估算规范

1 范围

本标准规定了放射性核素摄入量的测量与估算、内照射剂量估算和方法以及不确定度估算中应考虑的因素。

本标准适用于职业性和公众照射的放射性核素摄入量及内照射剂量估算工作。

2 规范性引用文件

下列文件中的条款通过本标准的引用而成为本标准的条款。凡是标注日期的引用文件，其随后所有的修改单(不包括勘误的内容)或修订版均不适用于本标准，然而，鼓励根据本标准达成协议的各方研究是否可使用这些文件的最新版本。凡是不注明日期的引用文件，其最新版本适用于本标准。

GBZ 129—2002 职业性内照射个人监测规范

3 术语和定义

下列术语和定义适用于本标准。

3.1

摄入量 intake

进入人体的放射性核素的量。其进入途径有吸入、食入和通过伤口或完好皮肤。

3.2

吸收量 uptake

摄入体内后进入细胞外液的放射性核素的量。

3.3

滞留量 retention

摄入放射性核素后的不同时间，滞留在器官、组织或全身内的放射性核素量。被体液摄取的核素量称作系统滞留量。系统滞留量和在呼吸道及肠胃道内的滞留量之和称全身滞留量。

3.4

沉积 deposition

摄入体内后，在摄入器官内沉积下来的放射性核素量。例如在一次急性吸入之后沉积在胃肠道内的放射性核素量。

3.5

呼吸道模型 human respiratory tract model, HRTM

用于估算通过呼吸方式摄入放射性核素的数学模式。HRTM分为鼻前部气道ET_1、咽喉ET_2(由鼻后部和口气道组成)、气管和主支气管BB、细支气管bb和小泡空隙AI(气体交换)5个区。ET_1和ET_2合称头部气道ET，淋巴细胞与这个区有关。BB，bb和AI是胸部的三个区。

3.6

胃肠道模型 gastrointestinal tract model, GITM

用于估算通过食入方式摄入放射性核素的数学模式。它系指ICRP胃肠道模型，通常分为胃、小肠、上段大肠和下段大肠四个部分。在计算有效剂量时，这四个部分按独立的器官对待。

3.7

直接测量　direct measurements

全身或器官中放射性物质含量的直接测量技术。它是一种全身监测和局部体外监测。主要用于发射特征X射线、γ射线、正电子和高能β粒子的放射性核素,也可用于某些发射特征X射线的α辐射体。

3.8

间接测量　indirect measurements

监测人体排泄物及其他生物样品的测量技术。对于不发射γ射线或只发射低能光子的放射性核素、发射高能β、γ射线的辐射体,间接测量是合适的监测技术。在常规监测中,排泄物监测一般只包括尿分析。

3.9

空气动力学直径活度中值　activity median aerodynamic diameter,AMAD

某个气溶胶粒子在空气中沉降时的滑流速度,与一个密度为1 mg/cm³的球体在相同的空气动力学条件下沉降时的滑流速度相等,此球体的直径称为该气溶胶粒子的空气动力学直径。如果在所有的气溶胶粒子中,直径大于和小于上述空气动力学直径的粒子各占总活度的一半,则此直径称为活度中值空气动力学直径。

3.10

空气热动力学直径活度中值　activity median thermodynamic diameter,AMTD

它是一种空气动力学直径,对更小的微粒,它的沉积主要由开始的扩散产生,当微粒中空降放射性50%来自小于AMAD的微粒,另50%来自大于AMAD的微粒。

4　摄入途径和模式

采用ICRP推荐的摄入、转移和排泄路径及通用模型,胃肠道数学模型和人体呼吸道数学模型(参见附录A)。

5　摄入量的测量和估算

5.1　摄入量测量的主要方法

5.1.1　应用直接测量(体外测量)、间接测量(生物样品检测)和空气采样测量给出的全身、器官或组织、生物样品和工作环境中放射性核素的测量结果,估算摄入量。

5.1.2　直接测量或间接测量体内某一核素(j)是M(Bq)时,该核素的摄入量$A_{j,0}$(单位Bq)用式(1)计算:

$$A_{j,0} = M/m(t) \qquad \cdots\cdots(1)$$

式中:

$m(t)$——摄入1 Bq某核素t天时体内或器官内核素的含量(Bq),无量纲;

M——放射性核素的测量结果,单位为贝可(Bq);

t——摄入核素到测量时的天数。

以上公式不适用于连续摄入的情况,在连续摄入(例如职业照射)的情况,此时应用$m(T/2)$代替$m(t)$进行计算,T为监测周期(d)。

参数$m(t)$和$m(T/2)$可从GBZ 129—2002中查出。除了测量结果M外,用式(1)计算摄入量还必须有摄入途径和摄入时间的信息和数据。

5.1.3　当用个人空气采样方法估算通过呼吸道的摄入量时,用式(2)进行估算。

$$A_{j吸} = C_{j空} B_{空} \qquad \cdots\cdots(2)$$

式中:

$C_{j空}$——核素j在空气中的时间积分浓度(Bq·s/m³);

$A_{j吸}$——摄入量的时间积分值；

$B_{空}$——人员呼吸率，单位为立方米每秒(m^3/s)。

本标准建议用个人空气采样的方法进行测量 $C_{j空}$；推荐使用 UNSCEAR 建议的 $B_{空}$ 值，成人数据为 0.83 m^3/h，1 岁以下、1 岁、5 岁、10 岁和 15 岁的值分别取为 0.13、0.23、0.37、0.60、0.77 m^3/h。

5.2 其他情况采用的方法参见附录 B 中第 B.2 章。

6 内照射剂量估算及方法

6.1 待积器官剂量 $H_T(\tau)$ 和待积有效剂量 $E(\tau)$ 的估算分别采用式(3)和式(4)计算：

$$E(\tau) = A_0 e(\tau) \qquad \cdots\cdots(3)$$

$$H_T(\tau) = A_0(\tau) h_T(\tau) \qquad \cdots\cdots(4)$$

式中：

A_0——放射性核素的摄入量，单位为贝可(Bq)；

$h_T(\tau)$——每单位摄入量的待积组织或器官的辐射权重剂量，单位为希每贝可(Sv/Bq)；

$e(\tau)$——每单位摄入量引起的待积有效剂量，单位为希每贝可(Sv/Bq)。

本标准推荐的 $e(\tau)$ 和 $h_T(\tau)$ 值参见附录 C。

在低于剂量限值的十分之一的小剂量情况时，才可用工作场所的监测数据粗略估算内照射剂量，但应至少要有以下信息核素、化合物的化学形态、气溶胶粒子大小(1 μm 或 5 μm)、摄入方式和路径等。

当待积有效剂量估计值低于 1 mSv 时，不必用内照射个人剂量监测的办法进行内剂量估算，这时可用场所监测数据粗略计算。

当待积有效剂量估计值高于 5 mSv 时，需要应用个体的特定受照时间和途径等信息，这时可得到更为真实的剂量估算结果。

6.2 测量和估算时应对不同核素(j)分别测量，用式(1)估算摄入量，用式(3)和式(4)进行待积器官剂量 $H_T(\tau)$ 和待积有效剂量 $E(\tau)$ 的估算后，按式(5)、式(6)估算总剂量。

$$H_T(\tau) = \sum_j A_{j,0}(\tau) h_{j,T}(\tau) \qquad \cdots\cdots(5)$$

$$E(\tau) = \sum_j A_{j,0} e_j(\tau) \qquad \cdots\cdots(6)$$

6.3 内照射剂量估算的具体方法见附录 D。

7 不确定度估算中应考虑的因素

7.1 检测结果引起的不确定度

所有量化放射性核素的操作程序都会引起随机和系统误差。体内和体外测量的不确定度来源应包括样品体积和重量的量化、稀释和吸移管误差、溶液存放期间的蒸发、用于校准用标准活度及其稳定性、空白校正、本底及其涨落、电子学稳定性、谱分辨率和峰交叠；样品污染和杂质、计算时源的位置、校准模样的形状和密度、校准中同质性假设、统计计算误差等。

7.2 摄入特征引起的不确定度

时间模式是不确定度的一个主要来源，通常假定为急性摄入、短时间内持续摄入、长时期的延续性摄入。在很多情况下，是既有吸入，也有食入，这时用单一路径假设解释生物检测数据会引起很大的误差。

7.3 生物动力学和剂量学模型不确定度

此类不确定度主要由随机变异，单个化合物吸收、转移和排泄值及其分布信息缺乏引起。模型对器官的大小、形状、质量和几何关系的简化假设也是不确定度的重要来源。

生物动力学模型基于参考个体形成群体的一个平均值，这些参数的组合也是不确定度的重要来源。

附 录 A
（资料性附录）
生物动力学和剂量学模型

A.1 摄入、转移和排泄路径（图 A.1）

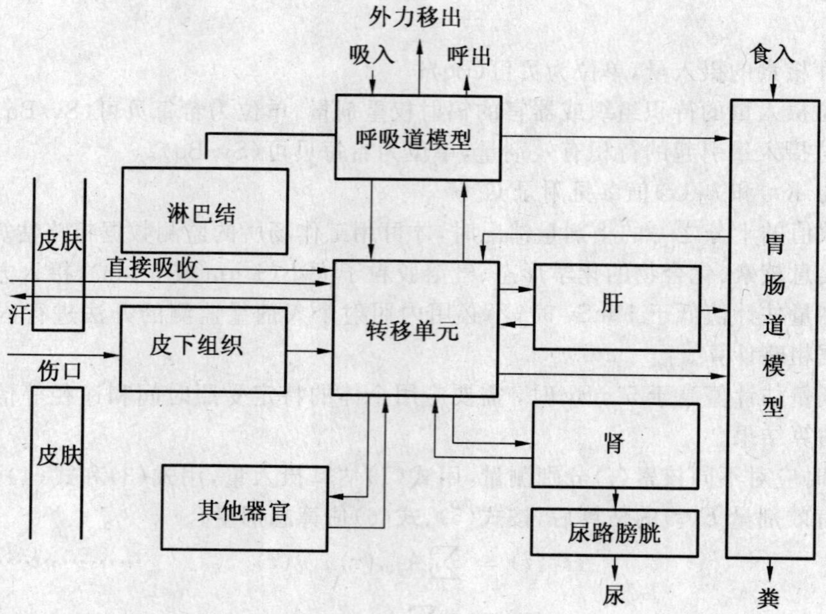

a）摄入、转移和排泄路径

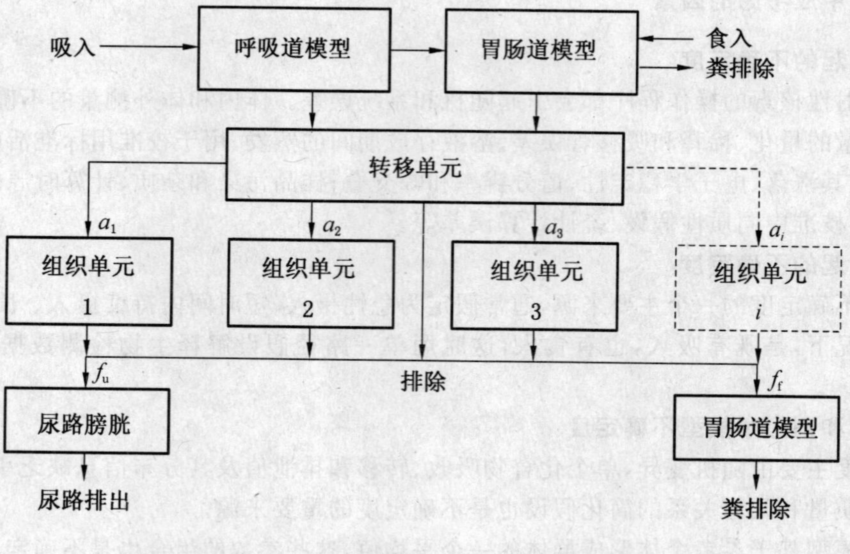

b）描述体内不同隔室单元中放射性核素动力学行为的通用模型

图 A.1 摄入、转移和排泄路径

A.2 用于摄入量和剂量计算的胃肠道数学模型(图 A.2)

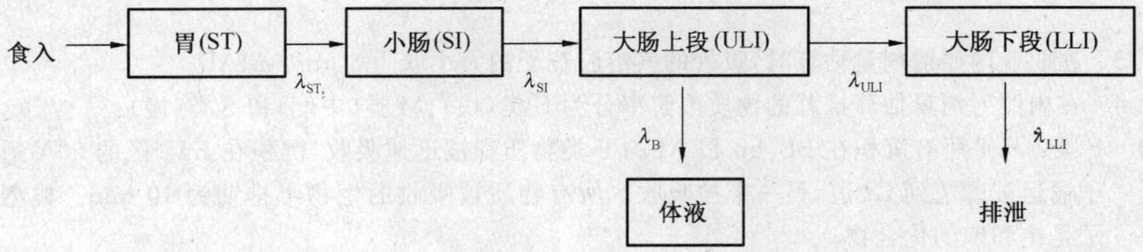

图 A.2 用于摄入量和剂量计算的胃肠道数学模型

A.3 用于摄入量和剂量计算的人体呼吸道数学模型(图 A.3)

HRTM 分为鼻前部气道 ET_1、咽喉 ET_2(由鼻后部和口气道组成)、气管和主支气管 BB、细支气管 bb 和小泡空隙 AI(气体交换)5 个区(附录 C)。ET_1 和 ET_2 合称头部气道 ET,淋巴细胞与这个区有关。BB,bb 和 AI 是胸部的三个区。

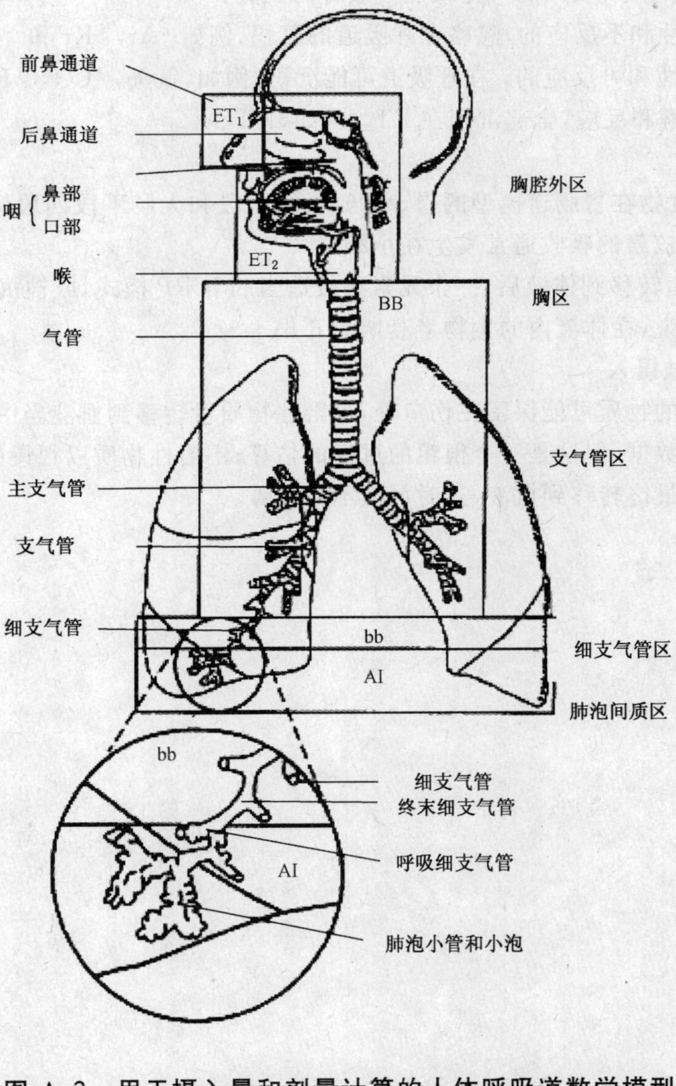

图 A.3 用于摄入量和剂量计算的人体呼吸道数学模型

A.3.1 吸入

A.3.1.1 吸入的沉积和清除分别按 HRTM 处理。HRTM 适用于所有人群,对职业人员、公众、婴儿及儿童都应使用各自的参考值。

A.3.1.2 HRTM可用来计算肺的平均剂量和呼吸道其他组织的剂量，这时考虑了不同组织的辐射敏感度。

A.3.1.3 在职业内照射剂量估算时，吸入的气溶胶粒子的大小取为5 μm AMAD。

A.3.1.4 在内照射剂量估算推荐的物质溶解率分为F类(快)、M类(中度)和S类(慢)：

a) F类：几乎所有沉积在BB，bb和AI的F类物质都被迅速吸收，沉积在ET_2区的50%通过粒子输运被廓清到GI道，另一半被吸收。所有物质被吸收的生物半排期为10 min。典型的例子是铯和碘的化合物；

b) M类：沉积在BB，bb和AI的10%的M类物质和沉积在ET_2区的5%的M类物质被迅速吸收，大约有70%沉积在AI区的最终被吸收到体液。被吸收的10%物质的生物半排期为10 min，90%物质的生物半排期为140 d，典型的例子是镭和镅的化合物；

c) S类：ET，BB或bb区吸收的很少，大约有10%沉积在AI区的最终被吸收到体液。被吸收的0.1%物质的生物半排期为10 min，99.9%物质的生物半排期为7 000 d。典型的例子是铀和钚的不能溶解的化合物。

A.3.1.5 在HRTM模型中，吸入的气体或蒸气被分为三类：

a) SR-0类，不溶性和不反应的，忽略在呼吸道的沉积，例如^{41}Ar，^{85}Kr和^{133}Xe；

b) SR-1类，可溶性和可反应的，在呼吸道可能沉积，例如，氚气，^{14}CO，^{131}I蒸气和^{195}Hg蒸气；

c) SR-2类，易溶解和反应，全部沉积在ET_2，例如，HTO。

A.3.2 食入

在内剂量估算时，食物在胃肠道模型的胃、小肠、大肠上段和大肠下段四段中的停留时间分别取为1 h、4 h、13 h和24 h。核素的吸收通常发生在小肠。

通过GI道和呼吸道转移到体液后，一个元素将按适当的ICRP模式，或被沉积在器官及组织上，或被排泄出体外。一般地说，在体液内的生物半衰期为6 h。

A.3.3 伤口和完好皮肤摄入

这时很多含放射性的物质可能保留在伤口处，可溶性物质可转移到血液当中，此时可近似的采用直接摄入到血液(注射)的数据，但这是一个很粗的过高的估算；不溶性物质以很慢的速度转移到附近的淋巴组织中，再逐渐溶解，最终转移到血液，这时可以不用计算。

附 录 B
（资料性附录）
用直接和间接测量数据估算摄入量的方法

B.1 直接和间接测量数据估算摄入量的方法(A)的逻辑框图(图 B.1)

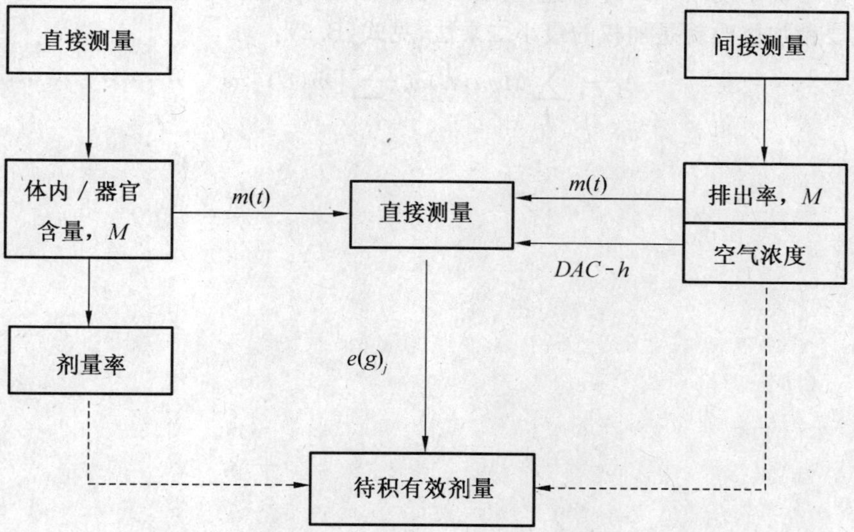

注：虚线表示可选用的其他方法。

图 B.1 直接和间接测量数据估算摄入量的方法(A)的逻辑框图

B.2 其他情况采用的方法

B.2.1 突发事件引起的特殊生物样品检测，可以认为事件发生时间就是摄入时间的起始时间；连续性监测通用近似将监测周期的中点视为摄入时间，然而当摄入和有效剂量高出剂量限值，就不应用这种近似，而应使用摄入时间的实际值，此时应按 GBZ 129—2002 的方法确定。

B.2.2 如果无法确定摄入时间，并且摄入还在延迟，这时可假定是慢性摄入的情况，对于 n 天的监测间隔时间，每天的摄入为总摄入的 $1/n$ 。

B.2.3 尽管在工作场所中吸入是最常发生的摄入方式，但也确有食入和从伤口摄入的情况会偶尔发生。原则上可通过吸入和食入的列表分析来确定摄入途径，从而可以确定需选用的 $m(t)$，具体方法按 GBZ 129—2002 的方法进行。

B.2.4 用直接测量值进行放射性核素的估算时，肺的计算分析可用来区分吸入和食入，但放射性核素是不可溶形态时，要分析和确定路径就十分困难，这时需要对排泄样品进行摄入后尽早检测和较长期的连续检测。

B.2.5 确定慢性长期照射的有效方法是让工作人员离开放射性工作场所 15 d 后进行测量和分析。

B.2.6 应注意的是在吸入较大气溶胶粒子(例如：AMAD＞15 μm～20 μm)时应按食入情况处理，此时分析口腔和鼻擦拭物对确定路径也十分有用。

B.2.7 如果常规检测结果值预示是有潜在意义的摄入时，则应进行更加精确的特殊监测。

B.2.8 处理多次生物检测结果时，可以使用不加权的最小二乘法、加权的最小二乘法。当选用统计方法时，应当考虑每次测量的数据的可靠性和可变性；如果测量不可靠或怀疑不可靠应当从分析中排除。

B.2.9 不加权的最小二乘法

这时的摄入量用式(B.1)计算：

$$A_0 = \sum_i M_i m(t_i) / \sum_i [m(t_i)]^2 \quad \cdots\cdots (B.1)$$

式中：

M_i——t_i 时刻的生物检测结果；

$m(t_i)$——与 t_i 相应的单位摄入生物检测的预定值。

B.2.10 加权的最小二乘法

当测量数据的不确定度不一致时，就应基于不确定度给出数据的权重因子(ω_i)，这时上面的不加权的最小二乘法只要稍加修改就是加权的最小二乘法，见式(B.2)：

$$A_0 = \sum_i M_i m(t_i) \omega_i / \sum_i [m(t_i)]^2 \omega_i \quad \cdots\cdots (B.2)$$

附　录　C
（资料性附录）
主要核素的剂量系数

C.1　主要核素的剂量系数见表C.1。

表C.1　有吸入和食入直接进入血液的不同核素的每单位摄入的待积有效剂量(剂量系数)

种类	形式[c]	吸入 $e(g)_{Inh}$ Sv/Bq		食入[a]		注入[b]	
		AMAD=1 μm	AMAD=5 μm	f_1	$e(g)_{Ing}$ Sv/Bq	f_1	$e(g)_{Inj}$ Sv/Bq
^{3}H	HTO[de]	1.8×10^{-11}		1	1.8×10^{-11}		1.8×10^{-11}
	OBT[de]	4.1×10^{-11}		1	4.2×10^{-11}		
	Gas[d]	1.8×10^{-15}					
^{32}P	F	8×10^{-10}	1.1×10^{-9}	0.8	2.3×10^{-10}		2.2×10^{-9}
	M	3.2×10^{-9}	2.9×10^{-9}				
^{55}Fe	F	7.7×10^{-10}	9.2×10^{-10}	0.1	3.3×10^{-10}	0.1	3.0×10^{-9}
	M	3.7×10^{-10}	3.3×10^{-10}				
^{59}Fe	F	2.2×10^{-9}	3.0×10^{-9}	0.1	1.8×10^{-9}	0.1	8.4×10^{-9}
	M	3.5×10^{-9}	3.2×10^{-9}				
^{60}Co	M	9.6×10^{-9}	7.1×10^{-9}	0.1	3.4×10^{-9}		1.9×10^{-8}
	S	2.9×10^{-8}	1.7×10^{-8}	0.05	2.5×10^{-9}		
^{67}Ga	F	6.8×10^{-11}	1.1×10^{-10}	0.001	1.9×10^{-10}		1.2×10^{-10}
	M	2.3×10^{-10}	2.8×10^{-10}				
^{85}Sr	F	3.9×10^{-10}	5.6×10^{-10}	0.3	5.6×10^{-10}		1.1×10^{-9}
	S	7.7×10^{-10}	6.4×10^{-10}	0.01	3.3×10^{-10}		
^{89}Sr	F	1.0×10^{-9}	1.4×10^{-9}	0.3	2.6×10^{-9}		3.1×10^{-9}
	S	7.5×10^{-9}	5.6×10^{-9}	0.01	2.3×10^{-9}		
^{90}Sr	F	2.4×10^{-8}	3.0×10^{-8}	0.3	2.8×10^{-8}		8.8×10^{-8}
	S	1.5×10^{-7}	7.7×10^{-8}	0.01	2.7×10^{-9}		
^{95}Zr	F	2.5×10^{-9}	3.0×10^{-9}	0.002	8.8×10^{-10}		1.0×10^{-8}
	M	4.5×10^{-9}	3.6×10^{-9}				
	S	5.5×10^{-9}	4.2×10^{-9}				
^{95}Nb	M	1.4×10^{-9}	1.3×10^{-9}	0.01	5.8×10^{-10}		2.1×10^{-9}
	S	1.6×10^{-9}	1.3×10^{-9}				
^{99}Tc	F	2.9×10^{-10}	4.0×10^{-10}	0.8	7.8×10^{-10}		8.7×10^{-10}
	M	3.9×10^{-9}	3.2×10^{-9}				
^{99m}Tc	F	1.2×10^{-11}	2.0×10^{-11}	0.8	2.2×10^{-11}		1.9×10^{-11}
	M	1.9×10^{-11}	2.9×10^{-11}				
^{106}Ru	F	8.0×10^{-9}	9.8×10^{-9}	0.05	7.0×10^{-9}		3.0×10^{-8}
	M	2.6×10^{-8}	1.7×10^{-8}				
^{125}Sb	F	1.4×10^{-9}	1.7×10^{-9}	0.1	1.1×10^{-9}		5.4×10^{-9}
	M	4.5×10^{-9}	3.3×10^{-9}				
^{123}I	F	7.6×10^{-11}	1.1×10^{-10}	1	2.1×10^{-10}		2.2×10^{-10}
	V[c]	2.1×10^{-10}					
^{124}I	F	4.5×10^{-9}	6.3×10^{-9}	1	1.3×10^{-8}		1.3×10^{-8}
	V[c]	1.2×10^{-8}					

表 C.1（续）

种类	形式[c]	吸入 $e(g)_{inh}$ Sv/Bq AMAD=1 μm	吸入 $e(g)_{inh}$ Sv/Bq AMAD=5 μm	食入[a] f_1	食入[a] $e(g)_{ing}$ Sv/Bq	注入[b] f_1	注入[b] $e(g)_{inj}$ Sv/Bq
^{125}I	F	5.3×10^{-9}	7.3×10^{-9}	1	1.5×10^{-8}		1.5×10^{-8}
	V[c]	1.4×10^{-8}					
^{131}I	F	7.6×10^{-9}	1.1×10^{-8}	1	2.2×10^{-8}		2.2×10^{-8}
	V[c]	2.0×10^{-8}					
^{134}Cs	F	6.8×10^{-9}	9.6×10^{-9}	1	1.9×10^{-8}		1.9×10^{-8}
^{137}Cs	F	4.8×10^{-9}	6.7×10^{-9}	1	1.3×10^{-8}		1.4×10^{-8}
^{144}Co	M	3.4×10^{-8}	2.3×10^{-8}	5×10^{-4}	5.2×10^{-9}		1.7×10^{-8}
	S	4.9×10^{-8}	2.9×10^{-8}				
^{153}Gd	F	2.1×10^{-9}	2.5×10^{-9}	5×10^{-4}	2.7×10^{-10}		8.6×10^{-9}
	M	1.9×10^{-9}	1.4×10^{-9}				
^{201}Tl	F	4.7×10^{-11}	7.6×10^{-11}	1	9.5×10^{-11}		8.7×10^{-11}
^{210}Pb	F	8.9×10^{-7}	1.1×10^{-6}	0.2	6.8×10^{-7}	0.2	3.5×10^{-6}
^{210}Po	F	6.0×10^{-7}	7.1×10^{-7}	0.1	2.4×10^{-7}		2.4×10^{-6}
	M	3.0×10^{-6}	2.2×10^{-6}				
^{226}Ra	M	3.2×10^{-6}	2.2×10^{-6}	0.2	2.8×10^{-7}		1.4×10^{-6}
^{228}Ra	M	2.6×10^{-6}	1.7×10^{-6}	0.2	6.7×10^{-7}		3.4×10^{-6}
^{228}Th	M	3.1×10^{-5}	2.3×10^{-5}	5×10^{-4}	7.0×10^{-8}	5×10^{-4}	1.2×10^{-4}
	S	3.9×10^{-5}	3.2×10^{-5}	2×10^{-4}	3.5×10^{-8}		
^{232}Th	M	4.2×10^{-5}	2.9×10^{-5}	5×10^{-4}	2.2×10^{-7}	5×10^{-4}	4.5×10^{-4}
	S	2.3×10^{-5}	1.2×10^{-5}	2×10^{-4}	9.2×10^{-8}		
^{234}U	F	5.5×10^{-7}	6.4×10^{-7}	0.02	4.9×10^{-8}		2.3×10^{-6}
	M	3.1×10^{-6}	2.1×10^{-6}	0.002	8.3×10^{-9}		
	S	8.5×10^{-6}	6.8×10^{-6}				
^{235}U	F	5.1×10^{-7}	6.0×10^{-7}	0.02	4.6×10^{-8}		2.1×10^{-6}
	M	2.8×10^{-6}	1.8×10^{-6}	0.002	8.3×10^{-9}		
	S	7.7×10^{-6}	6.1×10^{-6}				
^{238}U	F	4.9×10^{-7}	5.8×10^{-7}	0.02	4.4×10^{-8}		2.1×10^{-6}
	M	2.6×10^{-6}	1.6×10^{-6}	0.002	7.6×10^{-9}		
	S	7.3×10^{-6}	5.7×10^{-6}				
^{237}Np	M	2.1×10^{-5}	1.5×10^{-5}	5×10^{-4}	1.1×10^{-7}	5×10^{-4}	2.1×10^{-4}
^{239}Np	M	9.0×10^{-10}	1.1×10^{-9}	5×10^{-4}	8.0×10^{-10}	5×10^{-4}	3.8×10^{-10}
^{238}Pu	M	4.3×10^{-5}	3.0×10^{-5}	5×10^{-4}	2.3×10^{-7}	5×10^{-4}	4.5×10^{-4}
	S	1.5×10^{-5}	1.1×10^{-5}	1×10^{-5}	8.8×10^{-9}		
				1×10^{-4}	4.9×10^{-8}		
^{239}Pu	M	4.7×10^{-5}	3.2×10^{-5}	5×10^{-4}	2.5×10^{-7}	5×10^{-4}	4.9×10^{-4}
	S	1.5×10^{-5}	8.3×10^{-6}	1×10^{-5}	9.0×10^{-9}		
				1×10^{-4}	5.3×10^{-8}		
^{240}Pu	M	4.7×10^{-5}	3.2×10^{-5}	5×10^{-4}	2.5×10^{-7}	5×10^{-4}	4.9×10^{-4}
	S	1.5×10^{-5}	8.3×10^{-6}	1×10^{-5}	9.0×10^{-9}		
				1×10^{-4}	5.3×10^{-8}		
^{241}Pu	M	8.5×10^{-7}	5.8×10^{-7}	5×10^{-4}	4.7×10^{-9}	5×10^{-4}	9.5×10^{-6}
	S	1.6×10^{-7}	8.4×10^{-8}	1×10^{-5}	1.1×10^{-10}		
				1×10^{-4}	9.6×10^{-10}		

表 C.1（续）

种类	形式[c]	吸入		食入[a]		注入[b]	
		$e(g)_{\text{Inh}}$ Sv/Bq		f_1	$e(g)_{\text{Ing}}$ Sv/Bq	f_1	$e(g)_{\text{Inj}}$ Sv/Bq
		$AMAD=1\ \mu m$	$AMAD=5\ \mu m$				
^{241}Am	M	3.9×10^{-5}	2.7×10^{-5}	5×10^{-4}	2.0×10^{-7}	5×10^{-4}	4.0×10^{-4}
^{242}Cm	M	4.8×10^{-6}	3.7×10^{-6}	5×10^{-4}	1.2×10^{-8}	5×10^{-4}	1.4×10^{-5}
^{244}Cm	M	2.5×10^{-5}	1.7×10^{-5}	5×10^{-4}	1.2×10^{-7}	5×10^{-4}	2.4×10^{-4}

a f_1 仅用于食入。

b 直接摄入到血液。f_1 仅用于钚通过小肠在循环的情况，其他情况无效。

c 对肺吸收类型。

d 对于气体和蒸汽。AMDM 不能用于这种情况。

e HTO：氚水。OBT：有机结合氚。

附 录 D
（资料性附录）
摄入量和内照射剂量估算举例

D.1 摄入量和内照射剂量估算举例

示例1（生物样品检测的例子）

一个工作人员在日常工作中受到UF和UO_2F_2的照射，它们属F类吸收，在完成一项特殊任务后的1 d，他提供了24 h的尿样和粪样，分别测得^{238}U的值为：360 Bq/24 h和140 Bq/24 h。尿样和粪样的体积和质量与24 h的排泄量一致。在第一次采样后，第二天，第四天（在假定摄入后的第三天和第五天）也进行了尿样和粪样的采样，并进行了生物样品监测。其测量结果列在表D.1中。

表D.1 尿样和粪样抽样结果

摄入后天数 d	尿样 Bq/24 h	粪样 Bq/24 h
3	12	90
5	10	12

要估算这次内污染的剂量的首要问题是确定摄入的路径。因此，这一估算问题的首要问题是进行摄入路径分析。为了能解释生物样品监测的结果和进行剂量估算，确定其射入路径是十分必要的。为此，我们对摄入后的尿样和粪样测量结果进行了分析，并将结果列在表D.2中。

表D.2 摄入后的尿样和粪样测量结果分析（摄入量估算）

摄入后的天数 d	样品	活度 Bq/24 h	$m(t)$ Bq/Bq	摄入量估算结果 Bq
1	尿样	360	1.8×10^{-1}	2 000
1	粪样	140	1.1×10^{-1}	1 273
3	尿样	12	4.6×10^{-3}	2 609
3	粪样	90	8.4×10^{-2}	1 071
5	尿样	10	4.2×10^{-3}	2 381
5	粪样	12	1.4×10^{-2}	857
平均（尿）				2 330

在第一天摄入后，尿样的放射性测量结果比粪样高，这是在食入的情况中不应有的情况。在摄入后的第五天，尿样的放射性测量结果与粪样结果差别不大，这也是在食入的情况中不应有的情况。因此，可以认为，这个工作人员接受的是^{238}U的F类吸入照射。假定AMAD＝5 μm，我们就可以查相应的$m(t)$值（见GBZ 129—2002的附录A）。

可按如下的方法计算^{238}U引起的有效剂量，从附录C中可得到^{238}U，F类吸入时的$e(\tau)=5.8\times10^{-7}$ Sv/Bq，这时应使用几次尿样测量结果的平均值（2 330 Bq）做为摄入量（A_0），则：

$$E(50)=2\ 330\times5.8\times10^{-7}$$
$$\approx1.4\ \text{mSv}$$

天然铀的组成是：0.489 ^{234}U，0.022 ^{235}U和0.489 ^{238}U。

从附录C中可查出^{234}U和^{235}UF类吸入时的$e(\tau)$分别为6.4×10^{-7} Sv/Bq和6.0×10^{-7} Sv/Bq。

天然铀的 $E(50)=2\ 330/0.489\times0.489\times6.4\times10^{-7}+2\ 330/0.489\times0.022\times6.0\times10^{-7}+1.4$

$\approx1.5+0.1+1.4$

≈3.0 mSv

示例 2(体外全身测量的例子)

通过常规的全身计数器测量,发现甲、乙两名工作人员的体内存在着^{137}Cs 和^{60}Co 内污染,其活度分别为:

甲 ^{137}Cs 52 Bq;^{60}Co 192 Bq。

乙 ^{137}Cs 133 Bq;^{60}Co 48 Bq。

根据回忆和有关记录,推测出事故是发生在去年 10 月 15 日的一次爆炸事故中的吸入污染事故。全身计数器测量是今年 10 月 15 日进行的,因此从吸入到测量之间的时间的间隔 t 为 365 d。

从 GBZ 128—2002 的附录 A 中,我们可以查出 $t=365$ d 时全身测量情况下^{60}CoM 类和 S 类的 $m(t)$值分别取为 0.07 和 0.05,^{137}Cs 的 $m(t)$值取为 0.4,从而用式(1)可推算出甲、乙两名工作人员的摄入量 A_0 如下:

甲 ^{137}Cs 130 Bq;^{60}Co 2 743 Bq(M 类),3 840 Bq(S 类)。

乙 ^{137}Cs 333 Bq;^{60}Co 686 Bq(M 类),960 Bq(S 类)。

由附录 B 中可查出此类情况下^{137}Cs 和^{60}Co 的 $e(\tau)$值分别为:6.7×10^{-9} Sv/Bq 和 7.1×10^{-9} Sv/Bq,再利用式(4)可推算出甲、乙两名工作人员此次情况下所接受的待积有效剂量如下:

甲 ^{137}Cs 0.87 μSv;^{60}Co 19.5 μSv(M 类),27.3 μSv(S 类)。

乙 ^{137}Cs 2.23 μSv;^{60}Co 4.9 μSv(M 类),6.8 μSv(S 类)。

无论是按上面的剂量评价,或摄入量评价来看,本事故中甲、乙两名工作人员所受到的^{137}Cs 和^{60}Co 混合内照射均是比较轻微的。

D.2 摄入氚水的直接剂量估算

氚衰变仅发射一个弱 β 粒子(平均能量 5.7 keV),并且仅能用排泄物进行放射性摄入探测。因为尿中的氚浓度很快的接近身体里水里的水平,分布这些水的软组织的剂量率可从尿样来估算,如果必要每天可测量几次。用 $E=0.005\ 7$ MeV 和 $m=68.8$ kg,每单位放射性活度的比有效剂量率可按如下方法计算:总氚每贝可引起的每天剂量是 1.15×10^{-12} Sv。

在整个监测期间(通常为 2 周),设监测期内第 t_i 天检测的尿中的浓度为 C_i(Bq/L),t_{i+1}天检测的尿中的浓度为 C_{i+1}(Bq/L),则,95%置信水平在监测期内的有效剂量(E)可用式(D.1)计算:

$$E=\frac{(C_{i-1}-C_i)(t_{i-1}-t_i)}{2}\times4.8\times10^{-11} \quad\cdots\cdots(\text{D.1})$$

式中 E 的单位为 Sv。

在最后一次测量后的一段时间内由累积丰度引起的待积有效剂量 E(Sv)可用的一个简单的估算方法估算,这个方法是用最后一次尿样参量结果 C_n,并应用连续沉积时的半衰期的默认值推导求出的。在没有其他证据的情况下,半衰期可以用 10 d。其计算公式见式(D.2):

$$E=\frac{4.8\times10^{-11}C_n}{\ln2/10}=6.9\times10^{-10}C_n \quad\cdots\cdots(\text{D.2})$$

式中 E 的单位为 Sv。

摄入 HTO 中大约有 1%~3%由于代谢而会在组织中被束缚在碳上,并假定以 40 d 为半衰期翻转为 HTO。由于被束缚的氚在整个循环过程对待积有效剂量的贡献仅 10%,而且,通常也难以单独测量束缚的氚,它对剂量的作用通常使 HTO 的剂量系数增加 10%,这时每单位(Bq/L)束缚氚和总氚的剂量分别增加到每天 5.3×10^{-11} Sv 和 7.6×10^{-10} Sv。

作为一个例子,表 D.3 列出了一个工作人员六周内的尿氚浓度测量值,表中也列出了每一个抽样期接受的待积有效剂量[按式(D.1)计算,对剂量系数考虑了上述的束缚修正]。

用式(D.2)计算最后一次抽样的待积有效剂量为 0.76 mSv(剂量系数考虑了上述的束缚修正)。

监测期(T)内接受的总剂量＝0.34/2＋0.45＋0.35＋0.56/2＝1.25 mSv。

表 D.3 工作人员尿中的氚浓度测量

日　期	尿中的氚浓度 mBq/L	抽样期间的有效剂量 mSv
2001年12月28日	0.40	—
2002年1月5日	1.20	0.34
2002年1月14日	0.70	0.45
2002年1月25日	0.50	0.35
2002年2月8日	1.00	0.56

ICS 47.020;33.040
M 10

GB

中华人民共和国国家标准

GB/T 16162—2009
代替 GB/T 16162—1996

全球海上遇险和安全系统（GMDSS）术语

Terms for global maritime distress and safety system

2009-03-31 发布　　2009-11-01 实施

中华人民共和国国家质量监督检验检疫总局
中国国家标准化管理委员会　发布

前　言

本标准代替 GB/T 16162—1996《全球海上遇险和安全系统(GMDSS)术语》。本标准与 GB/T 16162—1996 相比,主要技术差异如下:

——2.1 基本概念,将 1974 年国际海上人命安全公约、1974 年国际海上人命安全(SOLAS)公约 1988 年修正案合并为国际海上人命安全公约一个术语和定义(见 2.1.7),修改了无线电规则、船舶配备要求、遇险报警三个术语和定义(见 2.1.11、2.1.18 和 2.1.19),增加了国际移动卫星组织、世界气象组织、国际水道测量组织、国际电信联盟、中国船舶报告系统、日本船舶报告系统、韩国船舶报告系统、GMDSS 系统船舶、船舶保安警报系统和船舶交通管理系统 10 个术语和定义(见 2.1.3、2.1.4、2.1.5、2.1.6、2.1.33、2.1.36、2.1.37、2.1.39、2.1.40 和2.1.41);

——原第 5 章遇险和安全通信修改为 2.2 遇险、紧急和安全通信,修改了遇险报警转发、遇险收妥确认、遇险优先申请信息三个术语和定义(见 2.2.10、2.2.11 和 2.2.12),增加了无线电话报警信号一个术语和定义(见 2.2.66);

——原第 3 章卫星通信部分术语拆分为 2.3 海事卫星通信系统和 2.4 国际搜救卫星系统两个部分;

——2.3 海事卫星通信系统中删除了空间无线电通信、空间系统、卫星系统、卫星网络、卫星链路、多卫星链路、馈线链路、有源卫星、反射卫星、静止卫星、静止卫星轨道、公众电话交换网、分组交换网、开放网络和分组交换 15 个术语和定义(见 1996 版的 3.1、3.2、3.3、3.4、3.5、3.6、3.7、3.8、3.9、3.10、3.11、3.52、3.53、3.61 和 3.62),将舱外设备、舱外安装设备与舱内设备、舱内安装设备分别合并为舱外设备、舱内设备二个术语和定义(见 2.3.33、2.3.34),修改了日常优先级的术语和定义(见 2.3.38),增加了国际海事卫星 D+系统、国际海事卫星 F 系统、国际海事卫星 M 系统、国际海事卫星迷你 C 系统、国际海事卫星迷你 M 系统、国际海事卫星 M4 系统、国际海事卫星 P 系统、国际海事卫星手持机、互联网北京站特服号码 61、宽带全球区域网络业务和移动包数据业务 11 个术语和定义(见 2.3.5、2.3.7、2.3.8、2.3.9、2.3.10、2.3.11、2.3.12、2.3.13、2.3.62、2.3.63 和 2.3.64);

——2.4 国际搜救卫星系统中删除了搜寻遇险船舶空间系统、卫星搜救跟踪系统二个术语和定义(见 1996 版的 3.71、3.72),修改了低极轨道搜救卫星系统、服务区二个术语和定义(见 3.4.1、3.4.5);

——2.5 地面通信中删除了电台、航空器电台、地面电台、移动电台、陆地电台、基地电台、对讲电话机、数据电话机和有害干扰九个术语(见 1996 版的 4.23、4.24、4.25、4.27、4.28、4.29、4.44、4.45 和 4.56),修改了数字选择呼叫、中频通信、高频通信、甚高频通信、发射类别、单边带发射、指配频率、成对频率八个术语和定义(见 2.5.7、2.5.14、2.5.15、2.5.16、2.5.48、2.5.49、2.5.51 和 2.5.52),增加了全呼、海呼、组呼(群呼)、选呼、海上业务呼叫、自动识别系统、自组织时分多址技术和船载航行数据记录仪八个术语和定义(见 2.5.18、2.5.19、2.5.20、2.5.21、2.5.22、2.5.53、2.5.54 和 2.5.55);

——2.6 通信业务中删除了主管部门、公众通信、电信、无线通信、无线电通信业务、移动业务、传真、电话技术、无线电话通信、无线电用户电报通信、无线电用户电报业务、遥令、空间遥令、空间跟踪、电子邮件、受话人付费电话、数据通信、信用卡电话和会议电话 19 个术语和(见 1996 版的 6.1、6.2、6.3、6.4、6.5、6.6、6.30、6.31、6.32、6.33、6.34、6.38、6.39、6.40、6.63、6.71、6.72、7.73 和 6.74),修改了限用操作员证书和特别业务费二个术语和定义(见 2.6.53 和

2.6.60)，增加了金法郎、特别提款权和国际海事卫星通信三个术语和定义(见2.6.62、2.6.63和2.6.69)。

本标准由中华人民共和国交通运输部提出。

本标准由交通部信息通信及导航标准化技术委员会归口。

本标准起草单位：大连海事大学、中国交通通信中心。

本标准主要起草人：袁安存、张仁平、黄耀倧。

本标准所代替标准的历次版本发布情况为：

——GB/T 16162—1996。

全球海上遇险和安全系统
(GMDSS)术语

1 范围

本标准规定了全球海上遇险和安全系统(GMDSS)的基本术语。

本标准适用于GMDSS专业范围内的各种标准的制定,各类技术文件的编制,也适用于科研、教学等方面技术术语的规范。

2 术语和定义

2.1 基本概念

2.1.1

国际海事组织 International Maritime Organization(IMO)

联合国系统内主管海运技术问题、各国海上安全和船舶防污染及其法律问题的专门机构。

2.1.2

国际海事卫星组织 International Maritime Satellite Organization(INMARSAT)

1976年9月3日通过的国际海事卫星组织公约成立的组织。1995年国际海事卫星组织改名为国际移动卫星组织(International Mobile Satellite Organization)。

2.1.3

国际移动卫星组织 International Mobile Satellite Organization

1995年国际海事卫星组织改名为国际移动卫星组织。已发展为世界上唯一为海陆空用户提供全球卫星移动公众通信和遇险安全通信的业务提供者,参见2.1.2。

2.1.4

世界气象组织 World Meteorological Organization (WMO)

世界气象组织(WMO)成立于1950年3月23日,1951年成为联合国的专门机构,是联合国关于地球大气状况和特征、与海洋相互作用、产生和导致水源分布气候方面的最高权威的喉舌,总部设在瑞士日内瓦。

2.1.5

国际水道测量组织 International Hydrographic Organization (IHO)

为统一国际海图及其他航海方面的文件而建立的咨询性政府间国际机构。其宗旨是协调各国航道测量部门之间的活动,统一海图和航海文件,鼓励各国采用统一的有效的航道测量方法,促进航道测量技术和海洋科学的发展。

2.1.6

国际电信联盟 International Telecommunication Union (ITU)

电信界最权威的标准制订机构,成立于1865年5月17日,1947年10月15日成为联合国的一个专门机构,总部设在瑞士日内瓦。ITU每年召开1次理事会;每4年召开1次全权代表大会、世界电信标准大会和世界电信发展大会;每2年召开1次世界无线电通信大会。

2.1.7

国际海上人命安全公约 International Convention for the Safety of Life at Sea(SOLAS Convention)

1974年11月1日国际海上人命安全会议通过的一项关于海上人命安全的公约,亦称SOLAS公约。国际海事组织(IMO)在1988年11月召开SOLAS公约缔约国大会上通过的对1974年SOLAS公约第四章的修正案称为1974年国际海上人命安全(SOLAS)公约1988年修正案(Amendments to the 1974 SOLAS Convention)。

2.1.8

国际海上搜寻救助公约 International Convention for Maritime Search and Rescue (SAR Convention)

国际海事组织在1979年4月召开国际海上搜寻救助大会上制定并通过的旨在增进国际合作搜寻和救助海上遇险人员而签定的公约。

2.1.9

1978年国际海员培训、发证和值班标准公约 International Convention on Standard of Training, Certification and Watchkeeping for Seafarers, 1978 (1978 STCW)

为统一各国的海员培训、发证和值班标准,以确保海运船舶的航行安全而制定的国际公约。

2.1.10

缔约国政府 Contracting Government

国际公约的签约国政府。

2.1.11

无线电规则 Radio Regulations (RR)

随时都有效的最新国际电信公约附件或被视作为附件的无线电规则。该规则由国际电信联盟(ITU)制定。

2.1.12

全球海上遇险和安全系统区域 GMDSS areas

全球海上遇险和安全系统(GMDSS)使用的无线电通信系统的作用范围,并依此来确定航行于该范围的船舶应配备的无线电设备。

2.1.13

全球海上遇险和安全系统 Global Maritime Distress and Safety System(GMDSS)

国际海事组织(IMO)为改善全球海上遇险和安全通信所建立的一种利用多种通信手段的遇险和安全通信系统。

2.1.14

A1海区 area A1

至少由一个具有连续有效数字选择性呼叫(DSC)报警能力的甚高频(VHF)海岸电台无线电话覆盖的区域,该区域由各缔约国政府规定。

2.1.15

A2海区 area A2

除A1海区以外,至少由一个具有连续有效数字选择性呼叫(DSC)报警能力的中频(MF)海岸电台无线电话覆盖的区域,该区域由各缔约国政府规定。

2.1.16

A3海区 area A3

除A1和A2海区以外,由具有连续有效报警能力的国际海事卫星系统(INMARSAT)静止卫星所覆盖的区域。

2.1.17

A4海区 area A4

A1、A2和A3海区以外的区域。

2.1.18

GMDSS 船舶配备要求　GMDSS ship carriage requirements

SOLAS 公约 1988 年修正案第 IV 章 C 部分规定了 GMDSS 船舶应配备的设备要求，以及在各个不同海区航行的船舶应配备的不同设备要求。

2.1.19

遇险报警　distress alerting

向能提供救助或协调救助的单元发出的遇险事件报告。

2.1.20

搜救协调通信　SAR co-ordinating communications

搜救协调中心(RCC)与遇险船舶、参与救助的船舶或飞行器以及陆上有关搜救单位之间进行的通信。

2.1.21

现场通信　on-scene communications

在搜救现场，遇险船舶与援助单位之间，援助单位与现场指挥之间的通信。

2.1.22

现场指挥　on-scene commander

在规定的搜寻海区内被指定为协调海面搜救作业的救助单位的指挥人员。

2.1.23

示位　positioning

以纬度和经度的度和分为单位表示遇险船舶或幸存者的地理位置。

2.1.24

寻位　locating

指寻找遇险中的船舶、航空器、海上设施或人员。

2.1.25

海上安全信息　maritime safety information (MSI)

对船舶广播的航行警告、气象警告、气象预报和其他有关安全的紧急信息。

2.1.26

常规无线电通信　general radio communications

通过无线电进行的除遇险、紧急和安全通信以外的公众通信和船舶营运通信。

2.1.27

驾驶台对驾驶台通信　bridge-to-bridge communications

从船舶通常驾驶位置进行的船舶之间的安全通信。

2.1.28

双套设备方法　duplication of equipment

SOLAS 公约 1988 年修正案第 IV 章 15 条中对维修要求所作的有关规定之一，为保证航行船舶通信设备的可用性，对某些设备要求配双套的方法。

2.1.29

岸上维修方法　shore-based maintenance

SOLAS 公约 1988 年修正案第Ⅳ章 15 条中对维修要求所作的有关规定之一，为保证航行船舶通信设备的可用性，采用岸上维修的方法。

2.1.30

海上维修方法　electronic maintenance at sea

SOLAS 公约 1988 年修正案第Ⅳ章 15 条中对维修要求所作的有关规定之一，为保证航行船舶通信设备的可用性，采用在船上维修的方法。

2.1.31

世界协调时　Co-ordinated Universal Time (UTC)

由原国际无线电咨询委员会(CCIR)规定和推荐，并由国际时间局负责保持的以秒为基础的时间标度。

2.1.32

船舶报告系统　ship reporting system

1979年国际海上搜寻救助公约及国际海事组织(IMO)的A.598(15)决议规定的，各缔约国政府在其负责的搜救区域内须建立的所有国籍船舶定时并按规定格式向主管当局报告的系统。

2.1.33

中国船舶报告系统　China Ship Reporting system (CHISREP)

中国船舶报告系统(CHISREP)报告区域为：北纬9度以北，东经130度以西的海域(不含其他国家领海和内水)。CHISREP部分为强制性的。

2.1.34

商船自动互救系统　automated mutual-assistance vessel rescue system (AMVER)

商船自动互救系统(AMVER)报告区域为：全球远离海岸海域。AMVER为非强制性的。

2.1.35

澳大利亚船舶报告系统　Australian ship reporting system (AUSREP)

澳大利亚船舶报告系统(AUSREP)报告区域为：南纬6度——南极洲，东经75度——163度。AUSREP为强制性的。

2.1.36

日本船舶报告系统　Japanese Ship Reporting System(JASREP)

日本船舶报告系统(JASREP)报告区域为：北纬17度平衡线和东经165度经线围成的海域。JASREP为非强制性、地区性的。

2.1.37

韩国船舶报告系统　Korea Ship Reporting System(KOSREP)

韩国船舶报告系统(KOSREP)报告区域为：北纬30度—40度，东经121度—135度。KOSREP为非强制性、地区性的。

2.1.38

连续值守　continuous watch

除船舶接收能力因自身通信被减弱或阻塞或当设备处于定期维修或检查造成短暂间隙以外不应中断的无线电值守。

2.1.39

GMDSS系统船舶　GMDSS ships

完全配备了全球海上遇险和安全系统设备，并按SOLAS公约1988年修正案和无线电规则新九章进行值班和通信的船舶。

2.1.40

船舶保安警报系统　Ship Security Alert System (SSAS)

能使从事国际海域航行船舶在受到海盗威胁或攻击时，及时向有关方面发出警报系统。国际航行船舶强制安装“船舶保安警报系统”(SSAS)。

2.1.41

船舶交通管理系统　Vessel Traffic Services(VTS)

为提高某一水域船舶运输航行安全和效率，而建立的岸与船舶间相互作用的管理服务系统。

2.2 遇险、紧急和安全通信

2.2.1

遇险和安全通信 distress and safety communications

利用地面通信系统及卫星通信系统进行有关遇险和安全的通信。

2.2.2

遇险信号 distress signal

由“MAYDAY”词语组成的信号，在无线电话中读作法语的“maider”。

2.2.3

遇险优先呼叫 distress priority call

比其他一切发射均具有绝对优先权的遇险呼叫。

2.2.4

遇险呼叫 distress call

遇险通信程序的一部分。在卫星通信中，遇险呼叫包括遇险优先申请信息的发送和海岸地球站应答码及其后续的搜救协调中心的应答码的接收；在地面通信的无线电话和用户电报中，指冠以遇险信号的呼叫；在数字选择性呼叫(DSC)中，指遇险报警。

2.2.5

遇险呼叫格式 distress call format

按照国际电信联盟(ITU)的有关规定发送的包括遇险船舶识别、遇险性质、遇险坐标、遇险时间、遥指令通信方式及差错校验符等一系列信息的数据编排格式。

2.2.6

数字选择性呼叫遇险报警 DSC distress alerts

利用甚高频、中频和(或)高频的数字选择性呼叫(DSC)技术发送的遇险报警。

2.2.7

船到岸遇险报警 ship-to-shore distress alerting

由船舶利用数字选择性呼叫(DSC)或卫星通信系统向岸上发送的遇险报警。

2.2.8

岸到船遇险报警 shore-to-ship distress alerting

岸上有关部门利用数字选择性呼叫(DSC)或卫星系统向船舶转发的遇险报警。

2.2.9

船到船遇险报警 ship-to-ship distress alerting

遇险船舶利用数字选择性呼叫(VHF DSC 或 MF DSC)向其附近船舶发送的遇险报警。

2.2.10

遇险报警转发 distress relay

由海岸电台向有选择的或遇险地点附近区域船舶转发的、或由非遇险船舶向海岸电台转发的遇险报警。

2.2.11

遇险收妥确认 distress acknowledgement

海岸电台或船舶电台接收到遇险报警后，以全呼方式发出的对某一遇险报警的确认信息，包括遇险船识别、遇险性质、遇险地理坐标及时间、遥指令等内容的按规定格式自动编码的编码序列。

2.2.12

遇险优先申请信息 distress-priority request message

在国际海事卫星系统中，包含有标志为“priority 3”的遇险优先等级(船到岸呼叫最高优先级)的船到岸申请信息。

2.2.13

遇险报告　distress message

包括遇险信号、遇险船识别、遇险位置与遇险性质等内容的报告。

2.2.14

遇险通信　distress communication

有关遇险船舶要求立即援助的所有通信，包括搜寻和救助协调通信及现场通信。

2.2.15

遇险信道　distress channel

在遇险船舶和搜救协调中心之间用于遇险通信的一个完整信道。该信道由船舶的用户电报或电话设备与海岸电台、陆地线路和搜救协调中心的终端设备间信道组成，或由船舶地球站、卫星、海岸地球站、陆地线路和搜救协调中心的终端设备间的信道组成。

2.2.16

紧急信号　urgency signal

“PAN PAN”字样组成的信号，在无线电话中读作法语的“panne”，该信号表明呼叫台有一份有关船舶和人员安全的紧急信息要发送。

2.2.17

紧急呼叫　urgency call

冠以紧急信号“PAN PAN”和发送电台识别的呼叫，该呼叫表明呼叫台有一份有关船舶和人员安全的紧急报告要发送。

2.2.18

紧急呼叫格式　urgency call format

利用数字选择性呼叫（DSC）发送的包括给所有船舶或单船的海上移动业务识别码（MMSI）、呼叫种类（紧急）、紧急通信将使用的频率和通信方式信息的数据编排格式。

2.2.19

紧急报告　urgency message

发送包括紧急信号和紧急电文内容的报告。

2.2.20

紧急通信程序　urgency communication procedure

发送包括紧急报告的引语和紧急报告的通信程序。

2.2.21

紧急通信　urgency communication

在一个或多个国际遇险和安全通信频率上发送的或通过卫星水上移动业务发送的包括紧急报告在内的通信。

2.2.22

安全信号　safety signal

由法语的“SECURITE”字样组成的以表明呼叫电台有重要的航行警告或气象警告要发送的信号。

2.2.23

安全呼叫　safety call

由安全信号“SECURITE”（无线电话重复三次，窄带直接印字电报发送一次）和发送电台识别所组成的呼叫。

2.2.24

安全呼叫格式　safety call format

利用数字选择性呼叫（DSC）发送的包括给所有船舶或单船的海上移动业务识别码（MMSI）、呼叫种类(安全)、安全通信将使用的频率和通信方式信息的数据编排格式。

2.2.25

安全通信程序　safety communication procedure

发送安全报告的引语和安全报告的通信程序。

2.2.26

安全通信　safety communication

冠有安全信号的通信。

2.2.27

奈伏泰斯　navigational telex(NAVTEX)

利用窄带直接印字电报进行定时广播和自动接收海上安全信息的系统,又称航警电传系统。

2.2.28

国际奈伏泰斯业务　international NAVTEX service

在 518 kHz 频率上,使用窄带直接印字电报手段用英文协调广播和自动接收海上安全信息,又称国际航警电传业务。

2.2.29

国内奈伏泰斯业务　national NAVTEX service

在除 518 kHz 以外的其他频率上,使用窄带直接印字电报手段用有关主管部门指定的文字,广播和自动接收海上安全信息,又称国内航警电传业务。

2.2.30

发信台识别符　transmitter identification character

在奈伏泰斯系统中分配给每个发信台的一个用于识别的字符,在四个技术编码中为第一个字符,用 B_1 表示。

2.2.31

主题标识符　subject indicator character

在奈伏泰斯系统中用于区分电文种类的标识符,在四个技术编码中为第二个字符,用 B_2 表示。

2.2.32

奈伏泰斯电文编号　NAVTEX message numbering

在奈伏泰斯系统的各电文种类中对电文的编排序号,在四个技术编码中为第三、第四个字符,用 B_3B_4 表示。

2.2.33

奈伏泰斯优先电文　NAVTEX priority message

在奈伏泰斯系统中,确定新的警告首播时间的三种电文优先等级。

2.2.34

奈伏泰斯紧急警告　NAVTEX VITAL warnings

在奈伏泰斯系统中需立即广播的警告。

2.2.35

奈伏泰斯重要警告　NAVTEX IMPORTANT warnings

在奈伏泰斯系统中,当频率未被占用时,在其后的可用时间内广播的警告。

2.2.36

奈伏泰斯日常警告　NAVTEX ROUTINE warnings

在奈伏泰斯系统中,可在下一个规定播发时间广播的警告。

2.2.37

航行警告　navigational warning(N/W)

为确保船舶航行安全而由各国主管部门负责播发的有关航行的海上安全信息。

2.2.38

世界航行警告业务　world-wide navigational warning service(WWNWS)

国际海事组织(IMO)和国际水道测量组织(IHO)为协调各地理区域的无线电航行警告的发送建立的一种业务。

2.2.39

航行警告区域协调国　NAVAREA co-ordinator

在国际水道测量组织(IHO)和国际海事组织(IMO)规定的16个航行警告区之一的区域中,负责向该区域其他国家收集处理航行信息并将这些信息播发出去的海岸电台所在国。

2.2.40

国内协调人　national co-ordinator

负责向国内海岸电台网络收集和播发沿海警告的当局,该当局还负责向航行警告区域协调国及时传送有关的信息,或向该当局所属分区协调人传送这些信息。

2.2.41

航行警告区　NAVAREA

世界航行警告业务中划分播发航行警告的区域。目前由国际海事组织(IMO)、国际水道测量组织(IHO)和世界气象组织(WMO)共同将全世界海域划分为16个航行警告区域。

2.2.42

航行警告区警告　NAVAREA warning

由世界航行警告业务的区域协调国为该区域发布的远距离警告广播。区域协调国利用大功率电台播发该警告以覆盖其负责的海区及邻近的部分海区。

2.2.43

沿海警告　coastal warning

由国内协调当局通过其海岸电台播发的,以覆盖本国沿海区域或覆盖部分航行警告区的警告。

2.2.44

本地警告　local warning

由港口当局播发的可覆盖其管辖范围区域的警告。本地警告是对沿海警告的补充,可向沿海附近的远洋船舶提供更详细的信息。本地警告只用本国文字播发。

2.2.45

气象警告　meteorological warning

由各国主管部门负责播发的有关天气突变的海上安全信息。

2.2.46

气象预报　meteorological forecast

人们基于对天气演变规律的认识而对未来一定时期内天气变化做出的主观或客观判断。气象预报包括短期、中期和长期等不同时效的预报。

2.2.47

冰况报告　ice report

由各国主管部门负责播发的有关冰块种类、大小、形状、位置和漂流方向等的海上安全信息。

2.2.48

国际冰况巡视报告　international ice patrol bulletin

主要由美国海岸警卫队负责发送的北大西洋流冰海域巡视范围冰况的广播公告。

2.2.49

公海海上安全信息　high sea maritime safety information

利用国际海事卫星系统(INMARSAT)的增强群呼(EGC)业务或高频窄带直接印字电报向公海发送的航行警告、气象警告、气象预报和其他紧急信息。

2.2.50

卫星转发海上安全信息　maritime safety information via satellite

利用国际海事卫星系统(INMARSAT)的增强群呼(EGC)业务播发的航行警告、气象警告、气象预报和其他紧急信息。

2.2.51

航行安全通信　navigation safety communications

为有助于船舶安全航行,在船舶之间进行的甚高频(VHF)无线电话通信。

2.2.52

航行警告信号　navigational warning signal

为表明要发送重要航行警告等信息,在 2 182 kHz 上发送的由间断的 2 200 Hz 正弦单音组成的持续时间和间歇时间各为 250 ms 的单音信号。

2.2.53

搜救区　search and rescue region(SRR)

为实施搜救业务而划定的责任范围区域。

2.2.54

搜救协调中心　rescue co-ordination centre(RCC)

在搜救区域内负责促进组织有效的搜救业务并协调实施搜救作业的单位。

2.2.55

海上搜救协调中心　maritime rescue co-ordination centre(MRCC)

在海上搜救区域内负责促进组织有效的搜救业务并协调实施海上搜救作业的单位。

2.2.56

联合搜救协调中心　associated rescue co-ordination centre

国内搜救机构指定的一个接收国际海事卫星系统(INMARSAT)海岸地球站转发的遇险呼叫的中心。

2.2.57

救助分中心　rescue sub-centre(RSC)

在搜救区域的特定地区内,为辅助搜救协调中心(RCC)而设置的隶属于该中心的单位。

2.2.58

救助单元　rescue unit

由训练有素人员组成的并配备有快速实施搜救作业设备的单元。

2.2.59

海面搜寻协调者　co-ordinator surface research(CSR)

在规定的搜寻区内,被指定进行协调海面搜寻与救助作业的船舶。

2.2.60

海上搜救计划　maritime SAR plan

1979 年搜救公约规定的,沿海国家按照有关方面的协议,依据现有的设施,包括搜救业务方案而形成搜救计划。

2.2.61

移动单元 mobile unit

任何船舶、飞行器和机动车辆。

2.2.62

搜救单元 search and rescue unit(SAR unit)

搜救遇险船舶的移动单元。

2.2.63

现场通信管制 control of on-scene communications

负责协调搜寻和救助作业的单位对现场通信实施的管制。

2.2.64

寻位信号 locating signal

为便于搜救者发现遇险船舶或幸存者位置而发射的信号。

2.2.65

引航信号 homing signal

由遇险船舶或救生艇(筏)向搜寻单元提供的可确定其发射台方位的寻位信号。

2.2.66

无线电话报警信号 radiotelephone alert signal

由在三十秒至一分钟时间内交替发送的持续和间断各为250 ms的2 200 Hz和1 300 Hz的正弦单音组成的信号,作为在MF无线电话遇险安全频率2 182 kHz的遇险报警信号,表明随后发送遇险或紧急信息。

2.3 海事卫星通信系统

2.3.1

国际海事卫星系统 International Maritime Satellite system (INMARSAT system)

由国际移动卫星组织(INMARSAT)控制管理的,用于航海、航空和陆地移动卫星通信的系统。

2.3.2

国际海事卫星A系统 INMARSAT-A system

综合利用数字与模拟技术的一种国际海事卫星通信系统。该系统可提供电话、用户电报、传真通信业务以及遇险报警与遇险和安全通信业务。INMARSAT在2007年12月31日起终止该项业务。

2.3.3

国际海事卫星B系统 INMARSAT-B system

利用数字技术的一种国际海事卫星通信系统。该系统可提供电话、用户电报、传真通信业务以及遇险报警与遇险和安全通信业务,也可以进入更先进和完善的数据网络。

2.3.4

国际海事卫星C系统 INMARSAT-C system

能处理数字化信息的一种国际海事卫星通信系统。该系统可用存储转发方式进行用户电报通信、数据通信并具有增强群呼功能以及遇险报警和通信功能,但不具备电话通信功能。

2.3.5

国际海事卫星D+系统 INMARSAT-D+ system

相对于船舶C站,是近年来新开发的一种低成本卫星通讯终端,它可以将船舶位置、动态以及所在海域的气象信息自动发送到相关的部门,并能进行双向信息传送。Inmarsat-D+装置不是按专门船舶保安警报要求而设计的卫星终端产品。

2.3.6

国际海事卫星 E 系统　INMARSAT-E system

L-波段卫星紧急无线电示位标(EPIRB)系统。卫星紧急无线电示位标(EPIRB)通过四个洋区中的任何一个洋区的卫星,将含有遇险位置的遇险报警信息发送给岸上的搜救协调中心。

2.3.7

国际海事卫星 F 系统　INMARSAT-F system

为满足海事应用中对电子邮件和数据传输的要求而设计的一系列船用通信服务。F 系统支持语音、传真、移动 ISDN 以及移动分组数据业务。F 系列终端分为 F77、F55 和 F33,其中 F77 满足 GMDSS 要求。F77 主要功能包括数字电话、传真、ISDN 数据、移动包数据(MPDS)、Rydex 船岸数据通信和拨号上网等。

2.3.8

国际海事卫星 M 系统　INMARSAT-M system

采用数字技术的一种国际海事卫星通信系统。可提供数字电话、数据和传真业务,但不提供电传业务。

2.3.9

国际海事卫星迷你 C 系统　INMARSAT-Mini-C system

一种从现有 Inmarsat C 系统演化而来的产品,主要针对小型海上和陆地移动用户。应用于车船等移动体的定位、跟踪、短信服务,具有多种应用开发接口,适合应用于海上防恐告警系统,但暂不满足 GMDSS 要求。

2.3.10

国际海事卫星迷你 M 系统　INMARSAT-Mini-M system

迷你 M 系统工作于卫星点波束覆盖区域,提供数字电话、数据和传真业务,不提供电传业务。

2.3.11

国际海事卫星 M4 系统　INMARSAT-M4 system

M4 是 Multi-Media Mini-M 的缩写,为 INMARSAT 推出的卫星多媒体移动通信系统。M4 型站能与传统的公众电话交换网(PSTN)连接,提供最基本的通话和传真业务;也能与有线综合业务数字网(ISDN)连接,实现多媒体和共享信息的连接。

2.3.12

国际海事卫星 P 系统　INMARSAT-P system

国际海事卫星组织(INMARSAT)1993 年推出卫星移动通信系统 Inmarsat-P,也就是现在的 ICO 通信系统。Inmarsat-P 终端能够提供用户越洋的全球手持卫星话音通信以及数据、寻呼、定位等业务,并能与国际公众通信网(PSTNS)接口。

2.3.13

国际海事卫星手持机　INMARSAT ISTPHONE

可提供在 I-4 卫星下进行语音通信服务。其通信终端为目前全球最小的手持卫星通信终端。

2.3.14

L 波段卫星紧急无线电示位标　L-band EPIRB

通过国际海事卫星系统(INMARSAT)的静止空间段工作在 1.6 GHz 频段上的卫星紧急无线电示位标。

2.3.15

增强群呼系统　Enhanced Group Call system (EGC system)

通过国际海事卫星系统(INMARSAT)的移动通信卫星进行广播的系统。增强群呼系统是 INMARSAT C 系统的组成部分,并支持"安全通信网"和"船队通信网"两种业务。

2.3.16

洋区　ocean regions

由国际海事卫星系统(INMARSAT)的四颗静止卫星所覆盖的区域。即大西洋东区、大西洋西区、太平洋区和印度洋区。

2.3.17

大西洋东区　Atlantic Ocean Region East(AOR-E)

国际海事卫星系统(INMARSAT)大西洋东部上的卫星所覆盖的洋区。

2.3.18

大西洋西区　Atlantic Ocean Region West(AOR-W)

国际海事卫星系统(INMARSAT)大西洋西部上的卫星所覆盖的洋区。

2.3.19

太平洋区　Pacific Ocean Region(POR)

国际海事卫星系统(INMARSAT)太平洋上的卫星所覆盖的洋区。

2.3.20

印度洋区　Indian Ocean Region(IOR)

国际海事卫星系统(INMARSAT)印度洋上的卫星所覆盖的洋区。

2.3.21

空间段　space segment

由国际海事卫星组织(INMARSAT)管理的工作卫星和备用卫星。

2.3.22

网络控制中心　network control centre(NCC)

设在国际海事卫星组织(INMARSAT)总部负责监视、协调和控制国际海事卫星网络中所有卫星的工作运转情况的系统运行管理部门。

2.3.23

网络协调站　network co-ordination station(NCS)

负责对本洋区的移动地球站和陆地地球站之间的电话和用户电报信道进行分配、控制和监视的国际海事卫星系统(INMARSAT)的陆地地球站。国际海事卫星C系统(INMARSAT-C)网络协调站还负责在其公共信道上播发增强群呼(EGC)电文。

2.3.24

地球站　earth station

设在地球表面或地球大气层主要部分以内,并准备与一个或多个空间站通信或通过一个或多个反射卫星或空间其他物体与一个或多个同类站进行通信的电台。

2.3.25

空间站　space station

设在地球大气层主要部分以外或准备超越或已经超越地球大气层主要部分的物体上的电台。

2.3.26

陆地地球站　land earth station(LES)

设在陆地上某一指定的固定地点或指定的区域内,为卫星固定业务或有时为卫星移动业务提供馈线链路的地球站。

2.3.27

海岸地球站　coast earth station(CES)

设在陆地上指定的固定地点为卫星固定业务或有时为卫星水上移动业务提供馈线链路的地球站,简称岸站。

2.3.28

移动地球站　mobile earth station(MES)

在卫星移动业务中专供移动时或在非指定地点停留时使用的地球站。

2.3.29

船舶地球站　ship earth station(SES)

设在船舶上从事卫星水上移动业务的移动地球站，简称船站。

2.3.30

卫星紧急无线电示位标　satellite emergency position-indicating radio beacon(S-EPIRB)

属于卫星移动业务的一种地球站。其发射是为搜寻与救助作业提供方便。

2.3.31

国际海事卫星移动号码　INMARSAT mobile number(IMN)

由国际海事卫星组织分配给移动地球站的识别号码。

2.3.32

海上遇险信道　maritime distress channel

在响应遇险优先等级申请信息时分配给遇险船舶与某海岸地球站之间使用的一个国际海事卫星系统(INMARSAT)的卫星信道。

2.3.33

舱外设备　above deck equipment/externally mounted equipment (ADE/EME)

安装在舱室外的国际海事卫星系统(INMARSAT)船舶地球站设备。

2.3.34

舱内设备　below deck equipment/internally mounted equipment(BDE/IME)

安装在舱室内的国际海事卫星系统(INMARSAT)船舶地球站设备。

2.3.35

遇险优先级　distress priority

国际海事卫星系统(INMARSAT)中通信最高优先等级，标志为"priority 3"，系统将优先分配信道以保证遇险报告的传递。

2.3.36

紧急优先级　urgency priority

国际海事卫星系统(INMARSAT)中除遇险优先级外的比一切其他通信优先的等级，标志为"priority 2"。

2.3.37

安全优先级　safety priority

国际海事卫星系统(INMARSAT)中次于紧急级别的一个优先等级，标志为"priority 1"。

2.3.38

常规优先级　routine priority

国际海事卫星系统(INMARSAT)中用于常规通信的等级，其优先级标志为"priority 0"。

2.3.39

启用试验　commissioning test

每个形式认可的移动地球站在进入国际海事卫星系统(INMARSAT)以前，按国际海事卫星组织规定进行的电话、用户电报及遇险通信等多项试验。

2.3.40

网络协调站共用时分多路复用信道　NCS common TDM channel

用来进行呼叫发布、确认和发送轮询遥控指令及作为所有移动地球站频率基准的信道。

2.3.41

网络协调站到网络协调站信令信道　NCS/NCS signalling channel

国际海事卫星系统(INMARSAT)中在各洋区之间用于移动地球站注册表的发送和更新的信道。

2.3.42

网络协调站到陆地地球站信令信道　NCS/LES signalling channel

国际海事卫星系统(INMARSAT)中在陆地地球站与网络协调站之间传递网络工作状态信息的信道。

2.3.43

陆地地球站时分多路复用信道　LES TDM channel

国际海事卫星系统(INMARSAT)中用于控制和发送岸到船电文的信道。

2.3.44

移动地球站信令信道　MES signalling channel

国际海事卫星系统(INMARSAT)中用于向陆地地球站发送控制、信令和数据报告分组的信道。

2.3.45

移动地球站信息信道　MES message channel

在国际海事卫星系统(INMARSAT)中用于发送船到岸方向的预先编辑信息的信道。

2.3.46

信道模型　channel model

在国际海事卫星系统(INMARSAT)中,为模拟海事卫星信道因多路传播产生的衰减效应所使用的数学模型。

2.3.47

闭合网络　closed network

仅供一组注册用户使用的专用通信网络。

2.3.48

闭合用户组　closed user group

为简化数据报告和轮询业务的地址信息,一组可相互间进行通信的用户;组外的用户则不能进入该闭合网络。

2.3.49

数据报告　data report

国际海事卫星C系统(INMARSAT-C)中,在移动地球站信令信道上由轮询遥控指令启动或有移动地球站操作员启动的以突发方式发送的简短分组数据。

2.3.50

数据线路终端　data circuit terminating equipment(DCE)

设在数据线路两端可以提供建立、保持和终止线路连接所有功能的设备。该设备也传递在数据终端设备和链路之间的所有信号转换和编码。

2.3.51

数据终端设备　data terminal equipment(DTE)

通信线路开始端或终止端的设备,如键盘、显示器和用户电报打印机。

2.3.52

增强群呼业务码　enhanced group call service code(EGC service code)

国际海事卫星C系统(INMARSAT-C)中,用于表明电文种类和所采用的播发地址方法的业务种类代码。

2.3.53

移动地球站状态　mobile earth station status(MES status)

国际海事卫星C系统(INMARSAT-C)洋区内移动地球站处于空闲、占线或不在本洋区的工作状态。

2.3.54

性能验证测试　performance verification test(PVT)

国际海事卫星C系统(INMARSAT-C)中,由陆地地球站对移动地球站进行的以验证移动地球站功能是否正常和其线路质量是否适应可靠通信的一项自动测试。

2.3.55

轮询　polling

对所选择的一组移动地球站进行轮流查询的国际海事卫星C系统(INMARSAT-C)业务。被轮询的移动地球站按预定方式响应后,应发送数据报告信息或启动发送船到岸的信息。

2.3.56

信令分组　signaling packet

在移动地球站信令信道上发送的突发分组。

2.3.57

存储转发单元　store and forward unit(SFU)

国际海事卫星C系统(INMARSAT-C)中,带有附加内存、为用户电报用户相互间传递电文的计算机设备。该设备不具有会话方式操作功能。

2.3.58

增强群呼接收机　EGC receiver

符合全球海上遇险和安全系统(GMDSS)要求并用来接收国际海事卫星系统(INMARSAT)播发的海上安全信息的独立接收设备。

2.3.59

增强群呼译码器　EGC decoder

符合全球海上遇险和安全系统(GMDSS)要求的并可与国际海事卫星A系统船舶地球站终端设备接口以便接收海上安全信息及遇险报警的接收设备。

2.3.60

电子数据交换　electronic data interchange(EDI)

在移动地球站计算机终端之间以标准格式进行的一种数据通信。

2.3.61

交接　handshake

在两个调制解调间为建立同步和可靠通信而进行的校验确认。

2.3.62

互联网北京站特服号码61　Internet 61

INMARSAT-B/M/Mini-M/F各型终端都可以通过串行通信接口与电脑连接,通过拨叫北京站特服号码61进行Internet连接访问互联网。

2.3.63

宽带全球区域网络业务　Broadband Global Area Network(BGAN)

Inmarsat宽带全球区域网(BGAN)是具有宽带网络接入、移动实时视频直播、兼容3G等多种前卫通信能力的新一代Inmarsat全球卫星宽带局域网的简称。BGAN通过手持终端向全球同时提供话音和宽带数据,可以为全球用户提供网络数据传输、移动视频、视频会议、传真电子邮件、局域网接入等业务和多种附加功能。

2.3.64

移动包数据业务　mobile packet data service(MPDS)

INMARSAT F 系统最新推出的移动包数据交换业务。MPDS 的主要特点是用户可以实现“永久在线”而费用仅按实际流量计算，其在 Internet 远程接入、船舶航行状态监测等实际应用中具有突出优势。

2.4　国际搜救卫星系统

2.4.1

国际搜救卫星系统　COSPAS-SARSAT system

以俄罗斯管理的搜寻遇险船舶空间系统(COSPA)和加拿大、法国和美国联合管理的卫星搜救跟踪系统(SARSAT)联合提供的低高度近极轨道卫星为基础，确定在 121.5/243 MHz 和 406 MHz 频率上进行发射的遇险示位标位置的卫星辅助搜救系统。

2.4.2

本地用户终端　local user terminal(LUT)

接收国际搜救卫星系统(COSPAS-SARSAT system)星体转发的遇险报警、解算示位标位置、检索和查对编码信息，并将上述信息传递给任物控制中心(MCC)的地面接收站。

2.4.3

任务控制中心　mission control centre(MCC)

国际搜救卫星系统(COSPAS-SARSAT system)中地面系统的一个组成部分。任务控制中心(MCC)接收本地用户终端(LUT)报警数据并将该信息分配给所属的搜救联络点或发送给其他任务控制中心。任务控制中心(MCC)还可与其他任务控制中心(MCC)交换报警数据及系统信息。

2.4.4

搜救联络点　SAR point of contact(SPOC)

在国际搜救卫星系统(COSPAS SARSAT system)中，能负责协调报警数据迅速有效地传递以救助遇险人员的任务控制中心、搜救协调中心或国内其他任何联络点。

2.4.5

服务区　service area

由国际搜救卫星组织划分的报警数据分配业务服务区域。

2.4.6

系统信息　system information

国际搜救卫星系统(COSPAS SARSAT system)中，由一个确定位置的数据表(星历表和时间校正)、各分系统即时状态和使系统协调工作的数据组成的信息。

2.4.7

报警数据　alert data

国际搜救卫星系统(COSPAS-SARSAT system)中，由 406 MHz 和 121.5/243 MHz 遇险示位标信息中导出的数据总称。对 406 MHz 信标，报警数据包含示位标位置和其他如信标识别码和编码等信息。

2.4.8

报警数据滤除　filtered alert data

在国际搜救卫星系统(COSPAS-SARSAT system)中，任务控制中心(MCC)从同一示位标接收到两份或多份相同报警信息时，对多余报警信息的删除。

2.4.9

星历数据　ephemeris data

用以确定国际搜救卫星系统(COSPAS SARSAT system)卫星在规定时间间隔内任何时间相对地

球位置的一组参数。

2.4.10

最接近点时间　time of closest approach(TCA)

在卫星通过期间,卫星最接近示位标的时间。

2.4.11

示位标识别数据　beacon identification data

与遇险船舶的识别相应的遇险示位标数字编码信息。

2.4.12

编码信息　coded information

为提供有关遇险信息,由用户编入设备中的数字信息。

2.4.13

紧急示位发信机　emergency locator transmitter(ELT)

国际搜救卫星系统(COSPAS SARSAT system)中,一种航空用紧急无线电示位标。

2.4.14

个人示位标　personal locator beacon(PLB)

国际搜救卫星系统(COSPAS SARSAT system)中,一种陆地用紧急无线电示位标。

2.4.15

实时方式　realtime mode

国际搜救卫星系统(COSPAS SARSAT system)的一种工作方式。当卫星从示位标接收到遇险报警时,直接转发(121.5/243 MHz)或经处理后转发(406 MHz)至卫星覆盖区域内的任何本地用户终端。

2.4.16

全球覆盖方式　global coverage mode

国际搜救卫星系统(COSPAS SARSAT system)的一种工作方式。卫星将接收到的遇险报警信号经处理并存储在卫星存储器中,用"转储"方式将遇险报警信息连续播发给卫星覆盖区内的本地用户终端。

2.4.17

信标检测概率　beacon detection probability

本地用户终端从第一个跟踪的卫星接收至少一个含有正确的保护比特编码电文的发现概率;该指标仅适用于406 MHz信标。

2.4.18

信标定位概率　beacon location probability

对406 MHz信标,系指单个卫星通过时,本地用户终端对至少得到四个电文脉冲串以估计出多普勒曲线并进行检测与解码的概率;对121.5/243 MHz信标,系指卫星通过且仰角大于10°时的定位概率。

2.5　地面通信系统

2.5.1

地面无线电通信　terrestrial radio communications

除空间无线电通信或射电天文以外的任何无线电通信。

2.5.2

地面通信系统　terrestrial communication systems

全球海上遇险和安全系统(GMDSS)中利用中频、高频和甚高频频段通信的系统;主要包括无线电话通信、无线电用户电报通信和数字选择性呼叫。

2.5.3

地面通信网络　terrestrial communication networks

由地面通信系统组成的网络。

2.5.4

海上无线电话　marine radiotelephone

利用中频、高频和甚高频海上专用频段进行船舶间、船舶与专用无线电话台间或经海岸电台和陆上通信话路转接的船舶与用户间的无线电话通信。

2.5.5

单边带无线电话　single side band radiotelephone(SSB RT)

利用单边带调幅技术进行发射和接收的无线电话通信。

2.5.6

窄带直接印字电报　narrow-band direct-printing telegraphy(NBDP)

符合原国际无线电咨询委员会(CCIR)有关建议案的自动电报技术。

2.5.7

数字选择性呼叫　digital selective calling(DSC)

采用数字编码使一无线电台与另一电台或一组电台建立联系和传递信息的一种预约呼叫技术。

2.5.8

数字选择性呼叫系统　digital selective calling system(DSC system)

主要在全球海上遇险和安全系统(GMDSS)中由船舶电台发送遇险报警并由海岸电台发送对该报警的收妥承认所使用的一个系统。海岸电台或船舶电台还可使用该系统转发遇险报警。

2.5.9

国际数字选择性呼叫(DSC)频率　international DSC frequencies

在“无线电规则”中专门指配给数字选择性呼叫(DSC)用于国际数字选择性呼叫(DSC)业务的频率。

2.5.10

国内数字选择性呼叫(DSC)频率　national DSC frequencies

配给各海岸电台或一组电台并允许在其上发送数字选择性呼叫(DSC)的频率。

2.5.11

船舶电台数字选择性呼叫(DSC)自动操作　automatic DSC operation at a ship station

可进行无人值守操作的自动调谐发信机，在接收到数字选择性呼叫(DSC)时自动发出收妥承认的一种操作方式。

2.5.12

呼叫尝试　call attempt

短时间内(如几分钟)，在一个或多个频率上发给同一电台的一次或有限次的呼叫序列。

2.5.13

搜救雷达应答器　search and rescue radar transponder(SART)

工作在 9 GHz 频段并在受到船载或飞机载 9 GHz 雷达信号触发时能发射一串响应信号的应答器。

2.5.14

中频通信　medium frequency communication(MF communication)

在中频(1.6 MHz～4 MHz)频段内的水上移动频率上进行的无线电通信。

2.5.15

高频通信　high frequency communication(HF communication)

在高频(4 MHz～27.5 MHz)频段内的水上移动频率上进行的无线电通信。

2.5.16

甚高频通信　very high frequency communication(VHF communication)

在甚高频(156 MHz～174 MHz)频段内的水上移动频道上进行的无线电通信。

2.5.17

普遍呼叫　general call to all stations

利用地面通信系统对所有船舶的呼叫。

2.5.18

全呼　all ships call

数字选择性呼叫(DSC)设备呼叫类型之一,被呼叫对象为所有装配 DSC 终端的岸台和船台。

2.5.19

海呼　sea area call

数字选择性呼叫(DSC)设备呼叫类型之一,被呼叫对象为某一海域内所有装配 DSC 终端的船台。

2.5.20

组呼(群呼)　group call

数字选择性呼叫(DSC)设备呼叫类型之一,被呼叫对象为具有相同利益或同一属性的装配 DSC 终端的船台。

2.5.21

选呼　selective call

数字选择性呼叫(DSC)设备呼叫类型之一,被呼叫对象为某一特定的装配 DSC 终端的岸台或船台。

2.5.22

海上业务呼叫　sea business call

数字选择性呼叫(DSC)设备呼叫类型之一,指利用 DSC 向岸台发送用 VHF/MF/HF 拨呼陆地公众网电话所发出的申请呼叫。

2.5.23

管制值机员　controlling operator

负责处理移动电台发给海岸电台的无线电话和无线电用户电报通信的海岸电台值机员。

2.5.24

无线电测定　radio determination

利用无线电波传输特性对物体的相对方位、位置、速度和其他特性的测定。

2.5.25

无线电导航　radio navigation

用于导航的无线电测定。

2.5.26

无线电定位　radiolocation

除无线电导航以外的无线电测定。

2.5.27

紧急无线电示位标　emergency position-indicating radio beacon(EPIRB)

水上移动业务中的电台,其发射信号可为救助作业提供便利。

2.5.28

救生艇(筏)电台　survival craft station

专为救助目的而设置在任何救生艇、救生筏或其他营救器上从事水上移动业务或航空移动业务的移动电台。

2.5.29

海岸电台　coast station

从事水上移动业务的陆地电台。

2.5.30

船舶电台　ship station

设在非长久停泊的船舶上从事水上移动业务的移动电台，救生艇(筏)电台除外。

2.5.31

船上通信电台　on-board communication station

从事水上移动业务的一种低功率移动电台。用于船舶内部通信、母船和救生艇(筏)之间演习作业时的通信、一组顶推或拖带船舶之间的通信，亦可用于列队和系泊指挥。

2.5.32

港口电台　port station

从事港口营运业务的海岸电台。

2.5.33

无线电测定电台　radio determination station

从事无线电测定业务的电台。

2.5.34

无线电导航陆地电台　radio navigation land station

从事无线电导航业务，不是提供在移动中使用的电台。

2.5.35

无线电导航移动电台　radio navigation mobile station

从事无线电导航业务，供在移中或在非指定地点停留时使用的电台。

2.5.36

无线电定位陆地电台　radio location land station

从事无线电定位业务，不是供在移动中使用的电台。

2.5.37

无线电定位移动电台　radio location mobile station

从事无线电定位业务，供在移动时或在非指定地点停留时使用的电台。

2.5.38

无线电测向电台　radio direction-finding station

用于测向的无线电测定电台。

2.5.39

无线电信标电台　radio beacon station

从事无线电导航业务的一种电台，发射信号使移动电台能测定其与信标电台的相对方位或方向。

2.5.40

标准频率和时间信号电台　standard frequency and time signal station

发射标准频率和时间信号的电台。

2.5.41

双向甚高频无线电话设备　two-way VHF radiotelephone apparatus

遇险或紧急情况下，在救生艇(筏)之间、母船与救生艇(筏)之间或救助船与救生艇(筏)之间，主要用于现场通信应至少有两个频道(含16频道)的甚高频无线电话设备。

2.5.42

甚高频紧急无线电示位标　VHF emergency position-indicating radio beacon(VHF EPIRB)

适用于 Al 海区的船舶，能在甚高频(VHF)70 频道(156.525 MHz)发送数字选择性呼叫(DSC)报警的甚高频(VHF)设备。

2.5.43

气象传真接收机　weather facsimile receiver

用于接收气象传真图的无线电接收设备。

2.5.44

甚高频无线电装置　VHF radio installations

工作在 156 MHz～174 MHz 之间的可发送和接收 G3E、F1B 或 J2B 发射类别的无线电装置。

2.5.45

自动请求重发方式　automatic repetition request mode(ARQ mode)

在两个电台之间进行的并能进行检错和纠错的无线电用户电报通信。自动请求重发(ARQ)方式要求通信双方的两个电台能使发信机和收信机同时工作。

2.5.46

前向纠错方式　forward error correcting mode(FEC mode)

从一个海岸电台或一个船舶电台向两个或多个电台发送的并只能进行检错的一种无线电用户电报通信方式。通常，前向纠错(FEC)方式用于发送和接收遇险、紧急或安全信息。

2.5.47

选择前向纠错方式　selective forward error correcting mode(SFEC mode)

前向纠错(FEC)方式的另外一种变换形式，即其电文只发给一个特指接收电台。

2.5.48

发射类别　class of emission

根据主载波、调制方式和调制信号，用三个标准符号(字母数字字母，如 F3E)表示的以区别不同信号特性的无线电发射基本种类。

2.5.49

单边带发射　single-side-band emission(SSB emission)

只有一个边带的调幅发射。

2.5.50

指配频带　assigned frequency band

电台经许可进行发射的频带；其带宽等于必要带宽加上两倍频率容限的绝对值。如果涉及空间站，还包括两倍可能发生的最大多普勒频移。

2.5.51

指配频率　assigned frequency

指配给电台使用的一个某频带中心频率。

2.5.52

成对频率　paired frequency

成对使用的频率；每对频率含一个较低的发射频率和一个较高的接收频率。

2.5.53

自动识别系统　Automatic Identification System(AIS)

通常称为船舶自动识别系统(AIS)，是工作在 VHF 海上频段的船舶间、船岸间广播系统。AIS 系统集航行信息采集处理、无线电数据传输、电子海图信息系统于一体，采用自组织时分多址通信技术(SOTDMA)进行信息交换。其主要作用在于防止船舶碰撞、提高水运交通安全；同时也为水运管理提供船舶航行信息，便于港岸管理。

2.5.54

自组织时分多址技术 Self-Organized Time Division Multiple Access(SOTDMA)

在TDMA基础上发展起来的一种新型的、用于航海和航空交通管理的时分多址通信技术。SOTDMA将时间分割成帧，每一帧分割成若干时隙，每一个台站自动选择空闲时隙播发信息。

2.5.55

船载航行数据记录仪 Voyage Data Recorder(VDR)

一种以安全并可恢复的方式，实时记录保存有关船舶发生事故前后一段时间内的船舶位置、动态、物理状况、命令和操纵手段等有关信息的仪器。

2.6 通信业务

2.6.1

卫星移动业务 mobile-satellite service

移动地球站与一个或多个空间站之间、各空间站相互间或移动地球站相互间通过空间站所进行的无线电通信业务。

2.6.2

水上移动业务 maritime mobile service

海岸电台与船舶电台之间、船舶电台相互间或相关的船上通信电台相互间的移动业务。救生艇(筏)电台及紧急无线电示位标电台也可参与此种业务。

2.6.3

卫星水上移动业务 maritime mobile-satellite service

移动地球站设在船舶上的一种卫星移动业务。救生艇(筏)电台及紧急无线电示位标电台也可参与此种业务。

2.6.4

港口营运业务 port operation service

海岸电台与船舶电台之间，或船舶电台相互间在港口内或港口附近有关业务处理、船舶动态的一种水上移动业务。

2.6.5

船舶动态业务 ship movement service

海岸电台与船舶电台之间，或船舶电台相互间除港口营运业务以外的水上移动业务中的安全业务。

2.6.6

广播业务 broadcasting service

供公众直接接收而发射的无线电通信业务。

2.6.7

卫星广播业务 broadcasting satellite service

利用空间站发送或转发信号，供公众直接接收的无线电通信业务。

2.6.8

极轨道卫星业务 polar orbiting satellite service

利用极轨道卫星接收和转发来自卫星紧急无线电示位标(EPIRB)的遇险报警并提供其位置的业务。

2.6.9

无线电测定业务 radio determination service

用于无线电测定的无线电通信业务。

2.6.10

卫星无线电测定业务　radio determination satellite service

利用一个或多个空间站进行无线电测定的无线电通信业务。

2.6.11

无线电导航业务　radio navigation service

用于无线电导航的无线电测定业务。

2.6.12

卫星无线电导航业务　radio navigation-satellite service

用于无线电导航的卫星无线电测定业务。

2.6.13

海上无线电导航业务　maritime radio navigation service

用于船舶安全航行的无线电导航业务。

2.6.14

卫星海上无线电导航业务　maritime radio navigation satellite service

地球站设在船舶上的卫星无线导航业务。

2.6.15

无线电定位业务　radio location service

用于无线电定位的无线电测定业务。

2.6.16

气象辅助业务　meteorological aids service

用于包括水文气象观测和探测的无线电通信业务。

2.6.17

卫星气象业务　meteorological-satellite service

用于包括水文气象观测和探测的卫星通信业务。

2.6.18

标准频率和时间信号业务　standard frequency and time signal service

供科学、技术和其他方面用途而播发规定的高精度频率、时间信号(或二者同时播发),供普遍接收的无线电通信业务。

2.6.19

卫星标准频率和时间信号业务　standard frequency and time signal-satellite service

利用地球卫星上的空间站,从事标准频率和时间信号业务的无线电通信业务。

2.6.20

安全业务　safety service

为保障人命和财产安全而长久或临时使用的无线电通信业务。

2.6.21

特别业务　special service

专门为一般公益事业的特殊需要而设立的无线电通信业务。

2.6.22

临时无线电信标业务　temporary radio beacon service

应船舶请求,由指定的海岸电台临时充当无线电信标电台的海上无线电导航业务。

2.6.23

移频电报　frequency shift telegraphy

电报信号使载波频率在预先确定的数值之间移动的调频电报技术。

2.6.24

单工操作　simplex operation

可在一条电信通路的单一方向上交替进行传输的一种操作方法。

2.6.25

双工操作　duplex operation

一条电信通路的两个方向能同时进行传输的操作方法。

2.6.26

半双工操作　semi-duplex operation

电路的一端用单工操作，另一端用双工操作的一种操作方法。

2.6.27

船舶无线电执照　ship radio licence

由船舶注册国主管部门颁发的证明该电台获准使用的法律性文件。

2.6.28

电台呼号　call sign

由国际电联分配的用于识别移动电台或海岸电台的字母或字母与数字的组合。

2.6.29

无线电台日志　radio log

无线电台使用的用于记录通信情况的一种重要的有关航海的文件。

2.6.30

海上移动业务识别　maritime mobile service identities(MMSI)

由九位数字组成并在无线电线路上发送的用于识别船舶电台、船舶地球站、海岸电台、海岸地球站和群呼的代码。

2.6.31

海上识别数字　maritime identification digit(MID)

由国际电联分配的在海上移动业务识别中用于识别国家或地区的三位数字。

2.6.32

船舶电台识别　ship station identity

由海上识别数字和六位0～9的任意数字组成的以识别船舶电台的代码。

2.6.33

船舶电台群呼识别　group ship station call identity

由0、海上识别数字和五位0～9的任意数字组成的用于呼叫一艘以上船舶的代码。

2.6.34

海岸电台识别　coast station identity

由00、海上识别数字(MID)和四位0～9的任意数字组成的用于识别海岸电台的代码。

2.6.35

海岸电台群呼识别　group coast station call identity

与海岸电台识别编码结构相同，后四位数字为特定的表示海岸电台群呼的代码。

2.6.36

无线电话电台识别　identification of stations using radiotelephony

用于无线电话通信的电台识别。通常，海岸电台由其呼号或地理位置加“radio”字样，船舶电台由其呼号或船名，救生艇(筏)由母船呼号或母船名称加两位数字组成。

2.6.37

紧急无线电示位标识别　EPIRB identification

由海上识别数字(MID)、表明识别数据种类的协议码和识别数据组成的表示紧急无线电示位标(EPIRB)识别的数字信息。

2.6.38

选择呼叫号码　selective calling number(SELCALL No.)

水上移动业务中用于选择呼叫的号码。岸台选呼码由四位数字组成,船台选呼码由五位数字组成,群呼船台选呼码由同一数字重复五次或两个不同数字交替重复组成。

2.6.39

账务机构识别码　accounting authority identification code(AAIC)

国际电联编制的由二个字母和二位数组成的账务机构专用代码。

2.6.40

结算机构　accounting authority

为移动电台颁发电台执照并向所属船公司收取船到岸通信费用的国家主管部门。结算机构也可以是由主管部门指定的私营机构或其他结算实体。

2.6.41

执行机构　routing organization(RO)

负责将船东或生产厂家送交的移动地球站启用试验申请传送给国际海事组织(INMARSAT)的船舶注册所在国的一个机构。

2.6.42

入网　log in

国际海事卫星C系统(INMARSAT-C)中,移动地球站进入某一洋区时与该洋区网络协调站(NCS)建立无线电链路联机的过程。

2.6.43

脱网　log out

国际海事卫星C系统(INMARSAT-C)中,在关闭移动地球站电源之前,拆除与其所在洋区网络协调站之间无线电链路的过程。

2.6.44

安全通信网　safetyNET

通过国际海事卫星系统(INMARSAT)中的增强群呼(EGC)系统,使用直接印字电报技术进行广播和自动接收海上安全信息的通信网。

2.6.45

国际安全通信网业务　international safetyNET service

为满足SOLAS公约1988年修正案的要求,通过国际海事卫星系统(INMARSAT)中的增强群呼(EGC)系统用英文进行协调广播和自动接收海上安全信息的业务。

2.6.46

国内安全通信网业务　national safetyNET service

通过国际海事卫星系统(INM ARSAT)中的增强群呼(EGC)系统用有关主管部门确定的文字进行广播和自动接收海上安全信息的业务。

2.6.47

船队通信网　fleetNET

通过国际海事卫星系统(INM ARSAT)中的增强群呼(EGC)系统,使用直接印字电报技术进行广播和自动接收船队的管理和一般公众信息的商用业务通信网。

2.6.48

静止卫星业务　geostationary satellite service

利用国际海事卫星系统(INM ARSAT)的静止卫星进行的卫星通信业务。

2.6.49

货船无线电安全证书　cargo ship safety radio certificate

由船舶注册国的船舶检验部门(船级社)颁发的,记录有船名、船舶登记号码、船籍港、船舶总吨、船舶航行海区、或包括国际海事组织(IMO)船舶识别号码等内容,证明船舶无线电设备和其功能符合SOLAS公约规定的官方文件。

2.6.50

一级无线电电子证书　first-class radio electronic certificate(1st REC)

由有关主管部门按国际电联在无线电规则中的相应规定,向通过专业技术考核的人员颁发的适用于A1、A2、A3或A4海区船舶、海上平台或设施上的具有维修职能的全球海上遇险和安全系统(GMDSS)船舶最高级别无线电人员适任证书。

2.6.51

二级无线电电子证书　second-class radio electronic certificate(2nd REC)

由有关主管部门按国际电联在无线电规则中的相应规定,向通过专业技术考核的人员颁发的适用于A1、A2、A3或A4海区船舶、海上平台或设施上的具有维修职能的全球海上遇险和安全系统(GMDSS)船舶无线电人员适任证书。

2.6.52

普通操作员证书　general radio operator's certificate(GOC)

由有关主管部门按国际电联在无线电规则中的相应规定,向通过专业技术考核的人员颁发的适用于A1、A2海区船舶、海上平台或设施上的全球海上遇险和安全系统(GMDSS)船舶无线电操作人员适任证书;或者适用于A3、A4海区配备双套设备的船舶、海上平台或设施上的全球海上遇险和安全系统(GMDSS)船舶无线电操作人员适任证书。

2.6.53

限用操作员证书　restricted radio operator's certificate(ROC)

由有关主管部门按国际电联在无线电规则中的相应规定,向通过专业技术考核的人员颁发的适用于A1海区船舶、海上平台或设施上的全球海上遇险和安全系统(GMDSS)船舶无线电操作人员适任证书。

2.6.54

叫号电话　station call

拨发到某地指定号码的长途电话。

2.6.55

叫人电话　personal call

可给出姓名或分机号的发话人能指出姓名、职务及地址等具体细节的受话人之间的电话通信。

2.6.56

常规通信信道　general communication channels

非遇险和安全通信使用的信道。

2.6.57

通报(话)表　traffic list

在地面通信系统中,由开放公众业务的海岸电台在其工作频率上按船舶电台呼号的字母顺序或按船名字母顺序定时地向船舶发布的一种广播(呼叫)。

2.6.58

陆线费 land-line charge(LL)

陆地公众通信网络上传递船舶无线电用户电报;电话所收取的资费。

2.6.59

海岸费 coast station charge(CC)

海岸电台、海岸地球站所提供设备的使用的费用。

2.6.60

空间费 space charge(SC)

INMASAT 提供的空间设施(如卫星)的使用费用。

2.6.61

附加费 additional charge(AC)

在用户电报、电话传递中使用特殊设备或采用纳费业务所收取的附加资费。

2.6.62

金法郎 gold franc(GF)

电报或电话通信费用的国际账务结算单位,可与美元按比率换算。

2.6.63

特别提款权 special drawing right(SDR)

电报或电话通信费用的国际账务结算单位,可与金法郎或美元按比率换算。

2.6.64

静默时间 silence periods(SP)

为保障海上人命安全而规定的从世界协调时(UTC)每小时 00 分和 30 分开始,在国际无线电话遇险频率 2 182 kHz 上保持每次三分钟的无线电守听时间。

2.6.65

无线电医疗指导 medical advice by radio

冠以无线电医疗指导标志的无线电通信。无线电医疗指导可经地面通信系统或卫星通信系统传递。

2.6.66

医疗运输 medical transports

用船舶、小艇和航空器等任何工具进行的帮助伤病员的运输。

注:有关规定参见 1982 年 ITC 国际电信公约。

2.6.67

明语 plain language

在无线电通信中所认可的语言,每个词具有在该种语言中赋予的明确意义。

2.6.68

密语 secret language

具有秘密意义的字母组、数字组、符号组或其混合字符组。

2.6.69

国际海事卫星通信 INMARSAT Communication

利用国际海事组织通信卫星进行的卫星水上移动业务通信。

中 文 索 引

A

A1 海区……………………………… 2.1.14
A2 海区……………………………… 2.1.15
A3 海区……………………………… 2.1.16
A4 海区……………………………… 2.1.17
安全呼叫 ………………………… 2.2.23
安全呼叫格式 …………………… 2.2.24
安全通信程序 …………………… 2.2.25
安全通信 ………………………… 2.2.26
安全通信网 ……………………… 2.6.44
安全信号 ………………………… 2.2.22
安全业务 ………………………… 2.6.20
安全优先级 ……………………… 2.3.37
岸到船遇险报警…………………… 2.2.8
岸上维修方法 …………………… 2.1.29
澳大利亚船舶报告系统 ………… 2.1.35

B

半双工操作 ……………………… 2.6.26
报警数据…………………………… 2.4.7
报警数据滤除……………………… 2.4.8
本地警告 ………………………… 2.2.44
本地用户终端……………………… 2.4.2
闭合网络 ………………………… 2.4.47
闭合用户组 ……………………… 2.4.48
编码信息 ………………………… 2.4.12
标准频率和时间信号电台 ……… 2.5.40
标准频率和时间信号业务 ……… 2.6.18
冰况报告 ………………………… 2.2.47

C

舱内设备 ………………………… 2.3.34
舱外设备 ………………………… 2.3.33
常规通信信道 …………………… 2.6.56
常规无线电通信 ………………… 2.1.26
常规优先级 ……………………… 2.3.38
成对频率 ………………………… 2.5.52
船舶报告系统 …………………… 2.1.32
船舶保安警报系统 ……………… 2.1.40
船舶地球站 ……………………… 2.3.29
船舶电台 ………………………… 2.5.30
船舶电台群呼识别 ……………… 2.6.33
船舶电台识别 …………………… 2.6.32
船舶电台数字选择性呼叫(DSC)自动操作 ……
………………………………………… 2.5.11
船舶动态业务……………………… 2.6.5
船舶交通管理系统 ……………… 2.1.41
船舶配备要求 …………………… 2.1.18
船舶无线电执照 ………………… 2.6.27
船到岸遇险报警…………………… 2.2.7
船到船遇险报警…………………… 2.2.9
船队通信网 ……………………… 2.6.47
船上通信电台 …………………… 2.5.31
船载航行数据记录仪 …………… 2.5.55
存储转发单元 …………………… 2.3.57

D

大西洋东区 ……………………… 2.3.17
大西洋西区 ……………………… 2.3.18
单边带发射 ……………………… 2.5.49
单边带无线电话…………………… 2.5.5
单工操作 ………………………… 2.6.24
国际搜救卫星系统………………… 2.4.1
地面通信系统……………………… 2.5.2
地面通信网络……………………… 2.5.3
地面无线电通信…………………… 2.5.1
地球站 …………………………… 2.3.24
缔约国政府 ……………………… 2.1.10
电台呼号 ………………………… 2.6.28
电子数据交换 …………………… 2.3.60

E

二级无线电电子证书 …………… 2.6.51

F

发射类别 ………………………… 2.5.48
发信台识别符 …………………… 2.2.30
服务区……………………………… 2.3.5
附加费 …………………………… 2.6.61

G

GMDSS 系统船舶…………………… 2.1.39
GMDSS 船舶配备要求…………………… 2.1.18
国际水道测量组织…………………… 2.1.5
国际电信联盟…………………… 2.1.6
港口电台 …………………… 2.5.32
港口营运业务…………………… 2.6.4
高频通信 …………………… 2.5.15
个人示位标 …………………… 2.4.14
公海海上安全信息 …………………… 2.2.49
管制值机员 …………………… 2.5.23
广播业务…………………… 2.6.6
国际安全通信网业务 …………………… 2.6.45
国际冰况巡视报告 …………………… 2.2.48
国际海上搜寻救助公约…………………… 2.1.8
国际海上人命安全公约…………………… 2.1.7
国际海事卫星 A 系统 …………………… 2.3.2
国际海事卫星 B 系统 …………………… 2.3.3
国际海事卫星 C 系统 …………………… 2.3.4
国际海事卫星 D+系统 …………………… 2.3.5
国际海事卫星 E 系统 …………………… 2.3.6
国际海事卫星 F 系统 …………………… 2.3.7
国际海事卫星 M 系统 …………………… 2.3.8
国际海事卫星迷你 C 系 …………………… 2.3.9
国际海事卫星迷你 M 系统…………………… 2.3.10
国际海事卫星 M4 系统 …………………… 2.3.11
国际海事卫星 P 系统 …………………… 2.3.12
国际海事卫星系统…………………… 2.3.1
国际海事卫星移动号码 …………………… 2.3.31
国际海事卫星组织…………………… 2.1.2
国际海事卫星手持机 …………………… 2.3.13
国际海事卫星通信 …………………… 2.6.69
国际海事组织…………………… 2.1.1
国际移动卫星组织…………………… 2.1.3
国际奈伏泰斯业务 …………………… 2.2.28
国际数字选择性呼叫(DSC)频率 …………… 2.5.9
国际搜救卫星系统…………………… 2.4.1
国内安全通信网业务 …………………… 2.6.46
国内奈伏泰斯业务 …………………… 2.2.29
国内数字选择性呼叫(DSC)频率 …………… 2.5.10
国内协调人 …………………… 2.2.40

H

海岸地球站 …………………… 2.3.27
海岸电台 …………………… 2.5.29
海岸电台群呼识别 …………………… 2.6.35
海岸电台识别 …………………… 2.6.34
海岸费 …………………… 2.6.59
海呼 …………………… 2.5.19
海面搜寻协调者 …………………… 2.2.59
海上安全信息 …………………… 2.1.25
海上搜救协调中心 …………………… 2.2.55
海上识别数字 …………………… 2.6.31
海上搜救计划 …………………… 2.2.60
海上维修方法 …………………… 2.1.30
海上无线电导航业务 …………………… 2.6.13
海上无线电话…………………… 2.5.4
海上业务呼叫 …………………… 2.5.22
海上移动业务识别 …………………… 2.6.30
海上遇险信道 …………………… 2.3.32
韩国船舶报告系统 …………………… 2.1.37
航行安全通信 …………………… 2.2.51
航行警告 …………………… 2.2.37
航行警告区 …………………… 2.2.41
航行警告区警告 …………………… 2.2.42
航行警告区域协调国 …………………… 2.2.39
航行警告信号 …………………… 2.2.52
呼叫尝试 …………………… 2.5.12
货船无线电安全证书 …………………… 2.6.49
互联网北京站特服号码 61 …………………… 2.3.62

J

极轨道卫星业务…………………… 2.6.8
驾驶台对驾驶台通信 …………………… 2.1.27
结算机构 …………………… 2.6.40
交接 …………………… 2.3.61
叫号电话 …………………… 2.6.54
叫人电话 …………………… 2.6.55
金法郎 …………………… 2.6.62
紧急报告 …………………… 2.2.19
紧急呼叫 …………………… 2.2.17
紧急呼叫格式 …………………… 2.2.18
紧急示位发信机 …………………… 2.4.13
紧急通信 …………………… 2.2.21

紧急通信程序 …………………………… 2.2.20
紧急无线电示位标 ………………………… 2.5.27
紧急无线电示位标识别 …………………… 2.6.37
紧急信号 ………………………………… 2.2.16
紧急优先级 ……………………………… 2.3.36
静默时间 ………………………………… 2.6.64
静止卫星业务 …………………………… 2.6.48
救生艇(筏)电台 ………………………… 2.5.28
救助单元 ………………………………… 2.2.58
救助分中心 ……………………………… 2.2.57

K

空间段 …………………………………… 2.3.21
空间站 …………………………………… 2.3.25
空间费 …………………………………… 2.6.60
宽带全球区域网络业务 …………………… 2.3.63

L

L-波段卫星紧急无线电示位标 …………… 2.3.14
联合搜救协调中心 ………………………… 2.2.56
连续值守 ………………………………… 2.1.38
临时无线电信标业务 ……………………… 2.6.22
陆地地球站 ……………………………… 2.3.26
陆地地球站时分多路复用信道 …………… 2.3.43
陆线费 …………………………………… 2.6.58
轮询 ……………………………………… 2.3.55

M

密语 ……………………………………… 2.6.68
明语 ……………………………………… 2.6.67

N

奈伏泰斯 ………………………………… 2.2.27
奈伏泰斯电文编号 ………………………… 2.2.32
奈伏泰斯紧急警告 ………………………… 2.2.34
奈伏泰斯日常警告 ………………………… 2.2.36
奈伏泰斯优先电文 ………………………… 2.2.33
奈伏泰斯重要警告 ………………………… 2.2.35

P

普遍呼叫 ………………………………… 2.5.17
普通操作员证书 …………………………… 2.6.52

Q

启用试验 ………………………………… 2.3.39
气象传真接收机 …………………………… 2.5.43
气象辅助业务 …………………………… 2.6.16
气象警告 ………………………………… 2.2.45
气象预报 ………………………………… 2.2.46
前向纠错方式 …………………………… 2.5.46
全呼 ……………………………………… 2.5.18
全球覆盖方式 …………………………… 2.4.16
全球海上遇险和安全系统 ………………… 2.1.13
全球海上遇险和安全系统区域 …………… 2.1.12

R

任务控制中心……………………………… 2.4.3
日本船舶报告系统 ………………………… 2.1.36
入网 ……………………………………… 2.6.42

S

商船自动互救系统 ………………………… 2.1.34
甚高频紧急无线电示位标 ………………… 2.5.42
甚高频通信 ……………………………… 2.5.16
甚高频无线电装置 ………………………… 2.5.44
实时方式 ………………………………… 2.4.15
示位 ……………………………………… 2.1.23
示位标识别数据 …………………………… 2.4.11
世界航行警告业务 ………………………… 2.2.38
世界协调时 ……………………………… 2.1.31
世界气象组织……………………………… 2.1.4
数据报告 ………………………………… 2.3.49
数据线路终端 …………………………… 2.3.50
数据终端设备 …………………………… 2.3.51
数字选择性呼叫…………………………… 2.5.7
数字选择性呼叫系统……………………… 2.5.8
数字选择性呼叫遇险报警………………… 2.2.6
水上移动业务……………………………… 2.6.2
双工操作 ………………………………… 2.6.25
双套设备方法 …………………………… 2.1.28
双向甚高频无线电话设备 ………………… 2.5.41
搜救单元 ………………………………… 2.2.62
搜救雷达应答器 …………………………… 2.5.13
搜救联络点………………………………… 2.4.4
搜救区 …………………………………… 2.2.53

搜救协调通信 …………………………… 2.1.20
搜救协调中心 …………………………… 2.2.54

T

太平洋区 ………………………………… 2.3.19
特别提款权 ……………………………… 2.6.63
特别业务 ………………………………… 2.6.21
通报(话)表 ……………………………… 2.6.57
脱网 ……………………………………… 2.6.43

W

网络控制中心 …………………………… 2.3.22
网络协调站 ……………………………… 2.3.23
网络协调站到陆地地球站信令信道 …… 2.3.42
网络协调站到网络协调站信令信道 …… 2.3.41
网络协调站共用时分多路复用信道 …… 2.3.40
卫星标准频率和时间信号业务 ………… 2.6.19
卫星广播业务 …………………………… 2.6.7
卫星海上无线电导航业务 ……………… 2.6.14
卫星紧急无线电示位标 ………………… 2.3.30
卫星气象业务 …………………………… 2.6.17
卫星水上移动业务 ……………………… 2.6.3
卫星无线电测定业务 …………………… 2.6.10
卫星无线电导航业务 …………………… 2.6.12
卫星移动业务 …………………………… 2.6.1
卫星转发海上安全信息 ………………… 2.2.50
无线电测定 ……………………………… 2.5.24
无线电测定电台 ………………………… 2.5.33
无线电测定业务 ………………………… 2.6.9
无线电测向电台 ………………………… 2.5.38
无线电导航 ……………………………… 2.5.25
无线电导航陆地电台 …………………… 2.5.34
无线电导航业务 ………………………… 2.6.11
无线电导航移动电台 …………………… 2.5.35
无线电定位 ……………………………… 2.5.26
无线电定位陆地电台 …………………… 2.5.36
无线电定位业务 ………………………… 2.6.15
无线电定位移动电台 …………………… 2.5.37
无线电规则 ……………………………… 2.1.11
无线电话电台识别 ……………………… 2.6.36
无线电话报警信号 ……………………… 2.2.66
无线电台日志 …………………………… 2.6.29
无线电信标电台 ………………………… 2.5.39
无线电医疗指导 ………………………… 2.6.65

X

系统信息 ………………………………… 2.4.6
现场通信 ………………………………… 2.1.21
现场通信管制 …………………………… 2.2.63
现场指挥 ………………………………… 2.1.22
限用操作员证书 ………………………… 2.6.53
信标定立概率 …………………………… 2.4.18
信标检测概率 …………………………… 2.4.17
信道模型 ………………………………… 2.3.46
信令分组 ………………………………… 2.3.56
星历数据 ………………………………… 2.3.9
性能验证测试 …………………………… 2.3.54
选择呼叫号码 …………………………… 2.6.38
选择前向纠错方式 ……………………… 2.5.47
选呼 ……………………………………… 2.5.21
寻位 ……………………………………… 2.1.24
寻位信号 ………………………………… 2.2.64

Y

移动包数据业务 ………………………… 2.3.64
沿海警告 ………………………………… 2.2.43
洋区 ……………………………………… 2.3.16
1978 年国际海员培训、发证和值班标准公约 ……………………………………… 2.1.9
一级无线电电子证书 …………………… 2.6.50
医疗运输 ………………………………… 2.6.66
移动单元 ………………………………… 2.2.61
移动地球站 ……………………………… 2.3.28
移动地球站信令信道 …………………… 2.3.44
移动地球站信息信道 …………………… 2.3.45
移动地球站状态 ………………………… 2.3.53
移频电报 ………………………………… 2.6.23
引航信号 ………………………………… 2.2.65
印度洋区 ………………………………… 2.3.20
遇险报告 ………………………………… 2.2.13
遇险报警 ………………………………… 2.1.19
遇险报警转发 …………………………… 2.2.10
遇险和安全通信 ………………………… 2.2.1
遇险呼叫 ………………………………… 2.2.4
遇险呼叫格式 …………………………… 2.2.5
遇险收妥确认 …………………………… 2.2.11

遇险通信 …………………………………… 2.2.14
遇险信道 …………………………………… 2.2.15
遇险信号……………………………………… 2.2.2
遇险优先呼叫……………………………… 2.2.3
遇险优先级 ………………………………… 2.3.35
遇险优先申请信息 ………………………… 2.2.12

Z

增强群呼接收机 …………………………… 2.3.58
增强群呼系统 ……………………………… 2.3.15
增强群呼业务码 …………………………… 2.3.52
增强群呼译码器 …………………………… 2.3.59
窄带直接印字电报………………………… 2.5.6
账务机构识别码 …………………………… 2.6.39
执行机构 …………………………………… 2.6.41
指配频带 …………………………………… 2.5.50
指配频率 …………………………………… 2.5.51
中频通信 …………………………………… 2.5.14
主题标识符 ………………………………… 2.2.31
组呼(群呼) ………………………………… 2.5.20
自动请求重发方式 ………………………… 2.5.45
最接近点时间 ……………………………… 2.4.10
中国船舶报告系统 ………………………… 2.1.33
自动识别系统 ……………………………… 2.5.53
自组织时分多址技术 ……………………… 2.5.54

英 文 索 引

A

accounting authority 2.6.40
accounting authority identification code 2.6.39
additional charge 2.6.61
alert data 2.4.7
all ships call 2.5.18
area A1 .... 2.1.14
area A2 .... 2.1.15
area A3 .... 2.1.16
area A4 .... 2.1.17
assigned frequency 2.5.51
assigned frequency band 2.5.50
associated rescue co-ordination centre 2.2.56
Atlantic Ocean Region East 2.3.17
Atlantic Ocean Region West 2.3.18
Australian ship reporting system 2.1.35
automated mutual-assistance vessel rescue system 2.1.34
automatic DSC operation at a ship station 2.5.11
automatic repetition request mode 2.5.45
Automatic Identification System 2.5.53

B

beacon detection probability 2.4.17
beacon identification data 2.4.11
beacon location probability 2.4.18
below deck equipment/internally mounted equipment 2.3.34
bridge-to-bridge communication 2.1.27
broadcasting service 2.6.6
broadcasting-satellite service 2.6.7
Broadband Global Area Network 2.3.63

C

call attempt 2.5.12
call sign 2.6.28
cargo ship safety radio certificate 2.6.49
China Ship Reporting system 2.1.33
channel model 2.3.46
class of emission 2.5.48
closed network 2.3.47

closed user group ········ 2.2.48
Co-ordinated Universal Time ········ 2.1.31
co-ordinator surface research ········ 2.2.59
coast earth station ········ 2.3.27
coast station ········ 2.5.29
coast station charge ········ 2.6.59
coast station identity ········ 2.6.34
coastal warning ········ 2.2.43
coded information ········ 2.4.12
commissioning test ········ 2.3.39
continuous watch ········ 2.1.38
Contracting Government ········ 2.1.10
control of on-scene communications ········ 2.2.63
controlling operator ········ 2.5.23
COSPAS-SARSAT system ········ 2.4.1

D

data circuit terminating equipment ········ 2.3.50
data report ········ 2.3.49
data terminal equipment ········ 2.3.51
digital selective calling ········ 2.5.7
digital selective calling system ········ 2.5.8
distress acknowledgement ········ 2.2.11
distress relay ········ 2.2.10
distress alerting ········ 2.1.19
distress and safety communications ········ 2.2.1
distress call ········ 2.2.4
distress call format ········ 2.2.5
distress channel ········ 2.2.15
distress communication ········ 2.2.14
distress message ········ 2.2.13
distress priority ········ 2.3.35
distress priority call ········ 2.2.3
distress signal ········ 2.2.2
distress-priority request message ········ 2.2.12
DSC distress alerts ········ 2.2.6
duplex operation ········ 2.6.25
duplication of equipment ········ 2.1.28

E

earth station ········ 2.3.24
EGC decoder ········ 2.3.59
EGC receiver ········ 2.3.58

electronic data interchange 2.3.60
electronic maintenance at sea 2.1.30
emergency locator transmitter 2.4.13
emergency position-indicating radio beacon 2.5.27
enhanced group call service code 2.3.52
Enhanced Group Call system 2.3.15
ephemeris data 2.4.9
EPIRB identification 2.6.37

F

filtered alert data 2.4.8
first-class radio electronic certificate 2.6.50
fleetNET 2.6.47
forward error correcting mode 2.5.46
frequency-shift telegraphy 2.6.23

G

general call to all stations 2.5.17
general communication channels 2.6.56
general radio operator's certificate 2.6.52
general radio communications 2.1.26
geostationary satellite service 2.6.48
global coverage mode 2.4.16
Global Maritime Distress and Safety System 2.1.13
GMDSS areas 2.1.12
GMDSS ship carriage requirements 2.1.18
GMDSS ships 2.1.39
gold franc 2.6.62
group call 2.5.20
group coast station call identity 2.6.35
group ship station call identity 2.6.33

H

handshake 2.3.61
high frequency communication 2.5.15
high seas maritime safety information 2.2.49
homing signal 2.2.65

I

ice report 2.2.47
identification of stations using radiotelephony 2.6.36
Indian Ocean Region 2.3.20
INMARSAT mobile number 2.3.31

INMARSAT Communication ······ 2.6.69
INMARSAT-A system ······ 2.3.2
INMARSAT-B system ······ 2.3.3
INMARSAT-C system ······ 2.3.4
INMARSAT-D+ system ······ 2.3.5
INMARSAT-E system ······ 2.3.6
INMARSAT-F system ······ 2.3.7
INMARSAT-M system ······ 2.3.8
INMARSAT-Mini-C system ······ 2.3.9
INMARSAT-Mini-M system ······ 2.3.10
INMARSAT-M4 system ······ 2.3.11
INMARSAT-P system ······ 2.3.12
INMARSAT ISTPHONE ······ 2.3.13
International Convention for Maritime Search and Rescue ······ 2.1.8
International Convention for the Safety of Life at Sea ······ 2.1.7
International Convention on Standard of Training, Certification and Watchkeeping for Seafarers, 1978 ······ 2.1.9
international DSC frequencies ······ 2.5.9
International Hydrographic Organization ······ 2.1.5
international ice patrol bulletin ······ 2.2.48
International Maritime Organization ······ 2.1.1
International Maritime Satellite Organization ······ 2.1.2
International Maritime Satellite system ······ 2.3.1
International Mobile Satellite Organization ······ 2.1.3
international NAVTEX service ······ 2.2.28
international safetyNET service ······ 2.6.45
International Telecommunication Union ······ 2.1.6
Internet61 ······ 2.3.62

J

Japanese Ship Reporting System ······ 2.1.36

K

Korea Ship Reporting System ······ 2.1.37

L

land earth station ······ 2.3.26
land-line charge ······ 2.6.58
L-band EPIRB ······ 2.3.14
LES TDM channel ······ 2.3.43
local user terminal ······ 2.4.2
local warning ······ 2.2.44
locating ······ 2.1.24

locating signal …… 2.2.64
log in …… 2.6.42
log out …… 2.6.43

M

marine radiotelephone …… 2.5.4
maritime distress channel …… 2.3.32
maritime identification digit …… 2.6.31
maritime mobile service …… 2.6.2
maritime mobile service identities …… 2.6.30
maritime mobile-satellite service …… 2.6.3
maritime radio navigation service …… 2.6.13
maritime radio navigation-satellite service …… 2.6.14
maritime rescue co-ordination centre …… 2.2.55
maritime safety information …… 2.1.25
maritime safety information via satellite …… 2.2.50
maritime SAR plan …… 2.2.60
medical advice by radio …… 2.6.65
medical transports …… 2.6.66
medium frequency communication …… 2.5.14
MES message channel …… 2.3.45
MES signaling channel …… 2.3.44
meteorological aids service …… 2.6.16
meteorological forecast …… 2.2.46
meteorological warning …… 2.2.45
meteorological-satellite service …… 2.6.17
mission control centre …… 2.4.3
mobile earth station …… 2.3.28
mobile earth station status …… 2.3.53
mobile unit …… 2.2.61
mobile-satellite service …… 2.6.1
mobile packet data service …… 2.3.64

N

narrow-band direct-printing telegraphy …… 2.5.6
national co-ordinator …… 2.2.40
national DSC frequencies …… 2.5.10
national NAVTEX service …… 2.2.29
national safetyNET service …… 2.6.46
NAVAREA …… 2.2.41
NAVAREA co-ordinator …… 2.2.39
NAVAREA warning …… 2.2.42
navigation safety communications …… 2.2.51

navigational telex 2.2.27
navigational warning 2.2.37
navigational warning signal 2.2.52
NAVTEX IMPORTANT warnings 2.2.35
NAVTEX message numbering 2.2.32
NAVTEX priority message 2.2.33
NAVTEX ROUTINE warnings 2.2.36
NAVTEX VITAL warnings 2.2.34
NCS common TDM channel 2.3.40
NCS/LES signaling channel 2.3.42
NCS/NCS signaling channel 2.3.41
network co-ordination station 2.3.23
network control centre 2.3.22

O

ocean regions 2.3.16
on-board communication station 2.5.31
on-scene commander 2.1.22
on-scene communications 2.1.21

P

Pacific Ocean Region 2.3.19
paired frequencies 2.5.52
performance verification test 2.3.54
personal call 2.6.55
personal locator beacon 2.4.14
plain language 2.6.67
polar orbiting satellite service 2.6.8
polling 2.3.55
port operation service 2.6.4
port station 2.5.32
positioning 2.1.23

R

Radio beacon station 2.5.39
radio determination 2.5.24
Radio determination service 2.6.9
Radio determination station 2.5.33
Radio determination-satellite service 2.6.10
radio direction-finding station 2.5.38
radio location service 2.6.15
radiolocation 2.5.26
radiolocation land station 2.5.36

radiolocation mobile station ········ 2.5.37
radio log ········ 2.6.29
radio navigation ········ 2.5.25
radio navigation land station ········ 2.5.34
radio navigation mobile station ········ 2.5.35
radio navigation service ········ 2.6.11
radio navigation-satellite service ········ 2.6.12
Radio Regulation ········ 2.1.11
radiotelephone alert signal ········ 2.2.66
realtime mode ········ 2.4.15
rescue co-ordination centre ········ 2.2.54
rescue sub-centre ········ 2.2.57
rescue unit ········ 2.2.58
restricted radio operator's certificate ········ 2.6.53
routine priority ········ 2.3.38
routing organization ········ 2.6.41

S

safety call ········ 2.2.23
safety call format ········ 2.2.24
safety communication ········ 2.2.26
safety communication procedure ········ 2.2.25
safety priority ········ 2.3.37
safety service ········ 2.6.20
safety signal ········ 2.2.22
safetyNET ········ 2.6.44
SAR co-ordinating communications ········ 2.1.20
SAR point of contact ········ 2.4.4
satellite emergency position-indicating radiobeacon ········ 2.3.30
sea area call ········ 2.5.19
sea business call ········ 2.5.22
search and rescue radar transponder ········ 2.5.13
search and rescue region ········ 2.2.53
search and rescue unit ········ 2.2.62
second-class radio electronic certificate ········ 2.6.51
secret language ········ 2.6.68
selective call ········ 2.5.21
selective calling number ········ 2.6.38
selective forward error correcting mode ········ 2.5.47
Self-Organized Time Division Multiple Access ········ 2.5.54
semi-duplex operation ········ 2.6.26
service area ········ 2.4.5
ship earth station ········ 2.3.29

ship movement service ······ 2.6.5
ship radio licence ······ 2.6.27
ship reporting system ······ 2.1.32
ship station ······ 2.5.30
Ship Security Alert System ······ 2.1.40
ship station identity ······ 2.6.32
ship-to-ship distress alerting ······ 2.2.9
ship-to-shore distress alerting ······ 2.2.7
shore-based maintenance ······ 2.1.29
shore-to-ship distress alerting ······ 2.2.8
signaling packet ······ 2.3.56
silence periods ······ 2.6.64
simplex operation ······ 2.6.24
single-side band emission ······ 2.5.49
single-side band radiotelephone ······ 2.5.5
space segment ······ 2.3.21
space station ······ 2.3.25
space charge ······ 2.6.60
special service ······ 2.6.21
special drawing right ······ 2.6.63
standard frequency and time signal service ······ 2.6.18
standard frequency and time signal station ······ 2.5.40
standard frequency and time signal-satellite service ······ 2.6.19
station call ······ 2.6.54
store and forward unit ······ 2.3.57
subject indicator character ······ 2.2.31
survival craft station ······ 2.5.28
system information ······ 2.4.6

T

temporary radio beacon service ······ 2.6.22
terrestrial communication networks ······ 2.5.3
terrestrial communication systems ······ 2.5.2
terrestrial radio communications ······ 2.5.1
time of closest approach ······ 2.3.10
traffic list ······ 2.6.57
transmitter identification character ······ 2.2.30
two-way VHF radiotelephone apparatus ······ 2.5.41

U

urgency call ······ 2.2.17
urgency call format ······ 2.2.18
urgency communication ······ 2.2.21

urgency communication procedure ········ 2.2.20
urgency message ········ 2.2.19
urgency priority ········ 2.3.26
urgency signal ········ 2.2.16

V

very high frequency communication ········ 2.5.16
Vessel Traffic Services ········ 2.1.41
VHF emergency position-indicated radio beacon ········ 2.5.42
VHF radio installations ········ 2.5.44
Voyage Data Recorder ········ 2.5.55

W

weather facsimile receiver ········ 2.5.43
World Meteorological Organization ········ 2.1.4
world-wide navigational warning service ········ 2.2.38

ICS 47.020.05
U 27

GB

中华人民共和国国家标准

GB/T 16167—2009
代替 GB/T 16167—1996

救生艇壳体玻璃纤维增强塑料层合板技术条件

Technical conditions of lifeboat glass fiber reinforced plastics laminate

2009-03-23 发布 2009-11-01 实施

中华人民共和国国家质量监督检验检疫总局
中国国家标准化管理委员会 发布

前言

本标准代替 GB/T 16167—1996《救生艇壳体玻璃纤维增强塑料层合板技术条件》。

本标准与 GB/T 16167—1996 相比，主要有下列变化：

——取消了布层结构层合板；

——修改了层合板力学性能指标；

——增加了层合板固化后的板厚计算公式。

本标准由中国船舶工业集团公司提出。

本标准由全国船舶舾装标准化技术委员会救生设备分技术委员会(SAC/TC 129/SC 1)归口。

本标准起草单位：广州广船国际股份有限公司。

本标准主要起草人：蒋炳成、杨健辉。

本标准所代替标准的历次版本发布情况为：

——GB/T 16167—1996。

救生艇壳体玻璃纤维增强塑料层合板技术条件

1 范围

本标准规定了救生艇壳体玻璃纤维增强塑料层合板(以下简称层合板)的原材料、铺层结构、成型工艺和层板力学特性及其试验方法。

本标准适用于各类救生艇和救助艇壳体用的玻璃钢层合板。

2 规范性引用文件

下列文件中的条款通过本标准的引用而成为本标准的条款。凡是注日期的引用文件,其随后所有的修改单(不包括勘误的内容)或修订版均不适用于本标准,然而,鼓励根据本标准达成协议的各方研究是否可使用这些文件的最新版本。凡是不注日期的引用文件,其最新版本适用于本标准。

GB/T 1447 纤维增强塑料拉伸性能试验方法(GB/T 1447—2005,ISO 527-4:1997,NEQ)

GB/T 1448 纤维增强塑料压缩性能试验方法

GB/T 1449 纤维增强塑料弯曲性能试验方法(GB/T 1449—2005,ISO 14125:1998,NEQ)

GB/T 1450.1 纤维增强塑料层间剪切强度试验方法

GB/T 3355 纤维增强塑料纵横剪切试验方法

GB/T 3854 增强塑料巴柯尔硬度试验方法

GB/T 8924 纤维增强塑料燃烧性能试验方法 氧指数法

3 要求

3.1 一般要求

3.1.1 层合板的主要原材料(如树脂系和增强材料)应经主管机关认可,未经认可的原材料需经检验合格并经主管机关同意后方可使用。

3.1.2 本标准规定的层合板是用不饱和聚酯树脂与交替铺设的短切玻璃纤维毡和玻璃粗纱布增强材制成的玻璃钢层合板。

3.2 原材料

3.2.1 树脂系

3.2.1.1 层合板所用树脂系包括胶衣树脂和船用阻燃型不饱和聚酯树脂。各类树脂应有良好的耐水性和抗老化性。

3.2.1.2 应按出厂说明书的规定,施工前在不饱和聚酯树脂中加入引发剂和促进剂,并制成浇铸体试样,当试样硬度达到巴氏硬度 40 以上,在自然环境中放置 24 h后,测定其物理和力学性能,并应符合表1的要求。

表 1 物理和力学性能

项 目	要 求
热变形温度(在 1.8 N/mm^2 载荷下测定)	≥65 ℃
基层树脂的极限延伸率(20 ℃时)	≥2%
拉伸模量	≥2 000 N/mm^2
拉伸强度	≥50 N/mm^2
冲击韧性	≥0.4 J/m^2

3.2.1.3 施工前应对胶衣树脂进行吸水性试验。将 50 mm×50 mm×4 mm 的试样置于温度为(23±2)℃的水中，经 30 天后取出擦干，测定试样吸水前后的重量，其重量差应不大于 0.5%。胶衣树脂在 20 ℃时的极限延伸率应不小于 3%，同时应比一起使用的浸润树脂的极限延伸率大 1%。

3.2.1.4 不应使用超过贮存期限（有效期限）的树脂。

3.2.2 颜料

3.2.2.1 颜料的类型应不影响树脂固化。

3.2.2.2 颜料的用量应不超过树脂制造厂推荐的达到满意色深所需的量，且任何情况下均不应超过配方中树脂重量的 5%。

3.2.2.3 层合树脂（不饱和聚酯树脂）不宜加入颜料。

3.2.3 填料

阻燃剂中不应使用碳酸钙或类似的碱性填料。

3.2.4 阻燃剂

3.2.4.1 当要求阻燃性能时，应首选反应型阻燃剂。

3.2.4.2 当采用添加型阻燃剂时，在树脂中加入的阻燃添加物，其型号和用量应按制造厂的建议，且不应明显改变树脂的黏度。

3.2.4.3 阻燃剂的用量不应超过树脂重量的 20%。

3.2.5 玻璃纤维增强材

3.2.5.1 玻璃纤维增强材应选用经主管机关认可的玻璃纤维。

3.2.5.2 材料应无瑕疵、变色、杂质、受潮、霉变、碎屑等缺陷。

3.2.5.3 玻璃纤维的浸润性，应保证纤维和树脂之间的界面形成化学键。

3.2.5.4 玻璃纤维织物在敷制过程中应不起毛、不断头。

3.3 布毡结构铺层

3.3.1 由短切玻璃纤维毡和玻璃纤维无捻粗纱布交替用不饱和聚酯树脂铺敷成型的层合板，其铺层设计见表 2。

表 2 铺层设计

层合板厚度/mm	胶衣层数	表面毡层数（40 g/m² 或 50 g/m²）	铺层设计
4.0	1～2	1	M300＋(M300＋R400)×2＋M300
4.5		1～2	(M300＋R400)×3＋M300
5.0			(M300＋R400)×2＋M300＋R800＋M300
5.5			M300＋R400＋(M300＋R800)×2＋M300
6.0			(M300＋R800)×3＋M300
7.0			M300×2＋R400＋(M300＋R800)×2＋M300×2
8.0			(M300＋R800)×4＋M300
9.0			(M300＋R800)×4＋M300＋R400＋M300
10.0			M300＋(M300＋R800)×4＋M300＋R400＋M300
注：M 为短切毡，R 为玻璃布；M300 表示 300 g/m² 的短切毡，R400 表示 400 g/m² 的玻璃布，以此类推。			

3.3.2 层合板厚度计算方法有下列两种：

a) 经验数据估算法：对于固化后的树脂与毡的铺层按 100 g/m^2 的薄层板的平均厚度为 0.25 mm 计算；对于固化后的树脂与粗纱布铺层，按 100 g/m^2 的薄层板的平均厚度为 0.13 mm 计算。该平均厚度用于设计计算，实际施工中层合板的厚度允许在平均厚度±15%范围内变动。

b) 经验公式计算法：按公式(1)计算。

$$t = G\left[\frac{1}{\rho_1} + \left(\frac{1-K}{K}\right)\frac{1}{\rho_2}\right]/1\,000 \quad \cdots\cdots(1)$$

式中：

t——铺层每层厚度的数值，单位为毫米(mm)；

G——单位面积纤维织物重量的数值，单位为克每平方米(g/m^2)；

K——铺层中纤维重量比，%；

ρ_1——纤维的密度，单位为克每立方厘米(g/cm^3)；

ρ_2——树脂的密度，单位为克每立方厘米(g/cm^3)。

3.3.3 玻璃钢层合板的厚度应符合强度和刚度的要求，且不应小于 4 mm。

3.4 铺层成型工艺

3.4.1 模具

3.4.1.1 模具应有加强和支撑以保持其整体形状和光顺的线型。

3.4.1.2 用于建造模具的材料应不影响树脂的固化。

3.4.1.3 模具应使用专用模具胶衣树脂制成。

3.4.2 层合

3.4.2.1 在上脱模剂之前，模具应充分清洁、干燥，并使之具有温度为 15 ℃～32 ℃和相对湿度不大于75%的工场条件。脱模剂对胶衣树脂应无不良影响。

3.4.2.2 胶衣树脂由刷子、滚子或喷涂工具涂敷成厚度为 0.4 mm～0.6 mm 的均匀薄层。

3.4.2.3 每一层都应按认可的顺序和方向铺敷增强材料，并充分浸透树脂和滚压到所需的玻璃纤维含量。层合板(不包括胶衣)的玻璃纤维含量按公式(2)计算。

$$Ge = 2.56/[(3\,072T/W) + 1.36] \quad \cdots\cdots(2)$$

式中：

Ge——层合板(不包括胶衣)的玻璃纤维含量；

T——测得的层合板厚度(不包括胶衣)的数值，单位为毫米(mm)；

W——层合板中全部玻璃增强材的重量的数值，单位为克每平方米(g/m^2)。

3.4.2.4 当层合中断而使暴露的树脂凝胶时，以后在该面积上铺敷的第一层增强材，应为短切玻璃纤维型的材料。

3.4.2.5 增强材的布置应使整个层板保持强度的连续性；增强材的接头应为搭接，搭接宽度应不小于50 mm，相邻两搭接层的中心线间隔应不小于 100 mm。

3.4.3 脱模和固化

3.4.3.1 敷层结束后，脱模前应在模具中停留一段时间，使树脂固化达巴氏硬度 40 以上。这段时间应随树脂的类型和层合板的结构而异，但不应小于 12 h，或按树脂厂规定的时间。

3.4.3.2 脱模时，艇体应给予加强和支承，以减少变形。

3.4.3.3 层合板的巴氏硬度未达到树脂厂规定的值时，不应移出成型间，以使层合板在合适的温度和湿度环境中继续固化达到要求。

3.5 层合板主要性能及试验方法

层合板的主要性能及试验方法见表 3。

表 3 层合板性能及试验方法

序号	项　目	性能指标	试验方法
1	拉伸强度	≥80 N/mm²	GB/T 1447 纤维增强塑料拉伸性能试验方法
2	拉伸模量	≥5 000 N/mm²	
3	弯曲强度	≥125 N/mm²	GB/T 1449 纤维增强塑料弯曲性能试验方法
4	弯曲模量	≥5 000 N/mm²	
5	压缩强度	≥80 N/mm²	GB/T 1448 纤维增强塑料压缩性能试验方法
6	压缩模量	≥5 000 N/mm²	
7	剪切强度	≥55 N/mm²	GB/T 3355 纤维增强塑料纵横剪切试验方法
8	剪切模量	≥2 500 N/mm²	
9	层间剪切强度	≥6.9 N/mm²	GB/T 1450.1 纤维增强塑料层间剪切强度试验方法
10	巴氏硬度	≥40	GB/T 3854 增强塑料巴柯尔硬度试验方法
11	氧指数	>27	GB/T 8924 纤维增强塑料燃烧性能试验方法 氧指数法

ICS 77.140.50
H 46

中华人民共和国国家标准

GB/T 16270—2009
代替 GB/T 16270—1996

高强度结构用调质钢板

High strength structural steel plates in the quenched and tempered condition

2009-06-25 发布　　2010-04-01 实施

中华人民共和国国家质量监督检验检疫总局
中国国家标准化管理委员会　发布

前　言

本标准参照 EN10025-6:2004(E)《热轧结构钢　第 6 部分:高屈服强度结构用调质扁平钢交货技术条件》和 ISO 4950.3—2003《高屈服强度扁平钢　第 3 部分:调质钢》,并根据国内钢铁企业的生产技术,对 GB/T 16270—1996《高强度结构钢热处理和控轧钢板、钢带》修订而成。

本标准代替 GB/T 16270—1996《高强度结构钢热处理和控轧钢板、钢带》。

本标准与 GB/T 16270—1996 相比主要变化如下:

——修改了标准的名称,改为《高强度结构用调质钢板》;

——适用厚度范围从 100 mm 扩大到 150 mm,删除了钢带;

——删除了 Q420,增加了 Q800、Q890 和 Q960 三个钢级及其相应技术指标规定;

——增加了质量等级 C(除钢级 Q460 外)、F,调整了各牌号的成分和性能规定;

——取消了弯曲性能的规定;

——增加了 CEV 的要求,并补充了 CET 作为供需双方协商的条款;

——删除了正火,正火+回火,控轧等交货状态。

本标准的附录 A 为资料性附录。

本标准由中国钢铁工业协会提出。

本标准由全国钢标准化技术委员会归口。

本标准主要起草单位:宝山钢铁股份有限公司、冶金工业信息标准研究院、湖南华菱涟源钢铁有限公司。

本标准主要起草人:王湘儒、周申裕、王晓虎、温德智、周鉴。

本标准所代替标准的历次版本发布情况为:

——GB/T 16270—1996。

高强度结构用调质钢板

1 范围

本标准规定了高强度结构用调质钢板的牌号、尺寸、外形、重量及允许偏差、技术要求、试验方法、检验规则、包装、标志和质量证明书等。

本标准适用于厚度不大于150 mm，以调质(淬火加回火)状态交货的高强度结构用钢板。

2 规范性引用文件

下列文件中的条款通过本标准的引用而成为本标准的条款。凡是注日期的引用文件，其随后所有的修改单(不包括勘误的内容)或修订版本均不适用于本标准，然而，鼓励根据本标准达成协议的各方研究是否可使用这些文件的最新版本。凡是不注日期的引用文件，其最新版本适用于本标准。

GB/T 222　钢的成品化学成分允许偏差

GB/T 223.5　钢铁及合金化学分析方法　还原型硅钼酸盐光度法测定酸溶硅含量

GB/T 223.9　钢铁及合金　铝含量的测定　铬天青S分光光度法

GB/T 223.11　钢铁及合金化学分析方法　过硫酸铵氧化容量法测定铬量

GB/T 223.14　钢铁及合金化学分析方法　钽试剂萃取光度法测定钒含量

GB/T 223.16　钢铁及合金化学分析方法　变色酸光度法测定钛量

GB/T 223.17　钢铁及合金化学分析方法　二安替比林甲烷光度法测定钛量

GB/T 223.19　钢铁及合金化学分析方法　新亚铜灵-三氯甲烷萃取光度法测定铜量

GB/T 223.23　钢铁及合金　镍含量的测定　丁二酮肟分光光度法

GB/T 223.26　钢铁及合金　钼含量的测定　硫氰酸盐分光光度法

GB/T 223.40　钢铁及合金　铌含量的测定　氯磺酚S分光光度法

GB/T 223.53　钢铁及合金化学分析方法　火焰原子吸收分光光度法测定铜量

GB/T 223.54　钢铁及合金化学分析方法　火焰原子吸收分光光度法测定镍量

GB/T 223.58　钢铁及合金化学分析方法　亚砷酸钠-亚硝酸钠滴定法测定锰量

GB/T 223.59　钢铁及合金化学分析方法　锑磷钼蓝光度法测定磷量

GB/T 223.60　钢铁及合金化学分析方法　高氯酸脱水重量法测定硅含量

GB/T 223.62　钢铁及合金化学分析方法　乙酸丁酯萃取光度法测定磷量

GB/T 223.63　钢铁及合金化学分析方法　高碘酸钠(钾)光度法测定锰量

GB/T 223.64　钢铁及合金　锰含量的测定　火焰原子吸收光谱法

GB/T 223.68　钢铁及合金化学分析方法　管式炉内燃烧后碘酸钾滴定法测定硫含量

GB/T 223.69　钢铁及合金　碳含量的测定　管式炉内燃烧后气体容量法

GB/T 223.76　钢铁及合金化学分析方法　火焰原子吸收光谱法测定钒量

GB/T 223.78　钢铁及合金化学分析方法　姜黄素直接光度法测定硼含量

GB/T 228　金属材料　室温拉伸试验方法(GB/T 228—2002，eqv ISO 6892:1998)

GB/T 229　金属材料　夏比摆锤冲击试验方法(GB/T 229—2007，ISO 148-1:2006，MOD)

GB/T 247　钢板和钢带检验、包装、标志及质量证明书的一般规定

GB/T 709　热轧钢板和钢带的尺寸、外形、重量及允许偏差

GB/T 2970　厚钢板超声波检验方法

GB/T 2975　钢及钢产品力学性能试验取样位置及试样的制备(GB/T 2975—1998，eqv ISO 377:1997)

GB/T 4336 碳素钢和中低合金钢 火花源原子发射光谱分析方法(常规法)

GB/T 14977 热轧钢板表面质量一般要求

GB/T 17505 钢及钢产品交货一般技术要求(GB/T 17505—1998,eqv ISO 404:1992)

GB/T 20123 钢铁 总碳硫含量的测定 高频感应炉燃烧后红外吸收法(常规方法)(GB/T 20123—2006,ISO 15350:2000,IDT)

GB/T 20125 低合金钢 多元素的测定 电感耦合等离子体发射光谱法

GB/T 20126 非合金钢 低碳含量的测定 第2部分:感应炉(经预加热)内燃烧后红外吸收法(GB/T 20126—2006,ISO 15349-2:1999,IDT)

GB/T 20066 钢和铁 化学成分测定用试样的取样和制样方法(GB/T 20066—2006,eqv ISO 14284:1996)

YB/T 081 冶金技术标准的数值修约与检测数值的判定原则

3 牌号命名方法

钢的牌号由代表屈服强度的汉语拼音首位字母,规定最小屈服强度数值、质量等级符号(C、D、E、F)三个部分按顺序排列。

示例:Q460E

Q——钢材屈服强度的"屈"字汉语拼音的首位字母;

460——规定最小屈服强度的数值,单位 MPa;

E——质量等级符号。

4 订货所需信息

订货时用户需提供以下信息:

a) 本标准号;
b) 牌号;
c) 尺寸;
d) 交货状态;
e) 边缘状态;
f) 重量;
g) 用途;
h) 其他要求。

5 尺寸、外形、重量及允许偏差

5.1 钢板的尺寸、外形、重量及允许偏差应符合 GB/T 709 的规定。

5.2 经供需双方协议,可供应其他尺寸、外形及允许偏差的钢板。

6 技术要求

6.1 牌号和化学成分

6.1.1 钢的牌号、化学成分(熔炼分析)和碳当量 CEV 应符合表1的规定。

6.1.2 根据需方要求,经供需双方协商并在合同中注明,可以提供碳当量 CET,$CET = C + (Mn + Mo)/10 + (Cr + Cu)/20 + Ni/40$。

6.1.3 成品钢板的化学成分允许偏差应符合 GB/T 222 的规定。

6.2 冶炼方法

由氧气转炉或电炉冶炼。

6.3 交货状态

钢板按调质(淬火+回火)状态交货。

6.4 力学性能和工艺性能

6.4.1 钢板的力学性能和工艺性能应符合表2的规定。

6.4.2 夏比摆锤冲击功，按一组三个试样算术平均值计算，允许其中一个试样单个值低于表2规定值，但不得低于规定值的70%。

表 1

牌号	化学成分[a,b](质量分数)/%，不大于															
	C	Si	Mn	P	S	Cu	Cr	Ni	Mo	B	V	Nb	Ti	CEV[c] 产品厚度/mm		
														≤50	>50~100	>100~150
Q460C Q460D	0.20	0.80	1.70	0.025	0.015	0.50	1.50	2.00	0.70	0.005 0	0.12	0.06	0.05	0.47	0.48	0.50
Q460E Q460F				0.020	0.010											
Q500C Q500D	0.20	0.80	1.70	0.025	0.015	0.50	1.50	2.00	0.70	0.005 0	0.12	0.06	0.05	0.47	0.70	0.70
Q500E Q500F				0.020	0.010											
Q550C Q550D	0.20	0.80	1.70	0.025	0.015	0.50	1.50	2.00	0.70	0.005 0	0.12	0.06	0.05	0.65	0.77	0.83
Q550E Q550F				0.020	0.010											
Q620C Q620D	0.20	0.80	1.70	0.025	0.015	0.50	1.50	2.00	0.70	0.005 0	0.12	0.06	0.05	0.65	0.77	0.83
Q620E Q620F				0.020	0.010											
Q690C Q690D	0.20	0.80	1.80	0.025	0.015	0.50	1.50	2.00	0.70	0.005 0	0.12	0.06	0.05	0.65	0.77	0.83
Q690E Q690F				0.020	0.010											
Q800C Q800D	0.20	0.80	2.00	0.025	0.015	0.50	1.50	2.00	0.70	0.005 0	0.12	0.06	0.05	0.72	0.82	—
Q800E Q800F				0.020	0.010											
Q890C Q890D	0.20	0.80	2.00	0.025	0.015	0.50	1.50	2.00	0.70	0.005 0	0.12	0.06	0.05	0.72	0.82	—
Q890E Q890F				0.020	0.010											
Q960C Q960D	0.20	0.80	2.00	0.025	0.015	0.50	1.50	2.00	0.70	0.005 0	0.12	0.06	0.05	0.82	—	—
Q960E Q960F				0.020	0.010											

a 根据需要生产厂可添加其中一种或几种合金元素，最大值应符合表中规定，其含量应在质量证明书中报告。

b 钢中至少应添加Nb、Ti、V、Al中的一种细化晶粒元素，其中至少一种元素的最小量为0.015%(对于Al为Als)。也可用Alt替代Als，此时最小量为0.018%。

c $CEV = C + Mn/6 + (Cr + Mo + V)/5 + (Ni + Cu)/15$。

表 2

牌号	拉伸试验[a]							冲击试验[a]			
	屈服强度[b] R_{eH}/MPa,不小于			抗拉强度 R_m/MPa			断后伸长率 A/%	冲击吸收能量(纵向) KV_2/J			
	厚度/mm			厚度/mm				试验温度/℃			
	≤50	>50~100	>100~150	≤50	>50~100	>100~150		0	−20	−40	−60
Q460C	460	440	400	550~720		500~670	17	47			
Q460D									47		
Q460E										34	
Q460F											34
Q500C	500	480	440	590~770		540~720	17	47			
Q500D									47		
Q500E										34	
Q500F											34
Q550C	550	530	490	640~820		590~770	16	47			
Q550D									47		
Q550E										34	
Q550F											34
Q620C	620	580	560	700~890		650~830	15	47			
Q620D									47		
Q620E										34	
Q620F											34
Q690C	690	650	630	770~940	760~930	710~900	14	47			
Q690D									47		
Q690E										34	
Q690F											34
Q800C	800	740	—	840~1 000	800~1 000	—	13	34			
Q800D									34		
Q800E										27	
Q800F											27
Q890C	890	830	—	940~1 100	880~1 100	—	11	34			
Q890D									34		
Q890E										27	
Q890F											27
Q960C	960	—	—	980~1 150	—	—	10	34			
Q960D									34		
Q960E										27	
Q960F											27

[a] 拉伸试验适用于横向试样,冲击试验适用于纵向试样。

[b] 当屈服现象不明显时,采用 $R_{P0.2}$。

6.4.3 当钢板厚度小于 12 mm 钢板的夏比摆锤冲击试验应采用辅助试样。厚度>8 mm～<12 mm 钢板辅助试样尺寸为 10 mm×7.5 mm×55 mm，其试验结果不小于规定值的 75%；厚度 6 mm～8 mm 钢板辅助试样尺寸为 10 mm×5 mm×55 mm，其试验结果不小于规定值的 50%。厚度小于 6 mm 的钢板不做冲击试验。

6.5 表面质量

6.5.1 钢板表面不允许存在裂纹、气泡、结疤、折叠和夹杂等缺陷。钢板不得有分层。如有上述缺陷，允许清理，清理深度从钢板实际尺寸算起，不得大于钢板厚度公差之半，并应保证钢板的最小厚度。缺陷清理处应平滑无棱角。

6.5.2 其他缺陷允许存在，但深度从钢板实际尺寸算起，不得超过厚度允许公差之半，并应保证缺陷处厚度不超过钢板允许最小厚度。

6.5.3 经供需双方协商，并在合同中注明，钢板允许焊补。如调质处理后进行焊补，应再次进行调质处理。

6.5.4 经供需双方协商，并在合同中注明，表面质量可按 GB/T 14977 的规定。

6.6 特殊要求

6.6.1 经供需双方协商并在合同中注明，钢板可逐张进行超声波检测，检测方法按 GB/T 2970 的规定，检测标准和合格级别应在合同中注明。

6.6.2 经供需双方协商并在合同中注明，可对钢板提出其他特殊要求。

7 试验方法

7.1 每批钢板的检验项目、试样数量、取样方法和试验方法应符合表 3 的规定。

表 3

序号	检验项目	取样数量(个)	取样方法	试验方法[a]
1	化学分析[a]	1/炉	GB/T 20066	GB/T 223、GB/T 4336、GB/T 20123、GB/T 20125、GB/T 20126
2	拉伸	1	GB/T 2975	GB/T 228
3	冲击	3	GB/T 2975	GB/T 229
4	无损检验	逐张或逐件	按无损检验标准规定	GB/T 2970

[a] 对化学成分进行仲裁试验时，按 GB/T 223。

7.2 钢板的外观用肉眼检查。

8 检验规则

8.1 钢板的检查和验收由供方技术质量监督部门负责，需方有权按本标准或合同所规定的任一检验项目进行检查和验收。

8.2 钢板应成批验收，每批由同炉号、同牌号同屈服强度规定值、同一热处理制度且厚度差不超过 5 mm 的钢板组成，每批钢板重量不得大于 60 t。

8.3 钢板的夏比摆锤冲击试验结果不符合规定时，应从同一批钢板上再取一组三个试样进行试验。前后六个试样的平均值不得低于表 2 规定值，允许其中两个试样低于规定值，但低于规定值 70% 的试样只允许一个。

8.4 钢板复验和判定应符合 GB/T 17505 的规定。

9 包装、标志及质量证明书

钢板的包装、标志及质量证明书应符合 GB/T 247 的规定。

10 数值修约

数值修约应符合 YB/T 081 的规定。

11 国内外牌号近似对照

本标准牌号与原标准、国外国际标准牌号的近似对照见附录 A。

附　录　A
（资料性附录）
国内外牌号近似对照

本标准牌号与原标准、国外国际标准牌号的近似对照见表 A.1。

表 A.1

本标准	GB/T 16270—1996	EN10025-6:2004(E)	ISO 4950.3—2003
Q460QC Q460QD Q460QE Q460QF	Q460C Q460D Q460E —	— S460Q S460QL S460QL1	— E460DD E460E —
Q500QC Q500QD Q500QE Q500QF	— Q500D Q500E —	— S500Q S500QL S500QL1	—
Q550QC Q550QD Q550QE Q550QF	— Q550D Q550E —	— S550Q S550QL S550QL1	— E550DD E550E —
Q620QC Q620QD Q620QE Q620QF	— Q620D Q620E —	— S620Q S620QL S620QL1	—
Q690QC Q690QD Q690QE Q690F	— Q690D Q690E —	— S690Q S690QL S690QL1	— E690DD E690E
Q800QC Q800QD Q800QE Q800QF	—	—	—
Q890QC Q890QD Q890QE Q890QF	—	— S890Q S890QL S890QL1	—
Q960QC Q960QD Q960QE Q960QF	—	— S960Q S960QL —	—

ICS 77.140.65
H 49

中华人民共和国国家标准

GB/T 16271—2009
代替 GB/T 16271—1996

钢丝绳吊索　插编索扣

Steel wire ropes—Spliced eye termination for slings

(ISO 8794:1986,MOD)

2009-10-30 发布　　　　2010-05-01 实施

中华人民共和国国家质量监督检验检疫总局
中国国家标准化管理委员会　发布

前　言

本标准修改采用 ISO 8794:1986《钢丝绳　插编的吊索索扣》(英文版)。

本标准根据 ISO 8794:1986 重新起草。与 ISO 8794:1986 相比,主要技术差异如下:

——增加了钢丝绳类型的规定;

——增加了钢丝绳的钢丝强度范围的规定;

——增加了对插式插编方法;

——增加了检验规则内容。

本标准代替 GB/T 16271—1996《钢丝绳吊索　插编索扣》,本标准与 GB/T 16271—1996 相比作了如下修改:

——增加了引用标准 GB/T 9944《不锈钢丝绳》和 GB/T 20067《粗直径钢丝绳》;

——增加了钢丝绳类型的适用范围;

——增加了在单根吊索中,两端索扣的插编部位末端的最小距离应不小于钢丝绳公称直径的 15 倍的要求;

——钢丝绳的钢丝公称抗拉强度级修改为钢丝绳的公称抗拉强度应不大于 1 960 MPa;

——将插编方法进行分类,原标准的插编方法命名为折回式的和机械式的,并增加了对插式插编方法;

——出厂检验中规定的取样进行索扣破断拉伸试验修改为静载拉伸试验;

——增加了出厂检验和型式检验项目表。

本标准的附录 A、附录 B 和附录 C 均为资料性附录。

本标准由中国钢铁工业协会提出。

本标准由全国钢标准化技术委员会归口。

本标准起草单位:江阴艺林索具有限公司、冶金工业信息标准研究院、巨力索具股份有限公司、贵州钢绳股份有限公司、青岛众成金属制品有限公司。

本标准主要起草人:张玉成、周小军、王玲君、朱立平、林祥吉、刘赞广、韩学锐、李静、戴石锋、杜金华。

本标准所代替标准的历次版本发布情况为:

——GB/T 16271—1996。

钢丝绳吊索　插编索扣

1　范围

本标准规定了插编的钢丝绳吊索索扣的术语、技术要求、试验方法和检验规则。

本标准适用于折回式、对插式手工插编和机械插编的六股钢丝绳吊索的索扣，其他多股钢丝绳的插编可参照执行。

2　规范性引用文件

下列文件中的条款通过本标准的引用而成为本标准的条款。凡是注日期的引用文件，其随后所有的修改单（不包括勘误的内容）或修订版均不适用于本标准。然而，鼓励根据本标准达成协议的各方研究是否可使用这些文件的最新版本。凡是不注日期的引用文件，其新版本适用于本标准。

GB 8918　重要用途钢丝绳（GB 8918—2006，ISO 3154：1988，MOD）

GB/T 9944　不锈钢丝绳

GB/T 20067　粗直径钢丝绳

GB/T 20118　一般用途钢丝绳（GB/T 20118—2006，ISO/DIS 2408：2002，MOD）

3　术语和定义

下列术语及定义适用于本标准。

3.1

插编索扣　spliced eye termination

将绳股末端反向插入钢丝绳主体内，在钢丝绳端部构成一个环孔或环眼（见图1）。

a）无套环的索扣　　b）有套环的索扣

图1　插编的索扣

3.2

穿插　tuck

把需要插编的绳股分别穿过本体钢丝绳中规定数目的绳股。

3.3

折回式　untread

将绳端折成环状，需要插编的绳股分别穿过本体钢丝绳而所构成的环眼。

3.4

对插式　Flemish

将绳端分成两部分，每部分都朝相反方向捻在一起，构成对称于钢丝绳轴线的环眼。

4　分类

4.1　插编的方式分为手工插编和机械插编(参见附录C)。

4.2　手工插编的索扣按插编方法分为折回式(参见附录A)和对插式(参见附录B)。

5　技术要求

5.1　钢丝绳

5.1.1　钢丝绳应选用GB 8918、GB/T 9944、GB/T 20067或GB/T 20118中规定的交互捻钢丝绳，但单股钢丝绳、异形股钢丝绳和多层股钢丝绳除外，并尽量避免选用金属芯钢丝绳。

5.1.2　钢丝绳的公称抗拉强度应不大于1 960 MPa。

5.2　索扣的设计要求

5.2.1　静载试验后，索扣的绳股不应有抽脱和断丝现象。

5.2.2　索扣的实际破断拉力应不小于相应钢丝绳的最小破断拉力的75%。

5.2.3　索扣经20 000次疲劳试验后，其破断拉力应不小于主体钢丝绳的最小破断拉力的70%。

5.2.4　在单根吊索中，两端索扣的插编部位末端的最小距离一般不小于钢丝绳公称直径的15倍。

5.3　插编操作

5.3.1　穿插次数

5.3.1.1　手工插编

对于折回式插编，每一股应至少穿插五次，并且五次中至少三次用整股穿插，对于对插式插编，可以减少穿插次数，但不小于三次。

5.3.1.2　机械插编

插编操作由三股穿插四次，另外三股穿插五次而成(共穿插27次)。

5.3.1.3　其他要求

根据钢丝绳的规格、结构以及插编的方法，每股穿插次数可以多于上述规定。

5.3.2　插编方法

推荐采用附录A、附录B和附录C中规定的插编方法。

注：如果钢丝绳为金属芯的，则金属芯应至少穿插三次。

5.4　索扣的外观

5.4.1　插编部分的绳芯不应外露，各股要紧密，不能有松动的现象。

5.4.2　插编后的绳股切头要平整，不应有明显的扭曲。

5.4.3　根据需方要求，插编绳股钢丝端部应采用合适的被覆物包扎，但应在合同中注明。

6　试验方法

6.1　索具外观

索扣外观、插编顺序和插编针数用目视检查，并符合5.3和5.4的规定。

6.2　静载试验

在校准的立式或卧式拉力试验机上，采用不小于2倍钢丝绳直径的圆销钉穿过索扣眼，以不大于

10 MPa/s 的速率，沿钢丝绳的轴线方向施加 2 倍额定载荷的拉力，保持不少于 5 min，索扣应符合本标准 5.2.1 的规定。

6.3 破断拉伸试验

吊索的二个索扣插编部分末端之间的钢丝绳长度应不小于钢丝绳公称直径的 30 倍或不小于 2 m。每一个试验的索扣不应装有套环。

采用不小于 2 倍钢丝绳直径的圆销钉穿过索扣眼的方法施加拉力。

先迅速加载到不超过钢丝绳最小破断拉力的 60%，然后，以不大于 10 MPa/s 的速率平稳施加拉力，直至达到理论破断拉力。

6.4 疲劳试验

吊索的二个索扣插编部分末端之间的钢丝绳长度应与破断拉伸试验的一样，两个索扣应装有套环。

试验应在拉伸疲劳试验机上进行，该疲劳试验机应能够显示出吊索的应力特性曲线。

吊索应能承受沿钢丝绳轴向的交变拉力，该交变拉力应为钢丝绳最小破断拉力的 15%～30%，试验机的频率不应超过 15 kHz。

7 检验规则

索扣检验分出厂检验和型式检验。

7.1 出厂检验

7.1.1 检查和验收

索扣的检查和验收应由供方技术监督部门进行。

7.1.2 组批规则

每批应由同一钢丝绳结构、同一规格、同一强度级、同一插编方法制作的索扣组成。

7.1.3 检查数量

7.1.3.1 每个索扣都要进行外观、插编长度和插编顺序的检查。

7.1.3.2 索扣静载拉伸试验的取样数量应符合表 1 的要求。

表 1 取样数量

单位为个

批　量	试样数量
≤100	2
>100～200	4
>200	6

7.1.4 检验项目

7.1.4.1 出厂检验的项目应符合表 2 的要求。

7.1.4.2 当需方要求增加其他检验项目时，经供需双方协商，并在合同中注明。

7.1.5 判定

所有检验项目都符合规定要求，判定该批索扣合格。否则，判定该批索扣不合格。若有一项不合格，应加倍抽样进行检验，如再不合格，则判定该批索扣不合格。

7.2 型式检验

凡有下列情况之一时，应进行型式试验：

a) 新产品试制鉴定；

b) 正式投产后，如索扣外形、钢丝绳结构、插编方法等有重大改变；

c) 停产两年，恢复生产；

d) 国家质量监督部门提出要求。

7.2.1 抽样数量

试样应从出厂检验合格的产品中抽样，抽样数量见表1。

7.2.2 检验项目

型式检验的项目应符合表2的要求。

7.2.3 试验程序

对索扣先进行疲劳试验，然后进行破断拉伸试验。

7.2.4 判定

7.2.4.1 所有试验都符合规定要求，该型式试验合格。

7.2.4.2 若有一项不合格，应加倍抽样进行检验，如再不合格，则判定该型式试验不合格。

表2 出厂检验和型式检验项目

序　号	项　目	出厂检验	型式检验	达到要求
1	外观	√	√	5.4
2	静载	√	√	5.2.1
3	破断		√	5.2.2
4	疲劳		√	5.2.3

附　录　A
（资料性附录）
手工插编方法　折回式

A.1　一般规则

本附录描述了用右捻六股钢丝绳采用折回式插编装有套环索扣的方法。

A.2　方法

A.2.1　经五次穿插制成插接头，五次穿插可有三次整根股穿插和二次减少的股穿插组成。所有插接头都应与钢丝绳的捻向相反。除第一组穿插外，其他组穿插所有绳股的尾端都应与钢丝绳的捻向相反。

A.2.2　穿插应采取一股上、一股下的方式进行。

A.2.3　如果钢丝绳有纤维主芯，绳芯应随第一组穿插的第一个尾端完全穿过去，然后将外露的绳芯剪掉。如果绳股有纤维芯，则股芯应留在原来的绳股内。

A.2.4　如果钢丝绳有独立的金属绳芯，应将该芯分成三部分，即：

——两个股；

——两个股；

——两个股加其芯。

应用三根交错的尾端插编这三部分，并仅从三个完整的插接处穿过去。

A.2.5　如果钢丝绳具有独立的金属股芯，此芯应在第一组穿插时向里折，再向上完全插进五次完整穿插的插编头中心。

A.2.6　所有的穿插应牢牢拉紧到与被插钢丝绳的中心线相一致为止。为了使插编的部位平滑和圆整，应使用适当的工具进行整形，使它们进入合适的位置。

A.3　插编准备

A.3.1　把钢丝绳穿过套环，加以固定，使钢丝绳的主体部分在右边，自由端在左边。

A.3.2　分开钢丝绳的各股。

A.3.3　钢丝绳和套环的布置应如图 A.1 所示。

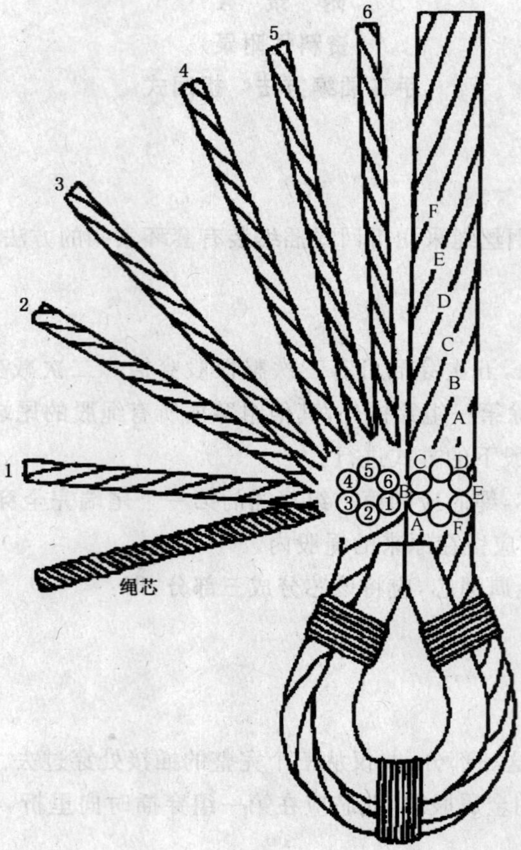

图 A.1 钢丝绳和套环的布置

A.4 插编初期

插编初期的方法见图 A.2 所示的图解说明和表 A.1 中的详细解释。

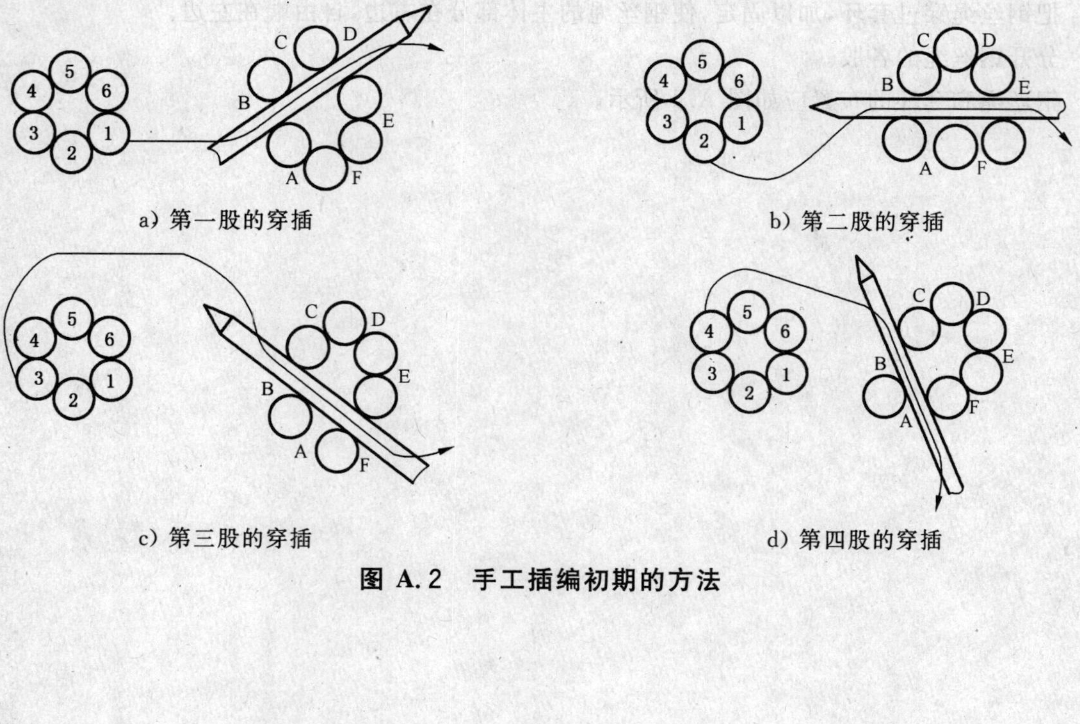

a) 第一股的穿插　　b) 第二股的穿插

c) 第三股的穿插　　d) 第四股的穿插

图 A.2 手工插编初期的方法

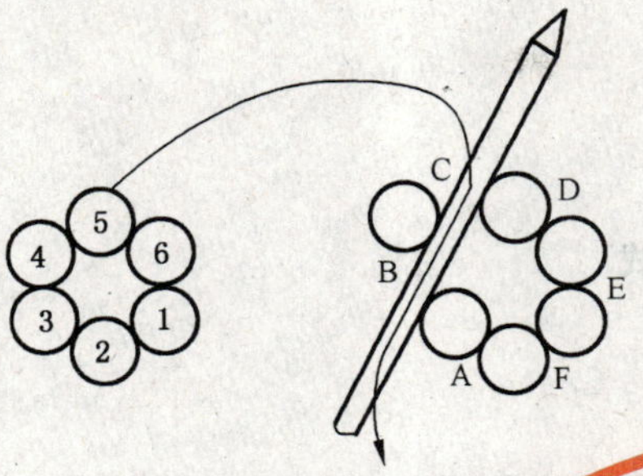

e) 第五股的穿插

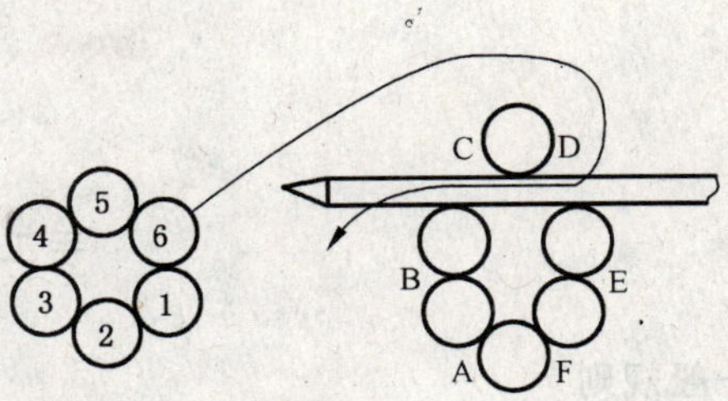

f) 第六股的穿插

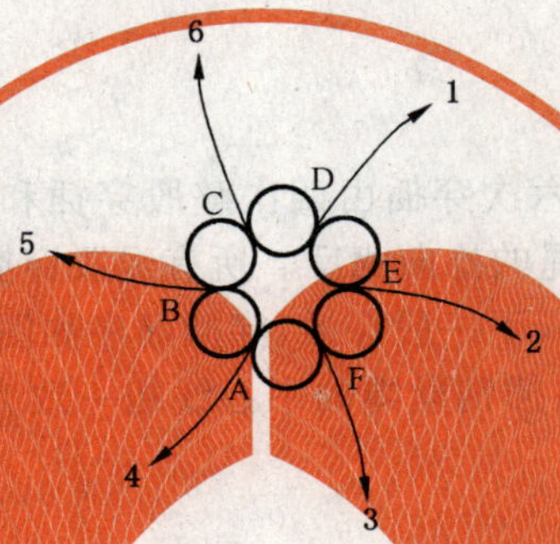

g) 第一组穿插后露出来的尾端

图 A.2（续）

表 A.1 第一、第二和第三组穿插次序

第一组穿插			第二组穿插			第三组穿插		
尾端编号	插入	穿出	尾端编号	插入	穿出	尾端编号	插入	穿出
1	B	D	1	E	F	1	A	B
2	B	E	2	F	A	2	B	C
3	B	F	3	A	B	3	C	D
4	B	A	4	B	C	4	D	E
5	C	B	5	C	D	5	E	F
6	D	C	6	D	E	6	F	A

A.5 第四和第五组穿插

A.5.1 在第三组穿插后，可从每根绳股切除部分钢丝来减细尾端，把剩余的钢丝沿股的中心反向捻入相应的绳股中。

A.5.2 应使用减少的尾端按 A.2.2 或 A.2.3 规定的方法进行第四、第五组穿插。用适当的工具对插编部位进行整形，使插编的部位平滑和圆整。

附 录 B
（资料性附录）
手工插编方法 对插式

B.1 一般规则

本附录描述了用右捻六股钢丝绳采用对插式插编没有套环的索扣的方法，如图 B.1、图 B.2、图 B.3 和图 B.4。

B.2 方法

B.2.1 每股经六次穿插制成插接头，六次穿插由四次整股穿插和二次去除内层钢丝和股芯的减少的股穿插组成。所有插接头都应与钢丝绳的捻向相反。所有绳股穿插方向都应与钢丝绳的捻向相反。

B.2.2 每绳股股穿插六次后，依次进入下一股穿插，穿插顺序如图 B.4 所示。

B.2.3 所有的穿插应牢牢拉紧到与被插钢丝绳的中心线相一致为止。用专用的整形机对插编部位进行整形，使插编的部位平滑和圆整。

B.3 插编准备

B.3.1 将钢丝绳末端分成两束，绳芯任意归入一边，分开的长度依据索扣大小决定。如图 B.1 所示。

B.3.2 将分开后的两束绳股，根据绳原捻距捻向，按所需索扣大小，捻合如图 B.2。

B.3.3 将两束绳股捻合形成索扣后，将每股分开。

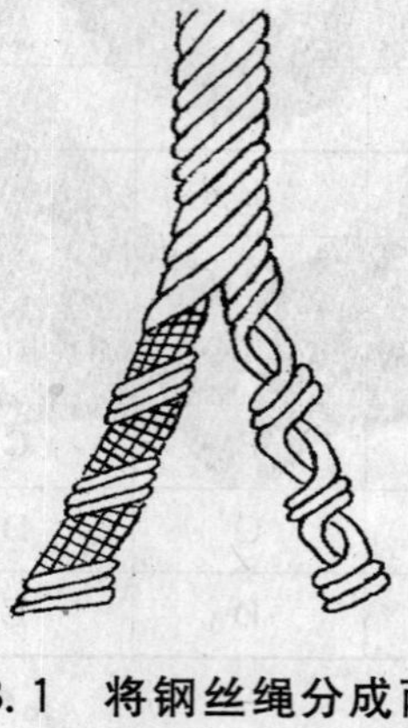

图 B.1 将钢丝绳分成两束

图 B.2 相互捻合

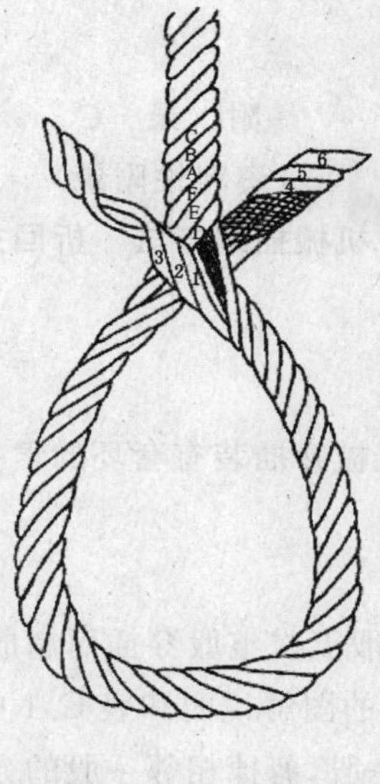

图 B.3 插编前的准备

B.4 插编方法

插编方法见图 B.4 所示的图解说明。每根股应顺势插编至规定长度。

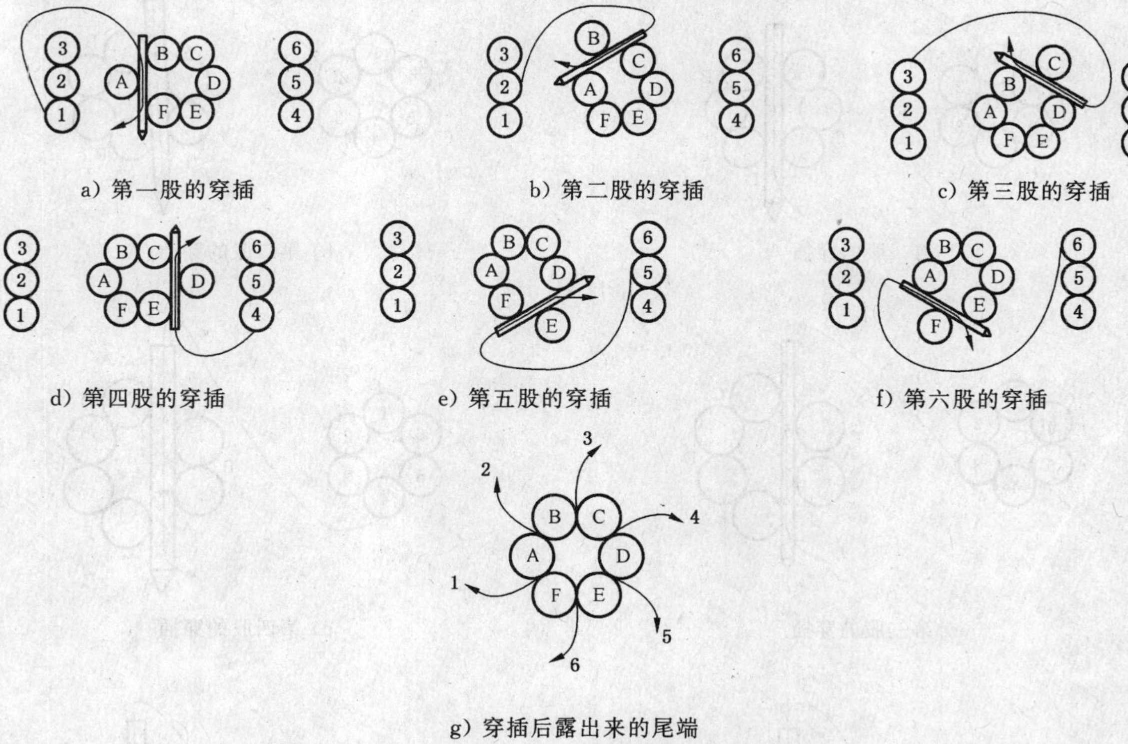

a) 第一股的穿插　b) 第二股的穿插　c) 第三股的穿插

d) 第四股的穿插　e) 第五股的穿插　f) 第六股的穿插

g) 穿插后露出来的尾端

图 B.4 手工插编方法

B.5 插编后整理

B.5.1 插编后应合理切去多余的绳股末端。

B.5.2 用适当的工具对插编部位进行整形，使插编的部位平滑和圆整。

附　录　C
（资料性附录）
机械插编方法　折回式

C.1　一般规则

本附录描述了用右捻六股钢丝绳机械穿插装有套环的索扣的方法，也适用于没有套环的索扣。

C.2　方法

C.2.1　插接头是由三股四次和另外三股五次整股穿插而制成的(共27次)。

C.2.2　插编初期的方法见图C.1所示的图解说明和表C.1中的详细说明。

C.2.3　插编完第四组绳股后，采取插一股，剪掉相邻一股的方法穿插，最后把余股全部切除。

C.2.4　按照附录A中A.2.3～A.2.5规定的方法处理绳芯。

C.2.5　为了使插编的索扣严紧美观，应采用整形机整形，使它们进入合适的位置。

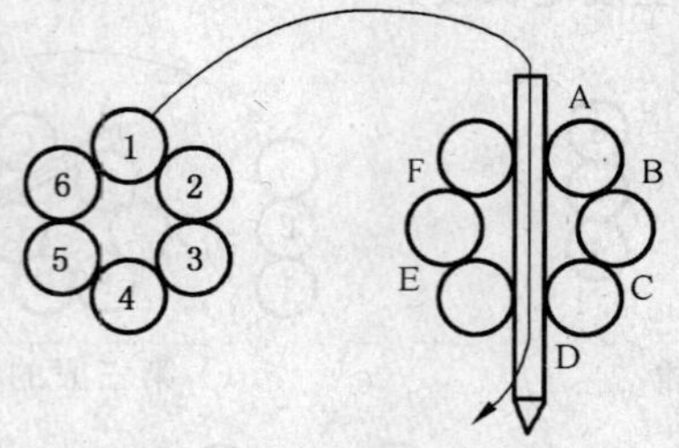

a）第一股的穿插

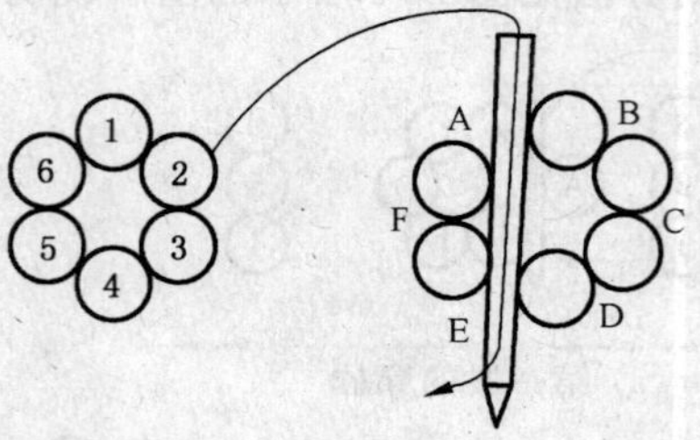

b）第二股的穿插

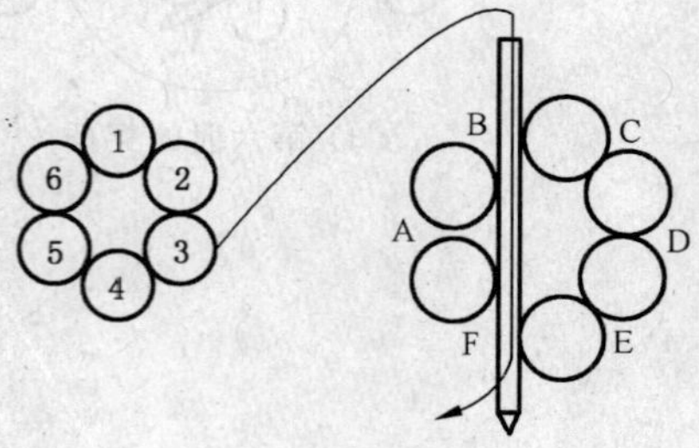

c）第三股的穿插

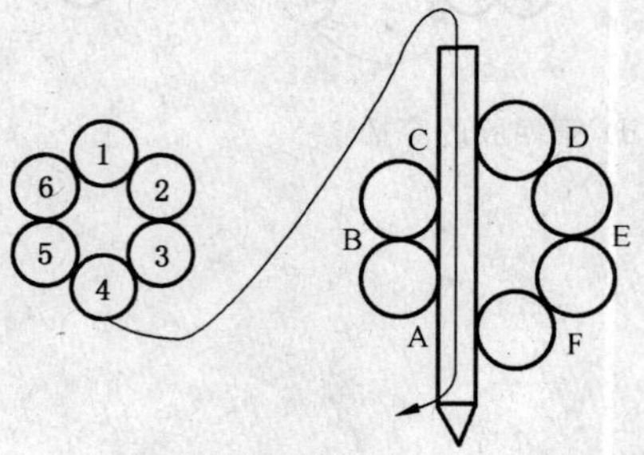

d）第四股的穿插

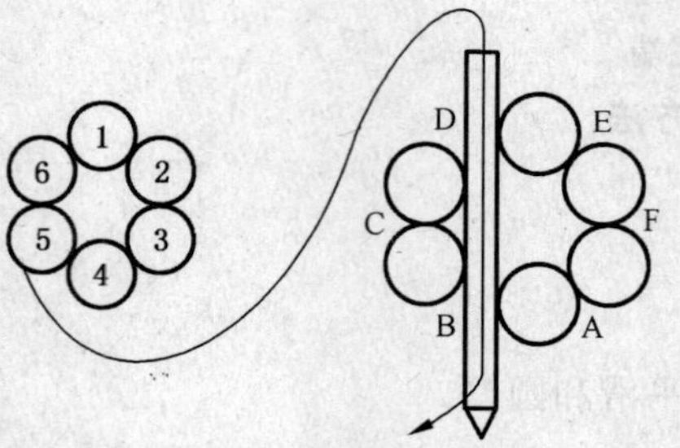

e）第五股的穿插

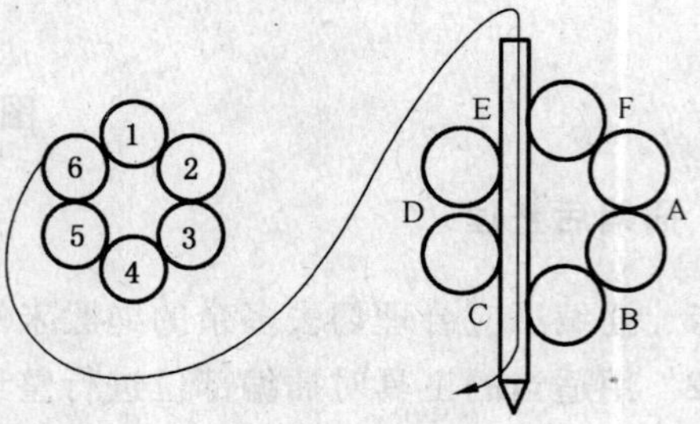

f）第六股的穿插

图C.1　机械插编初期的方法

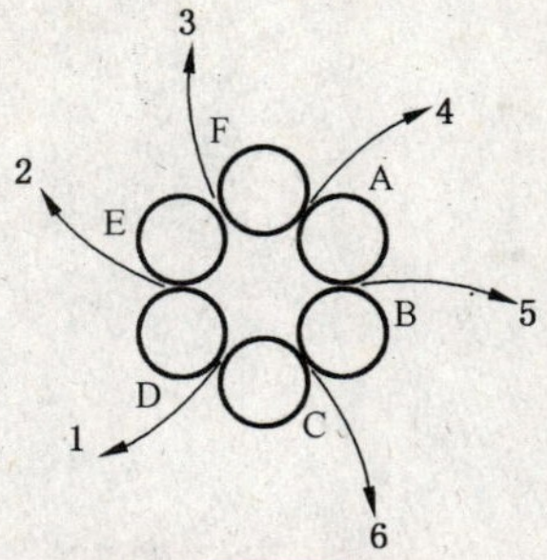

g) 第一组穿插后露出来的尾端

图 C.1（续）

表 C.1　机械插编次序

第一组穿插			第二组穿插			第三组穿插			第四组穿插			第五组穿插		
尾端编号	插入	穿出	尾端编号	插入	穿出	尾端编号	插入	穿出	尾端编号	插入	穿出	尾端编号	插入	穿出
1	A	D	1	F	D	1	F	D	1	F	D	1	F	D
2	A	E	2	A	E	2	A	E	2	A	E	2	剪掉	
3	B	F	3	B	F	3	B	F	3	B	F	3	B	F
4	C	A	4	C	A	4	C	A	4	C	A	4	剪掉	
5	D	B	5	D	B	5	D	B	5	D	B	5	D	B
6	E	C	6	E	C	6	E	C	6	E	C	6	剪掉	